高等职业教育"十三五"规划教材

食品理化检验技术

曹凤云　主编

U0219401

中国农业大学出版社

·北京·

内 容 简 介

本书为高等职业教育"十三五"规划教材,主要内容为食品中水分、有机酸、灰分、糖类、蛋白质与氨基酸、脂类、矿物元素、维生素、食品添加剂及有毒有害成分理化检验的技术、仪器与试剂、基本理论、最新国家标准方法,以及糖果、乳、糕点、啤酒4类食品的综合检验。教材以食品检验岗位为依托,设置"项目导入",任务驱动,理实融合;以"目标""要点"引导,"想一想""友情提示""思考"的形式突出阶段性重点内容,分解学习难点,有利于自主学习,完成项目验收。

本书适于食品营养与检测、食品质量与安全监管、食品加工技术等专业教学使用,也可供商品检验、市场监管、各类食品企业的检验岗位技术人员参考。

图书在版编目(CIP)数据

食品理化检验技术/曹凤云主编.—北京:中国农业大学出版社,2016.8
ISBN 978-7-5655-1617-7

Ⅰ.①食… Ⅱ.①曹… Ⅲ.①食品检验-高等职业教育-教材 Ⅳ.①TS207.3

中国版本图书馆 CIP 数据核字(2016)第 222493 号

书 名 食品理化检验技术	
作 者 曹凤云 主编	

策划编辑 陈 阳		**责任编辑** 田树君	
封面设计 郑 川		**责任校对** 王晓凤	
出版发行 中国农业大学出版社			
社 址 北京市海淀区圆明园西路 2 号		**邮政编码** 100193	
电 话 发行部 010-62818525,8625		**读者服务部** 010-62732336	
编辑部 010-62732617,2618		**出 版 部** 010-62733440	
网 址 http://www.cau.edu.cn/caup		**E-mail** cbsszs @ cau.edu.cn	
经 销 新华书店			
印 刷 涿州市星河印刷有限公司			
版 次 2017 年 2 月第 1 版 2017 年 2 月第 1 次印刷			
规 格 787×1 092 16 开本 20.5 印张 510 千字			
定 价 43.00 元			

图书如有质量问题本社发行部负责调换

CONTRIBUTORS
编审人员

主　编　曹凤云　黑龙江农业工程职业学院

副主编　孙洁心　黑龙江农垦职业学院
　　　　陈玉花　黑龙江农业工程职业学院
　　　　王玉军　黑龙江粮食职业学院
　　　　刘　欣　黑龙江旅游职业学院
　　　　王瑞军　黑龙江农垦科技职业学院

参　编　藏小丹　黑龙江农业经济职业学院
　　　　王玉君　黑龙江飞鹤乳业有限公司
　　　　张　扬　黑龙江农业工程职业学院
　　　　付天宇　黑龙江农业工程职业学院
　　　　曲　威　哈尔滨老鼎丰食品有限公司

主　审　曾晓燕　黑龙江完达山乳业股份有限公司
　　　　屈海涛　国家农林副产品质量监督检验中心

食品生产已经进入营养、绿色、方便、功能化的时代,食品工业已成为国民经济的支柱产业。《中华人民共和国食品安全法》颁布实施,食品质量与安全监管已成为全社会关注的焦点,食品加工业的生产、检验机构都迫切需要"会技术、有素质、能发展"的食品检验人才。食品理化检验技术是运用物理和化学的原理及现代分析检测手段,研究和评定食品品质,监测和检验食品中与营养及卫生指标有关的化学物质及其变化的技术性专业课程。食品理化检验技术重在培养学生的检验能力,形成职业素养,岗位独立工作能力,从而提升企业劳动效率,学生实现零距离就业,互惠共赢。

教材依据《高等职业学校专业教学标准(试行)》组织编写。教材的培养目标是为食品企业的生产一线培养具有良好职业道德、专业知识素养和检验能力的高素质检验技术人才,适应食品产业的发展战略,遵循技能型人才的成长规律;内容编写与食品检验岗位对接、与学生的知识基础与能力的衔接;以学生为中心,项目导入、任务驱动的编写模式,融入食品化验员等职业资格证书及其中级以上职业技能的要求;"教、学、做"一体化、知识与技能相结合、理论与实践相统一,能够提升检验人员职业素质,切实提高专业课的教学质量,满足检验岗位要求和个人发展需要。

由国家示范高职院校、全国职业院校技能大赛资深指导教师、食品行业龙头企业高级检验技师组成编写队伍,编者具有丰富的高职课程改革、教学资源开发和食品检验工作实践的经验,为教材设计、编写提供保障。教材内容本着"立足岗位、适度够用、着眼行业、服务企业",设置"项目",与最新国家或行业标准对接,切入检验工作"任务",将"想一想""相关知识""友情提示"和"仪器与试剂"有机融合;以"思考""项目验收"形式考核检验操作技术和职业素养,对接食品检验员等职业资格和职业技能要求。

教材内容包括食品中水分、有机酸、灰分、糖类、蛋白质与氨基酸、脂类、矿物元素、维生素和食品添加剂检验技术及食品综合检验 10 个项目,涉及乳及乳制品、糖果、肉及肉制品、饮料及酒类、调味品、罐制品、粮油及焙烤等食品大类共计 42 个典型任务,涵盖了食品理化检验岗位实用的方法和技术,可根据区域经济发展和对接企业选择使用。

本书为高等职业院校食品营养与检测、食品质量与安全监管、食品加工技术等专业教材,也可供商品检验、市场监管、各类食品企业等单位的检验技术人员参考。

教材由曹凤云主编、统稿,编写项目一中任务一、任务四、任务五,陈玉花编写项目一中任务二、项目二及附录Ⅰ至附录Ⅶ,藏小丹编写项目三和项目八,孙洁心编写项目四,王玉军编写项目五(除任务四)和项目六,王玉君编写项目五任务四,刘欣编写项目七,王瑞军编写项目一中任务三、项目九和附录Ⅹ、附录Ⅺ,曲威编写项目十的任务一、任务二,张扬编写项目十的任务三、任务四及附录Ⅷ、附录Ⅸ,付天宇编写所有项目验收并校对部分稿件。

本书在编写过程中,得到了黑龙江完达山乳业股份有限公司、百威英博啤酒集团哈尔滨啤酒集团有限公司、哈尔滨老鼎丰食品有限公司、中国雨润集团哈尔滨大众肉联食品有限公司、黑龙江飞鹤乳业有限公司(美国独资)等企业专家和检验技术人员的鼎力支持,在此一并衷心地感谢!

由于编者水平所限,书中难免有欠妥之处,恳请广大读者批评海涵。

编 者

2016 年 3 月

食品理化检验技术

C目录 ONTENTS

食
品
理
化
检
验
技
术

食品水分检验技术

➤ **知识目标**

1. 熟悉食品理化检验的内容、方法及标准。

2. 熟知食品样品采集规则、样品制备方法及保存条件。

3. 熟悉样品预处理规则与技术。

4. 熟悉微波水分测定仪、红外线快速水分测定仪、康卫氏皿及密度计的使用方法。

➤ **技能目标**

1. 具有查阅及使用相关食品标准的能力。

2. 具备使用分析天平、恒温（减压）干燥箱、蒸馏装置、水分活度仪、冰点仪等设备能力。

3. 能够进行样品的制备、预处理及生乳掺假检验。

4. 及时记录数据、正确表达结果。

5. 具有撰写检验报告能力。

水是食品的重要组成成分。不过,当某些食品的水分增加或减少到一定程度时会对食品本身的品质产生影响。水分含量及水分活度对食品的加工工艺、储藏及销售也具有重要影响。乳制品、糖果、肉及肉制品、糕点等类食品,基质不同、水分含量差异大,因此,在测定水分时,不仅要学习水分测定技术、仪器设备使用,还要熟悉被检样品风味特性、水分存在形式与分布,才能选定适合的方法进行样品采集、制样、仪器及设备准备、测定操作、结果处理、完成检验报告撰写。

任务一　乳制品水分的测定——直接干燥法

【工作要点】

1. 分析天平、电热恒温干燥箱、干燥器的使用。
2. 干燥、恒重的操作,判断恒重。
3. 乳粉样品的采集、制备和保存。

【工作过程】

(一)固体试样测定

1. 器皿恒重

①取洁净的铝盒或玻璃的扁形称量瓶,置于 101～105℃干燥箱,瓶盖斜支在瓶边,加热 1.0 h。

> **想一想**
> 铝盒或称量瓶置于干燥箱中,盒盖怎样放置?

②取出,盖好,置于干燥器内冷却 0.5 h,精密称量。

③重复①、②步操作,前后 2 次质量差不超过 2 mg,即为恒重,记录质量 m_3。

> **想一想**
> 加热干燥过的称量瓶称量前怎样处理?

2. 样品制备

乳粉试样混合均匀,称取 2～10 g(精确至 0.000 1 g,试样厚度约为 5 mm),放入称量瓶中,加盖,精密称量,记录质量 m_1。

3. 样品检验

①将盛放试样的称量瓶置于 101～105℃干燥箱中,瓶盖斜支在瓶边,干燥 2～4 h 后,盖好取出,放入干燥器内冷却 0.5 h 后,称量。

②称量瓶再放入 101～105℃干燥箱中,干燥 1 h 左右,取出,放入干燥器内冷却 0.5 h 后,再称量。

③重复①、②步操作,至前后 2 次质量差不超过 2 mg,记录质量 m_2。

(二)半固体或液体试样测定

1. 器皿恒重

取洁净的蒸发皿,内加 10 g 海沙及一根小玻棒,置于 101～105℃干燥箱中,干燥 1.0 h 后取出,放入干燥器内冷却 0.5 h 后称量,并重复干燥至恒重,记录质量 m_3。

2. 样品制备

称取 5～10 g 混合均匀试样(精确至 0.000 1 g),置于蒸发皿中,精密称量,记录质量 m_1。

3. 样品检验

用小玻棒搅匀放在沸水浴上蒸干,并随时搅拌,擦去皿底的水滴,置 101～105℃干燥箱中干燥 4 h 后盖好取出,放入干燥器内冷却 0.5 h 后称量。

> **想一想**
> 半固体或液体样品水分测量不同之处?

其余步骤同固体样品。

注:2 次恒重值在最后计算中,取最后 1 次的称量值。

(三)结果与计算

1. 计算公式

乳粉中水分的含量 X 依(1-1)式计算:

$$X = \frac{m_1 - m_2}{m_1 - m_3} \times 100 \tag{1-1}$$

式中:X——乳粉中水分的含量,g/100 g;

m_1——称量瓶和试样的质量,g;

m_2——称量瓶和试样干燥后的质量,g;

m_3——称量瓶的质量,g。

注:乳粉中的水分应不大于 5.0 g/100 g。水分含量 $\geqslant 1$ g/100 g 时,计算结果保留 3 位有效数字。

2. 精密度

在重复性条件下获得的 2 次独立测定结果的绝对差值不得超过算术平均值的 5%。

【相关知识】

利用食品中水分的物理性质,在 101.3 kPa(1 个大气压),温度 101～105℃下采用挥发方法测定样品中干燥减失的重量,包括吸湿水、部分结晶水和该条件下能挥发的物质,再通过干燥前后的称量数值计算出水分的含量。

GB 5009.3—2010《食品安全国家标准　食品中水分测定》直接干燥法,最低检出限量为 0.002 g,当取样量为 2 g 时,每百克样品的水分含量检出限为 0.5 g,方法相对误差$\leqslant 5\%$。

【仪器】

1. 天平:感量为 0.1 mg。

2. 扁形铝盒、玻璃制称量瓶(H:10 mm×ϕ:60 mm)。

3. 电热恒温干燥箱。

4. 干燥器:内附有效干燥剂。

想一想

哪类食品适合直接干燥法测定水分?

【友情提示】

1. 直接干燥法适用于在 101～105℃下,不含或含其他挥发性物质甚微且对热稳定的食品中水分的测定。

2. 经加热干燥的称量瓶要迅速放到干燥器中冷却;一般采用硅胶作为干燥剂,当其颜色由蓝色减退或变成红色时,应及时更换,变色的硅胶于 135℃下烘干 2～3 h 后,可再重新使用。

【考核要点】

1. 铝盒或称量瓶的清洗、恒重操作。

2. 电热恒温干燥箱及干燥器的使用。

3. 分析天平校准与精密称量。

【思考】

1. 在下列情况下,水分测定的结果是偏高还是偏低?

① 样品粉碎不充分。

② 样品中含较多挥发性成分。

③ 有脂肪发生氧化。

④ 样品吸湿性较强。

2. 干燥器有何作用? 使用干燥器时需要注意哪些问题?

3. 为什么要冷却后再称量?

【必备知识】

一、食品理化检验技术

(一)概述

1. 食品检验

食品检验是食品质量管理过程中一个重要环节,在原材料供应中具有保障作用,在生产过程中发挥"眼睛"的作用,在最终产品检验方面担负监督和标示作用。食品检验贯穿于产品的研发、生产和销售的全过程。食品检验人员应根据待测食品的性质和项目的特殊要求选择合适的检验方法,检验结果的正确与否取决于检验方法的合理选择、样品的制备、检验操作的规范以及对检验数据的正确处理和合理解释,对检验技术的全面把握,熟悉各种法规、标准和指标,还要具备高度的责任心。

2. 食品理化检验

食品理化检验是运用物理、化学、生物化学等学科理论、方法和技术,对食品生产加工的原料、辅助材料、半成品和成品的质量指标进行检验测定的过程。食品理化检验是保障食品"从农田到餐桌"全过程质量安全控制工作的核心环节,是一项基础性、常规性工作。

(二)食品理化检验工作范畴

《中华人民共和国食品安全法》第六条规定,"食品应当无毒、无害,符合应当有的营养要求,具有相应的色、香、味等感官性状"。评价食品的营养性、安全性和可接受性是食品检验的根本任务。食品理化检验主要包括食品的营养成分、食品添加剂及食品中有害成分的理化检验。

想一想
食品检验与我们的生活有关吗?

1. 食品中营养成分的检验

食品中营养成分的检验主要包括水分、有机酸、灰分、糖类、蛋白质与氨基酸、脂肪、矿物元素和维生素八大类,这是构成食品的主要成分。不同的食品所含营养成分的种类和含量是各不相同的,在天然食品中,能够同时提供各种营养成分的品种较少,因此,人们必须根据人体对营养的要求,进行合理搭配,以获得较全面的营养。为此必须对各种食品的营养成分进行分析,以评价其营养价值,为选择食品提供帮助。此外,在食品工业生产中,对工艺配方的确定、工艺合理性的鉴定、生产过程的控制及成品质量的监测等,都离不开营养成分的分析检验。所以,营养成分的检验是食品理化检验的主要内容。

2. 食品添加剂的检验

食品添加剂是加入食品中的化学合成物质或者天然物质。化学合成的食品添加剂,有些对人体具有一定的毒性。GB 2760—2014《食品安全国家标准 食品添加剂使用标准》对添加剂的使用范围及用量均作了严格的规定,指导在食品生产中合理使用添加剂,保证食品的安全性,是食品理化检验的又一项重要内容。

3. 食品中有毒有害物质的检验

食品在生产、加工、包装、运输、储存、销售等各个环节中,由于污染混入有害元素、农药及兽药、细菌、霉菌及其毒素和包装材料等有害物质,对人体产生急性或慢性危害。例如,工业三废、生产设备、包装材料等对食品造成砷、镉、汞、铅、铜、铬、锡、锌、硒等有害元素污染;不合理地施用农药造成对农作物的污染,再经动植物体的富集作用及食物链的传递,最终造成食品中农药的残留污染;兽药(包括兽药添加剂)在畜牧业中的广泛使用,由于科学知识的缺乏和经济利益的驱使,滥用兽药和超标使用兽药的现象普遍存在,导致动物性食品中兽药残留超标。因此,为控制食品生产各个环节,保证食品的安全性,还必须对食品中有毒有害物质进行检验。

(三)食品理化检验的方法

食品理化检验常用的方法有物理分析法、化学分析法和仪器分析法。

1. 物理分析法

物理分析法是通过测定食品的密度、黏度、折射率、旋光度等特有的物理性质来得出被测组分含量的方法。例如,密度法可测定糖液的浓度、酒中酒精含量,检验牛乳是否掺水、脱脂等;折射率法可测定果汁、番茄制品、蜂蜜、糖浆等食品的固形物含量,牛乳中乳糖含量等;

旋光法可测定饮料中蔗糖含量、谷类食品中淀粉含量等。

2. 化学分析法

以物质的化学反应为基础,使被测成分在溶液中与试剂作用,由生成物的量或消耗试剂的量来确定被测组分含量的方法,即为化学分析法。化学分析法包括定性分析和定量分析。定量分析又分为重量分析法和容量分析法,例如,食品中水分、灰分、脂肪、果胶、纤维等成分的测定,常规方法都是重量分析法;容量分析法包括酸碱滴定法、氧化还原滴定法、配位滴定法和沉淀滴定法。如酸度、蛋白质的测定常用到酸碱滴定法;还原糖、维生素C的测定常用到氧化还原滴定法。化学分析法是食品理化检验技术中最基础、最基本、最重要的分析方法。

3. 仪器分析法

以物质的物理或化学性质为基础,利用光电仪器来测定物质含量的方法称为仪器分析法,包括物理分析法和物理化

想一想
食品理化检验有哪些方法?

学分析法。后者是通过测量物质的光学性质、电化学性质等物理化学性质来求出被测组分含量的方法,它包括光学分析法、电化学分析法、色谱分析法、质谱分析法等,食品理化检验中常用的是前3种方法。光学分析法又分为紫外—可见分光光度法、原子吸收分光光度法、荧光分析法等,可用于测定食品中无机元素、糖类、蛋白质、氨基酸、食品添加剂、维生素等成分;电化学分析法又分为电导分析法、电位分析法、极谱分析法等。电导法可测定糖品灰分和水的纯度等;电位分析法广泛应用于测定pH、无机元素、酸根、食品添加剂等成分;极谱法已应用于测定重金属、维生素、食品添加剂等成分。色谱法包含许多分支,食品分析检验中常用到薄层色谱法、气相色谱法和高效液相色谱法,可用于测定有机酸、氨基酸、维生素、农药及兽药残留、黄曲霉毒素等成分。

(四)食品检验方法的选择及标准分类

检验方法的选择通常要考虑到样品的分析目的、检验方法本身的特点,如专一性、准确度、精密度、分析速度、设备条件、成本费用、操作要求等,以及方法的有效性和适用性。用于生产过程指导或企业内部的质量评估,可选用检验速度快、操作简单、费用低的快速检验方法,而对于成品质量鉴定或营养标签的产品检验,则应采用法定检验方法。采用标准的检验方法、利用统一的技术手段,对于比较与鉴别产品质量,在各种贸易往来中提供统一的技术依据,提高检验结果的权威性有重要的意义。

我国法定的检验方法有中华人民共和国国家标准(GB)、行业标准和地方标准等,其中,国家标准为仲裁法。对于国际贸易,采用国际标准则具有效的普遍性。

1. 国际标准

国际标准是在国际通用的标准,由国际标准化组织(ISO)制定。每年10月14日为国际标准日。该组织下设27个国际组织,其中与食品相关的有联合国粮农组织(FAO)、世界卫生组织(WHO)、国际食品法典委员会(CAC)、国际食品法典农药残留委员会(CCPR)、美国官方分析化学师协会(AOAC)等。目前,ISO已有90多个成员,我国于1978年恢复加入该组织。

CAC由联合国粮农组织和世界卫生组织共同建立,制定国际食品安全标准以及食品优良制造规范(GMP)并向世界各国推荐,协调各国食品安全标准立法并指导各国食品安全体系的建立。我国1986年正式加入该组织。

AOAC是世界上最早的农产品、食品行业性国际标准化组织,是国际认可的"金标准"的

颁布者和验证者。它的主要职责之一是组织实施分析方法的有效性评价。其中，AOAC Official Method 1998.01 和 AOAC Official Method 2003.04 两项 AOAC 标准法，是由我国庞国芳院士科研组开发，并组织美国、英国、日本、加拿大等 12 个国家的 33 个实验室协同研究的结果。

2. 国家标准

国家标准是全国范围内共同遵守的统一标准。由国务院标准化行政部门制定。按标准约束力不同，国家标准又分为强制性标准（GB）和推荐性标准（GB/T）。GB/T 是自愿采用的国家标准，但一经接受并采用，或各方商定同意纳入经济合同中，就成为各方必须遵守的技术依据，具有法律上的约束性。

《中华人民共和国食品安全法》（以下简称《食品安全法》）自 2009 年 6 月 1 日实施后，食品安全国家标准改由国务院卫生行政部门负责制定、公布，国务院标准化行政部门提供国家标准编号。编号由国家标准代号、国家标准发布的顺序号和国家标准发布的年代号构成，如 GB 5009.3—2010、GB 5009.29—2003。

3. 行业标准、地方标准及企业标准

行业标准是针对没有国家标准而又需要在全国某个食品行业范围内统一技术要求而制定的标准。行业标准由国务院有关行政主管部门制定，并报国务院标准化行政主管部门备案。当同一内容的国家标准公布后，则该项行业标准即行废止。行业标准由行业标准归口部门统一管理。行业标准由国务院标准化行政主管部门审查确定，并公布该行业的行业标准代号。如 NY/T 761—2008《蔬菜和水果中有机磷、有机氯、拟除虫菊酯和氨基甲酸酯类农药多残留的测定》。

地方标准又称为区域标准，是对没有国家标准和行业标准而又需要在省、自治区、直辖市范围内统一的工业产品的安全、卫生要求，可以制定地方标准。地方标准由省、自治区、直辖市人民政府卫生行政主管部门制定，并报国务院卫生行政部门备案，在公布国家标准或者行业标准之后，该地方标准即应废止。

企业标准是企业生产的产品没有国家标准和行业标准时制定的标准，作为组织生产的依据。企业的产品标准应当报省级卫生行政部门备案。已有国家标准或者行业标准的，国家鼓励企业制定严于国家标准或者行业标准的企业标准，在企业内部适用。

随着检测技术的进步、检测方法的成熟、检测需求的扩大以及新食品安全问题的出现，食品检验标准的内容需要不断完善。例如，2014 年 8 月 1 日起代替 GB 2763—2012 版的 GB 2763—2014《食品安全国家标准　食品中农药最大残留限量》，由原来 322 种农药 2 293 项最大残留限量，增加到 387 种农药 3 650 项最大残留限量，增加 15 个检测方法标准，删除 1 项检测方法标准。

【知识窗】

食品营养与科学膳食

众多营养丰富的食物，却不一定是十全十美的食物。例如，富含优质蛋白、不含胆固醇、钙含量也很丰富的豆腐，在营养上因人体必需氨基酸——蛋氨酸含量不足，而不能被人体完全利用。玉米中蛋氨酸含量丰富，又缺乏豆腐中的赖氨酸和丝氨酸，两者一起吃，营养吸收率可以大大提高。玉米配豆腐，营养吸收翻一番。

德国的专家们对玉米、稻米等多种主食进行了一项研究,结果发现:玉米中的维生素含量非常高,为稻米、面粉的 5～10 倍,还含有 7 种"抗衰剂":钙、谷胱甘肽、纤维素、镁、硒、维生素 E 和脂肪酸。所有的主食中,玉米的营养价值最高、保健作用最好。

除了玉米外,豆腐和鱼、肉、蛋也是好搭档。营养学家研究发现,鱼肉中含有的牛磺酸有降低胆固醇的作用。因此,豆腐和鱼搭配着吃,降低胆固醇的作用大为增强。此外,豆腐蛋氨酸含量较少,而鱼类含量却非常丰富,两者合起来吃,可以取长补短,相得益彰,营养价值更高。

将豆腐和肉、蛋类食物搭配在一起,可以补充蛋氨酸,从而提高了豆腐中蛋白质的营养利用率。在豆腐中加入各种肉末,或用鸡蛋裹豆腐油煎,便能更充分利用其中所含的丰富蛋白质,提高其营养档次。

二、样品的采集、制备和保存

(一)样品的采集

采样就是从大量分析对象(如原料或产品)中抽取有代表性的一部分作为分析材料的过程。抽取的分析材料称为样品或试样。

样品的正确采集是分析结果准确无误的前提。食品种类差异大、加工条件各有不同,同一材料的被检食品,每个部分彼此也有差别,所以采用正确的采样技术采集样品,才能

> **想一想**
> 怎样采集食品样品?

使分析结果具有代表性,得出准确的结论。同样,对采集到的样品作进一步的加工处理,也是后续分析工作顺利实施的保障。

1. **样品采集的要求**

采样过程应遵循两个原则:一是采集的样品要均匀、具有代表性,能反映全部被测食品的组分、质量及卫生状况;二是采样中避免成分逸散或引入杂质,应设法保持原有的理化指标。

①采样所用工具都应做到清洁、干燥、无异味,不能将有害物质带入样品中。检验微量或超微量元素时,要对容器进行预处理,防止容器对检验的干扰。

②要保证样品原有微生物状况和理化指标不变,检验前不得出现污染和成分变化。

③容器应满足取样量和样品形状的要求,不得影响样品的气味、风味和成分组成。

④使用玻璃器皿要防止破损。

2. 采样步骤

通常的样品分为大样、中样、小样 3 种。大样，指一整批;中样是将从大批物料的各个部分采集的混合样品综合在一起、代表本批次食品的样品,也称原始样品;小样是将原始样品经技术处理后,抽取其中的一部分作为分析检验的样品,称为平均样品。

检验样品:由平均样品中分出、用于全部项目检验用的样品,简称检样。

复检样品:对检验结果有异议时,可以根据情况进行复检,用于复检的样品。

保留样品:对某些样品,需要封存一定时间,以备再次检验。

3. 采样的数量和方法

采样数量应能反映该食品的卫生质量和满足检验项目对取样量需求,样品应一式三份,分别供检验、复验、备查或仲裁,一般散装样品每份不少于 5 kg。具体采样方法因分析对象的性质而异,一般分概率采样(随机抽样)和代表性取样 2 种方法。

想一想
食品取样多少数量为合适?

概率采样是按照随机的原则,从大批待检样品中抽取部分样品。为保证样品具有代表性,取样时应从被测样品的不同部位分别取样,混合后作为被检试样。概率采样可以避免人为倾向因素的影响,但这种方法对难以混合的食品(如蔬菜、黏稠液体、面点等)则达不到效果,必须结合代表性取样。

代表性取样是用系统抽样的方法进行采样,即已经了解样品随位置和时间而变化的规律,按此规律进行取样。以便采集的样品能代表其相应部分的组成和质量。如分层采样、依生产程序流动定时采样、按批次和件数采样、定期抽取货架上陈列的食品的采样。

概率采样常应用一些随机选择的方法。在随机选择方法中,检验人员必须建立特定的程序和过程以保证在总样品集中每个样品有同等的被选概率。相反,当不能选择到具有代表性样品时,需要进行非概率抽样。常用概率采样方法如下。

(1)简单随机抽样　要求样品集中的每一个样品都有相同的被抽选概率,首先需要定义样品集,然后再进行抽选。当样品简单,样品集比较大时,基于这种方法的评估存有一定的不确定性。虽然这种方法易于操作,是简化的数据分析方式,但是被抽选的样品可能不能完全代表样品集。

(2)分层随机抽样　样品集首先被分为不重叠的子集,称为层。如果从层中的采样是随机的,则整个过程称为分层随机抽样。这种方法通过分层降低了错误的概率,但当层与层之间很难清楚地定义时,可能需要复杂的数据分析。

(3)整群抽样　在简单随机抽样和分层随机抽样中,都是从样品集中选择单个样品。而整群抽样则从样品集中一次抽选一组或一群样品。这种方法在样品集处于大量分散状态时,可以降低时间和成本的消耗。这种方法不同于分层随机抽样,它的缺点也是有可能不代表整群。

(4)系统抽样　首先在一个时间段内选取一个开始点,然后按有规律的间隔抽选样品。例如,从生产开始时采样,然后样品按一定间隔采集一次,如每 10 个采集一次。由于采样点更均匀分布,这种方法比简单随机抽样更精确,但是如果样品有一定周期性变化,则容易引起误导。

(5)混合抽样　从各个散包中抽取样品,然后将两个或更多的样品组合在一起,以减少样品间的差异。

4. 样品的包装和标识

（1）样品的包装　装实验室样品的容器应由取样人员封口并贴上封条。

（2）样品的标识　取样人员将样品送到实验室前须贴上标签。标签显示的信息内容有取样人员和取样单位名称、取样地点和日期、分析项目、样品特性、样品的商品代码和批号。

想一想
如何存放待测的乳粉样品？

5. 样品的运输和储存

取样后尽快将样品送至实验室。运输过程须保证样品完好加封，保证样品没受损或发生变化。样品到实验室后尽快分析处理，易腐易变样品应置冰箱或特殊条件下储存，保证不影响分析结果。

6. 取样报告

取样人员取样时应填写取样报告，内容包括实验室样品标签所要求的信息、被取样单位名称和负责人姓名、生产日期、产品数量、取样数量、取样方法。

还应有取样目的、会对样品造成影响的气温和空气湿度等包装环境和运输环境，其他相关事宜。

（二）样品的制备

食品种类繁多，有罐头类食品、乳制品、饮料、蛋制品和各种小食品（糖果、饼干类）等；食品的包装类型也很多，有散装（粮食、食糖）、袋装（食糖）、桶装（蜂蜜）、听装（罐头、饼干）、木箱或纸盒装（禽、兔和水产品）、瓶装（酒和饮料类）等。食品采样的类型也不一样，有的是成品样品；有的是半成品样品；有的还是原料类型的样品。

1. 采样的规则

虽然食品的种类不同，包装形式也不同，但是采取的样品一定要具有代表性，也就是说采取的样品要能代表整个批次的样品结果。装样品的器具上要贴上标签，注明样品名称、取样点、日期、批号、方法、数量、分析项目、采样人等基本信息。

（1）颗粒状样品（粮食、粉状食品）　采样时应从某个角落，上、中、下各取一类，然后混合，得平均样品。

粮食、粉状食品等均匀固体物料，按照不同批次采样，同一批次的样品按照采样点数确定具体采样的袋（桶、包）数，用双套回转取样管，插入每一袋的上、中、下3个部位，分别采样并混合在一起。

（2）半固体样品（蜂蜜、稀奶油）　对桶（缸、罐）装样品，确定采样桶数后，用虹吸法分上、中、下3层分别取样，混合后再分取，缩减得到所需数量的平均样品。

（3）液体样品　液体样品先混合均匀，分层取样，每层取500 mL，装入瓶中混匀得平均样品。

（4）小包装的样品　连同包装一起取样（如罐头、奶粉），一般按生产班次取样，取样数为1/3 000，尾数超过1 000的取1罐，但是每天每个品种取样数不得少于3罐。

（5）鱼、肉、果蔬等组成不均匀的固体样品　不均匀的固体样品（如肉、鱼、果蔬等）类，根据检验目的，对各个部分（如肉，包括脂肪、肌肉部分；蔬菜，包括根、茎、叶等）分别采样，经过捣碎混合成为平均样品。如果分析水对鱼的污染程度，只取内脏即可。这类食品的本身各部位极不均匀，个体大小及成熟度差异大，更应该注意取样的代表性。个体较小的鱼类可随机取多个样,切碎、混合均匀后分取缩减至所需要的量;个体较大的鱼,可从若干个体上切割少量可食部分,切碎后混匀,分取缩减。

果蔬先去皮、核,只留下可食用的部分。体积小的果蔬,如葡萄等,随机取多个整体,切碎混合均匀后,缩减至所需量。对体积大的果蔬,如番茄、茄子、冬瓜、苹果、西瓜

想一想
"四分法"缩分试样,怎样操作?

等,按个体的大小比例,选取若干个个体,对每个个体单独取样。取样方法是从每个个体生长轴纵向剖成 4 份,取对角线 2 份,再混合缩分,以减少内部差异;体积膨松型如油菜、菠菜、小白菜等,应由多个包装(捆、筐)分别抽取一定数量,混合后做成平均样品。包装食品(罐头、瓶装饮料、奶粉等)批号,分批连同包装一起取样。如小包装外还有大包装,可按比例抽取一定的大包装,再从中抽取小包装,混匀后,作为采样需要的量。

2. 缩分方法与平均样品的制备

(1)**分样器缩分法**　将清洁干燥的分样器放稳,关闭漏斗开关,将样品从高于漏斗口约 5 cm 处倒入漏斗内,打开漏斗开关,待样品流尽后,轻拍分样器外壳,关闭漏斗开关。再将所有盛样器内的样品同时倒入漏斗内,继续按上法重复混合 2～3 次。以后每次用一个盛样器内的样品按上法继续分样,直至该盛样器内的样品接近需要量为止。

(2)**四分法**　将样品倾于清洁、干燥的混样台上,两手各执分样板一块,将样品从左右两侧铲起约 10 cm 高,对准中心同时倒落。再换其垂直方向同样操作(中心点不动)。如此反复混合 4～5 次,将样品压铺成等厚的正方形,用分样板在样品上划两条对角线,分成 4 个等腰三角形,弃去 2 个对顶三角形的样品。剩下的样品再按上述方法反复分取,直至最后剩下的 2 个对顶三角形的样品接近需要量为止。

(3)**点取法**　将样品倾于清洁、干燥的白瓷方盘内或分样台上,用分样板仔细混匀,平铺成均匀厚度的方形,划分棋盘格,用小铲从每个小格铲取样品,不少于 16 份,每格中抽样数量应一致。

(4)**平均样品的制备**　原始样品采用分样器缩分法或四分法进行缩分,制备平均样品。在采用机械自动化抽样情况下,从集样器中得到的是平均样品。

(三)样品的保存

想一想
新鲜果蔬样品如何保存?

采集后的样品要尽快送到实验室进行分析检验,以能保持原有的理化、微生物、有害物质等存在状况,检验前也不能出现污染、变质、成分变化等现象。如果不能立即进行分析检验,应置于密封洁净容器内,低温、暗处下妥善保存,以避免在保存时可能出现的变化——吸水或失水、霉变、细菌污染等。

(1)**避光吸水或失水**　原来含水量高的易失水,反之则吸水。含水量高的易发生霉变,细菌繁殖快。保存样品用的容器有玻璃、塑料、金属等,原则上保存样品的容器不能同样品的主要成分发生化学反应。

(2)**防止霉变**　特别是新鲜的植物性样品,易发生霉变;当组织有损坏时更易发生褐变,因为组织受伤时,氧化酶发生作用,变成褐色。对于组织受伤的样品不易保存,应尽快分析。例如,茶叶采下来时,先加热脱活(杀青),使酶失去活性。

(3)**防止细菌污染**　为了防止细菌污染,最理想的方法是冷冻,样品保存的理想温度为 -20℃。有的为了防止细菌污染可加防腐剂,例如甲醛,牛奶中可加甲醛作为防腐剂,但添加量不能过多,一般是 1～2 滴/100 mL 牛奶。

三、恒重技术

恒重(恒量)系指在规定条件下,供试品连续 2 次干燥或炽灼后称得的质量之差不超过规定的范围。干燥至恒重的第 2 次及以后各次称重均应在规定条件下继续干燥 1 h 后进行;炽灼至恒重的第 2 次称重应在继续炽灼 0.5 h 后进行。

在每次干燥后应立即取出放干燥器中,待冷却至室温后称量(若炽灼应在高温炉内降温至 300℃左右时取出放入干燥器中,待冷却至室温后称量)。

GB 5009.3—2010《食品安全国家标准　食品中水分测定》取试样为 2~10 g(精确至 0.000 1 g)时,前后两次质量差不超过 2 mg 为恒重。GB 5009.4—2010《食品安全国家标准　食品中灰分测定》灰分大于 10 g/100 g 食品试样,称取 2~3 g(精确至 0.000 1 g);灰分小于 10 g/100 g 食品试样,试样称取 3~10 g(精确至 0.000 1 g),重复灼烧至前后两次称量相差不超过 0.5 mg 为恒重。

【思考】

1. 食品理化检验工作项目有哪些?
2. 食品理化检验的方法及特点有哪些?
3. 袋装奶粉的样品取样操作步骤有哪些?

任务二　糖果水分测定——减压干燥法

【工作要点】

1. 真空泵及真空干燥箱运行检查。
2. 减压干燥装置连接及操作。
3. 硬糖的样品制备。
4. 精密称量及数据处理。

【工作过程】

(一)样品处理

用粉碎机将大块硬糖样品打碎(粉末和结晶试样直接称取),用四分法对角取样,约 25 g,置于清洁、干燥、带盖的广口瓶内,混匀待用。

> **想一想**
> 糖果粉碎会有什么特殊现象?

(二)测定

精确称量已干燥恒重的称量瓶,精确称取样品 3~5 g。放入真空干燥箱内,将真空干燥箱连接真空泵,抽出真空干

> **想一想**
> 真空干燥何时开始计时?

燥箱内空气,使真空度达到 90 kPa,温度控制在(80±2)℃,保持温度和压力,干燥 4 h。关闭真空泵上的活塞,停止抽气,打开通大气的活塞,使空气经干燥瓶缓缓进入真空干燥箱内。待压力恢复正常后,再打开烘箱,取出称量瓶,加盖后放入干燥器内,放置 0.5 h 冷却至室温后取出称重,精确至 0.000 1 g。

想一想
何时打开真空干燥箱取出称量瓶?

重复操作,加热 1 h 称重,直至连续 2 次称重所得的质量差不超过 0.001 g。

注:受热后易分解的样品,以不超过 1~3 mg 的减量值为恒重标准。

(三)结果与计算

1. 计算公式

糖果中干燥失重测得水分的含量 X 以式(1-2)计算:

$$X = \frac{m_1 - m_2}{m_1 - m} \times 100 \qquad (1-2)$$

式中:X——糖果中干燥失重测得水分的含量,g/100 g;

　　　m_1——装有样品的称量瓶的总质量,g;

　　　m_2——样品干燥后和称量瓶的总质量,g;

　　　m——称量瓶的质量,g。

注:硬质型奶糖的干燥失重不大于 4.0%,胶质型奶糖的干燥失重不大于 9.0%。水分含量≥1 g/100 g 时,计算结果保留 3 位有效数字。

2. 精密度

在重复性条件下获得的 2 次独立测定结果的绝对差值不得超过算术平均值的 10%。

【相关知识】

利用低压下水的沸点降低的原理,将不宜在高温下干燥的样品置于低压环境中,使水分在较低温度下蒸发出来,根据试样干燥至恒重后所失去的质量,计算水分含量(挥发物的含量)。

GB 5009.3—2010《食品安全国家标准　食品中水分测定》减压干燥法。

【仪器与试剂】

1. 分析天平:感量为 0.1 mg。

2. 干燥器:装有有效的干燥剂。

3. 真空干燥箱:(80±2)℃。

4. 称量瓶(H：20 mm×ϕ：60 mm):带盖的扁形铝制或玻璃制称量瓶,在试验条件下不易腐蚀。

5. 真空泵:真空度应达 90 kPa。

【友情提示】

1. 适用于在100℃以上加热容易分解、变质及含有不易除去结合水的食品。例如,糖果、糖浆、麦乳精、味精、砂糖、蜂蜜、高脂肪食品、果酱和脱水蔬菜等样品,不含或含其他挥发性物质甚微的食品,都可以采用真空干燥法测定水分。

2. 一般选择压力为40～53 kPa,温度为50～60℃。实际应用时要根据试样性质及干燥箱耐压能力不同而调整压力和温度。

3. 真空干燥箱内各部位温度要均匀一致,若干燥时间短,更应严格控制。

4. 减压干燥时,自干燥箱内压力降至规定真空度时,计算烘干时间。

5. 不适于添加了其他原料的糖果,如奶糖、软糖等试样测定,也不适用于水分含量小于0.5 g/100 g的样品。

【考核要点】

1. 食品粉碎机制备糖果试样操作。
2. 真空泵及真空干燥箱的使用。
3. 精密称量试样及结果表达。

【思考】

1. 在下列情况下,干燥失重的结果是偏高还是偏低?
①发生美拉德反应。
②样品表面结了硬皮。
③装有样品的干燥器未封好。
④干燥器中硅胶已受潮失效。

2. 真空干燥箱与普通烘箱有何区别?为何连接装有变色硅胶和粒状苛性钠的两个干燥器?

3. 减压干燥箱内压力如何控制?干燥箱门开启需要注意哪些问题?

【必备知识】

一、样品预处理技术

食品的成分复杂,既含有糖、蛋白质、脂肪、维生素、农药等有机大分子化合物,也含有许多钾、钠、钙、铁、镁等无机元素。它们以复杂的形式结合在一起,当以选定的方法对其中某种成分进行分析时,其他组分的存在,常会产生干扰而影响被测组分的准确检出。多数的食品样品都需要进行处理,将样品转化成可以测定的形态以及将被测组分与干扰组分分离,这一过程称为样品的预处理。预处理的过程往往是测定中最大的误差来源。预处理的分离、提取和富集技术的水平直接影响分析结果的正确性。

(一)预处理的作用与要求

想一想
为何要对样品预处理?

1. 预处理作用

①排除干扰。其他组分的存在,常会产生干扰而影响被测组分的正确检出。

②样品浓缩。食品样品中有毒、有害污染物的含量极低,但危害很大,测定时会因为所选方法的灵敏度不够而难于检出,需对样品中的相应组分进行浓缩,以满足分析方法的要求。

③完整保留被测组分,以便获得可靠的分析结果。

2. 预处理要求

从采样到样品检验分析的整个过程中,食品不能发生明显的特性改变。

①控制酶的活性。酶活动具有普遍性,在准备样品时不能激活任何种类的酶,确保检验食品的成分(如糖、脂肪、蛋白质的含量)不会发生改变。

②保护脂肪。含有高不饱和脂肪的食品样品,在研磨处理时,一般需要冷冻,并且低温存放于暗室或深色瓶子里;在不影响分析的前提下,还可以加入抗氧剂以减缓氧化的发生。

③预防微生物生长和交叉污染。运用冷冻、烘干、热处理和化学防腐剂等手段,防止食品样品中微生物的增长而改变样品的成分。防腐剂的使用需要根据存储条件、时间和将要进行的分析项目而定。

④避免物理变化。加强对温度及外力的控制,减少水分的蒸发或结晶、脂肪的融化或析出、甚至结构属性的混乱。

(二)样品预处理技术

在分析检验之前,根据被测组分的理化性质及样品的特点,对样品进行处理,去除干扰物质、使被测物达到浓缩的目的。

1. 有机物破坏法

测定食物中无机物含量时,常采用有机物破坏法来消除有机物的干扰。因为食物中的无机元素会与有机物结合,形成难溶、难解离的化合物,使无机元素失去原有的特性,而不能依法检出。有机物破坏法是将有机物在强氧化剂的作用下经长时间的高温处理,破坏其分子结构,有机物分解呈气态逸散,而使被测无机元素得以释放。本法除常用于测定食品中微量金属元素之外,还可用于检验硫、氮、氯、磷等非金属元素。根据具体操作,常用的有干法和湿法两大类,但随着微波技术的发展,微波消解法也得到了应用。

(1)干法(又称灰化) 通过高温灼烧将有机物破坏。除汞外的大多数金属元素和部分非金属元素的测定均可采用此法。具体操作是将一定量的样品置于坩埚中加热,使有机

想一想
干法灰化适合什么样品的预处理?

物脱水→炭化→分解→氧化,再于高温电炉(500~550℃)中灼烧灰化,残灰应为白色或浅灰色。否则应继续灼烧,得到的残渣即为无机成分,可供测定用。

干法灰化的优点是空白值低(灰化时不加或加入很少的试剂),可富集被测组分,破坏彻底,操作简便;缺点是需要时间较长,温度高易造成某些挥发元素损失及坩埚对被测组分的吸附,导致测定结果和回收率偏低。

项目一 食品水分检验技术

提高回收率的措施有下面 2 种。

①根据被测组分的性质，控制适宜的灰化温度。

②对有些元素的测定可加助灰化剂。例如，加入氢氧化钠或氢氧化钙能使卤素转变为难挥发的碘化钠或氟化钙；加入氯化镁或硝酸镁能使磷、硫元素转变为磷酸镁或硫酸镁，防止它们损失。

（2）湿法（又称消化法）　运用加入强氧化剂加热的方式将有机物破坏。向样品中加入硫酸、硝酸、高氯酸、过氧化氢、高锰酸钾等氧化剂在酸性溶液中加热消煮，使有机物完全分解、氧化、呈气态逸出，将待测组分转化成无机状态存在于消化液中，供测试用。

湿法的优点是使用的分解温度低于干法，分解速度快，所需时间短，容器吸留少，因此减少了某些金属元素挥发散逸，应用范围较为广泛。缺点是易产生大量泡沫外溢，需人随时看管；因试剂用量大，空白值偏高。消化过程中常产生大量 SO_2 等有害气体，需在通风橱中操作。

根据所用氧化剂不同，湿法分为以下几类。

①硫酸-硝酸法。将粉碎好的样品放入 $250\sim500$ mL 凯氏烧瓶中（样品量可称 $10\sim20$ g），如图 1-1 所示。加入浓硝酸 20 mL，小心混匀后，先用小火使样品溶化，再加浓硫酸 10 mL，渐渐加强火力，保持微沸状态并不断滴加浓硝酸，至溶液透明不再转黑为止。每当溶液变深时，应立即添加硝酸，否则会消化不完全。待溶液不再转黑后，继续加热数分钟至冒出浓白烟，此时消化液应澄清透明。消化液放冷后，小心用水稀释，转入容量瓶，同时用水洗涤凯氏烧瓶，洗液并入容量瓶，调至刻度后混匀供待测用。

②高氯酸-硝酸-硫酸法。称取粉碎好的样品 $5\sim10$ g，放入 $250\sim500$ mL 凯氏烧瓶中，加少许水湿润，加数粒玻璃珠，加 3∶1 的硝酸-高氯酸混合液 $10\sim15$ mL，放置片刻，小火缓缓加热，反应稳定后放冷，沿瓶壁加入 $5\sim10$ mL 浓硫酸，继续加热至瓶中液体开始变成棕色时，不断滴加硝酸-高氯酸混合液（3∶1）至有机物分解完全。加大火力至产生白烟，溶液应澄清、无色或微黄色。操作中注意防爆。放冷后用容量瓶中定容。

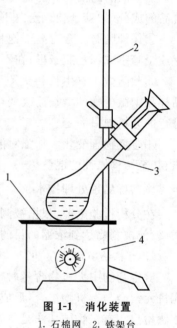

图 1-1　消化装置
1. 石棉网　2. 铁架台
3. 凯氏烧瓶　4. 电炉

③高氯酸（过氧化氢）-硫酸法。取适量样品于凯氏烧瓶中，加适量浓硫酸，加热消化至呈淡棕色，放冷，加数毫升高氯酸（或过氧化氢），再加热消化，重复操作至破坏完全，放冷后以适量水稀释，小心转入容量瓶中定容。

④硝酸-高氯酸法。取适量样品于凯氏烧瓶中，加数毫升浓硝酸，小心加热至剧烈反应停止后，再加热煮沸至近干，加入 20 mL 硝酸-高氯酸（1∶1）混合液。缓缓加热，反复添加硝酸-高氯酸混合液至破坏完全，小心蒸发至近干，加入适量稀盐酸溶解残渣，若有不溶物应过滤。滤液于容量瓶中定容。

消化过程中注意维持一定量的硝酸或其他氧化剂，破坏样品时应作空白，以校正消化试剂引入的误差。

食品理化检验技术

2. 微波消解法

微波是一种电磁波,它能使样品中极性分子在高频交变电磁场中发生振动,相互碰撞、摩擦、极化而产生高热。微波消解法是一种利用微波能量促进样品消化的新技术。样品和消化液放在聚四氟乙烯焖罐中,在 2 450 MHz 的微波电磁场的辐射下,分子间高速振动摩擦而迅速升温,分子极化重新排列产生张力,从而使样品迅速分解消化。

微波对食品样品的消解主要包括有传统的敞口式、半封闭式、高压密封罐式,以及近几年发展起来的聚焦式。

压力自控密闭微波消解法是将试样和溶剂放在双层密封罐里(图 1-2)进行微波加热消解,自动控制密闭容器的压力,它结合了高压消解和微波加热迅速,以及能使极性分子在高频交变电磁场中剧烈振动碰撞、摩擦、极化等方面的性能,在压力或温度控制下,在微波炉里自动加热,难消解的样品几十分钟即可,时间大大缩短,酸雾量也减少,同时也减少了对人和环境的危害。

与传统的干、湿消解方法相比,它具有节能、快速、易挥发元素损失少、污染小、操作简便、消解完全、溶剂消耗少、空白值低等特点,易于实现自动化。特别适应于测定易挥发元素的样品分析。

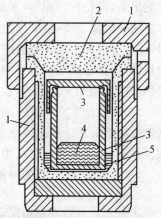

图 1-2 微波消解时所用的密闭
PIFE 消解容器

1. 聚丙烯外壳 2. PIFE 压力容器
(体积为 25 mL) 3. Teflon PFA
内部容器(体积为 7 mL) 4. 样品、
碱及过氧化氢的混合物
5. 水 0.5 mL

(三)样品待检成分的提取分离技术

同一溶剂中,不同的物质具有不同的溶解度;同一物质在不同的溶剂中溶解度也不同。溶剂提取法是利用样品中各组分在特定溶剂中溶解度的差异,使其完全或部分分离。常用的无机溶剂有水、稀酸、稀碱;有机溶剂有乙醇、乙醚、氯仿、丙酮、石油醚等。溶剂提取法在食品分析检验中常用于维生素、重金属、农药及黄曲霉毒素的测定。

溶剂提取法可用于提取固体、液体及半流体,根据提取对象不同,溶剂提取法可分为化学分离法、离心分离法、溶剂提取分离法、挥发分离法、色谱分离法和浓缩法。

> **想一想**
> 提取分离方法有哪些?

1. 化学分离法

(1)磺化法和皂化法 食品中农药残留分析中去除油脂的常用方法。

①磺化法。用浓硫酸处理样品提取液,引入典型的极性官能团—SO₃H,使脂肪、色素、蜡质等干扰物质磺化,脂肪和色素中的不饱和键也能进行加成作用,生成溶于硫酸和水的强极性化合物,从而从有机溶剂中分离出来。该法只适用在强酸介质中稳定的农药的分析,例如,有机氯农药残留检测。

②皂化法。用热 KOH—乙醇溶液与脂肪及其杂质发生皂化反应,从而将其除去。例如,白酒中总酯的测定,用过量的氢氧化钠将酯皂化掉,过量的碱再用酸滴定,最后用碱量来计算总酯。本法适用于对碱稳定的农药提取液的净化。

(2)沉淀分离法 向样液中加入沉淀剂,利用沉淀反应使被测组分或干扰组分沉淀下来,再经过滤或离心实现与母液分离。本法是常用的样品净化方法,例如,饮料中糖精钠的测定,可加碱性硫酸铜将蛋白质等杂质沉淀下来,过滤除去。

向溶液中加入某一盐类物质,使溶质溶解在原溶剂中的溶解度大大降低,从而从溶液中沉淀出来,即盐析。例如,在蛋白质的测定过程中,常用氢氧化铜或碱性醋酸铅将蛋白质从水溶液中沉淀下来,将沉淀消化并测定其中的氮量,据此断定样品中纯蛋白质的含量。盐析时,注意溶液中所加入物质的选择,不能破坏溶液中所要析出的物质,否则达不到盐析提取的目的;还要注意选择适当的盐析条件,如溶液的 pH、温度等。盐析沉淀后,根据溶剂和析出物质的性质和实验要求,选择适当的分离方法,如过滤、离心分离和蒸发等。

(3)掩蔽法　向样液中加入掩蔽剂,使干扰组分改变其存在状态(被掩蔽状态),以消除其对被测组分的干扰。掩蔽的方法有一个最大的好处就是可以免去分离操作,使分析步骤大大简化,特别是测定食品中的金属元素时,常加入配位掩蔽剂来消除共存的干扰离子的影响(如项目七任务一,钙的样液中加入氰化钠、柠檬酸钠,掩蔽铁、锰、铝、铜、镍、钴等离子)。

2. 离心分离法

当被分离的沉淀量很少时,应采用离心分离法,该法操作简单而迅速。实验室常用的有低速离心机和高速离心机。由于离心作用,沉淀紧密地聚集于离心管的尖端,上方的溶液是澄清的。可用滴管小心地吸取上方清液,也可将其倾出。如果沉淀需要洗涤,可以加入少量的洗涤液,用玻璃棒充分搅动,再进行离心分离,如此重复操作两三遍即可。

3. 溶剂提取分离法

利用样品各组分在某一溶剂中溶解度的差异,将组分完全或部分分离的方法,为溶剂提取分离法。

(1)浸取法　用适当的溶剂(提取剂)将固体样品中的某种被测组分浸取出来称浸取,即液-固萃取法。该法应用广泛,如测定固体食品中脂肪含量时,用乙醚反复浸取样品中的脂肪,而杂质不溶于乙醚,再使乙醚挥发掉,称出脂肪的质量即可。

提取剂应根据被提取物的性质来选择。提取剂对被测组分的溶解度应最大,对杂质的溶解度最小,提取效果遵从相似相溶原则,通常对极性较弱的成分(如有机氯农药)用极性小的溶剂(如正己烷、石油醚)提取;对极性强的成分(如黄曲霉毒素 B_1)可用极性大的溶剂(如甲醇与水的混合液)提取。所选择溶剂的沸点应适当($45\sim80\ ℃$),太低易挥发,过高又不易浓缩,对热稳定性差的被提取成分也不利。提取剂应无毒或毒性小。

想一想
适用于溶剂萃取分离的分析样品?

提取的方法有如下几种。

①振荡浸渍法。将切碎的样品放入选择好的溶剂系统中,浸渍、振荡一定时间使被测组分被溶剂提取。该法操作简单,但回收率低。

②捣碎法。将切碎的样品放入捣碎机中,加入溶剂,捣碎一定时间,使被测成分被溶剂提取。该法回收率高,但选择性差,干扰杂质溶出较多。

③索氏提取法。将一定量样品放入索氏提取器中,加入溶剂,加热回流一定时间,被测组分被溶剂提取。该法溶剂用量少,提取完全,回收率高,但操作麻烦,需专用索氏提取器。

(2)溶剂萃取法　利用适当的溶剂(常为有机溶剂,亦称萃取剂)将液体样品中的被测组分(或杂质)提取出来称为萃取。萃取的原理是被提取的组分在两互不相溶的溶剂中分配系数不同,从一相转移到另一相中而与其他组分分离。本法操作简单、快速,分离效果好,使用广泛。缺点是萃取剂易燃、有毒性。

萃取剂应对被测组分有最大的溶解度,对杂质有最小的溶解度,且与原溶剂不互溶;两种溶剂易于分层,无泡沫。

萃取常在分液漏斗中进行,一般需萃取 4~5 次方可分离完全。若萃取剂比水轻,且从水溶液中提取分配系数小或振荡时易乳化,可采用连续液体萃取器,如图 1-3 所示。

4. 挥发分离法(蒸馏法)

利用液体混合物中各组分挥发度不同进行分离的方法,称为挥发分离法。本法既可将干扰组分蒸馏除去,也可

想一想
挥发分离法要求样品的条件?

将待测组分蒸馏逸出,收集馏出液进行分析。根据样品组分性质不同,蒸馏方式有常压蒸馏、减压蒸馏及水蒸气蒸馏。

(1)常压蒸馏 当样品组分受热不分解或沸点不太高时,可进行常压蒸馏,如图 1-4 所示。加热方式根据被蒸馏样品的沸点和性质确定,如果沸点低于 90℃,可用水浴;如果超过 90℃,则可改用油浴;如果被蒸馏物不易爆炸或燃烧,可用电炉或酒精灯直接加热,但最好垫以石棉网;如果是有机溶剂则要用水浴并注意防火。

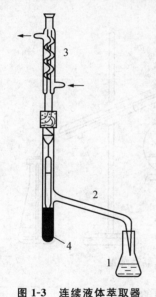

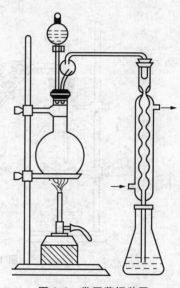

图 1-3 连续液体萃取器
1. 锥形瓶 2. 导管 3. 冷凝器 4. 欲萃取相

图 1-4 常压蒸馏装置

(2)减压蒸馏 如果样品中待蒸馏组分易分解或沸点太高时,可采取减压蒸馏。减压蒸馏装置复杂,如图 1-5 所示。

(3)水蒸气蒸馏 用水蒸气加热混合液体的装置,如图 1-6 所示。操作初期,蒸汽发生瓶和蒸馏瓶先不连接,分别加热至沸腾,再用三通管将蒸汽发生瓶连接好,开始蒸汽蒸馏。这样不至于因蒸汽发生瓶产生蒸汽遇到蒸馏瓶中的冷溶液凝结出大量的水,增加体积而延长蒸馏时间。蒸馏结束后应先将蒸汽发生瓶与蒸馏瓶连接处拆开,再撤掉热源,否则会发生回吸现象,而将接收瓶中蒸馏出的液体全部抽回去,甚至回吸到蒸汽发生瓶中。

(4)蒸馏操作注意事项

①蒸馏瓶中装入的液体体积最大不超过蒸馏瓶的 2/3。同时加瓷片、毛细管等防止暴沸,蒸汽发生瓶也要装入瓷片或毛细管。

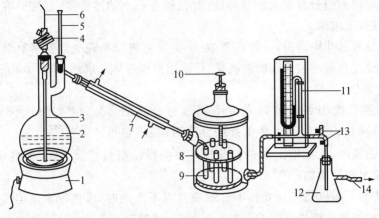

图 1-5 减压蒸馏装置

1. 电炉 2. 克莱森瓶 3. 毛细管 4. 螺旋止水夹 5. 温度计 6. 细铜丝 7. 冷凝器 8. 接收瓶
9. 接收管 10. 转动把 11. 压力计 12. 安全瓶 13. 三通管阀 14. 接缺氧机

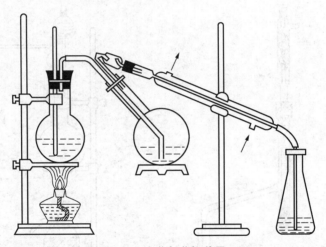

图 1-6　水蒸气蒸馏装置

②温度计插入高度应适当,以与通入冷凝器的支管在一个水平上或略低一点为宜。温度计的需查温度应在瓶外。

③有机溶剂的液体应使用水浴,并注意安全。

④冷凝器的冷凝水应由低向高逆流。

> **想一想**
> 蒸馏操作有哪些不安全因素?

5. 色谱分离法

将样品中的组分在载体上进行分离的一系列方法,称为色谱分离法(又称色层分离法)。根据分离原理不同,分为吸附色谱分离、分配色谱分离和离子交换色谱分离等。该类分离方法效果好,在食品分析检验中广为应用。

(1)吸附色谱分离　该法使用的载体为聚酰胺、硅胶、硅藻土、氧化铝等吸附剂,经活化处理后具一定的吸附能力。样品中的各组分依其吸附能力不同,被载体选择性吸附,使其分离。例如,食品中色素的测定,将样品溶液中的色素经吸附剂吸附(其他杂质不被吸附),经过滤、洗涤,再用适当的溶剂解吸,得到比较纯净的色素溶液。吸附剂可以直接加入样品中吸附色素,也可将吸附剂装入玻璃管中制成吸附柱或涂布成薄层板使用。

(2)分配色谱分离 根据样品中的组分在固定相和流动相中的分配系数的不同而进行分离。当溶剂渗透在固定相中并向上渗展时,分配组分就在两相中进行反复分配,进而分离。例如,多糖类样品的纸上层析,样品经酸水解处理,中和后制成试液,滤纸上点样,用苯酚—1‰氨水饱和溶液展开,苯胺邻苯二酸显色,于105℃加热数分钟,可见不同色斑:戊醛糖(红棕色)、己醛糖(棕褐色)、己酮糖(淡棕色)、双糖类(黄棕色)。

(3)离子交换色谱分离 是一种利用离子交换剂与溶液中的离子发生交换反应实现分离的方法。根据被交换离子的电荷,分为阳离子交换和阴离子交换。该法可用于从样品溶液中分离待测离子,也可从样品溶液中分离干扰组分。分离操作可将样液与离子交换剂一起混合振荡或将样液缓缓通过事先制备好的离子交换柱,则被测离子与交换剂上的 H^+ 或 OH^- 发生交换,或是被测离子上柱;或是干扰组分上柱,从而将其分离。

6. 浓缩法

样品在提取、净化后,往往样液体积过大、被测组分的浓度太小,影响其分析检验,此时则需对样液进行浓缩,以提高被测成分的浓度。常用的浓缩方法有常压浓缩和减压浓缩。

想一想
浓缩法在何种情况下使用?

(1)常压浓缩 只能用于待测组分为非挥发性的样品试液的浓缩,否则会造成待测组分的损失。操作可采用蒸发皿直接挥发,若溶剂需回收,则可用一般蒸馏装置或旋转蒸发器(图1-7),操作简便、快速。

(2)减压浓缩 若待测组分为热不稳定或易挥发的物质,其样品净化液的浓缩需采用K-D浓缩器(图1-8)。

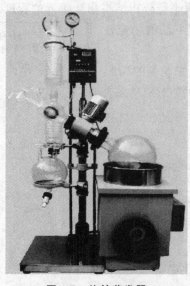

图1-7 旋转蒸发器

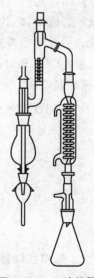

图1-8 K-D浓缩器

项目一 食品水分检验技术

采取水浴加热并抽气减压,以便浓缩在较低的温度下进行,且速度快,可减少被测组分的损失。食品中有机磷农药的测定(如甲胺磷、乙酰甲胺磷含量的测定)多采用此法浓缩样品净化液。为提高效率,当被测组分不是沸点很低的物质时,更广泛使用吹扫法(也称为氮吹法)。

二、测定数据的评价与表达

想一想
评价分析结果有哪些指标?

在定量分析中,评价一个分析结果的好坏,通常用精密度、准确度和灵敏度这3项指标。其中灵敏度在仪器分析应用较多。

(一)准确度

准确度是指分析结果与真实值相接近的程度。准确度主要是由系统误差决定的,它反映了测定结果的可靠性。测量值准确度的高低用误差表示,包括绝对误差与相对误差。

(1)绝对误差(E) 指测量值(X)与真实值(T)之差。

$$E = X - T$$

(2)相对误差(RE) 指绝对误差占真实值(通常用平均值代表 $\overline{X}$)的百分率。

$$RE = \frac{E}{T} \times 100\%$$

误差的差值越小则分析结果的准确度高,反之则低。

当被测定的量大时,相对误差小,测定的准确度高。反之,被测定的量小时,相对误差大,测定的准确度低。因此,选择分析方法时,为了便于比较,通常用相对误差表示测定结果的准确度。

误差有正负之分,正值表示分析结果偏高,负值表示分析结果偏低。

(二)精密度

精密度是指同一样品在相同的条件下多次平行分析结果相互接近的程度。这些分析结果的差异是由偶然误差造成的,它代表着测定方法的稳定性和测定数据的再现性。一般用偏差来表示。

想一想
精密度评价什么?怎样表达?

偏差一般用绝对偏差(d)、相对偏差(d_r)、平均偏差($\overline{d}$)、相对平均偏差($\overline{d}_r$)、标准偏差(S)、相对标准偏差(RSD)来表示。

(1)绝对偏差(d) 指单次测量值(x_i)与平均值($\overline{x}$)之差。

$$d = x_i - \overline{x}$$

$$\overline{x} = \frac{x_1 + x_2 + \cdots + x_n}{n} = \frac{1}{n}\sum_{i=1}^{n} x_i$$

式中:n 为测量次数。

(2)相对偏差(d_r) 指单次测量值的绝对偏差在平均值中所占的百分率。

$$d_r = \frac{d}{\overline{x}} \times 100\%$$

绝对偏差和相对偏差均有正、负值之分。绝对偏差和相对偏差只能表示相应的单次测量值与平均值的接近程度。

实际检验工作,要表示一组数据的精密度,常使用平均偏差和相对平均偏差。

（3）平均偏差（$\bar{d}$）　各单次测量绝对偏差的绝对值的平均值。

$$\bar{d} = \frac{\sum\limits_{i=1}^{n} |x_i - \bar{x}|}{n}$$

式中：n 为测量次数。

（4）相对平均偏差（$\bar{d}_r$）　指平均偏差占平均值的百分率。

$$\bar{d}_r = \frac{\bar{d}}{\bar{x}} \times 100\% = \frac{\sum\limits_{i=1}^{n} |x_i - \bar{x}|}{n \times \bar{x}} \times 100\%$$

平均偏差和相对平均偏差都是正值。偏差的数值越小，说明测定结果的精密度越高，再现性愈好。

一般情况，常量组分定量化学分析要求相对平均偏差、相对标准偏差小于 0.2%。

（5）标准偏差（也称标准离差或均方根差）（S）　是反映一组测量数据离散程度的统计指标。能更好地反映大的偏差存在的影响。

$$S = \sqrt{\frac{\sum\limits_{i=1}^{n} (x_i - \bar{x})^2}{n-1}} = \sqrt{\frac{(x_1 - \bar{x})^2 + (x_2 - \bar{x})^2 + \cdots + (x_n - \bar{x})^2}{n-1}}$$

例如，甲、乙两组对某一试样分析测定的结果如表 1-1 所示。

表 1-1　平均偏差与标准偏差应用比较

组别	测量数据								平均值	平均偏差	标准偏差
甲组	5.3	5.0	4.6	5.1	5.4	5.2	4.7	4.7	5.0	0.25	0.31
乙组	5.0	4.3	5.2	4.9	4.8	5.6	4.9	5.3	5.0	0.25	0.35

从以上 2 组数据中可见，乙组中的一个数据 4.3 偏差较大，测定数据较分散。但 2 组的平均偏差一样，不能比较出精密度的差异，而应用标准偏差则可反映出甲组的精密度要好于乙组。

想一想
应用 RSD 有何优势？

（6）相对标准偏差（RSD）　指标准偏差在平均值中所占的百分率。简写 RSD 或称变异系数（CV）（或偏离系数）。在比较两组或几组测量值波动的相对大小时，常常采用相对标准偏差。

$$RSD = \frac{S}{\bar{x}} \times 100\%$$

例如，某标准溶液的 5 次标定结果为：0.102 2 mol/L、0.102 9 mol/L、0.102 5 mol/L、0.102 0 mol/L、0.102 7 mol/L。计算平均值、平均偏差、相对平均偏差、标准偏差及相对标准偏差。

平均值　　　　$\bar{x} = \dfrac{0.102\ 2 + 0.102\ 9 + 0.102\ 5 + 0.102\ 0 + 0.102\ 7}{5}$

$$=0.102\ 5(\text{mol/L})$$

平均偏差 $\quad \bar{d}=\dfrac{0.000\ 3+0.000\ 4+0.000\ 0+0.000\ 5+0.000\ 2}{5}$

$$=0.000\ 3(\text{mol/L})$$

相对平均偏差 $\quad \bar{d}_r=\dfrac{\bar{d}}{\bar{x}}\times100\%=\dfrac{0.000\ 3}{0.102\ 5}\times100\%=0.29\%$

标准偏差 $\quad S=\sqrt{\dfrac{(0.000\ 3)^2+(0.000\ 4)^2+(0.000\ 0)^2+(0.000\ 5)^2+(0.000\ 2)^2}{5-1}}$

$$=0.000\ 4(\text{mol/L})$$

相对标准偏差 $\quad RSD=\dfrac{0.000\ 4}{0.102\ 5}\times100\%=0.39\%$

在实际工作中,真实值常常不知道,人们是通过多次重复实验,得出一个相对准确的平均值,以代替真实值来计算误差的大小。生产部门一般也不强调误差和偏差两个概念的区别,都称之为误差。

标定标准溶液浓度时,常用"极差"表示精密度。"极差"是指一组平行测定值中最大值与最小值之差。

在食品产品标准中,还常常见到关于"允许差"(或称公差)的规定。一般要求某一项指标的平行测定结果之间的绝对偏差不得大于某一数值,这个数值就是"允许差",它实际上是对测定精密度的要求。例如,食品安全国家标准食品中铅的测定(GB 5009.12—2010)第一法石墨炉原子吸收光谱法和第三法火焰原子吸收光谱法测定结果精密度"在重复性条件下获得的 2 次独立测定结果的绝对差值不得超过算术平均值的 20%"。

在规定试验次数的测定中,每次测定结果均应符合允许差要求。若超出允许差范围应在短时间内增加测定次数,至测定结果与前面几次(或其中几次)测定结果的差值符合允许差规定时,再取其平均值。否则应查找原因,重新按规定进行分析。

(三)分析结果的表达

不同的分析任务,对分析结果的准确度要求不同,平行测定次数与分析结果的报告也不同。

1. **例行分析**

想一想
分析数据如何进行取舍判断?

在例行分析和生产中间控制分析中,1 个试样一般做 2 个平行测定。如果 2 次分析结果之差不超过允许差的 2 倍,则取平均值报告分析结果;如果超过允许差的 2 倍,则须再做一份分析,最后取 2 个差值小于允许差 2 倍的数据,以平均值报告结果。

例如,某食品产品中微量水的测定,若允许差为 0.05%,而样品平行测定结果分别为 0.55%、0.69%,应如何报告分析结果?

因为: $\qquad 0.69\%-0.55\%=0.14\%>2\times0.05\%$

故,应该再做一份分析,若再次分析结果为 0.62%,则:

$$0.69\%-0.62\%=0.07\%<2\times0.05\%$$

则应取 0.69% 与 0.62% 的平均值 0.66% 报告分析结果。

2. 多次测定结果

在严格的食品检验或开发性试验中,往往需要对同一试样进行多次测定。这种情况下应以多次测定的算术平均值或中位值报告结果,并报告平均偏差及相对平均偏差。

中位值(x_m)是指一组测定值按大小顺序排列时中间项的数值,当 n 为奇数时,正中间的数只有 1 个;当 n 为偶数时,正中间的数值有 2 个,中位值是指这 2 个值的平均值。采用中位值,计算方法简单,它与两个极端值的变化无关。

例如,检验食品中水分时,测得结果有:21.25%、21.28%、21.20%、21.42%、21.36%。这组数据的算术平均值、平均偏差、相对平均偏差和中位值为:

算术平均值
$$\bar{x} = \frac{1}{n}\sum_{i=1}^{n} x_i = \frac{21.25\% + 21.28\% + 21.20\% + 21.42\% + 21.36\%}{5}$$
$$= 21.30\%$$

平均偏差
$$\bar{d} = \frac{|-0.05| + |-0.02| + |-0.10| + |0.12| + |0.06|}{5} = 0.07(\%)$$

相对平均偏差
$$\bar{d}_r = \frac{\bar{d}}{\bar{x}} \times 100\% = \frac{0.07\%}{21.30\%} \times 100\% = 0.33\%$$

数据按大小顺序列表 1-2:

表 1-2 中位值法数据排序

排序	测得结果	$d = x - \bar{x}$
1	21.20%	−0.10%
2	21.25%	−0.05%
3	21.28%	−0.02%
4	21.36%	0.06%
5	21.42%	0.12%
$n = 5$	$\bar{x} = 21.30\%$	$\bar{d} = 0.07\%$

中位值 $\qquad x_m = 21.28\%$

3. 异常数据的取舍

通常在一组测定数据中,容易觉察到个别数据偏离其余数值较远。若保留这一数据,则对平均值及偶然误差都会产

> **想一想**
> 何时使用Q检验法?

生较大影响。如果分析人员凭主观判断、随意取舍、获得测定结果,有时会导致不合理的结论。统计学的异常数据处理方法采用 Q 检验法或 G 检验法。

(1)Q 检验法(Dixon 检验法) 根据计算所得 Q 值与 Q 值检验表比较后决定取舍。

例如,某一组平行测定实验,得到 6 个测定数据:24、22、23、21、28、25 mg/kg。其中 28 mg/kg 是否舍弃,按 Q 检验法的计算如下:

$$Q_{计} = \frac{|x_{疑} - x_{邻}|}{|x_n - x_1|} = \frac{28 - 25}{28 - 21} = 0.43$$

式中:$|x_{疑} - x_{邻}|$——邻差(可疑值与其相邻数据之差的绝对值);

$|x_n - x_1|$——极差(最大与最小数据之差)。

注:测定次数 $n > 7$ 时,计算统计量 $Q_{计}$ 所用公式有所不同,需要查找有关书籍或手册。

查 Q 值表(表1-3):根据测定次数 n 和要求的置信度,查得临界值 $Q_{表}$。

表1-3 Q 值检验表

测定次数	3	4	5	6	7	8	9	10
Q 值0.90置信限	0.94	0.76	0.64	0.56	0.51	0.47	0.44	0.41
Q 值0.95置信限	1.53	1.05	0.86	0.76	0.69	0.64	0.60	0.58

判定:

$$Q_{计} \geqslant Q_{表},可疑值舍去。$$

$$Q_{计} < Q_{表},可疑值保留。$$

本例中 $0.43 < 0.56$,即保留可疑值。

(2)格鲁布斯(Grubbs)检验法(G 检验法) 相比较 Q 检验法,要求更高。

检验步骤:将数据从小到大排列,计算包括可疑值在内的该组数据的平均值 $\bar{x}$ 和标准偏差 S;计算统计量 $G_{计}$。

$$G_{计} = \frac{|x_{疑} - \bar{x}|}{S}$$

查临界值表(表1-4):根据测量次数 n,显著性水平 α,查得临界值 $G_{表}$。

表1-4 Grubbs 检验法的临界值

测定次数	置信概率(α)		测定次数	置信概率(α)	
	95%	99%		95%	99%
3	1.15	1.15	15	2.55	2.81
4	1.48	1.50	16	2.59	2.85
5	1.71	1.76	17	2.62	2.89
6	1.89	1.97	18	2.65	2.93
7	2.02	2.14	19	2.68	2.97
8	2.13	2.27	20	2.71	3.00
9	2.21	2.39	21	2.73	3.03
10	2.29	2.48	22	2.76	3.06
11	2.36	2.56	23	2.78	3.09
12	2.41	2.64	24	2.80	3.11
13	2.46	2.70	25	2.82	3.14
14	2.51	2.76			

判断可疑值取舍。

$G_计 \geqslant G_表$，可疑值舍去。

$G_计 < G_表$，可疑值保留。

想一想
如何快速判断大偏差可疑值？

注：如果有 2 个可疑值，则无论是在 n 个数据排序中的同一侧还是两侧，都要先找出偏差大的可疑值，暂时舍去。用余下的 $n-1$ 个数据计算 $\bar{x}$ 和标准偏差 S，检验偏差小的可疑值。如果判断此可疑值为异常值，则前面舍去的可疑值更是异常值。

(四)提高分析精确度的方法

食品定量分析中的误差，按其来源和性质可分为系统误差和随机误差 2 类。系统误差是由于某些固定的原因产生，一般有固定的方向（正或负）和大小，在同一条件下重复测定时，它会重复出现，具有单向性。例如，试剂不纯、测量仪器不准、分析方法不妥、操作技术较差等，只要找到产生系统误差的原因，就能设法纠正和克服。

随机误差或偶然误差是由于某些难以控制的偶然因素造成。例如，检验过程中温度、湿度、气压、灰尘以及电压电流的微小变化，天平及滴定管读数的不确定性，电子仪器显示读数的微小变动等，都会引起测量数据的波动。其影响时大时小，时正时负。

只有消除或减小系统误差和随机误差，才能提高分析结果的准确度。

1. 分析方法的选择

样品中待测成分的分析方法往往很多，了解各类方法的特点（如方法的精密度、准确度、灵敏度等），以便综合考虑各项因素加以比较和选择。

①根据分析对象、样品情况及对分析结果的要求来选择合适的分析方法。不同的分析方法具有不同的准确度和灵敏度，对于分析结果的质量分数 $w > 1\%$ 的常量组分的测定，常采用重量分析法或滴定分析法。对分析结果的质量分数 $w < 1\%$ 的微量组分或 $w < 0.001\%$ 痕量组分的测定，相对误差较大，需要采用准确度稍差，但灵敏度高的仪器分析法。

想一想
方法误差怎样避免？

②根据待测样品的数目和要求、取得分析结果的时间等来选择适当的分析方法。不同分析方法操作步骤的繁简程度和所需时间及劳力各不相同，每样次分析的费用也不同，同一样品需要测定几种成分时，应尽可能选用能用同一份样品处理液同时测定该几种成分的方法，以达到简便、快速的目的。

③根据样品的特征，选择制备待测液、定量某成分和消除干扰的适宜方法。各类样品中待测成分的形态和含量不同，可能存在的干扰物质及其含量不同，样品的溶解和待测成分提取的难易程度也不相同。

④根据实验室的设备条件和技术条件，选择适当的分析方法。

2. 实验用水制备

食品分析过程中，无论试剂的制备或检验过程中所加入的水都需用蒸馏水。普通的蒸馏水是由常用的水经过蒸馏制得，可能含有 CO_2、挥发性酸、氨和微量元素金属离子等，所以进行灵敏度高的微量元素的测定时往往将蒸馏水作特殊处理，一般采用硬质全玻璃重蒸一次，或用离子交换纯水器处理，就可得到高纯度的特殊用水。特殊用水的制备有以下几种方法。

(1)酸碱滴定用无 CO_2 水的制备　将普通蒸馏水加热煮沸 10 min 左右，以除去原蒸馏

水中的 CO_2,盖塞备用。

(2)微量元素测定用水　用全玻璃蒸馏器蒸馏一次后使用。

(3)某些有机物测定用水　在普通的蒸馏水中加入高锰酸钾碱性溶液,重新蒸馏一次。

(4)测定氨基氮的无氨水　在每升蒸馏水中加 2 mL 浓硫酸和少量高锰酸钾保持紫红色,再蒸馏一次。

(5)去离子水　一般化验常用水。蒸馏水通过阴、阳离子交换器处理,基本上把水中的 K^+、Na^+、Mg^{2+}、Ca^{2+}、Cu^{2+} 等阳离子或酸性的 CO_3^{2-}、SO_4^{2-}、Cl^- 和 NO_3^- 等阴离子通过阴、阳离子交换树脂交换除去。

蒸馏水的纯度可以用电导仪或专门的水纯度测定仪来测定,水中有机物可通过化学方法进行检查。

3. 校正各种试剂与仪器

①各种计量测试仪(如天平、分光光度计)应定期送到计量管理部门鉴定,以保证仪器的灵敏度和准确度。

②各种标准试剂应按规定定期标定,以保证试剂的浓度和质量。

4. 样品取用量

正确选取样品的量对于分析结果的准确度是很有关系的。例如,常量分析,滴定量或质量过多过少都是不适当的。

5. 增加测定次数

取同一试样几份,在相同的操作条件下对它们进行分析,即平行测定。增加平行测定次数,可以减小随机误差。对同一试样,一般要求平行测定 2~4 份,以获得较准的结果。

想一想
空白实验怎么做?

6. 作空白、对照试验

空白试验是不加试样,用与有试样时同样的操作进行的试验。所得结果称为空白值。从试样的测定值中扣除空白值,就能得到更准确的结果。例如,用以确定标准溶液准确浓度的试验,国家标准规定必须做空白试验。

对照试验是检验系统误差的有效方法。将已知准确含量的标准样,按照待测试样同样的方法进行分析,所得测定值与标准值比较,得一分析误差。用此误差校正待测试样的测定值,可使测定结果更接近真实值。

想一想
对照试验的测定值有何作用?

7. 回收实验

样品中加入标准物质,测定其回收率,可以检验方法的准确程度和样品所引起的干扰误差,并可以同时求出精确度。

想一想
怎样做回收实验?

8. 标准曲线的回归

标准曲线常用于确定未知浓度,其基本原理是测量值与标准浓度成比例。在用比色、荧光、分光光度计时,常需要制备一套标准物质系列,例如,在 722 型分光光度计上测出吸光度 A,根据标准系列的浓度和吸光度绘出标准曲线,但是,在绘制标准曲线时点往往不在一条直线上,对这种情况可用回归法求出该线性方程就能最合适地代表此标准曲线。

食品理化检验技术

木耳吸水量的快速检验

依据：在(50±3)℃的情况下，正常木耳的吸水量为 1 g 木耳可吸收 10 mL 以上的水。达不到此吸水量时，往往为劣质木耳或掺假木耳。

物理方法检验在 30 min 内得出结果，配备检验试材有 250 mL 量筒，(50±3)℃饮用水。

检验操作：将饮用水加热到(50±3)℃，取 200 mL 到量筒中，称取木耳 5.0 g，放入到量筒中，搅拌并使水淹没木耳，浸泡 30 min。从量筒中取出木耳后，量筒中的水少于 150 mL 时，表明为正常木耳。吸水量异常的木耳，往往预示着木耳可能用无机盐类等物质的水浸泡过。

注意：从量筒中取出木耳时，可先将总体倒入一个容器中，再将容器中的水倒入量筒中观察。

三、水分测定通用法——卡尔·费休法

想一想

卡尔·费休法水分测定有何特殊之处？

1935 年，卡尔·费休(Karl Fischer)提出的测定水分的容量分析方法，命名为卡尔·费休法(简称费休法)。本法属于碘量法，适用于许多无机化合物和有机化合物中含水量的测定，可快速测定液体、固体、气体中的水分含量，是最专一、最准确的化学方法，为世界通用的行业标准分析方法。

图 1-9 ZSD-2 水分测定仪

卡尔·费休水分测定法以甲醇为介质、以卡尔·费休试剂为滴定液进行样品水分测量，适用于遇热易被破坏的样品，不仅测出自由水，也可测出结合水，常被作为水分特别是痕量水分的标准分析方法。ZSD-2 型水分测定仪如图 1-9 所示。

费休法被许多国家定为标准分析方法，用来校正其他分析方法和测量仪器。我国化学试剂及化学试剂产品中微量水分测定国家标准法(GB/T 606—2003)为卡尔·费休法。

(一)原理

卡尔·费休试剂(碘、二氧化硫、吡啶和甲醇或乙二醇甲醚组成的溶液)能与样品中的水定量反应，反应式如下：

$$H_2O+I_2+SO_2+3C_5H_5N \longrightarrow 2C_5H_5N \cdot HI+C_5H_5N \cdot SO_3$$
$$C_5H_5N \cdot SO_3+CH_3OH \longrightarrow C_5H_5N \cdot HSO_4 \cdot CH_3$$

以合适的溶剂溶解样品(或萃取出样品中的水)，用已知滴定度的卡尔·费休试剂滴定，用永停法或目测法确定滴定终点，即可测出样品中水的质量分数。

注：试剂中所用吡啶是以碱性中和反应过程中生成的硫酸，保证反应顺利向右进行；甲醇存在，可使硫酸吡啶生成稳定的甲基硫酸氢吡啶，保证测定水的反应能够定量完成。

(二)仪器与试剂

1. 卡尔·费休水分测定仪 KF-1 型,如图 1-10 所示

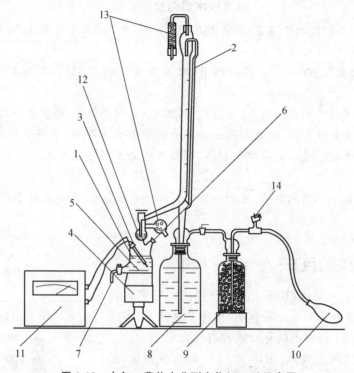

图 1-10 卡尔·费休水分测定仪(KF-1)示意图

1. 反应瓶 2. 自动滴定管,分度值为 0.05 mL 3. 铂电极 4. 电磁搅拌器 5. 搅拌子 6. 进样口 7. 废液排放口
8. 试剂贮瓶 9. 干燥塔 10. 压力球 11. 终点电测装置 12. 磨口接头 13. 硅胶干燥管 14. 螺旋夹

安装前,玻璃器皿均应于约 130℃ 的电烘箱中干燥。滴定装置应注意密封,凡与空气相通处均应与硅胶干燥管相连。市场有卡尔·费休法水分测定仪器出售,使用者也可按仪器性能进行选用。

2. 试剂

除非另有规定,本方法中所用试剂均为分析纯。实验用水应符合 GB/T 6682—2008 中三级水规格(下同)。

①分子筛(4A):在(500±50)℃高温炉中灼烧 2 h,于干燥器(不得放干燥剂)中冷却至室温。

②甲醇:含水量在 0.05% 以下。脱水方法:将 200 mL 甲醇置于干燥的烧瓶中,加表面光洁的镁条 15 g 与碘 0.5 g,加热回流至金属镁开始转变为白色絮状的甲醇镁时,再加入甲醇 800 mL,继续回流至金属镁溶解。分馏,用干燥的吸滤瓶作接收器,收集 64～65℃馏出的甲醇(如水的质量分数大于 0.05% 时,用 4A 分子筛脱水,按每毫升溶剂 0.1 g 分子筛的比例加入,放置 24 h 以上)。

③乙二醇甲醚:当水的质量分数大于 0.05%,可同甲醇用 4A 分子筛脱水。

④碘:在硫酸干燥器中干燥 48 h 以上。

⑤吡啶:含水量低于 0.1%。脱水方法:将 200 mL 吡啶置于烧瓶中,加入 40 mL 苯,加

热蒸馏,收集 110～116℃馏出的吡啶(如水的质量分数大于 0.05%,可同甲醇用 4A 分子筛脱水)。

⑥SO_2:用硫酸分解亚硫酸钠制得或由 SO_2 钢瓶直接取得。SO_2 制备及吸收装置见图 1-11。

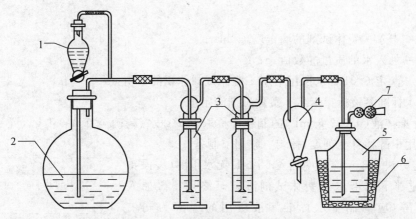

图 1-11　SO_2 制备及吸收装置示意图

1. 浓硫酸　2. 亚硫酸钠饱和溶液　3. 浓硫酸洗瓶　4. 分离器　5. 盛有碘、吡啶、甲醇或乙二醇甲醚溶液的吸收瓶　6. 冰水浴　7. 干燥管

⑦卡尔·费休试剂:量取 670 mL 甲醇(或乙二醇甲醚),于 1 000 mL 干燥的磨口棕色瓶中,加入 85 g 碘,盖紧瓶塞,振摇至碘全部溶解,加入 270 mL 吡啶,摇匀,于冰水浴中

想一想
卡尔·费休试剂的特点?

冷却,缓慢通入 SO_2,使增加的质量约为 65 g,盖紧瓶塞,摇匀,于暗处放置 24 h 以上。使用前标定卡尔·费休试剂的滴定度。

含有活泼羰基的样品水分测定应使用乙二醇甲醚配制的卡尔·费休试剂。

依据样品性质选用不同配方的卡尔·费休试剂。注意,自选的测定结果应与按本标准规定配制的卡尔·费休试剂测定结果一致,如不一致,应以本法配制的卡尔·费休试剂测定结果为准。

(三)测定

1. 终点的确定

(1)永停法　在浸入溶液中的两铂电极间加一电压,若溶液中有水存在,则阴极极化,两电极之间无电流通过。滴定至终点时,溶液中同时有碘及碘化物存在,阴极去极化,溶液导电,电流突然增加至一最大值,并稳定 1 min 以上,此时即为终点。

(2)目测法　滴定至终点时,因有过量碘存在,溶液由浅黄色变为棕黄色。

2. 卡尔·费休试剂滴定度的标定

(1)用水标定卡尔·费休试剂滴定度　在反应瓶(图 1-10)中加入 50 mL 无水甲醇(浸没铂电极),接通仪器电源,启动电磁搅拌器,用卡尔·费休试剂滴入使甲醇中尚残留的痕量水分作用到达终点。即微安表的刻度值 45 或 48 μA,并保持 1 min 不变,不记录卡尔·费休试剂消耗量。

用 10 μL 微量注射器从反应器加料口(橡皮塞)缓缓注入 10 μL 蒸馏水(相当于

0.01 g 水,提前用分析天平称量或减量法滴瓶称取),此时,微安表指针偏向左边接近零点。再用卡尔·费休试剂滴定至终点,并记录卡尔·费休试剂的用量(V)。

卡尔·费休试剂的滴定度 T_1 按式(1-3)计算:

$$T_1 = \frac{m}{V} \tag{1-3}$$

式中:T_1——卡尔·费休试剂的滴定度,g/mL;

m——加入水的质量的数值,g;

V——滴定 0.01 g 水所用卡尔·费休试剂体积的数值,mL。

(2)用水标准溶液标定卡尔·费休试剂滴定度

①水标准溶液(0.002 g/mL)的制备。称取 0.2 g 水(精确至 0.000 1 g),置于 100 mL 容量瓶中,用甲醇稀释至刻度,摇匀。临用前制备。

②标定方法。于反应瓶中加入 50 mL 无水甲醇(浸没铂电极),在搅拌下用卡尔·费休试剂滴定至终点。再加入 5.0 mL 甲醇(应与制备水标准溶液所用的甲醇为同一瓶),用卡尔·费休试剂滴定至终点,并记录卡尔·费休试剂的用量(V_1),此为水标准溶液的溶剂空白。加入 5.0 mL 水标准溶液,用卡尔·费休试剂滴定至终点,并记录卡尔·费休试剂的用量(V_2)。

想一想
怎样记录卡尔·费休试剂 V_1 与 V_2?

卡尔·费休试剂的滴定度 T_2 按式(1-4)计算:

$$T_2 = \frac{5.0 \times c}{V_1 - V_2} \tag{1-4}$$

式中:T_2——卡尔·费休试剂的滴定度,g/mL;

5.0——加入水标准溶液体积的数值,mL;

c——水标准溶液浓度的准确数值,g/mL;

V_1——滴定溶剂空白时卡尔·费休试剂体积的数值,mL;

V_2——滴定水标准溶液时卡尔·费休试剂体积的数值,mL。

3. 样品中水分的测定

①样品处理。固体样品(如糖果)必须先粉碎均匀。

②取样量。根据待测样品含水量,确定取样量。一般每份待测样品中含水 20～40 mg 为宜。准确称取样品 0.30～0.50 g 置于称样瓶中。

③在水分测定仪的反应瓶中加入 50 mL 无水甲醇或产品标准中规定的溶剂,使其浸没铂电极,在搅拌下用卡尔·费休试剂滴定 50 mL 甲醇中痕量水分,滴至微安表指针偏转程度与标定卡尔·费休试剂操作中的偏转情况相当,并保持 1 min 不变时(不记录试剂用量),打开加料口,迅速将试样加入反应器中,滴定至终点。迅速加入产品标准中规定量的样品,用卡尔·费休试剂滴定至终点。

样品中水的质量分数 w 按式(1-5)或式(1-6)计算:

$$w = \frac{V_1 T}{m} \times 100\% \tag{1-5}$$

$$或 \qquad w = \frac{V_1 T}{V_2 \rho} \times 100\% \qquad (1\text{-}6)$$

式中：w——样品中水的质量分数，%；

$\quad V_1$——滴定样品时卡尔·费休试剂体积的数值，mL；

$\quad T$——卡尔·费休试剂的滴定度的准确数值，g/mL；

$\quad m$——样品质量的数值，g；

$\quad V_2$——液体样品体积的数值，mL；

$\quad \rho$——液体样品的密度，g/mL。

任务三　鲜肉水分测定——蒸馏法

任务四　食品水分活度测定——水分活度仪法

【工作要点】

1. 样品分类准备。
2. 水分活度测量仪校正。
3. 扩散法测定水分活度（A_w）技术。

【工作过程】

(一)试样制备

①粉末状固体、颗粒状固体及糊状样品，取有代表性样品至少 20.0 g，混匀，置于密闭的玻璃容器内。

②块状样品，取可食部分的代表性样品至少 200 g，在室温 18～25℃，湿度 50%～80% 的条件下，迅速切成小于 3 mm×3 mm×3 mm 的小块，不得使用组织捣碎机，混匀后置于密闭的玻璃容器内。

> **想一想**
> 取代表性样品后，怎样处理与存放？

③试样预处理。将盛有试样的密闭的玻璃容器置于恒温培养箱内，于（25±1）℃条件下，恒温 30 min。取出后立即使用及测定。

(二)仪器校正

①选择校正功能。用"选择"键选择校正(图 1-15),按"确认"键进入下一页菜单。

想一想
如何设定校正时间与测定时间?

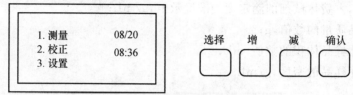

水分活度测量仪

```
1. 测量     08/20
2. 校正     08:36
3. 设置
```

选择　增　减　确认

图 1-15　水分活度测量仪面板示意图

②选择标准饱和盐溶液校正。在 2 种供校正用的饱和盐中,选择氯化钠饱和盐;将装有氯化钠饱和盐溶液的玻璃器皿放入水分活度传感器中(玻璃器皿的玻璃盖不得盖上),盖好传感器,按下"确认"键,仪器将进入校正状态,对仪器测量精度进行校正。

③校正时间。10～30 min(设置功能→测量时间→增减键,修改)。

④校正显示。水分活度值、温度值、校正时间、停止校正功能项。

⑤校正结束。按"确认"键,回到首页。

(三)样品测定

①将被测物放入玻璃器皿内,再放入水分活度传感器中,盖好传感器。

②选择测量功能,水分活度仪进入测量状态。

③测量时间。10～30 min(同校正设定时间一样)。

④测量显示。水分活度值、温度值、测量时间和打印选项。

⑤选择打印。测量结束,水分活度仪将显示出最终测量结果,同时打印出测量结果。按下"确认"键,返回首页,可准备进行下一次测量。

如果试验条件不在 20℃恒温测定时,根据表 1-5 所列的 A_w 校正值,将其校正为 20℃时的数值。

表 1-5　A_w 值的温度校正

温度/℃	15	16	17	18	19	20	21	22	23	24	25
校正值	−0.010	−0.008	−0.006	−0.004	−0.002	±0.00	+0.002	+0.004	+0.006	+0.008	+0.010

(四)结果计算

①允许差。在重复性条件下获得的 3 次独立测定结果与算术平均值的相对偏差不超过 5%。

②当符合允许差所规定的要求时,取 2 次平行测定的算术平均值作为结果。计算结果保留 3 位有效数字。

【仪器与试剂】

1. 仪器

(1)水分活度测量仪:HD-4 型(图 1-16)。

(2)天平:感量 0.01 g。

(3)样品皿。

2. 试剂

(1)纯水 去离子蒸馏水。

(2)氯化钠饱和溶液 称取氯化钠 15 g 溶于 10 g 纯水。

(3)氯化镁饱和溶液 称取氯化镁 18 g 溶于 3～4 g 纯水。

图 1-16 HD-4 型水分活度测量仪

> **想一想**
> 如何使用水分活度测量仪获得准确结果?

【友情提示】

1. 禁止测量水分活度高于 0.98 的样品及水。

2. 通常情况下,使用环境温度变化不大,仪器每两周校正一次。HD-4 型校正时测点 1 必须放置相应的饱和盐溶液,其余测点按顺序放置相同的饱和盐溶液。注意:第一次使用前必须先校正!

3. 在仪器使用时,勿触摸水分活度传感器外壳。测量或校正时不得打开传感器,以免影响测量的准确性。

4. 校正时,只有在被测物的水分活度预计低于 0.40 时才采用氯化镁溶液进行校正。

5. 饱和盐溶液使用完毕后将玻璃器皿盖好,放入密封容器内,以备后用。

6. 仪器长时间不使用,在传感器内放置干燥剂,避免阳光直射,于阴凉通风处存放、使用。

7. 测量时间 15 min,即可保证测量精度。特殊需要可以适当延长测量时间,最长不超过 30 min。建议:室温≥20℃,15 min 左右,室温<20℃,20 min 左右。

【考核要点】

1. 试样处理操作。

2. 水分活度仪使用操作。

3. 数据整理、绘图及结果。

【思考】

1. 含有水溶性挥发性成分的试样会影响水分活度的准确测定吗?

2. 测定结果如何判定?怎样正确表达?

【必备知识】

一、水分活度

（一）概述

食品中都含有一定量的水分，这些水会与食品中的其他成分发生化学或物理作用，根据水与其他成分之间相互作用

想一想
同一水分含量食品，耐储藏性为何不同？

的强弱，又分为自由水和结合水。食品储藏时经常有腐败的现象发生，通过对食物进行晾晒、熬制，实现脱水或浓缩，来降低食品的含水量；而含水量相同的不同种类食品，其耐储藏性和腐败性仍然存在着较大的差异。事实上，食品中各种非水组分与水键合的能力和结合力均不同，被非水组分结合牢固的水不可能被食品的微生物生长和化学水解反应所利用。所以，引入水分活度（A_w）的概念来反映食品与水的亲和能力大小，表示食品中所含水分作为生物化学反应和被微生物生长利用价值。前面完成的任务是测定食品中的水分即含水量，不能说明食品中水分的含量和食品腐败性之间的关系，对食品生产和保藏缺少科学的指导作用。

（二）水分活度

水分活度（A_w）是指在一定温度下，食品中水分的蒸气压（p）与相同温度下纯水的饱和蒸气压（p_0）的比值，用 A_w 表示[式(1-9)]。

$$A_w = \frac{p}{p_0} \tag{1-9}$$

水分活度是 $0 \sim 1$ 的数值。食品中的水总有一部分是以结合水的形式存在，结合水含量越高，食品的水分活度就越低。

水分活度（A_w）主要反应食品平衡状态下的自由水分的多少，能用于评价食品的稳定性和微生物繁殖的可能性，以及能引起食品品质变化的化学、酶及物理变化的情况，常用

想一想
测定食品 A_w，能够解决什么问题？

于衡量微生物忍受干燥程度的能力。通过测量食品的水分活度，选择合理的包装和储藏方法，可以减少防腐剂的使用，可以判断食品、粮食、果蔬的货架寿命。食品工业生产已经越来越重视应用水分活度原理实现水分活度的控制，进而延长食品保藏期，提高产品质量。

二、食品水分活度测定方法

（一）水分活度仪法

在密闭、恒温的水分活度仪测量舱内，试样中的水分扩散达到平衡时，水分活度仪测量舱内的传感器或数字化探头显示出的响应值（相对湿度对应的数值）即为样品的水分活度（A_w）。样品测定前，A_w 测定仪需用合适的饱和盐溶液校正 A_w。

智能水分活度测量仪，测量精度高，稳定性强；标定、测量时间仅需 10 min；一次标定，较长时期内无须重复标定；液晶显示器，汉字显示，能连接打印机。HD-3A 型单点测量，HD-4 型可四点同时测量。

(二)康卫氏皿扩散法

食品中的水分,随环境条件的变动而变化。当环境空气的相对湿度低于食品的水分活度时,食品中的水分向空气中蒸发,食品的质量减轻;相反,当环境空气的相对湿度高于食品的水分活度时,食品就会从空气中吸收水分,使质量增加。二种情况最终都是食品和环境的水分达到动态平衡。

扩散法测定食品水分活度,采用标准水分活度的试剂,形成相应温度的空气环境,在密封、恒温的康卫氏皿中,观察食品试样中的水分变化而引起的质量变化。通常是将试样分别放在 A_w 较高、中等和较低 3 种标准饱和盐溶液中达到扩散平衡后,测定试样的质量,根据试样质量增加和减少的量,计算试样的 A_w 值。

1. 试样制备与预处理

同"[工作过程]中(一)试样处理"。

2. 预测定

①据表 1-6 所示,依次取溴化锂饱和溶液、氯化镁饱和溶液、氯化钴饱和溶液、硫酸钾饱和溶液各 12.0 mL,于 4 只康卫氏皿的外室。

②取提前恒温、恒重称量皿,迅速称取与标准饱和盐溶液相等份数的同一试样约 1.5 g,于已知质量的称量皿中(精确至 0.000 1 g),放入盛有标准饱和盐溶液的康卫氏皿的内室。

> **想一想**
> 怎样用康卫氏皿放置标准饱和溶液和试样?

③磨砂玻璃片涂好凡士林,沿皿上口平行移动盖好的磨砂玻璃片,放入(25±1)℃ 的恒温培养箱内。恒温 24 h 或更长时间。

④取出盛有试样的称量皿,加盖,立即称量(精确至 0.000 1 g)。预测定数据记于表 1-6。

表 1-6　预测定数据记录

饱和溶液	溴化锂饱和溶液	氯化镁饱和溶液	氯化钴饱和溶液	硫酸钾饱和溶液
标准水分活度试剂 A_w				
称量皿的质量 (m_0)/g				
试样和称量皿的质量 (m)/g				
平衡后,试样和称量皿的质量 (m_1)/g				
试样质量的增减量 (X)/(g/g)				

⑤标准水分活度试剂及其 A_w 值(25℃),如表 1-7 所示。

> **想一想**
> 预测定A_w采用的什么方法?

3. 预测定结果计算

(1)计算公式　试样质量的增减量按式(1-10)计算:

$$X = \frac{m_1 - m}{m - m_0} \tag{1-10}$$

式中:X——试样质量的增减量,g/g;

m_1——25℃扩散平衡后,试样和称量皿的质量,g;

m——25℃扩散平衡前,试样和称量皿的质量,g;

m_0——称量皿的质量,g。

表 1-7　标准水分活度试剂及其 A_w 值(25℃)

试剂名称	A_w	试剂名称	A_w
重铬酸钾($K_2Cr_2O_7 \cdot 2H_2O$)	0.986	氯化锶($SrCl_2 \cdot 6H_2O$)	0.709
硝酸钾(KNO_3)	0.936	氯化钴($CoCl_2 \cdot 6H_2O$)	0.649
氯化钡($BaCl_2 \cdot 2H_2O$)	0.902	溴化钠($NaBr \cdot 2H_2O$)	0.576
氯化钾(KCl)	0.843	硝酸镁[$Mg(NO_3)_2 \cdot 6H_2O$]	0.529
硫酸铵[$(NH_4)_2SO_4$]	0.810	碳酸钾($K_2CO_3 \cdot 2H_2O$)	0.432
溴化钾(KBr)	0.809	氯化镁($MgCl_2 \cdot 6H_2O$)	0.328
氯化钠($NaCl$)	0.753	氯化锂($LiCl \cdot H_2O$)	0.113
硝酸钠($NaNO_3$)	0.743	溴化锂($LiBr \cdot 2H_2O$)	0.064

(2)绘制二维直线图　以所选标准水分活度试剂(25℃)水分活度(A_w)数值为横坐标,对应标准饱和盐溶液中试样的质量增减数值为纵坐标,绘制二维直线图。取横坐标截距值,即为该样品的水分活度预测值(图 1-17)。

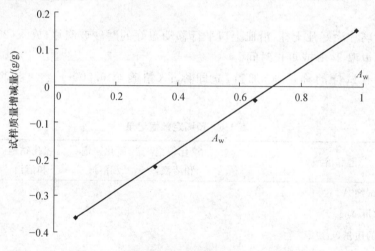

图 1-17　蛋糕水分活度预测结果二维直线图

4. 试样的测定

依据预测定结果,分别选用水分活度数值大于和小于试样预测结果数值的饱和盐溶液各 3 种,各取 12.0 mL,注入康卫氏皿的外室。按"预测定"中"迅速称取与标准饱和盐溶液相等份数的同一试样约1.5 g……加盖,立即称量(精确至 0.000 1 g)"操作。

想一想
样品预测定有什么意义?

5. 结果计算

测定数据记录于表 1-8。

取横坐标截距值,即为该样品的水分活度值(图 1-18)。

表 1-8 测定数据记录

饱和溶液				
标准水分活度试剂 A_w				
称量皿的质量(m_0)/g				
试样和称量皿的质量(m)/g				
平衡后,试样和称量皿的质量(m_1)/g				
试样质量的增减量(X)/(g/g)				

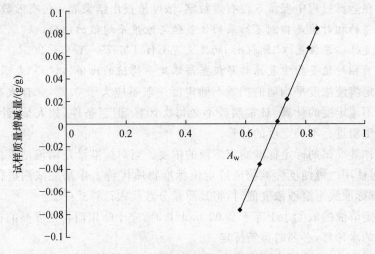

图 1-18 蛋糕水分活度二维直线图

允许差:在重复性条件下获得的 3 次独立测定结果与算术平均值的相对偏差不超过 10%。

当符合允许差所规定的要求时,取 3 次平行测定的算术平均值作为结果。计算结果保留 3 位有效数字。

6. 仪器和设备

①康卫氏皿(带磨砂玻璃盖):见图 1-19。

②恒温培养箱:0~40℃,精度±1℃。

其他仪器同任务一。

三、溶液制备技术

(一)溶液制备规定

①所用试剂的纯度应在分析纯以上,所用制剂及制品应符合《GB/T 603—2002 化学试剂 试验方法中所用制剂及制品的制备》,实验用水为《GB/T 6682—2008 分析实验室用水规格和试验方法》三级水。

②标准滴定溶液的浓度,除高氯酸外,均指 20℃时的浓度。在标准滴定溶液标定、直接制备和使用时若温度有差异,应按 GB/T 601—2002《化学试剂 标准滴定溶液的制备》附录

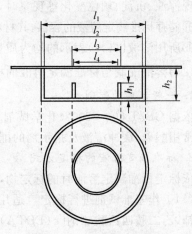

图 1-19 康卫氏皿示意图

l_1. 外室外直径,100 mm l_2. 外室内直径,92 mm
l_3. 内室外直径,53 mm l_4. 内室内直径,45 mm
h_1. 内室高度,10 mm h_2. 外室高度,25 mm

A 补正,所用分析天平、砝码、滴定管、容量瓶、单标线吸管等均须定期校正。

③在标定和使用标准滴定溶液时,滴定速度一般应保持在 6～8 mL/min。

④称量工作基准试剂的质量的数值小于等于 0.5 g 时,按精确至 0.01 mg 称量;数值大于 0.5 g 时,按精确至 0.1 mg 称量。

⑤制备标准滴定溶液的浓度值应在规定浓度值的±5%范围以内。

⑥标定浓度时,须两人进行实验,分别各做四平行,每人四平行测定结果极差的相对值不得大于重复性临界极差[$C_r R_{95}(4)$]的相对值 0.15%,两人共八平行测定结果极差的相对值不得大于重复性临界极差[$C_r R_9(8)$]的相对值 0.18%。取两人八平行测定结果的平均值为测定结果。在运算过程中保留 5 位有效数字,浓度值报出结果取 4 位有效数字。

注:[1]极差的相对值是指测定结果的极差值与浓度平均值的比值,以"%"表示。

[2]重复性临界极差[$C_r R_{95}(n)$]的定义见 GB/T 6379—1～5—2004。重复性临界极差的相对值是指重复性临界极差与浓度平均值的比值,以"%"表示。

⑦标准滴定溶液浓度平均值的扩展不确定度一般不应大于 0.2%。首次制备标准滴定溶液时应进行不确定度的计算,日常制备不必每次计算,但当条件(如人员、计量器具、环境等)改变时,应重新进行不确定度的计算。

⑧使用工作基准试剂标定标准滴定溶液的浓度。当对标准滴定溶液浓度值的准确度有更高要求时,可使用二级纯度标准物质或定值标准物质代替工作基准试剂进行标定或直接制备,并在计算标准滴定溶液浓度值时,将其质量分数代入计算式中。

⑨标准滴定溶液的浓度小于等于 0.02 mol/L 时,应于临用前将浓度高的标准滴定溶液用煮沸并冷却的水稀释,必要时重新标定。

⑩除另有规定外,标准滴定溶液在常温(15～25℃)下保存时间一般不超过 2 个月,当溶液出现浑浊、沉淀、颜色变化等现象时,应重新制备。

⑪储存标准滴定溶液的容器,其材料不应与溶液起理化作用,壁厚最薄处不小于 0.5 mm。

⑫所用溶液以(%)表示的均为质量分数,只有乙醇(95%)中的(%)为体积分数。

(二)溶液配制与标准滴定溶液的标定

1. 一般试剂的配制

依据 GB/T 603—2002《化学试剂 试验方法中所用制剂及制品的制备》。

常用酸碱、缓冲溶液及指示剂的配制见附录Ⅰ。

2. 标准滴定溶液的标定方式

依标定标准滴定溶液时的标定物,标定方式有以下 4 种。

(1)工作基准试剂进行标定 适用于氢氧化钠、盐酸、硫酸、硫代硫酸钠、碘、高锰酸钾、硫酸铈、乙二胺四乙酸二钠[c(EDTA)＝0.1 mol/L,0.05 mol/L]、高氯酸、硫氰酸钠、硝酸银、亚硝酸钠、氯化锌、氯化镁、氢氧化钾-乙醇 15 种标准滴定溶液。

使用工作基准试剂(其质量分数按 100%计)标定标准滴定溶液的浓度。当对标准滴定溶液浓度值的准确度有更高要求时,可用二级纯度标准物质或定值标准物质代替工作基准试剂进行标定,并在计算标准滴定溶液浓度时,将其纯度值的质量分数代入计算式中,因此计算标准滴定溶液的浓度值(c),数值以摩尔每升(mol/L)表示,按式(1-11)计算:

$$c = \frac{m \times w \times 1\,000}{(V_1 - V_2) \times M} \tag{1-11}$$

式中：m——工作基准试剂的质量的准确数值，g；

    w——工作基准试剂的质量分数的数值，%；

    V_1——被标定溶液的体积的数值，mL；

    V_2——空白试验被标定溶液的体积的数值，mL；

    M——工作基准试剂的摩尔质量的数值，g/mol。

（2）标准滴定溶液进行标定　适用于碳酸钠、重铬酸钾、溴、溴酸钾、碘酸钾、草酸、硫酸亚铁、硝酸铅、氯化钠 9 种标准滴定溶液。

计算标准滴定溶液的浓度值（c），数值以摩尔每升（mol/L）表示，按式（1-12）计算：

$$c = \frac{(V_1 - V_2) \times c_1}{V} \tag{1-12}$$

式中：V_1——标准滴定溶液的体积的数值，mL；

    V_2——空白试验标准滴定溶液的体积的数值，mL；

    c_1——标准滴定溶液的浓度的准确数值，mol/L；

    V——被标定标准滴定溶液的体积的数值，mL。

（3）工作基准试剂溶解、定容、量取后进行标定　适用于乙二胺四乙酸二钠标准滴定溶液[c(EDTA)=0.02 mol/L]。

计算标准滴定溶液的浓度值（c），数值以摩尔每升（mol/L）表示，按式（1-13）计算：

$$c = \frac{\dfrac{m}{V_3} \times V_4 \times w \times 1\,000}{(V_1 - V_2) \times M} \tag{1-13}$$

式中：m——工作基准试剂的质量的准确数值，g；

    w——工作基准试剂的质量分数的数值，%；

    V_3——工作基准试剂溶液的体积的数值，mL；

    V_4——量取工作基准溶液的体积的数值，mL；

    V_1——被标定溶液的体积的数值，mL。

    V_2——空白试验被标定溶液的体积的数值，mL。

    M——工作基准试剂的摩尔质量的数值，g/mol。

（4）工作基准试剂直接制备标准滴定溶液　适用于重铬酸钾、碘酸钾、氯化钠 3 种标准滴定溶液。

计算标准滴定溶液的浓度值（c），数值以摩尔每升（mol/L）表示，按式（1-14）计算：

$$c = \frac{m \times w \times 1\,000}{V \times M} \tag{1-14}$$

式中：m——工作基准试剂的质量的准确数值，g；

    w——工作基准试剂的质量分数的数值，%；

    V——标准滴定溶液的体积的数值，mL。

    M——工作基准试剂的摩尔质量的数值，g/mol。

3. 常用标准溶液配制与标定

见附录Ⅱ。

任务五　生乳冰点及相对密度的测定

【工作要点】

1. 热敏电阻冰点仪校准。
2. 生乳冰点测定。
3. 密度计法测定及查表置换为标准温度生乳相对密度。
4. 快速检验生乳掺水。

【工作过程】

(一)生乳冰点的测定

1. 试样制备

测试样品要保存在0～6℃的冰箱中，样品抵达实验室时立即检验效果最好。测试前样品温度到达室温，且测试样品和氯化钠标准溶液测试时的温度应一致。

2. 仪器预冷

开启冰点仪(图1-20)，等待冰点仪传感探头升起后，打开冷阱盖，按生产商规定加入相应体积冷却液，盖上盖子，冰点仪进行预冷。预冷30 min后，开始测量。

3. 常规仪器校准

(1)A 校准　用移液器分别吸取2.20 mL校准液A，依次放入3个样品管中，在启动后的冷阱中插入装有校准液A的样品管。当重复测量值在(－0.400±0.002 0)℃校准值时，完成校准。

(2)B 校准　用移液器分别吸取2.20 mL校准液B，依次放入3个样品管中，在启动后的冷阱中插入装有校准液B的样品管。当重复测量值在(－0.557±0.002 0)℃校准值时，完成校准。

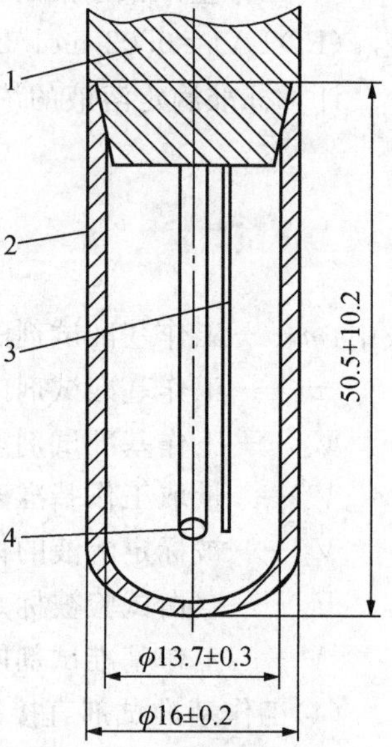
1
2
3
4
50.5+10.2
ϕ13.7±0.3
ϕ16±0.2

图1-20　热敏电阻冰点仪检测装置

1. 顶杆　2. 样品管　3. 搅拌金属棒　4. 热敏探头

4. 样品测定

将样品2.20 mL转移到一个干燥清洁的样品管中，将待测样品管放到仪器上的测量孔中。冰点仪的显示器显示当前样品温度，温度呈下降趋势，测试样品达到－3.0℃时启动引晶的机械振动，搅拌金属棒开始振动引晶，温度上升，当温度不再发生变化时，冰点仪停止测量，传感头升起，显示温度即为样品冰点值。

> **想一想**
> 引晶操作时要注意什么问题？

如果引晶在达到－3.0℃之前发生，则该测定作废，需重新取样。测定结束后，移走样品管,并用水冲洗温度传感器和搅拌金属棒并擦拭干净。

每一样品至少进行 2 次平行测定,绝对差值≤4 m℃时,可取平均值作为结果。

想一想
读取密度计数值,有何特殊之处?

5. 分析结果的表述

如果常规校准检查的结果证实仪器校准的有效性,则取 2 次测定结果的平均值,保留 3 位有效数字。

6. 精密度

在重复性条件下获得的 2 次独立测定结果的绝对差值不超过 4 m℃。

(二)生乳相对密度的测定

1. 测定

①用自来水和蒸馏水冲洗量筒,再用生乳样品润洗量筒内壁 2~3 次,弃去。

②将混匀并调节温度为 10~25℃的试样注满量筒,静置至气泡溢出,泡沫上浮至液面,将泡沫除去(或沿内壁缓缓注入试样,避免产生泡沫)。

③洗净密度计(不能沾有油脂),用滤纸抹干,缓缓垂直放入量筒中下部(相当刻度 30°处),轻轻放开密度计,使其缓缓上升直至稳定地悬浮在液体中,达到平衡位置,待密度计静止时(密度计重锤与量筒内壁不能接触),静置 2~3 min,眼睛平视生乳液面的高度,从水平位置读取与液平面相交处,读出标示刻度(图 1-21)。一般以弯月面下缘最低点为准或以仪器本身要求为准;液体颜色较深或乳浊液则以观察弯月面两侧最高点为准。

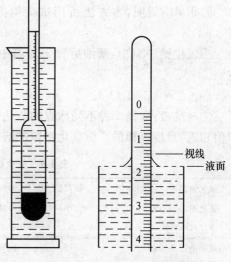

图 1-21 密度计读数示意图

④取出密度计,同时用温度计测量样品液的温度并记录。

2. 结果表述

生乳的相对密度(d_4^{20})与密度计刻度的关系如式(1-15)所示。当用 20℃/4℃ 密度计,测定牛乳温度为 20℃时,读数代入式(1-15),即可直接计算相对密度;

$$d_4^{20} = \frac{X}{1\ 000} + 1.000 \qquad (1-15)$$

式中:d_4^{20}——样品的相对密度;

X——密度计读数。

当样品的温度不在标准温度 20℃时,要依据样品温度及读数,查附录Ⅳ密度计读数变为 20℃时的度数换算表,然后再代入式(1-15)计算。

【相关知识】

生乳冰点(FPD)亦为原料乳的冰点,单位以摄氏千分之一度(m℃)表示。

样品管中放入一定量的乳样,置于冷阱中,于冰点以下制冷。当被测乳样制冷到 −3℃

项目一 食品水分检验技术

时,进行引晶,结冰后通过连续释放热量,使乳样温度回升至最高点。并在短时间内保持恒定,为冰点温度平台,该温度即为该乳样的冰点值。

【仪器与试剂】

1. 试剂

除非另有说明,本方法所用试剂均为分析纯或以上规格,水为 GB/T 6682 规定的一级水。

①氯化钠($NaCl$):磨细后置干燥箱中,$(130\pm5)℃$ 干燥 24 h 以上,于干燥器中冷却至室温。

②乙二醇($C_2H_6O_2$)。

③校准液:选择 2 种不同冰点的氯化钠标准溶液,氯化钠标准溶液与被测牛奶样品的冰点值相近,且所选择的 2 份氯化钠标准溶液的冰点值之差不得少于 100 m℃,如表 1-9 所示。

表 1-9　氯化钠标准溶液的冰点(20℃)

氯化钠溶液/(g/L)	6.731	6.868	7.587	8.444	8.615	8.650
氯化钠溶液/(g/kg)	6.763	6.901	7.625	8.489	8.662	8.697
冰点/(m℃)	−400.0	−408.0	−450.0	−500.0	−510.0	−512.0
氯化钠溶液/(g/L)	8.787	8.959	9.130	9.302	9.422	10.161
氯化钠溶液/(g/kg)	8.835	9.008	9.181	9.354	9.475	10.220
冰点/(m℃)	−520.0	−530.0	−540.0	−550.0	−557.0	−600.0

校准液 A(20～25℃室温下):称取 6.731 g(精确至 0.000 1 g)氯化钠①,溶于少量水中,定容至 1 000 mL 容量瓶中。其冰点值为 −0.400℃。

校准液 B(20℃室温下):称取 9.422 g(精确至 0.000 1 g)氯化钠①,溶于少量水中,定容至 1 000 mL 容量瓶中。其冰点值为 −0.557℃。

④冷却液:准确量取 330 mL 乙二醇②于 1 000 mL 容量瓶中,用水定容至刻度并摇匀,其体积比分数为 33%。

2. 仪器和设备

①天平:感量为 0.1 mg。

②热敏电阻冰点仪:带有热敏电阻控制的冷却装置(冷阱),热敏电阻探头,搅拌器和引晶装置及温度显示仪(图 1-20)。

A. 检验装置、温度传感器和相应的电子线路:温度传感器为直径为 (1.60 ± 0.4) mm 的玻璃探头,在 0℃ 时的电阻在 3 Ω 至 30 kΩ。当探头在测量位置时,热敏电阻的顶部应位于样品管的中轴线,且顶部离内壁与管底保持相等距离。温度传感器和相应的电子线路在 −600～−400 m℃ 测量分辨率为 1 m℃ 或更好。

仪器正常工作时,此循环系统在 −600～−400 m℃ 任何一个点的线性误差应不超过 1 m℃。

B. 搅拌金属棒:耐腐蚀,在冷却过程中搅拌测试样品。

C. 引晶装置:操作时,测试样品达到 −3.0℃ 时启动引晶的机械振动装置。在引晶时使搅拌金属棒在 1～2 s 内加大振幅,使其碰撞样品管壁。

③样品管:硼硅玻璃,长度(50.5±0.2) mm,外部直径为(16.0±0.2) mm,内部直径为(13.7±0.3) mm。

④称量瓶。

⑤移液器:1～5 mL。

⑥密度计或乳稠计:20℃/4℃乳稠计。

⑦玻璃圆筒或200～250 mL 量筒:圆筒高度应大于密度计的长度,其直径大小应使在沉入密度计时其周边和圆筒内壁的距离不小于 5 mm。

【友情提示】

1. 搅拌金属棒应根据相应仪器的安放位置来调整振幅。正常搅拌时金属棒不得碰撞玻璃传感器或样品管壁。

2. 测试结束后,保证探头和搅拌金属棒清洁、干燥,必要时,可用柔软洁净的纱布仔细擦拭。

3. 本法检出限为 2 m℃。

4. 被测试样要注满量筒,量筒应与桌面垂直,以便观察。

5. 密度计不能触及量筒内壁及底部。

6. 读数要待试样中气泡上升完毕、温度一致后,读数时视线应保持与刻度水平。

7. 测定被测溶液的温度,进行温度校正。

【考核要点】

1. 引晶操作。

2. 密度计使用。

3. 测定读数换算标准相对密度(d_4^{20})。

【思考】

1. 测定生乳的相对密度有何意义?

2. 如何将测定值表示为标准温度 20℃下的生乳相对密度?

3. 冰点测定有哪些条件?

【必备知识】

一、生乳的理化指标

乳是哺乳动物分娩后由乳腺分泌的一种白色或微黄色的不透明液体,它含有幼儿(畜)生长发育所需要的全部营养成分,是哺乳动物出生后最适于消化吸收的全价食物。GB 19301—2010《食品安全国家标准 生乳》规定生乳必须从符合国家有关要求的健康奶畜乳房中挤出的无任何成分改变的常乳,产犊后七天的初乳、应用抗生素期间和休药期间的乳汁、变质乳、人为掺水、添加防腐剂、含有杂质、中和剂或其他添加物的乳都不符合生乳要求。生乳的理化检验项目、检验指标及方法见表1-10。

表1-10　生乳理化检验项目、检验指标及检验方法

生乳理化检验项目		检验指标	检验方法
冰点[a,b]/℃		−0.500～−0.560	GB 5413.38
相对密度/(20℃/4℃)	≥	1.027	GB 5413.33
蛋白质/(g/100 g)	≥	2.8	GB 5009.5
脂肪/(g/100 g)	≥	3.1	GB 5413.3
杂质度/(mg/kg)	≤	4.0	GB 5413.30
非脂乳固体/(g/100 g)	≥	8.1	GB 5413.39
酸度/°T			
牛乳[b]		12～18	GB 5413.34
羊乳		6～13	

注:a 挤出 3 h 后检验。b 仅适用于荷斯坦奶牛。

二、生乳的相对密度

(一)密度与相对密度

密度是指物质在一定温度下单位体积的质量,以符号 ρ 表示,其单位为 g/cm³。相对密度是指某一温度下物质的质量与同体积某一温度下水的质量之比,以 $d_{T_2}^{T_1}$ 表示,T_1 表示物质的温度,T_2 表示水的温度。液体在 20℃ 的质量与同体积的水在 4℃ 时的质量之比即相对密度,表示为:

$$d_4^{20} = \frac{20℃物质的质量}{4℃同体积水的质量}$$

物质具有热胀冷缩的性质,密度和相对密度的值随着温度的改变都会发生改变,因此,密度应标出测定时物质的温度,表示为 ρ_T。

用密度计或密度瓶测定溶液的相对密度时,以测定溶液对同体积同温度的水的质量比较为方便。通常液体在 20℃ 时对水在 20℃ 时的相对密度用 d_{20}^{20} 表示。对同一溶液来说,$d_{20}^{20} > d_4^{20}$,因为水在 4℃ 时的密度比 20℃ 时大。若要把 $d_{T_2}^{20}$ 换算为 d_4^{20},可按式(1-16)进行:

$$d_4^{20} = d_{T_2}^{20} \times \rho_{T_2} \tag{1-16}$$

式中,ρ_{T_2} 表示温度 T_2(℃)时水的密度,单位为 g/cm³(水的密度与温度的关系见表1-11)。

若要将在温度 T_1 时测得相对密度 $d_{T_2}^{T_1}$ 换算为 $d_4^{T_1}$,可按式(1-17)进行:

$$d_4^{T_1} = d_{T_2}^{T_1} \times \rho_{T_2} \tag{1-17}$$

例如:d_{20}^{20} 换算为 d_4^{20} 可依式(1-18)进行:

$$d_4^{20} = d_{20}^{20} \times 0.998\ 23 \tag{1-18}$$

表 1-11　水的密度与温度的关系

$T/℃$	$\rho/(g/cm^3)$	$T/℃$	$\rho/(g/cm^3)$	$T/℃$	$\rho/(g/cm^3)$	$T/℃$	$\rho/(g/cm^3)$
0	0.999 868	9	0.999 808	18	0.998 622	27	0.996 539
1	0.999 927	10	0.999 727	19	0.998 432	28	0.996 259
2	0.999 968	11	0.999 623	20	0.998 230	29	0.995 971
3	0.999 992	12	0.999 525	21	0.998 019	30	0.995 673
4	1.000 000	13	0.999 404	22	0.997 797	31	0.995 367
5	0.999 992	14	0.999 271	23	0.997 565	32	0.995 052
6	0.999 968	15	0.999 126	24	0.997 323		
7	0.999 929	16	0.998 970	25	0.997 071		
8	0.999 876	17	0.998 801	26	0.996 810		

(二)生乳的相对密度

乳的比重是指 15℃时,乳的质量与同温度、同体积水的质量之比,正常牛乳比重为 1.032～1.034。

乳的相对密度是指 20℃时,乳的质量与同体积 4℃水的质量之比,正常牛乳的相对密度为 1.028～1.032。生乳的相对密度(20℃/4℃)不得低于 1.027(GB 19301—2010《食品安全国家标准　生乳》之理化指标)。

在同温度下乳的相对密度较比重小于 0.001 9,乳品生产中常以 0.002 的差数进行换算。

乳的比重和相对密度受多种因素的影响,如乳的温度、脂肪含量、无脂干物质含量(SNF)、乳挤出的时间及是否掺假等。

①测定乳的比重/相对密度,必须同时测定乳的温度,进行必要的校正。

乳的比重/相对密度受乳温度的影响较大,温度升高则测定值下降,温度下降则测定值升高。在 10～30℃,乳的温度每升高或降低 1℃,实测值减少或增加 0.002。

②不宜在挤乳后立即测试比重。

乳中气体逸散、蛋白质水合作用及脂肪凝固使容积随时间发生变化,乳的相对密度在挤乳后 1 h 内最低,其后逐渐上升,最后可升高 0.001 左右。

乳脂肪比重较低,约为 0.925 0,所以乳脂肪含量越高则乳的比重/相对密度越低;相反,SNF 的比重较大,约为 1.615 0,故 SNF 含量越高则乳的比重/相对密度就越大。

③乳验收过程,通过测定乳的比重/相对密度可以判断生乳是否掺水。

在乳中掺固形物,由于比重较大,往往使乳的比重提高,这也是一些掺假者的主要目的之一;而在乳中掺水则乳的比重下降,通常每掺入 10% 的水,乳的比重/相对密度下降 3°(即 0.003)。

(三)密度计法

密度计法是测定液体相对密度最简便、快捷的方法,但准确度比密度瓶法低(项目二之任务二)。

1. 密度计

密度计是根据阿基米德定律和物体浮在液面上所要求的浮力和重力平衡原理制成的,是测定液体密度的一种仪器。密度计按其标度方法的不同，可分为普通密度计、酒精计、波美计、糖锤度计、乳稠计等。

密度计(图1-22)的基本结构及形式相同，都是由玻璃外壳制成，头部呈球形或圆锥形，里面灌有铅珠、汞及其他重金属，中部是胖肚空腔，内有空气，尾部是一细长管，附有刻度标记。密度计刻度的刻制是根据各种不同密度的液体进行标定，从而制成不同标度的密度计，从密度计上的刻度可以直接读出相对密度的数值或某种溶质的质量分数。

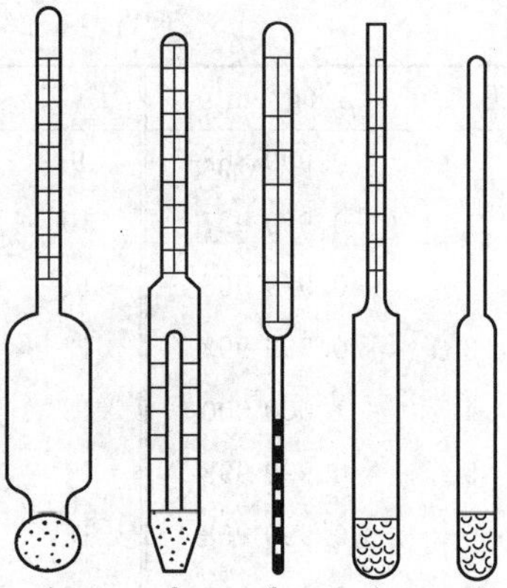

(1)普通密度计　是直接以相对密度值为刻度的，标度条件以20℃为标准温度，以纯水为1.000。普通密度计通常一套由几支组成，每支的刻度范围不同，分重表与轻表2种。重表刻度是1.000～2.000，用于测量比水重的液体；轻表刻度是0.700～1.000，用于测量比水轻的液体。

(2)酒精计　是用来测量酒精浓度的密度计，其刻度是用已知酒精浓度的纯酒精溶液来标度。标度时，以20℃时在蒸馏水中为0，在1%的酒精溶液中为1，即100 mL酒精溶液中含乙醇1 mL，以此类推，从酒精计上可直接读取酒精溶液的体积分数。

当测定温度不在20℃时，用酒精计读取酒精体积分数示值，查GB/T 10345—2007《白酒分析方法》附录B温度20℃时酒精计与温度换算表，进行温度校正，求得20℃乙醇含量的体积分数，即为酒精的实际浓度(酒精度)。

例如，用酒精计测定25℃时下酒精溶液，直接读数为56.5%，查校正表后，20℃时该酒精的实际含量为54.70%。

(3)波美计　是用于测定溶液中溶质的质量分数的密度计。以波美度(°Bé)来表示液体浓度，1°Bé表示质量分数为1%。波美计有轻表、重表2种，轻表用于测定相对密度小于1的溶液，重表用于测定相对密度大于1的溶液。波美计的刻度方法以20℃为标准，在蒸馏水中为0°Bé，在纯硫酸(相对密度1.8427)中为66°Bé，在15%氯化钠溶液中为15°Bé。波美度与溶液相对密度的相互关系如式(1-19)和式(1-20)换算：

$$\text{轻表：} \quad °Bé = \frac{145}{d_{20}^{20}} - 145 \quad \text{或} \quad d_{20}^{20} = \frac{145}{145 + °Bé} \tag{1-19}$$

$$\text{重表：} \quad °Bé = 145 - \frac{145}{d_{20}^{20}} \quad \text{或} \quad d_{20}^{20} = \frac{145}{145 - °Bé} \tag{1-20}$$

(4)糖锤度计　又称勃力克斯计(Brixscale，°Bx)，是专用于测定糖液浓度的密度计，分为附温糖锤度计和不附温糖锤度计两种。糖锤度是以已知浓度的纯蔗糖溶液的质量分数来标定其刻度，以20℃为标准，在蒸馏水中为0°Bx，在1%的蔗糖溶液中为1°Bx(100 g糖液中含糖1 g)，依此类推。常用的锤度计读数范围有：0～6、5～11、10～16、15～21、20～26 °Bx等。

当测定温度不在标准温度20℃时，必须进行校正。温度高于标准温度时，糖液体积增大，相对密度减少，锤度降低；当温度低于标准温度时，相对密度增大，锤度升高。故前者须

图1-22　各种密度计
1. 糖锤度密度计　2. 附有温度计的
糖锤度密度计　3、4. 波美密度计
5. 酒精计

加上相应的温度校正值;而后者须减去相应的温度校正值(附录Ⅵ)。

例如,18℃时,用糖锤度计测定某糖液锤度为 20.00 °Bx,因 18℃时温度校正值 0.12,则此糖液在标准温度 20℃时的锤度应为 20.00－0.12＝19.88 °Bx,因此,该糖液中的蔗糖浓度为 19.88%。

再如,25℃时的观测锤度 18.00 °Bx,则标准温度 20℃时锤度值为 18.00＋0.32＝18.32 °Bx(25℃时的温度校对正值为 0.32),糖液中蔗糖的浓度为 18.32%。

(5)乳稠计　是专用于测定牛乳相对密度的密度计,其测量相对密度的范围为 1.015～1.045。它是将相对密度减去 1.000 后再乘以 1 000 作为刻度,用度(符号:数字右上角标"°")表示,其刻度范围为 15°～45°。使用时把测得的读数按上述关系可换算为相对密度值。

乳稠计分为 2 种:一种是按 20℃/4℃标度;另一种是按 15℃/15℃标度。两种乳稠计的关系是:后者读数是前者读数加 2,其测定的相对密度关系依式(1-21)换算:

$$d_{15}^{15}＝d_4^{20}＋0.002 \qquad (1-21)$$

非标准温度下使用乳稠计测定时,要将读数校正为标准温度下的读数。

对于 20℃/4℃乳稠计,在 10～25℃,温度每升高 1℃,乳稠计读数平均下降 0.2°,即相当于相对密度值平均减小 0.000 2。当乳温高于标准温度 20℃时,每高 1°在得出的乳稠计读数上加 0.2°;乳温低于 20℃时,每低 1℃减去 0.2°。

例如,24.5℃时,使用 20℃/4℃乳稠计测定,读数为 28.4°,换算为 20℃时应为:

$$28.4＋(24.5－20)×0.2＝28.4＋0.9＝29.3°$$

即牛乳的相对密度:$d_{20}^{20}＝1.029\ 3$,$d_{15}^{15}＝1.029\ 3＋0.002＝1.031\ 3$。

再如,17℃时,使用 20℃/4℃乳稠计测得值为 29.5°,其标准温度 20℃时应为:

$$29.5－(20－17)×0.2＝29.5－0.6＝28.9°$$

则牛乳的相对密度:$d_{20}^{20}＝1.028\ 9$,$d_{15}^{15}＝1.028\ 9＋0.002＝1.030\ 9$。

若用 15℃/15℃乳稠计,其温度校正可查牛乳相对密度换算(附录Ⅶ)。

例如,21℃时用 15℃/15℃乳稠计,测得读数为 29.4°,查表换算为 15℃时乳稠计读数应是 28.0°,即牛乳的相对密度 $d_{15}^{15}＝1.028\ 0$。

测定相对密度,可以检验食品的纯度、浓度及判断食品的质量。正常的液态食品,其相对密度都在一定的范围内。例如,植物油(压榨法)为 0.909 0～0.929 5,全脂牛奶为 1.028～1.032,油脂氧化变质或牛乳中掺入杂质引起食品组成成分变化时,均可出现相对密度的变化。

油脂的相对密度与其脂肪酸的组成有关,不饱和脂肪酸含量越高,脂肪酸不饱和程度越高,脂肪的相对密度越高;游离脂肪酸含量越高,相对密度越低;酸败的油脂相对密度升高。牛奶的相对密度与其脂肪含量、总乳固体有关,脱脂乳相对密度高,掺水乳相对密度下降。

相对密度的测定是食品工业生产过程中常用的工艺指标和质量指标的控制手段。

2.糖蜜糖度的测定

糖蜜为非纯蔗糖溶液,其溶质是蔗糖和非蔗糖的混合物,一般采用糖锤度计测定法。糖蜜黏度大,测定前须用水稀释(通常采用四倍或六倍稀释法,一般稀释至约为 15 °Bx)。

①将糖蜜搅拌均匀,用架盘药物天平称取 150.0 g 糖蜜,加水 750 mL,搅拌均匀。

②取一支 500 mL 量筒,先以少量稀释试液冲洗量筒内壁,再盛满稀释糖液,静置,待其内部空气逸出,若液面有泡沫,可再加稀释糖液至超过量筒口,然后轻轻吹去泡沫。

③徐徐插入已洗净擦干的附温锤度计,放入锤度计约 5 min 后读取读数,同时记下温度计读数。测定温度不是 20℃,查观测糖锤度温度校正表予以校正。

④将锤度计读数或校正的糖锤度乘以倍数 6,即为原糖蜜样品的糖度(即视固物)。

测定溶液相对密度,得液体食品固形物的含量。当某溶液的水分被完全蒸发干燥至恒重时,所得到的剩余物称为干物质或真固形物。溶液的相对密度与其固形物含量有一定的关系,例如,测定果汁、番茄酱等液态食品的相对密度,通过换算或查经验表,可确定可溶性固形物或总固形物的含量。

3. 酒精、白酒酒精度的测定

①将试样注入洁净、干燥的 250 mL 量筒中,在室温下静置几分钟,待气泡消失后,插入温度计测定样品的温度。

②将洗净、擦干的酒精计小心置于样液中,再轻轻按下,待其至平衡为止,水平观测酒精计,读取酒精计与溶液弯月面相切处的刻度示值。

③根据酒精计示值和温度,查 GB/T 10345—2007《白酒分析方法》附录 B 温度 20℃时酒精计与温度换算表,将酒精度校正为温度 20℃时的酒精体积分数。

三、生乳掺假检验

多重掺假与检验方法本身的局限性,通常要运用综合检验指标进行判定。质检人员首先对生乳或乳制品进行色泽、气味、黏稠度、有无咸味、苦味或其他异味等感官检验,对生乳再进行密度、电导率、冰点等物理性质测定。

(一)常规检验指标判断

牛乳掺假掺杂成分复杂多样,需要通过系统分析进行综合判断,一般是先根据常规检验指标(表 1-12)来判断牛乳是否掺假掺杂。

表 1-12 牛乳掺假分析判断

项目	比重	脂肪	蛋白质	乳糖	酸度	电导率	冰点	掺假判断
指标检验结果	↓	↓	↓	↓				掺水
	正常	正常	正常	正常	↓			掺中和剂,如纯碱、小苏打
	正常	↓		↓	↓			加入水,又加入提高比重的物质
		正常				异常		乳房炎乳或病牛乳
		↓			↓	正常		掺入少量水和电解质
		↓			↓		异常	掺假、掺杂、掺水
	正常	正常					↓	病牛乳
	正常	正常			↑			高酸度乳
	↓				↓			掺水或掺胶体物质(乳清比重低于 1.027)

(二)冰点变化

牛乳因含有多种物质所以冰点比水低。一般范围为 $-0.565\sim-0.525℃$。冰点主要与矿物质、乳糖有关,与脂肪、蛋白质无影响,乳牛品种、季节、泌乳期影响也不大。牛乳加水冰点上升,所以用测定冰点的方法来测定牛乳中加水量是一个很好的方法。

酸败的牛乳冰点降低。故测定冰点的牛乳酸度在 20 °T 以内。

纯牛乳的物理常数都有基本恒定的数值,变动范围很小。例如,比重为大于 1.020 的牛乳冰点按现在公认的数值为 −0.525℃,其变动范围在 −0.543～−0.512℃。牛乳中的乳糖和盐类是导致冰点下降的主要因素。在牛乳生成过程中,当乳糖减少时,氯化物的浓度就高,氯化物浓度减少时,乳糖就增加,故牛乳的冰点能够经常保持一致。

牛乳中掺入豆浆、米汤等胶体溶液或水,会使牛乳冰点升高,而掺入水溶性有机物或无机物,会使牛乳冰点降低,都会超出原乳的正常允许冰点范围,因此,通过冰点的检验可有效地控制掺水及掺杂现象。

[知识窗]

掺假生乳

牛奶掺假是某些牛奶不法商的卑劣做法,它不仅给消费者造成经济损失,而且还会损害消费者的身体健康。对于收购牛奶制作乳制品的企业,则不仅是经济损失,还容易造成生产事故。

最常见的掺假物质是水,加入量一般为 5%～20%,有时高达 30%。牛乳中可能掺入的成分、理化性质、掺入目的及危害见表 1-13。

表 1-13 乳掺假成分及危害

掺入类别	存在形式	化学成分	掺入目的	掺入危害
水	分子	乳分散剂	增加原乳体积	乳成分含量降低
盐类	离子形式,真溶液	食盐、硝酸钠、芒硝	增加相对密度	影响乳品发酵等加工过程
中和剂	离子形式,真溶液	碳酸铵、碳酸钠、碳酸氢钠、明矾、石灰水	中和牛乳酸度掩盖乳的酸败	影响乳品发酵等加工过程
非电解质	不电离,真溶液中的小分子物质	尿素、蔗糖	增加乳的比重、含氮量	影响乳品加工和营养价值
胶体物质	大分子液体,胶体溶液、乳浊液	米汤、豆浆、明胶	增加乳的重量、黏度、相对密度	影响乳品加工和营养价值
防腐剂类	离子或小分子形式	硫氰酸钠、甲醛、硼酸及其盐、苯甲酸、水杨酸、双氧水、抗生素、有毒农药等	抑菌、杀菌,防止乳酸败	影响乳品质量、危害健康
杂质	与牛乳呈互不相溶状态的物质	白陶土、牛尿、人尿、污水等	环境卫生不良,挤乳管理不合格	没有营养、细菌污染、危害健康

判断掺水牛乳:乳液稀薄、发白,香味降低,不易挂杯。取一滴放在玻璃片上,乳滴不成形,易流散。

新鲜乳对比:呈乳白色或稍带黄色的均匀胶态流体,无沉淀、无凝块、无杂质,具有新鲜牛乳固有的香味。

【项目小结】

本项目以乳制品水分测定、糖果水分测定、鲜肉水分测定、原料乳水分测定及食品水分活度测定 5 个任务,熟悉了分析天平、电热恒温干燥箱、水分测定仪、冰点仪、密度计等仪器设备的结构、工作要求、使用方法,掌握了样品采集与预处理、恒重、数据处理、结果评价等技术要领,拓展了食品理化检验方法、样品采集、水分检验方法、数据处理与误差分析等理论知识的学习,通过各层次习题验收、检验报告撰写,初步形成食品水分检验岗位的基本职业素质与工作能力。

【项目验收】

(一)填空题

1. 食品分析的首要工作是_____。

2. 食品采样时,必须遵循的原则一为_____,二为_____。

3. 有机物破坏法分为_____和_____。

4. 密度是指_____,相对密度是指_____。

5. 正常牛乳乳清折射率在 1.341 99～1.342 75,若牛乳掺水,其乳清折射率_____(降低/升高)。

6. 直接干燥法的主要设备是_____。

7. 在水分测定过程中,干燥器的作用是_____。

8. 测定样品中水分含量:对于样品是易分解的食品,通常用_____方法;对于样品中含有较多易挥发的成分,通常选用_____;对于样品中水分含量为痕量,通常采用_____。

9. 糖果中水分测定应采用_____,温度一般为_____,真空度为_____。

(二)单项或多项选择题

1. 干法灰化与湿法消化相比,湿法消化测定空白值(   )。

A. 高   B. 低   C. 相等   D. 不能确定

2. 磺化法适于在(   )中稳定的农药提取液的净化。

A. 碱性介质   B. 酸性介质   C. 中性介质   D. 任何介质

3. 皂化法适于在(   )中稳定的农药提取液的净化。

A. 碱性介质   B. 酸性介质   C. 中性介质   D. 任何介质

4. 由分析对象大批物料的各个部分采集少量物料得到(   )。

A. 检样   B. 原始样品   C. 平均样品   D. 检验样品

5. 许多份检样综合在一起称为(   )。

A. 检样   B. 原始样品   C. 平均样品   D. 检验样品

6. 原始样品经过技术处理,再抽取其中的一部分供分析检验的样品称为(   )。

A. 检样   B. 原始样品   C. 平均样品   D. 检验样品

7. 有些物质沸点较高在加热到沸点时容易发生分解,那么在蒸馏时可选用( )。

A. 直接蒸馏　　　B. 减压蒸馏　　　C. 水蒸气蒸馏　　　D. 都可以

8. 两组测定结果:甲组为 0.38%,0.38%,0.39%,0.40%,0.40%,乙组为 0.37%,0.39%,0.39%,0.40%,0.41%,试比较两组测定结果的精密度( )。

A. 甲、乙两组相同　　　　　　　B. 甲组比乙组高

C. 乙组比甲组高　　　　　　　　D. 无法判别

9. 密度法可检测牛乳掺了以下何种物质( )。

A. 水　　　　　B. 三聚氰胺　　　　C. 电解质　　　　D. 淀粉

10. d_4^{20} 指的是( )。

A. 物质在 20℃时对 20℃水的相对密度

B. 物质在 4℃时对 20℃水的相对密度

C. 物质在 20℃时对 4℃水的相对密度

D. 物质在任何温度对水的相对密度

11. 常见的密度计有( )。

A. 波美计　　　B. 糖锤度计　　　C. 酒精计　　　D. 乳稠计

12. 实验室中干燥剂二氧化钴变色硅胶失效后,呈现( )。

A. 蓝色　　　　B. 黄色　　　　C. 红色　　　　D. 白色

13. 测定乳粉水分含量时所用的干燥温度为( )。

A. 80~90℃　　　　　　　　　B. 101~105℃

C. 60~70℃　　　　　　　　　D. 115~120℃

14. 测定乳粉的水分时,空铝皿干燥至恒重为 19.978 4 g,样品加铝皿重 22.218 5 g,经干燥至恒重,铝皿加样品为 22.161 6 g,则样品中水分含量为( )。

A. 1.54%　　　B. 2.54%　　　C. 1.00%　　　D. 1.84%

15. 下列物质中不能用直接干燥法测定其水分含量的是( )。

A. 糖果　　　　B. 糕点　　　　C. 饼干　　　　D. 食用油

16. 水分测定时,水分是否排除完全,可以根据( )来进行判定。

A. 经验　　　　　　　　　　　B. 专家规定的时间

C. 样品是否达到恒重　　　　　D. 烘干后样品的颜色

(三)判断题(正确的画"√",错误的画"×")

1. 任何食品试样中的水分都可以用烘箱干燥法测定。( )

2. 减压干燥法适用于胶状样品、含水分较多和高温下易分解的样品。( )

3. 恒重是指连续两次干燥或灼烧后称定的质量差异不超过规定的范围。( )

4. 减压法的温度控制范围是(60±5)℃。( )

5. 样品的采集是指从大量的代表性样品中抽取一部分作为分析测试的样品。( )

6. 常压干燥法测定样品水分含量时,要求水分是唯一的挥发性物质。( )

7. 水分活度反映了食品中水分的存在状态,其可用干燥法来测定。( )

(四)简答题

1. 蒸馏的原理是什么？什么情况下采取常压蒸馏、减压蒸馏或水蒸气蒸馏？
2. 采样的原则是什么？采样的步骤有哪些？
3. 食品分析中样品的预处理方法有哪几种？
4. 密度计法测定操作中应注意什么？
5. 如何判断恒重？

Project 2

食品中有机酸检验技术

➤ **知识目标**

1. 熟悉食品中酸性物质及酸度的表达。
2. 熟知果蔬、饮料、油脂及乳制品中酸度的测定方法。
3. 熟悉蒸馏法、电位法、反滴定分析法工作原理。

➤ **技能目标**

1. 具有制备果蔬、饮料、油脂、乳制品等检测样液的能力。
2. 具备食品总酸、有效酸度、油脂酸值、乳及乳制品酸度等的计算表达能力。
3. 能够运用 pH 计、磁力搅拌器、微量滴定管进行酸度测定。

食品中的有机酸不仅是酸味的成分,而且在食品的加工、储藏及品质管理等方面被认为是重要的成分。适量的有机酸,可以控制叶绿素、花青素的色泽、食品的甜味,减弱微生物的抗热性和抑制其生长。酸值异常与否是判别某些发酵制品的质量、原料乳及其制品腐败、油脂新鲜程度的重要指标。测定有机酸的含量与糖含量之比,判断某些果蔬的成熟度,指导果蔬收获及加工工艺条件确定。

食品中有机酸因测定方法、测定时间及自身性质的不同,表现为总酸度、有效酸度、挥发酸、乳的外表酸度和真实酸度等。

任务一　果汁饮料中总酸及 pH 的测定

【工作要点】

1. 果汁、饮料、乳制品的样液制备及精密称取。
2. 氢氧化钠标准滴定溶液标定与稀释。
3. 酚酞指示剂或电位法指示终点进行滴定。
4. 数据计算及总酸结果的评价。

【工作过程】

(一)试样的制备

果汁、饮料、乳制品、饮料酒、蜂产品和调味品等液态样品。

(1)不含 CO_2 的样品　充分混合均匀,置于密闭玻璃容器内。

> **想一想**
> 含CO_2的样品在煮沸后为何要加水补齐至煮沸前的质量?

(2)含 CO_2 的样品　至少取 200 g 样品于 500 mL 烧杯中,置于电炉上,边搅拌边加热至微沸腾,保持 2 min,称量、用煮沸过的水补充至煮沸前的质量,置于密闭玻璃容器内。

(二)总酸滴定

1. 试液的制备

(1)总酸含量不大于 4 g/kg 的试样　将制备的试样用干快速滤纸过滤,收集中段滤液,用于测定。

(2)总酸含量大于 4 g/kg 的试样　称取 10~50 g 制备试样,精确至 0.001 g,置于 100 mL 烧杯中。用约 80℃ 煮沸过的水将烧杯中的内容物转移到 250 mL 容量瓶中(总体积

> **想一想**
> 含酸量大于4 g/kg的试样,定容250 mL有何意义?

约为 150 mL)。置于沸水浴中煮沸 30 min(摇动 2～3 次,使试样中的有机酸全部溶解于溶液中),取出,冷却至室温(约20℃),用煮沸过的水定容至 250 mL。用干快速滤纸过滤,收集滤液用于测定。

注:有颜色或浑浊不透明的试液不适用酸碱滴定法测定总酸。

2. 测定

(1)试液测定　称取 25.00～50.00 g(量取 25.00～50.00 mL 试液,再称量其准确质量)上述制备试液,使之含 0.035～0.070 g 酸,置于 250 mL 锥形瓶中,加 40～60 mL 水及 0.2 mL0.1%酚酞指示剂,用 0.1 mol/L 氢氧化钠标准滴定溶液滴定至微红色,30 s 不褪色。记录消耗 0.1 mol/L 氢氧化钠标准滴定溶液的体积的数值(V_1)。

同一被测样品应测定 2 次。

(2)空白试验　用水代替试液,按测定(1)操作。记录消耗 0.1 mol/L 氢氧化钠标准滴定溶液的体积的数值(V_2)。

3. 结果计算

(1)食品中总酸的含量 X 按式(2-1)计算:

$$X = \frac{c \times (V_1 - V_2) \times K \times F}{m} \times 1\,000 \qquad (2-1)$$

式中:X——食品中总酸的含量以质量分计,g/kg;

$\quad c$——氢氧化钠标准滴定溶液浓度的准确数值,mol/L;

$\quad V_1$——滴定试液时消耗氢氧化钠标准滴定溶液的体积的数值,mL;

$\quad V_2$——空白试验时消耗氢氧化钠标准滴定溶液的体积的数值,mL;

$\quad K$——酸的换算系数:苹果酸 0.067;乙酸 0.060;酒石酸 0.075;柠檬酸 0.064;柠檬酸 0.070(含 1 分子结晶水);乳酸 0.090;盐酸 0.036;磷酸 0.049;

$\quad F$——试液的稀释倍数;

$\quad m$——试样的质量的数值,g。

注:计算结果表示到小数点后两位。

(2)允许差　同一样品,2 次测定结果之差,不得超过 2 次测定平均值的 2%。

(三)pH 电位测定

1. 试样制备及试液制备

同总酸滴定的制备。

2. 直接法电位测定

(1)称取试液(果蔬制品、饮料、乳制品、饮料酒、淀粉制品、谷物制品和调味品等)　称取 20.0～50.0 g 试液,使之含 0.035～0.070 g 酸,置于 150 mL 烧杯中,加 40～60 mL 水。

(2)酸度计校正及测定　酸度计电源接通,指针稳定后,用 pH 8.0 的缓冲溶液校正酸度计。将盛有试液的烧杯放到电磁搅拌器上,浸入玻璃电极和甘汞电极(复合电极)。

> **想一想**
> 试液取用量如何确定能满足含酸0.035～0.070 g的要求?

按下 pH 读数开关,开动搅拌器,迅速用 0.1 mol/L 氢氧化钠标准滴定溶液滴定,随时观察溶液 pH 的数值变化。接近滴定终点时,放慢滴定速度。一次滴加半滴(最多一滴),直至溶液的 pH 达到终点。记录消耗氢氧化钠标准滴定溶液的体积的数值(V_1)。

同一被测样品应测定 2 次。

3. 反滴定法电位测定

(1)称取试液(蜂产品) 称取约 10 g 混合均匀蜂产品试样,精确至 0.001 g,置于 150 mL 烧杯中,加 80 mL 水。

(2)反滴定电位测定 将盛有试液的烧杯放到电磁搅拌器上,浸入玻璃电极和甘汞电极。按下 pH 读数开关,开动搅拌器,用 0.05 mol/L 氢氧化钠标准滴定溶液以 5.0 mL/min 的速度滴定。当 pH 到达 8.5 时停止滴加。继续加入 10 mL 0.05 mol/L 氢氧化钠标准滴定溶液。记录消耗 0.05 mol/L 氢氧化钠标准滴定溶液的总体积数值(V_3)。立即用 0.05 mol/L 盐酸标准滴定溶液反滴定至 pH 为 8.2。记录消耗 0.05 mol/L 盐酸标准滴定溶液的体积数值(V_4)。

想一想
两项测定的空白试验结果各有何作用?

同一被测样品应测定 2 次。

4. 空白试验

前面两类型试液测定操作都应用水代替试液做空白试验,记录消耗氢氧化钠标准滴定溶液的体积数值(V_2)。

5. 结果计算

(1)直接法电位测定的结果计算 食品中总酸的含量 X_1 按前面式(2-1)计算及表达。

(2)反滴定法电位测定的结果计算 食品中总酸的含量 X_2 按式(2-2)计算:

$$X_2 = \frac{[c_2 \times (V_3 - V_2) - c_3 \times V_4] \times K \times F}{m_1} \times 1\,000 \tag{2-2}$$

式中:X_2——食品中总酸的含量以质量分数计,g/kg;

$\quad c_2$——氢氧化钠标准滴定溶液浓度的准确数值,mol/L;

$\quad c_3$——盐酸标准滴定溶液浓度的准确数值,mol/L;

$\quad V_2$——空白试验时消耗氢氧化钠标准滴定溶液的体积的数值,mL;

$\quad V_3$——滴定试液时消耗氢氧化钠标准滴定溶液的体积的数值,mL;

$\quad V_4$——反滴定时消耗盐酸标准滴定溶液的体积的数值,mL。

其他同酸碱滴定法。

【相关知识】

根据酸碱中和原理,用氢氧化钠标准滴定溶液中和,以酚酞为指示剂确定滴定终点,按碱液的消耗量计算食品中的总酸含量,计算并评价结果。

用碱液滴定试液中的酸,溶液的电位发生"突跃"时,即为滴定终点。按碱液的消耗量计算食品中的总酸含量。

【仪器与试剂】

1. 仪器

①组织捣碎机。

②水浴锅。

③研钵。

④冷凝管。

⑤酸度计:精度(pH)±0.1。

⑥复合电极。

⑦电磁搅拌器。

⑧碱式滴定管(25 mL)。

⑨酸式滴定管(25 mL)。

2. 试剂

符合 GB/T 6682 规定的二级水规格或蒸馏水,使用前经煮沸、冷却。

①0.1 mol/L 氢氧化钠标准滴定溶液:见附录Ⅱ。

②0.01 mol/L 氢氧化钠标准滴定溶液:量取 100 mL 0.1 mol/L 氢氧化钠标准滴定溶液①稀释至 1 000 mL(限当天稀释)。

③0.05 mol/L 氢氧化钠标准滴定溶液:量取 100 mL 0.1 mol/L 氢氧化钠标准滴定溶液①稀释至 200 mL(限当天稀释)。

④1%酚酞溶液:见附表 1-3。

⑤pH 8.0 缓冲溶液:见附表 1-2。

⑥0.1 mol/L 盐酸标准滴定溶液:见附录Ⅱ。

⑦0.05 mol/L 盐酸标准滴定溶液:见附录Ⅱ。

【友情提示】

1. 样品酸度较低时,可用 0.01 或 0.05 mol/L 氢氧化钠标准滴定溶液进行滴定。

2. 食品中含有多种有机酸,总酸度测定的结果一般以样品中含量最多的酸来表示。柑橘类果实及其制品和饮料以柠檬酸表示;葡萄及其制品以酒石酸表示;草果、核果类果实

> **想一想**
> 你的测试样品 K 值如何选用?

及其制品和蔬菜以苹果酸表示;乳品、肉类、水产及其制品以乳酸表示;酒类、调味品以乙酸表示。

3. 食品中的有机酸均为弱酸,用强碱(NaOH)滴定时,其滴定终点偏碱,一般在 pH 8.3±0.1,所以,可选用酚酞作为指示剂(磷酸 pH 8.7~8.8)。

4. 若滤液有颜色(如带色果汁等),使终点颜色变化不明显,从而影响滴定终点的判断,可加入约同体积的无 CO_2 蒸馏水稀释,或用活性炭脱色,用原样液对照,以及用外指示剂法等方法来减少干扰。对于颜色过深或浑浊的样液,可用电位滴定法进行测定。

【考核要点】

1. 含二氧化碳样品制备。

2. 滴定控制与终点判断。

3. 样品总酸度计算及表达。

【思考】

1. 以下情况,怎样影响总酸测定的结果?

①样品取量没有按规定进行。

②试液有颜色。

③滤纸用煮过的蒸馏水润湿后过滤,且全部收集。

④空白试验没做。

2. pH计有何作用? 怎样校正与使用?

3. 反滴定电位法测定总酸,有何优势?

【必备知识】

一、食品酸度

(一)酸性物质

食品中的酸性物质包括有机酸、无机酸、酸式盐以及某些酸性有机化合物(如单宁、蛋白质分解产物等)。这些酸有的是食品中本身固有的,例如,果蔬中含有苹果酸、柠檬酸、酒石酸、醋酸、草酸;鱼肉类中含有乳酸等;有的是外加的,如配制型饮料中加入的柠檬酸;有的是因发酵而产生的,如酸奶、食醋中的乳酸、醋酸。天然食品中可含有一种或多种有机酸,例如,苹果中以苹果酸为主,柠檬酸较少;多数绿色蔬菜以草酸为主,只含有少量单宁酸等。

食品中存在的酸性物质对食品的色、香、味、成熟度、稳定性和质量的好坏都有影响。

①水果加工过程中,酸性物质能抑制水果的酶促褐变,保持水果的本色。PPO是一种含铜离子的金属酶,其最适pH为6~7。食品中的酸性物质使pH低于3.0时,铜离子被解离,与酶蛋白脱离,使PPO几乎完全失活。食品工业中降低介质的pH,常使用苹果酸、柠檬酸、抗坏血酸、琥珀酸等有机酸。

②果蔬中的有机酸使食品具有浓郁的水果香味,改变水果制品的味感,刺激食欲,促进消化,并有一定的营养价值,在维持人体的酸碱平衡方面起着显著作用。

③果蔬中酸度和糖的相对含量的比值,可以判断果蔬的成熟度、食品的新鲜程度及是否腐败。例如,柑橘、番茄等随着成熟度的增加其糖酸比增大,口感变好。水果发酵制品(如葡萄酒)中挥发酸含量是判断其质量好坏的一个重要指标,当醋酸含量在0.1%以上时,说明制品已腐败。牛乳及其制品、番茄制品、啤酒等乳酸含量高时,说明这些制品已由乳酸菌引起腐败;水果制品中含有游离的半乳糖醛酸时,说明已受到污染开始霉烂。

④油脂中游离脂肪酸含量的多少是油脂品质好坏和精炼程度的重要指标。新鲜的油脂多为中性,随着脂肪酶水解作用的进行,油脂中游离脂肪酸的含量不断增加,其新鲜程度也随之下降。

⑤食品中的酸类物质具有一定的防腐作用。当pH<2.5时,一般除霉菌外,大部分微生物的生长都受到抑制,将醋酸的浓度控制在6%时,可有效地抑制腐败菌的生长。

因此,测定食品酸度,对食品的色、香、味、稳定性和质量控制具有重要的意义。

(二)食品的酸度分类

食品中酸类物质构成了食品的酸度。酸度可分为总酸度、有效酸度和挥发酸度。

(1)总酸度 是指食品中所有酸性物质的总量,包括离解的和未离解的酸的总和,常用标准碱溶液进行滴定,并以样品中主要代表酸的质量分数来表示,故总酸又称可滴定酸度。

(2)有效酸度 是指样品中呈游离状态的氢离子(H^+)的浓度(准确地说应该是活度),常用pH表示。用pH计(酸度计)测定。

(3)挥发酸 是指易挥发的有机酸,如醋酸、甲酸及丁酸等,可通过蒸馏法分离,再用标准碱溶液进行滴定测定。

二、挥发酸的测定——蒸馏法

食品中的挥发酸主要是低碳链的直链脂肪酸,例如,醋酸、痕量的甲酸及丁酸等。食品原料本身含有的部分挥发酸,在正常的食品生产加工条件下,其含量较为稳定;如果在生产中使用了不合格的原料,或违反正常的工艺操作,都将会因为糖的发酵而使挥发酸含量增加,从而降低了食品的品质。因此,挥发酸的含量是某些食品的一项重要的控制指标。

1. 原理

样品经处理,加入适量的磷酸使结合态的挥发酸游离出来,再用水蒸气蒸馏(图2-1)使挥发酸分离,经冷凝、收集后,用标准碱溶液滴定,根据所消耗的标准碱溶液的浓度和体积,直接计算出挥发酸的含量(即直接法)。

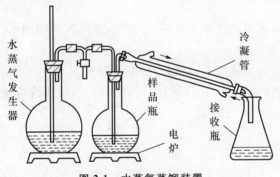

图2-1 水蒸气蒸馏装置

如果将挥发酸蒸发除去后,用标准碱滴定不挥发酸,最后从总酸度中减去不挥发酸,也可以间接得到挥发酸的含量,称为间接法。直接法操作方便,较常用,适用于挥发酸含量比较

> **想一想**
> 挥发酸测定应用了什么特殊手段?

高的样品。间接法蒸馏液有所损失或被污染,或样品中挥发酸含量较低时,应选用间接法。

蒸馏法测定挥发酸适用于各类饮料、果蔬及其制品(如发酵制品、酒类等)中挥发酸含量的测定,广泛应用于食品分析及产品质量控制。

2. 试剂与仪器

(1)试剂 磷酸溶液(100 g/L):称取10.0 g磷酸,用少量无CO_2蒸馏水溶解,并稀释至100 mL。

(2)仪器装置 水蒸气蒸馏装置(图2-1)。

其他同任务一所用仪器、试剂。

3. 测定操作

（1）蒸馏　称取 2～3 g（视挥发酸含量）搅碎混匀的样品，用 50 mL 新煮沸的蒸馏水将样品全部洗入 250 mL 圆底烧瓶中，加 100 g/L 磷酸溶液 1 mL，连接水蒸气蒸馏装置，通入水蒸气使挥发酸蒸馏出来。加热蒸馏至馏出液 300 mL 为止。

（2）滴定　将馏出液加热至 60～65℃，加入 3 滴酚酞指示剂，用 0.1 mol/L NaOH 标准溶液滴定至微红色 0.5 min 不褪色即为终点。

用相同的条件做空白试验。

（3）食品中总挥发酸质量分数按式（2-3）计算：

$$X = \frac{c \times (V_1 - V_2)}{m} \times 0.06 \times 100 \qquad (2\text{-}3)$$

想一想
为何公式中使用"0.06"这一数值？

式中：X——食品中总挥发酸质量分数（以乙酸计），g/100 g 或 g/100 mL；

V_1——样液滴定消耗 NaOH 标准溶液的体积，mL；

V_2——空白实验滴定消耗 NaOH 标准溶液的体积，mL；

c——NaOH 标准溶液的浓度，mol/L；

0.06——1 mmol 醋酸（CH_3COOH）的质量，g/mmol；

m——样品的质量，g。

【友情提示】

1. 蒸馏前蒸气发生瓶中的水应先煮沸 10 min，以排除其中的 CO_2，并用蒸气冲洗整个蒸馏装置。

2. 整套蒸馏装置的各个连接处应密封，切不可漏气。

3. 滴定前将馏出液加热至 60～65℃，使其终点明显，加快反应速度，缩短滴定时间，减少溶液与空气的接触，提高测定精度。

三、有效酸度与 pH 的测定

食品的有效酸度（pH）是溶液中 H^+ 浓度（准确是 H^+ 活度）的负对数〔pH ＝ $-\lg c(H^+)$〕，其大小表明了食品介质的酸碱性。在食品企业，测定有效酸度更具有实际意义。常用的测定 pH 的方法有 2 种：比色法和电位法（pH 计法）。

（一）比色法

不同的酸碱指示剂具有不同的 pH 变色范围，显示不同的颜色。比色法就是利用不同的酸碱指示剂来（或多种指示剂的混合物）显示溶液的有效酸度（pH）。根据操作方法的不同，本法又分为试纸法和标准管。

1. 试纸法

将滤纸裁剪为小片，置于适当的指示剂溶液中，浸渍后取出干燥即制成试纸。根据所用混合指示剂的变色范围及所测定 pH 的准确程度，试纸又分为广泛试纸与精密试纸。

试纸法测定时，用一干净的玻璃棒沾上少量样液，滴在试纸上使其显色，2～3 s 后，将试纸与标准色卡对比，以粗略

想一想
pH试纸因何能测定溶液的pH？

判断各类样液的 pH。试纸法简便、经济、快速,但结果不甚准确。

2. 标准管比色法

用标准缓冲溶液配制一不同 pH 的标准系列,再各加适当的酸碱指示剂使其于不同 pH 下呈不同颜色,即为标准色管。在样液中加入与标准缓冲溶液中相同的酸碱指示剂,显色后与标准色管进行颜色比较,与样液颜色相近的标准色管中缓冲溶液的 pH 即为待测样液的 pH。

比色时会受到样液颜色、浊度、胶体物、各种氧化成分和还原成分的干扰,因此,比色法仅适用于色度、浑浊度较低的样液的 pH 测定,且测定结果不甚准确。

(二)电位法(pH 计法)

1. 原理

将电极电位随溶液氢离子浓度变化而变化的玻璃电极(指示电极)和电极电位不变的饱和甘汞电极(参比电极)插入被测溶液中组成一个电池,其电动势与溶液的 pH 相关,通过对电池电动势的测量即可测定溶液的 pH。结合能斯特方程式:

$$E = E^{\ominus} - 0.059\ 1\ \text{pH}$$

在 25℃时,每相差一个 pH 单位,能够产生 59.1 mV 的电极电位,pH 可在仪器显示屏上直接读出。

电位法测定有效酸度,反映已解离的酸的浓度,测量准确度较高(可准确到 0.01 pH 单位),操作简便,不受试样本身颜色的影响等优点。

电位法适用于各类饮料、果蔬及其制品,以及肉、蛋类等食品中 pH 的测定,在食品检验中得到广泛的应用。

2. 仪器与试剂

(1)仪器 pHS-3C 型酸度计(图 2-2),复合电极;磁力搅拌器。

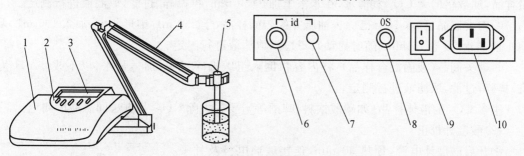

图 2-2 pHS-3C

1. 机箱 2. 键盘 3. 显示屏 4. 多功能电极架 5. 电极 6. 测量电极插座 7. 参比电极接口
8. 保险丝 9. 电源开关 10. 电源插座

(2)试剂 以上各种浓度的标准 pH 缓冲液试剂有独立小包装供应,每包试剂按要求的方法溶解定容也可。

①标准缓冲溶液(pH=4.00,20℃)。称取在 110℃烘干 2～3 h 并经冷却的优级纯邻苯二甲酸氢钾($KHC_8H_4O_4$)10.12 g 溶于无 CO_2 的蒸馏水中(去离子水),并稀释至 1 000 mL。

②标准缓冲溶液(pH=6.88,20℃)。称取在(115±5)℃烘干 2～3 h,并经冷却的优级纯磷酸二氢钾(KH_2PO_4)3.387 g 和优级纯无水磷酸氢二钠(Na_2HPO_4)3.533 g,溶于无

CO_2 蒸馏水中并稀释至 1 000 mL。

③标准缓冲溶液($pH=9.23,20℃$)。称取优级纯硼砂($Na_2B_4O_7 \cdot 10H_2O$)3.80 g,溶于无 CO_2 的蒸馏水中,并稀释至 1 000 mL。

以上 3 种标准缓冲溶液通常能稳定 2 个月,pH 与温度关系见表 2-1。

表 2-1　缓冲溶液 pH 与温度关系对照表

温度/℃	0.05 mol/L 邻苯二甲酸氢钾	0.025 mol/L 混合物磷酸盐	0.01 mol/L 四硼酸钠
5	4.00	6.95	9.39
10	4.00	6.92	9.33
15	4.00	6.90	9.28
20	4.00	6.88	9.23
25	4.00	6.86	9.18
30	4.01	6.85	9.14
35	4.02	6.84	9.11
40	4.03	6.84	9.07
45	4.04	6.84	9.04
50	4.06	6.83	9.03
55	4.07	6.83	8.99
60	4.09	6.84	8.97

3. pH 测定

(1)试液制备

①果蔬样品:将果蔬样品榨汁后,取其压榨汁直接进行测定。对于果蔬干制品,可取适量样品,加数倍的无 CO_2 蒸馏水,在水浴上加热 30 min,再捣碎、过滤,取滤液进行测定。

②肉类制品:称取 10 g 已除去油脂并绞碎的样品,于 250 mL 锥形瓶中,加入 100 mL 无 CO_2 蒸馏水,浸泡 15 min(随时摇动)。过滤,取滤液进行测定。

③罐头制品(液固混合样品):将内容物倒入组织捣碎机中,加适量水(以不改变 pH 为宜)捣碎,过滤,取滤液进行测定。

④含 CO_2 的液体样品(如碳酸饮料、啤酒等),要先去除 CO_2,其方法同总酸度测定。

(2)酸度计校正

①开启酸度计电源,预热 30 min,连接玻璃电极及甘汞电极,在读数开关放开的情况下调零。

> **想一想**
> 何时使用温度补偿旋钮与定位旋钮?

②选择适当 pH 的标准缓冲溶液(其 pH 与被测样液的 pH 相接近)。测量标准缓冲溶液的温度,调节酸度计的温度补偿旋钮。

③用标准缓冲溶液洗涤 2 次烧杯和电极,然后将标准缓冲溶液注入烧杯内,将两电极(复合电极)浸入缓冲溶液中,按下读数开关,小心缓慢摇动烧杯后,调节定位旋钮使 pH 计指针在缓冲溶液的 pH 上,放开读数开关,指针回零,如此重复操作 2 次。如有变动,按前面重复调节。校正后切不可再旋动定位调节器,否则必须重新校正。

(3)样液 pH 测定

①用无 CO_2 的蒸馏水淋洗电极并用滤纸吸干,再用制备好的试液冲洗电极和烧杯,将

试液注入烧杯内。

②调节酸度计的温度补偿旋钮至被测试液温度。

③将电极浸入试液中,轻轻摇动烧杯,使试液均匀。按下读数开关,稳定 1 min,指针所指之值即为样液的 pH。测量完毕后,将电极和烧杯清洗干净,并妥善保管。

【友情提示】

1. 新电极或久置未用的干燥电极在使用前,要浸入蒸馏水或 0.1 mol/L 盐酸溶液中 24 h 以上;连续使用的间歇期间也都应浸泡在蒸馏水中,使玻璃电极球膜表面形成有良好离子交换能力的水化层。长期不用时,可洗净吸干后装盒保存,再次使用时应浸泡 24 h 以上。

想一想
酸度计电极使用有何要求?

2. 甘汞电极在使用前,应将底部和侧面加液孔上的橡皮塞取下,以保持 KCl 溶液在重力作用下慢慢渗出,保证电路通路,不用时即把两橡皮塞塞上,以免 KCl 溶液流失,KCl 溶液不足时应及时补充,KCl 溶液中不应有气泡,以防止电路断路。溶液内应有少量 KCl 晶体,以保持溶液饱和,电位恒定,测量时应使电极内液面高出被测溶液液面,以防止被测试液向电极内扩散。

3. 玻璃电极内阻极高,对插头处绝缘要求极高,使用时不要用手接触绝缘部位。

4. 仪器定位后,不得更换电极,否则要重新定位。长期连续使用也应经常重新定位,以防仪器或电极参数发生变化。

5. 定位所用标准缓冲溶液的 pH 应与被测溶液的 pH 接近(例如,市面销售的缓冲溶液有 pH＝4.01、6.88、9.18 等)。

任务二　饮料中二氧化碳的测定——蒸馏滴定法

任务三　动植物油脂的酸值测定——热乙醇测定法

【工作要点】

1. 油脂的试样制备。

2. 热乙醇测定酸值。

3. 结果表述。

【工作过程】

（一）油脂试样的制备

检验室收到动、植物油脂的平均样品后，应核对报验单，审查抽样报告，核查样品标识，适当平衡样品温差后，再进行试样制备。

1. 样品混合、过滤

（1）澄清、无沉淀物的液态样品　振摇装有实验室样品的密闭容器，使样品尽可能均匀。

（2）浑浊或有沉淀物的液态样品

①测定的项目为水分和挥发物、不溶性杂质、质量浓度、任何需要使用未过滤的样品进行测定或加热会影响测定时，剧烈摇动装有实验室样品的密闭容器，直至沉积物从容器壁上完全脱落后，立即将样品转移到另一容器，检查是否还有沉积物黏附在容器壁上，如果有，则需将沉淀物完全取出（必要时打开容器），且并入样品中。

②测定所有的其他项目时，将装有实验室样品的容器置于50℃的干燥箱内，当样品温度达到50℃后按照澄清、无沉淀物的液态样品操作。如果加热混合后样品没有完全澄

想一想
制备的油脂试样最终状态？

清，可在50℃恒温干燥箱内将油脂过滤或用热过滤漏斗过滤。为避免脂肪物质因氧化或聚合而发生变化，样品在干燥箱内放置的时间不宜太长。过滤后的样品应完全澄清。

（3）固态样品

①当测定（2）中①项目时，为了保证样品尽可能均匀，可将实验室样品缓慢加温到刚好可以混合后，再充分混匀样品。

②测定所有的其他项目时，将干燥箱温度调节到高于油脂熔点10℃以上，在干燥箱中熔化实验室样品。如果加热后样品完全澄清，则按照澄清、无沉淀物的液态样品进行操作。如果样品浑浊或有沉积物，须在相同温度的干燥箱内进行过滤或用热过滤漏斗过滤。过滤后的样品应完全澄清。

本样品制备方法不适用于乳化脂肪如黄油、人造奶油、蛋黄酱等油脂产品。

2. 干燥与储存

如果混合后的样品中含有水分（特别是酸性油脂、脂肪酸、固体脂肪），会影响某些测定项目（如碘价）的测定结果，因此应对样品进行干燥。采用的干燥方法应避免样品发生氧化。可将经上述方法充分混合的样品按10 g样品加1～2 g的比例加入无水硫酸钠后，置于高于熔点10℃的干燥箱中，干燥时间应尽可能短，最好在氮气流保护下干燥，干燥温度不得超过50℃。

当温度超过32.4℃时，无水硫酸钠将失去干燥能力，因此要在真空下进行干燥。对于需要在50℃以上进行干燥的脂肪，可先将其溶于溶剂然后干燥。

想一想
无水硫酸钠做干燥剂条件？

将热样品与无水硫酸钠充分搅拌后，过滤。如果冷却时油脂发生凝固，可在适当温度（但不得超过50℃）的干燥箱内或用热过滤漏斗进行过滤。

若样品含有易挥发脂肪酸，则不得加热和过滤。样品的储存应满足样品类型和试验所

需的条件。

(二)称样

根据前述样品的颜色和估计的酸值(表2-3),准确称取试样,装入250 mL锥形瓶中。

表2-3　试样称量表　　　　　　　　　　　　　　　　　　　　　　g

估计的酸值	试样量	试样称重的精确度
<1	20	0.05
1~4	10	0.02
4~15	2.5	0.01
15~75	0.5	0.001
>75	0.1	0.000 2

注:试样的量和滴定液的浓度应使得滴定液的用量不超过10 mL。

(三)热乙醇法测定油脂酸值

想一想
为何要先中和热乙醇?

1. 中和热乙醇

将含有0.5 mL酚酞指示剂的50 mL乙醇溶液置入锥形瓶中,加热至沸腾,当乙醇的温度高于70℃时,用0.1 mol/L的氢氧化钠或氢氧化钾溶液滴定至溶液变色。保持溶液15 s不褪色,即为终点。当油脂颜色深时,需加入更多量的乙醇和指示剂。

2. 滴定油脂样品

想一想
充分混合、摇动有何作用?

将中和后的乙醇转移至装有测试样品的锥形瓶中,充分混合,煮沸。用氢氧化钠或氢氧化钾标准溶液(取决于样品估计的酸值)在充分摇动中滴定,至溶液颜色发生变化,并且保持15 s不褪色,即为滴定终点。

(四)结果表达

1. 酸值(S)

按式(2-12)计算:

$$S = \frac{56.1 \times V \times c}{m} \tag{2-12}$$

式中:S——油脂的酸值,mg/g;

V——所用氢氧化钾标准溶液的体积,mL;

c——所用氢氧化钾标准溶液的准确浓度,mol/L;

m——试样的质量,g;

56.1——氢氧化钾的摩尔质量,g/mol。

注:氢氧化钠或氢氧化钾乙醇溶液的浓度,随温度而发生变化,用式(2-13)来校正:

$$V' = V_t[1 - 0.001\ 1 \times (t - t_0)] \tag{2-13}$$

式中:V'——校正后氢氧化钠或氢氧化钾标准溶液的体积,mL;

V_t——在温度t时测得的氢氧化钠或氢氧化钾标准溶液的体积,mL;

t——测量时的摄氏温度；

t_0——标定氢氧化钠或氧氧化钾标准溶液的摄氏温度。

2. 酸度(S')

根据脂肪酸的类型(表2-3)，按式(2-14)计算：

$$S' = V \times c \times \frac{M}{1\,000} \times \frac{100}{m} = \frac{V \times c \times M}{10 \times m} \tag{2-14}$$

式中：S'——油脂中脂肪酸的酸度，其含量以质量分数表示，10^{-2}或%；

　　　M——表示结果所用脂肪酸的摩尔质量(表2-4)，g/mol。

其他同式(2-12)。

表 2-4　表示酸度的脂肪酸类型

油脂的种类	所表示脂肪酸	
	名称	摩尔质量/(g/mol)
椰子油、棕榈仁油及类似的油	月桂酸	200
棕榈油	棕榈酸	256
从某些十字花科植物得到的油	芥酸	338
所有其他油脂[a]	油酸	282

注：1. 如果结果仅以"酸度"表示，没有进一步的说明，通常为油酸。

　　2. 当样品含有矿物酸时，通常按脂肪酸测定。

　　a. 芥酸含量低于5%的菜籽油，酸度仍用油酸表示。

3. 精密度

(1)重复性　在很短的时间间隔内，在同一实验室，由同一操作者，使用相同仪器，采用相同方法，检验同一份样品，测出2个独立的结果。当酸度小于或等于3%时，2次测试结果的绝对差值不应大于其平均值的3%；当酸度大于3%时，2次测试结果的绝对差值不应大于其平均值的1%。

(2)再现性　在不同的实验室，由不同的操作者，使用不同的仪器，采用相同的方法，检验同一份样品，测出2个独立的结果。当酸度小于或等于3%时，2次测试结果的绝对差值不应大于其平均值的15%；当酸度大于3%时，2次测试结果的绝对差值不应大于其平均值的5%。

(五)检验报告

检验报告需说明包括试样的取样方法、采用的检验方法、获取的结果及结果的表示方法、检验了重复性，列出结果。

检验报告也应说明所有在本标准中未规定或规定为任选的操作细节，以及其他可能已经影响了试验结果的事件。检验报告还应包括完整识别样品所需的所有信息。

【相关知识】

将油脂样品混合，必要时在适当温度下加热。如果需要，可用过滤法分离去除不溶性物质，用无水硫酸钠干燥去除水分。

将试样溶解在热乙醇中,用氢氧化钠或氢氧化钾水溶液滴定。在规定的条件下,短碳链的脂肪酸易挥发,所以,本法仅为参考方法。

酸值是以标准滴定法或电位法测定,中和 1 g 油脂中游离脂肪酸所需氢氧化钾的毫克数,用 mg/g 表示。酸度是以上述方法测定出的游离脂肪酸含量以质量分数表示。

【仪器与试剂】

1. 仪器

①微量滴定管:10 mL,最小刻度 0.02 mL。

②分析天平:精确度参见表 2-2。

2. 试剂

除非另有说明,仅使用确认为分析纯的试剂。所用的水应符合 GB/T6682—2008 中三级水的要求。

①乙醇(95%)。

②氢氧化钠或氢氧化钾标准溶液[c(NaOH 或 KOH)=0.1 mol/L]。

③氢氧化钠或氢氧化钾标准溶液[c(NaOH 或 KOH)=0.5 mol/L]。

④酚酞指示剂(10 g/L)。

注:在测定颜色较深的样品时,每 100 mL 酚酞指示剂溶液,可加入 1 mL 的 0.1% 次甲基蓝溶液观察滴定终点。

⑤碱性蓝 6B 或百里酚酞(20 g/L):用于深色油脂。2 g 碱性蓝 6B 或百里酚酞溶解于 100 mL 95% 乙醇。

【考核要点】

1. 动植物油脂样品混匀方法及操作。

2. 油脂类样品干燥时注意事项。

3. 清洗与整理。

【思考】

1. 如何估计动植物油脂样品的酸值并确定取样量?

2. 中和热乙醇时,与通常滴定终点控制有何不同?

3. 油脂酸值的测定方法如何选择?

【必备知识】

一、油脂

油脂是动物体的三大营养物质之一,是动植物体中主要的储能物质。在植物中油脂主要存在于种子、果实中,动物体中油脂主要存在于脂肪组织。

1. 油脂的组成和结构

油脂是由三分子高级脂肪酸与甘油组成的酯。不同的油脂中高级脂肪酸不同,其中十六、十八碳原子的高级脂肪酸最多,如表 2-5 所示。

表 2-5　油脂中的高级脂肪酸

类别	俗名	系统名称	结构简式	来源
饱和脂肪酸	软脂酸	十六酸	$CH_3(CH_2)_{14}COOH$	动植物油脂
	硬脂酸	十八酸	$CH_3(CH_2)_{16}COOH$	动植物油脂
不饱和脂肪酸	油酸	9-十八碳烯酸	$CH_3(CH_2)_7CH=CH(CH_2)_7COOH$	橄榄油
	亚油酸	9,12-十八碳二烯酸	$CH_3(CH_2)_4CH=CHCH_2CH=$ $CH(CH_2)_7COOH$	大豆、亚麻子油
	α-亚麻酸	(全顺)-9,12,15-十八碳三烯酸	$CH_3CH_2CH=CHCH_2CH=CHCH_2$ $CH=CH(CH_2)_7COOH$	亚麻子油
	γ-亚麻酸	(全顺)-6,9,12-十八碳三烯酸	$CH_3(CH_2)_4(CH=CHCH_2)_3$ $(CH_2)_3COOH$	月见草种子油、动物脂微量存在
	桐油酸	9,11,13-十八碳三烯酸	$CH_3(CH_2)_3(CH=CH)_3(CH_2)_7COOH$	桐油、苦瓜子油
	蓖麻油酸	12-羟基-9-十八碳烯酸	$CH_3(CH_2)_5CH(OH)CH_2CH=$ $CH(CH_2)_7COOH$	蓖麻油
	花生四烯酸	5,8,11,14-二十碳四烯酸	$CH_3(CH_2)_4CH=CHCH_2CH=CHCH_2$ $CH=CHCH_2CH=CH(CH_2)_3COOH$	脑磷脂、卵磷脂

亚油酸和亚麻酸是人体功能必不可少的、须由食物供给的必需脂肪酸。单一的食用油中大豆油内亚油酸和 α-亚麻酸最为丰富,而且比例适合人体需要。

2. 油脂的性质与性能指标

【知识窗】

十分钟"地沟油"现原形

地沟油,泛指在生活中存在的各类劣质油,如回收的食用油、反复使用的炸油等。地沟油原指城市下水道里悄悄流淌的垃圾,其最大来源为城市大型饭店下水道的隔油池。长期食用可能会引发癌症,对人体的危害极大。

"地沟油"民间检验方法有下面几种。

①炒菜时放一颗剥皮的蒜头(蒜子),如果蒜子变红色,就是地沟油;食油良好,蒜子为白色(蒜子对黄曲霉素最敏感)。

②把油放到冰箱里 2 h,如果出现白色的泡沫,那就是地沟油。

③看价格,一般地沟油的包装上有可能标的是花生油,但是价格却是正常市场价格的一半左右。

纯净的油脂无色、无味，难溶于水而易溶于乙醚、汽油、氯仿等有机溶剂。动植物油脂样品的制取大多采用有机溶剂溶解法。从化学组成（通常 R_1、R_2、R_3 基团的碳原子数不同）上看油脂是混合物，没有固定的熔点和沸点。

> **想一想**
> 测定油脂酸度，为何要用有机溶剂？

（1）水解反应　油脂在酸、碱作用下都发生水解，在酸催化下水解生成甘油和三分子高级脂肪酸，为可逆反应。在碱性条件下水解生成甘油和高级脂肪酸的钠盐，可完全水解。因此，油脂的碱性水解亦称皂化反应。

$$
\begin{array}{l}
CH_2-O-\overset{O}{\overset{\|}{C}}-R_1 \\
CH-O-\overset{O}{\overset{\|}{C}}-R_2 \\
CH_2-O-\overset{O}{\overset{\|}{C}}-R_3
\end{array}
+ NaOH \longrightarrow
\begin{array}{l}
CH_2-OH \\
CH-OH \\
CH_2-OH
\end{array}
+
\begin{array}{l}
R_1-COONa \\
R_2-COONa \\
R_3-COONa
\end{array}
$$

皂化 1 g 油脂所需要氢氧化钾的毫克数称为皂化值。每种油脂都有一定的皂化值，根据油脂的皂化值可以计算油脂的平均分子量。油脂的分子量越小，皂化值越大。皂化值也是检验油脂质量的重要指标，油脂中如果有很多难皂化的杂质，皂化值就会低。

（2）加成反应　油脂中的不饱和高级脂肪酸有碳碳双键，在 Ni、Pt、Pd 等催化剂存在下，油脂加氢由不饱和脂肪酸变为饱和脂肪酸，熔点升高，因此，油脂的加氢亦称油脂的硬化。

油脂分子中的碳碳双键可以与碘发生加成反应，将 100 g 油脂与碘发生加成反应所需碘的克数称为碘值。碘值是油脂的重要参数，代表油脂的不饱和程度，碘值大油脂中的双键多，即油脂的不饱和程度高。

（3）油脂的酸败　在物理、化学及生物因素的影响下，油脂逐渐发生复杂的化学反应，产生难闻气味的现象称为油脂的酸败。使油脂酸败的因素有水、空气中的氧气、微生物、光、热等。油脂酸败主要是油脂发生水解,生成甘油和脂肪酸,不饱和脂肪酸在氧气、微生物等的作用下被氧化成小分子的羧酸、醛、酮等。因此,油脂酸败后有难闻的气味,不能食用。

酸价是指中和 1 g 油脂中游离脂肪酸所需的氢氧化钾(KOH)的毫克数,用 mg/g 表示。测定值用质量分数(%)表示时亦称酸度。脂肪中游离脂肪酸含量是衡量油脂的标准之一。在脂肪生产的条件下,酸价可作为水解程度的指标,在其保藏的条件下,则可作为酸败的指标。酸价越小,说明油脂质量越好,新鲜度和精炼程度越好。

酸价的大小不仅是衡量毛油和精油品质的一项重要指标,而且也是计算酸价炼耗比这项主要技术经济指标的依据,毛油的酸价则是炼油车间在碱炼操作过程中计算加碱量、碱液浓度的依据。

在一般情况下,酸价略有升高不会对人体的健康产生损害。但如果酸价过高,则会导致人体肠胃不适、腹泻并损害肝脏。

二、油脂酸值的测定方法

GB/T 5530—2005《动植物油脂 酸值和酸度的测定》动植物油脂酸度测定有热乙醇测定法(项目二之任务三)、冷溶剂测定法和电位滴定法。另外,快速测定食用油酸价的试纸法、适合低脂肪酸含量试样及需要快速测定大批样品的比色法、测定试样中单个脂肪酸的含量和脂肪酸组分的气相色谱法及红外光谱法等。

想一想
油脂酸度的测定有哪些方法?

(一)电位滴定法

电位滴定法具有设备简单、操作简便、精确度高等优点。离子选择电极的迅速发展为电位滴定提供了一批良好的指示电极,提高了灵敏度和选择性。电位滴定法测定酸度或酸价的准确度比一般的滴定法高,对有色溶液、浑浊溶液或没有合适指示剂判断终点的滴定分析较为适宜。

测定酸价时,在用标准碱液滴定油样溶液的过程中,用 pH 酸度计不断测量溶液的 mV(或 pH),随着滴定剂的加入,游离脂肪酸浓度不断减少,指示电极电位相应变化,接近滴定终点时,指示电极电位突跃,测得的 mV(或 pH)产生突跃变化,由测得的 mV(或 pH)与滴定消耗碱液的体积,做出滴定曲线,找出滴定终点对应的碱液体积,计算出酸价值。

热乙醇测定法、冷溶剂测定法和电位滴定法的优点是简单、易行,无须特殊的仪器设备和化学试剂,同时存在局限性。

①难以判别指示剂颜色的微弱变化而导致的测定误差大,尤其是在颜色较深或浑浊的油脂中,个体间终点判断差异增大。

②所需油脂样品数量大,中和滴定所耗费时间长。

③检验低酸价油脂时,其灵敏度和精确度较低。

④该法所需化学试剂与药品多,需要烦琐的溶液配制,酸碱滴定程序,难以实现现场快速检验的要求。

(二)其他测定方法

1. 试纸法

目测试纸法适合于提高食用油的酸价的检验效率和实现现场检验,其原理是利用食用油酸败所产生的游离脂肪酸与试纸上的药剂发生显色反应,然后根据试纸的颜色变化情况与标准的比色块比较,从而确定食用油样品酸败的程度。

酸价试纸在 0~5.0 之间颜色变化相当大,用肉眼比色很容易区分,而且对温度、反应时间、油样的种类和颜色都不敏感。试纸法的缺点是稳定性差、误差稍大,只适用于定性或半定量的检验。

2. 比色法

比色法是将有机溶剂(异辛烷)、表面活性剂[双-(2-乙基己基)磺基丁二酸钠]和少量水以一定比例混合形成光学透明的稳定反胶团体系,将酚红溶于反胶团 pH 9 的水相中。酚红在 pK_i 等于 7.8 时,在碱性介质中显红色,其水溶液于 558 nm 处有最大吸收,游离脂肪酸含量通过标准曲线计算得到,本法灵敏度高、测定速度快。

3. 色谱法

利用乙醇等溶剂分析油脂中的游离脂肪酸,由于脂肪酸一般极性较强,挥发性低,热稳定性差,所以一般先用 KOH/甲醇将其转化成相应的衍生物脂肪酸甲酯,以降低其极性,增加其热稳定性,然后用 GC-FID 进行分析检验,回收率在 89%~109%。色谱法试剂用量少,但需要标准品作对照。

4. 近红外光谱法

利用近红外光谱扫描,测定速度较快,总分析时间短,环境温和,重复性好,与传统的滴定法具有良好的拟合性。但仪器价格昂贵,需要运用化学计量学方法建立标准样品的光谱特征与测定成分含量之间的数学模型,目前该法在食用油酸价的测定方面,应用文献较少。

5. 其他正在研究与试验中的方法

使用 pH 计无滴定地测定食用油的酸价法,拟以三乙醇胺的浓度为 0.20 mol/L 的水和异丙醇(1:1)溶液,利用溶剂的乳化特性快速地将食用油中的游离脂肪酸萃取至溶剂中,测定乳化溶剂的 pH,然后转化为酸价的方法,用于食用油生产、流通贸易中的质量评价。与标准技术相比,耗时减少,节省人力;与色谱法和红外光谱法相比,仪器简单易用;易于实现自动化。

三、油脂酸值测定——冷溶剂法

冷溶剂法测定油脂酸值适用于浅色油脂及含短碳链、易挥发性脂肪酸的油脂。

1. 原理

试样溶解于混合溶剂中,用氢氧化钾乙醇溶液滴定。

想一想
何种油脂酸度的测定适用冷溶剂法?

2. 仪器与试剂

(1)仪器

①pH 计:备有玻璃电极和甘汞电极(饱和氯化钾溶液和实验溶液之间用厚度至少 3 mm 的烧结玻璃或瓷质圆盘保持接触)。

②磁力搅拌器。

(2)试剂

①乙醚和浓度为 95% 乙醇 1:1 体积混合。临使用前,每 100 mL 混合溶剂中加入 0.3 mL 酚酞溶液,用 KOH 乙醇溶液准确中和。

警告:乙醚极易燃,并能生成爆炸性过氧化物,使用时必须特别谨慎。

如果不可能使用乙醚,可用下列混合溶剂:

——甲苯和浓度为95％乙醇,1:1体积混合;

——甲苯和浓度为99％异丙醇,1:1体积混合;

——测定原油和精炼植物脂时,可用浓度为99％异丙醇替代混合溶剂。

②氢氧化钾乙醇标准溶液:$c(KOH)=0.1$ mol/L(溶液 A)或 $c(KOH)=0.5$ mol/L(溶液 B)。

③4-甲基-2-戊酮(甲基异丁基酮):临使用前用 0.1 mol/L KOH 溶液中和,用 pH 计测定。

其他仪器、设备及试剂,同任务三。

[知识窗]

氢氧化钾乙醇标准溶液

(一)配制

溶液 A:称取 KOH 7 g,溶解于 1 000 mL 的乙醇溶液中。

溶液 B:称取 KOH 35 g,溶解于 1 000 mL 的乙醇溶液中(可用异丙醇替代乙醇)。

想一想
为何使用苯甲酸标定氢氧化钾?

临使用前标定溶液浓度:

标定溶液 A:称取含量大于 99.9％的苯甲酸 0.15 g,准确至 0.000 2 g。装入 150 mL 锥形瓶中,用 50 mL 的 4-甲基-2-戊酮溶解。

标定溶液 B:称取含量大于 99.9％的苯甲酸 0.75 g,准确至 0.000 2 g。装入 150 mL 锥形瓶中,用 50 mL 的 4-甲基-2-戊酮溶解。

标定溶液 A 或溶液 B 都需要插入 pH 计,启动搅拌器,用 KOH 溶液滴定至终点。

KOH 溶液浓度 c 用摩尔每升表示,按式(2-15)计算:

$$c = \frac{1\ 000 \times m_0}{122.2 \times V_0} \tag{2-15}$$

式中:m_0——所用苯甲酸的质量,g;

V_0——滴定所用 KOH 溶液的体积,mL。

至少应在使用前 5 d 配制溶液,保存在带橡胶塞的棕色瓶中,橡胶塞须配有温度计,用来校正温度[酸值计算式(2-13)]。溶液应为无色或浅黄色。如果瓶子与滴定管连接,应有防止 CO_2 进入的措施(如在瓶塞上连接一个充满碱石灰的管子)。

(二)稳定、无色的 KOH 溶液配制

1 000 mL 乙醇与 8 g KOH 和 0.5 g 铝片,煮沸回流 1 h 后立即进行蒸馏,在馏出液中溶解需要量的 KOH,静置几天后,慢慢倒出上层清液,弃去碳酸钾沉淀。

(三)非蒸馏法制备溶液

添加 4 mL 丁酸铝至 1 000 mL 乙醇中,静置几天后,慢慢倒出上层清液并溶入所需的 KOH。配好的溶液需进行标定。

也可参见附录Ⅱ。

3. 测定

(1)样液制备 根据估计的酸值,依表 2-3 所示,采用足够的样品量。准确称样装入 250 mL 锥形瓶中。将样品溶解在 50～150 mL 预先中和过的乙醚和 95％乙醇的混合溶剂中。

（2）滴定　用 KOH 溶液边摇动边滴定，直到指示剂显示溶液颜色发生变化，并且保持 15 s 不褪色，即为滴定终点。

其他同任务三。

【友情提示】

1. 在酸值<1 时，溶液中需缓缓通入氮气流。

2. 滴定所需 0.1 mol/L KOH 溶液（溶液 A）体积超过 10 mL 时，改用 0.5 mol/L KOH 溶液（溶液 B）。

3. 滴定中溶液发生浑浊可补加适量乙醚和 95％乙醇的混合溶剂至澄清。

四、电位计法

1. 原理

在无水介质中，以氢氧化钾－异丙醇溶液，采用电位滴定法滴定试样中的游离脂肪酸。

2. 仪器与试剂

（1）氢氧化钾标准溶液 C　0.1 mol/L 的氢氧化钾异丙醇溶液，制备方法同溶液 A 的制备。

（2）氢氧化钾标准溶液 D　0.5 mol/L 的氧氧化钾异丙醇溶液，制备方法同溶液 B 的制备。

其他试剂及仪器同冷溶剂测定法。

3. 测定

（1）称样　称取 5～10 g 样品（任务三），精确至 0.01 g，装入 150 mL 烧杯中。

（2）滴定　用 50 mL 4-甲基-2-戊酮溶解样品。插入 pH 计电极，启动磁力搅拌器，用 KOH 溶液（根据估计的酸度，选择 C 或 D）滴定至终点。

【知识窗】

棉籽油的滴定终点

毛棉籽油中棉酚含量高时，不能测出其电位转折点（滴定终点）。

此时，选取油酸被 KOH 中和时等当点相应的 pH 作为转折点（滴定终点），滴定所用溶剂要相同。

方法：将约 0.282 g 油酸溶于 50 mL 的 4-甲基-2-戊酮中，绘制用 KOH 溶液（C 或 D）中和油酸的曲线。从曲线上读出转折点的 pH（理论上相应予加入 0.1 mol/L 的 KOH 溶液 10 mL）。将此数据应用到棉籽油中和曲线上，以便推算中和棉籽油所需 KOH 溶液的量。

【友情提示】

1. 滴定前将玻璃电极浸在甲基异丁基酮中 12 h。使用前用滤纸轻轻擦干，测定后立即用甲基异丁基酮、异丙醇、蒸馏水依次冲洗。

2. 如果电极效应欠佳,用 1 mol/L 的盐酸异丙醇溶液浸泡 14 h,使电极复苏,浸泡过的电极应该用蒸馏水、异丙醇、甲基异丁基酮依次冲洗。

3. 在饱和氯化钾溶液和试验溶液之间用一粗烧结玻璃或瓷质圆盘保持接触,以防止扩散电流和附加电压的产生。

4. 等当点通常近似地对应于某个 pH,可用图解法观察中和曲线的转折点来确定;也可用 pH 变化值(加入的 KOH-异丙醇溶液函数关系的一级微分求极大值,或二级微分等于零)计算等当点。

任务四　生乳和乳制品酸度测定

【工作要点】

1. 乳粉复原或生乳及其他乳制品取样、保存。

2. 滴定 100 mL、干物质为 12% 的复原乳或其他乳样品。

3. 滴定终点判断。

4. 数据整理与酸度表达。

【工作过程】

(一)基准法

1. 试样制备

将待测样品全部移入约 2 倍于样品体积的洁净干燥容器中(带密封盖),立即盖紧容器,反复旋转振荡,使样品彻底混合。在此操作过程中,应尽量避免样品暴露在空气中。

> **想一想**
> 制备的样品怎样保存?

2. 测定

①称取 4 g 乳粉样品(精确到 0.01 g)于锥形瓶中,用量筒量取 96 mL 约 20℃ 的水,使样品复原,搅拌,然后静置 20 min,待测。

②用滴定管向锥形瓶中滴加氢氧化钠标准溶液,直到 pH 达到 8.3。滴定过程中,始终用磁力搅拌器进行搅拌,同时向锥形瓶中吹入氮气,防止溶液吸收空气中的二氧化碳。整个滴定过程应在 1 min 内完成。记录消耗的氢氧化钠标准滴定溶液毫升数,精确至 0.05 mL,代入式(2-16)计算。

(二)常规法

1. 样品制备

同(一)基准法。

2. 测定

①试样的称取与溶解同(一)基准法,多称出 1 份用作标准颜色。

②取 1 只盛有试样的锥形瓶,加入 2.0 mL 参比溶液硫酸钴,轻轻转动,使之混合,得到标准颜色(可用于多个相似产品或平行实验的测定过程)。

想一想
常规法滴定终点判断关键是什么?

③在第 2 只锥形瓶中加入 2.0 mL 酚酞指示剂,轻轻转动,使之混合后,用滴定管滴加氢氧化钠标准溶液,边滴加边转动锥形瓶,直到颜色与标准溶液的颜色相似,且 5 s 内不消退,整个滴定过程应在 45 s 内完成。记录所用氢氧化钠标准滴定溶液的毫升数,精确至 0.05 mL。代入式(2-16)计算。

3. 结果计算

(1)计算公式　试样的酸度数值以(X)表示,按式(2-16)计算:

$$X = \frac{c \times V \times K}{m(1-w) \times 0.1} \tag{2-16}$$

式中:X——试样的酸度,°T;

　　c——氢氧化钠标准溶液的浓度,mol/L;

　　V——滴定时所用氢氧化钠溶液的毫升数,mL;

　　m——称取样品的质量,g;

　　w——试样中水分的质量分数,g/100 g;

　　K——换算系数,$K = 12$,12 g 乳粉相当 100 mL 复原乳(脱脂乳粉应为 9,脱脂乳清粉应为 7);

　　0.1——酸度理论定义氢氧化钠的物质的量浓度,mol/L。

以重复性条件下获得的 2 次独立测定结果的算术平均值表示,结果保留 3 位有效数字。

(2)精密度　在重复性条件下获得的 2 次独立测定结果的绝对差值不能超过 1.0°T

(三)生乳及其他乳制品的酸度测定

1. 样品制备、试样称取与溶解

(1)生乳、巴氏杀菌乳、灭菌乳、发酵乳　液体试样混匀,称取 10 g(精确到 0.001 g)试样于 150 mL 锥形瓶中,加 20 mL 新煮沸并冷却至室温的水,混匀。

想一想
几种乳制品有何差异?

(2)奶油　称取 10 g(精确到 0.001 g)已混匀的试样于 150 mL 锥形瓶中,加 30 mL 中性乙醇-乙醚混合液,混匀。

(3)干酪素　称取 5 g(精确到 0.001 g)经研磨混匀的试样于锥形瓶中,加入 50 mL 水,于室温下(18～20℃)放置 4～5 h,或在水浴锅中加热到 45℃,并在此温度下保持 30 min,再加 50 mL 水,混匀后,通过干燥的滤纸过滤。吸取滤液 50 mL 于锥形瓶中,待测。

(4)炼乳　称取 10 g(精确到 0.001 g)已混匀的试样,置于 250 mL 锥形瓶中,加 60 mL 新煮沸并冷却至室温的水溶解,混匀,待测。

2. 测定

用滴定管向锥形瓶中滴加氢氧化钠标准溶液,电位滴定到 pH 8.3 为终点(也可先在锥形瓶中滴定 2.0 mL 酚酞指示剂,混匀后用氢氧化钠标准溶液滴定至微红色,并在 30 s 内不褪色)。

记录消耗的氢氧化钠标准滴定溶液毫升数,精确至 0.05 mL。

3. 结果计算

①生乳、液态乳制品、奶油及炼乳的酸度数值以(°T)表示,按式(2-17)计算:

$$X = \frac{c \times V \times 100}{m \times 0.1} \qquad (2-17)$$

②干酪素的酸度数值以(°T)表示,按式(2-18)计算:

$$X = \frac{c \times V \times 100 \times 2}{m \times 0.1} \qquad (2-18)$$

式中:2 为试样的稀释倍数。其他与式(2-16)相同。

想一想
干酪素酸度计算为何特殊?

【相关知识】

基准法以中和 100 mL 干物质为 12％的复原乳至 pH 为 8.3 时所消耗的 0.1 mol/L 氢氧化钠标准溶液体积,计算确定复原乳的酸度。

常规法以酚酞作指示剂,硫酸钴作参比颜色,用 0.1 mol/L 氢氧化钠标准溶液滴定 100 mL 干物质为 12％的复原乳至粉红色所消耗的体积,计算确定复原乳的酸度。

以酚酞为指示液,用 0.1 mol/L 氢氧化钠标准溶液滴定 100 g 试样至终点所消耗的氢氧化钠溶液体积,经计算确定乳及其他乳制品试样的酸度。

【友情提示】

1. 参比溶液可用于整个测定过程,但时间不得超过 2 h。

2. 若以乳酸含量表示样品的酸度,那么样品的乳酸含量(g/100 g)＝$T \times 0.009$。T 为样品的滴定酸度(0.009 为乳酸的换算系数,即 1 mL 0.1 mol/L 的氢氧化钠标准溶液相当于 0.009 g 乳酸)。

3. 食品中的酸为多种有机弱酸的混合物,用强碱滴定测其含量时,滴定突跃不明显其滴定终点偏碱,一般在 pH 8.2 左右,故可选用酚酞作终点指示剂。

【仪器与试剂】

1. 仪器
①pH 计(附:复合电极)。
②滴定管:分刻度为 0.1 mL,可准确至 0.05 mL。
③磁力搅拌器。
④电位滴定仪。

2. 试剂
除非另有规定,本方法所用试剂均为分析纯或以上规格,水为 GB/T 6682 规定的三级水。
①氢氧化钠标准溶液(0.100 0 mol/L)。

②氮气。

想一想
酚酞指示液为何用NaOH滴至微粉色?

③酚酞指示液:称取 0.5 g 酚酞溶于 75 mL 体积分数为 95% 的乙醇中,并加入 20 mL 水,然后滴加氢氧化钠溶液至微粉色,再加入水定容至 100 mL。

④参比溶液:3 g 七水硫酸钴($CoSO_4 \cdot 7H_2O$)溶解于水中,并定容至 100 mL。

⑤中性乙醇-乙醚混合液(1∶1):取等体积的乙醇、乙醚混合后加 3 滴酚酞指示液,以氢氧化钠溶液滴至微红色。

其他实验室常规仪器及试剂。

【考核要点】

1. 试样制备、称取、溶解。
2. 参比溶液制备与运用。
3. pH 计、磁力搅拌器、滴定管的操作。

【思考】

1. 对于颜色较深的样品,测定总酸度时终点不易观察,如何处理?
2. 食品总酸度测定时,应注意哪些问题?

【必备知识】

一、生乳及乳制品酸度

(一)生乳酸度

想一想
使生乳变酸的原因有哪些?

乳中存在磷酸盐、酪蛋白及其他蛋白质、乳酸盐、柠檬酸盐、磷酸等,它们在乳中离解出氢离子,因此,乳呈微酸性(pH 6.6)。可根据酸度的大小来判断和评价牛乳的新鲜程度(表2-6)。

表 2-6　根据酸度对牛乳新鲜程度评价

酸度/°T	牛乳评价	酸度/°T	牛乳评价
14.0~19.0	正常、完全新鲜的牛乳	高于 25.0	酸性的牛乳
低于 12.0	碱性或用水稀释过的牛乳	高于 27.0	加热时凝固的牛乳
高于 21.0	微酸性的牛乳	高于 60.0	酸化的、自身会凝固的牛乳

(二)乳及乳制品的酸度值

1. 自然酸度

自然酸度也称固有酸度,是刚挤出的新鲜牛乳的酸度(以乳酸计)通常为 0.15%~0.18%(16~18°T),主要由乳中的酪蛋白、白蛋白、柠檬酸盐、磷酸盐及二氧化碳等酸性物质所造成,其中来源于 CO_2 占 0.01%~0.02%(2~3°T),乳蛋白占 0.05%~0.08%(3~

4°T),柠檬酸盐占 0.01％,磷酸盐占 0.06％~0.08％(10~12°T)。

2. 发酵酸度

发酵酸度又称真实酸度,是指牛乳在放置过程中,由乳酸菌作用于乳糖产生乳酸而升高的那部分酸度。自然酸度和发酵酸度之和称为总酸度。若牛乳的含酸量超过 0.15％~0.20％,即认为有乳酸存在。习惯上把含酸量在 0.20％以下的牛乳列为新鲜牛乳,而 0.20％以上的列为不新鲜牛乳。一般条件下,乳品工业所测定的酸度就是总酸度。

乳及乳制品酸度的范围及平均值见表 2-7。

表 2-7 乳和乳制品酸度的范围和平均值 °T

种类	酸度范围	平均值
生乳	12.0~19.0	16.0
酸奶	70.0~110.0	90.0
奶油	13.0~20.0	16.0
全脂乳粉	10.0~16.0	14.0
全脂加糖乳粉	10.0~16.0	14.0
婴儿配方乳粉 I	9.0~15.0	13.0
婴儿配方乳粉 II	10.0~16.0	14.0
脱盐乳清粉	8.0~13.0	12.0
干酪素	60.0~80.0	70.0

(三)牛乳酸度的测定与表示方法

想一想
滴定酸度是什么酸度?

乳品工业中酸度是指以标准碱液用滴定法测定的滴定酸度。滴定酸度有多种测定方法和表示形式。我国滴定酸度用吉尔涅尔度(°T)或乳酸度(乳酸％)来表示。

1. 吉尔涅尔度(°T)

吉尔涅尔度是指中和 100 mL 牛乳所需 0.1 mol/L 氢氧化钠的毫升数。测定时,取 10 mL 牛乳,用 20 mL 蒸馏水稀释,加入 0.5％的酚酞指示剂 0.5 mL,以 0.1 mol/L 氢氧化钠溶液滴定,将所消耗的 NaOH 毫升数乘以 10,即为乳样的度数(°T)。这种表示方法和测定方法是我国标准方法。

如果牛乳存放时间过长,细菌繁殖,可导致使牛乳的酸度明显增高。如果乳牛健康状况不佳,患急、慢性乳房炎等,则可使牛乳的酸度降低。因此,牛乳的酸度是反映牛乳质量的一项重要指标。

2. 乳酸度(乳酸％)

用乳酸的质量分数表示牛乳的总酸度,称为乳酸度。测定时,取 10 mL 牛乳,用蒸馏水 2∶1 稀释,然后加入 2 mL 1％的酚酞酒精指示剂,再以 0.1 mol/L 氢氧化钠溶液滴定,将所消耗的 NaOH 毫升数用代入式(2-19)计算:

$$X = \frac{V \times 0.009}{m} \times 100 \qquad (2\text{-}19)$$

式中:X——试样的乳酸度(乳酸％),％;

m——测试乳样的重量(乳样的体积×乳样的比重),g;

V——滴定时消耗氢氧化钠(0.1 mol/L)溶液体积,mL;

0.009——消耗每毫升氢氧化钠(0.1 mol/L)溶液相当于乳酸的质量,g/mL。

3.pH

乳的酸度也可用 pH 表示,正常新鲜牛乳的 pH 为 6.5～6.7,一般酸败乳或初乳的 pH 在 6.4 以下,乳房炎乳或低酸度乳 pH 在 6.8 以上。

滴定酸度能及时反映出乳酸产生的程度,pH 则反映为乳的表观酸度,两者不呈现规律性的关系,因此,理化检验更多测定滴定酸度来掌握乳的新鲜度。

牛乳的酸度在 20°T 以内是测定牛乳的冰点的必要条件。酸败牛乳冰点会降低,相对密度大于 1.020 的牛乳,公认的冰点数值为－0.525℃,变动范围－0.543～－0.512℃。

二、快速检验牛乳

(一)蛋白质凝聚

蛋白质沉淀有 2 个条件,一是除去蛋白质胶粒所带的电荷,使胶粒团聚,二是破坏胶粒表面的水化作用,使胶粒在水中沉淀。在一般情况下,蛋白质带有相同的电荷。当 pH 为 4.6 时即等电点时,蛋白质胶粒形成数量相等的正负电荷,彼此再没有相斥力量,于是胶粒极易聚合成大胶粒从溶液中分离出。当加入强烈的亲水物质(如酒精、丙酮等),其水合能力比蛋白质胶体强,加入之后能夺去原来胶粒的水化分子,使胶粒脱水,从胶粒溶液中沉降出来。因此,满足以上 2 项条件,即 pH 靠近等电点又加入了酒精,蛋白质易发生沉淀。牛乳中蛋白等电点参见表 2-8。

表 2-8　乳和乳制品中蛋白等电点

蛋白种类	酪蛋白	乳白蛋白	乳球蛋白
等电点 pH	4.6～4.7	4.72	5.19

新鲜乳 pH 为 6.6,所以只有乳变酸才能接近主要蛋白—酪蛋白等电点,从 pH 6.6 开始,乳的酸度越高越接近等电点。

(二)酒精试验

1. 仪器与试剂

(1)仪器　25 mL 试管、5 mL 吸管。

(2)试剂　68％(V/V)酒精(调整至中性)。

2. 检验

取用等量 68％中性酒精与鲜乳于试管中混合。一般用 1～2 mL 或 3～5 mL 酒精与等量鲜乳混合摇匀。

想一想
牛乳收购现场,适合使用多少度酒精?

3. 结果判断

不出现絮片,可认为鲜乳是新鲜的,其酸度不会高于 20 °T。如出现絮片即表示酸度较高。

牛乳酸度与被酒精所凝固的蛋白质的特征之间的关系见表 2-9。

表 2-9　牛乳在不同酸度下被 68％酒精凝固的牛乳蛋白质特征

牛乳酸度/°T	21～22	22～24	24～26	26～28	28～30
牛乳蛋白质凝固的特征	很细的絮片	细的絮片	中型的絮片	大的絮片	很大的絮片

　　酒精浓度对脱水能力有影响,72％酒精脱水能力较 68％酒精强,使牛乳开始产生蛋白质的凝固的酸度较低。其他浓度酒精检验结果如表 2-10 所示。

表 2-10　酒精浓度与出现絮片酸度的关系

项目	酒精浓度/％					
	44	52	60	68	70	72
牛乳蛋白质凝固的特征	细的絮片	细的絮片	细的絮片	细的絮片	细的絮片	细的絮片
牛乳酸度/°T	27.0	25.0	23.0	20.0	19.0	18.0

　　现场收乳的标准,应该采用 68％、70％或 72％中性酒精较适宜。

(三)煮沸试验

1. 操作

取约 10 mL 牛乳注入试管中,置沸水浴中 5 min 后取出。观察管壁有无絮片或凝固现象。

2. 结果判断

出现絮片或发生凝固,表示牛乳已不新鲜,酸度大于 26°T。

【项目小结】

　　本项目由果汁饮料中总酸及 pH 的测定、饮料中二氧化碳的检验、动植物油脂的酸值测定、生乳及乳制品酸度的测定 4 个任务组成,熟悉 pH 计、电磁搅拌器、电位滴定仪、二氧化碳吸收装置、真空泵、真空表、检压计、密度瓶、韦氏天平、微量滴定管等仪器结构、使用要求、操作方法,具备各类饮料、油脂、乳及乳制品样品处理能力,具有食品酸值测定数据记录、计算、结果表达及评价能力,拓展多种食品酸值、罐装食品压力、液体食品相对密度的测定方法及牛乳快速检验技术,通过"想一想"、"思考"、"项目验收"递进式习题引导,提升学习兴趣,能够自主撰写食品中有机酸的检验报告。

【项目验收】

(一)填空题

1. 总酸度指_____,包括_____酸的浓度和_____酸的浓度。常用_____来表示。

2. 有效酸度指被测溶液中_____的浓度,所反应的是解离的酸的浓度。常用_____来表示。

3. 食品中总酸的测定常用_____法;有效酸度 pH 的测定常用_____法。

4. 用酸度计测定溶液的 pH 可准确到_____。

5. 酸价是指中和 1 g 油脂中游离脂肪酸所需要的_____的质量(mg)。

6. 牛乳酸度为 16.52°T 表示_____。

7. 在测定样品的酸度时,所使用的蒸馏水不能含有二氧化碳,制备无二氧化碳的蒸馏水的方法是_____。

(二)单项或多项选择题

1. 蒸馏挥发酸时,一般用(　　)。

A. 直接蒸馏法　B. 减压蒸馏法　C. 水蒸气蒸馏法

2. 有效酸度是指(　　)。

A. 用酸度计测出的 pH　B. 被测溶液中氢离子总浓度　C. 挥发酸和不挥发酸的总和

3. 酸度计的指示电极是(　　)。

A. 饱和甘汞电极　B. 复合电极　C. 玻璃电极

4. 测定葡萄的总酸度,其测定结果一般以(　　)表示。

A. 柠檬酸　B. 苹果酸　C. 酒石酸　D. 乙酸

5. 使用甘汞电极时(　　)。

A. 把橡皮帽拔出,将其浸没在样液中

B. 不要把橡皮帽拔出,将其浸没在样液中

C. 把橡皮帽拔出,电极浸入样液时使电极内的溶液液面高于被测样液的液面

D. 橡皮帽拔出后,再将陶瓷砂芯拔出,浸入样液中

6. 在用标准碱滴定测定含色素的饮料的总酸度前,首先应加入(　　)进行脱色处理。

A. 活性炭　B. 硅胶　C. 高岭土　D. 明矾

7. 标定 NaOH 标准溶液所用的基准物是(　　),标定 HCl 标液所用的基准物是(　　)。

A. 草酸　B. 邻苯二甲酸氢钾　C. 碳酸钠　D. 氯化钠

(三)判断题(正确的画"√",错误的画"×")

1. 总酸度是指食品中所有酸成分的总量,常用可滴定酸度来表示。(　　)

2. 真实酸度指新鲜牛乳本身所具有的酸度。(　　)

3. 食品中的酸性物质,主要是溶于水的一些有机酸。(　　)

4. 食品中总酸的测定常用指示剂法。该法适用于果蔬制品、饮料等各类色浅的食品中总酸的测定及对于样液颜色过深或浑浊的食品。(　　)

(四)简答题

1. pHS-3C 型数字酸度计的操作步骤有哪些?

2. 牛乳酸度如何定义?如何表达?

3. 食品有效酸度和总酸度有何不同?分别应如何检测?

4. 对于颜色较深的样品,在测定其总酸度时,如何排除干扰,以保证测定的准确度?

Project **3**

食品灰分检验技术

> **知识目标**
>
> 1. 熟悉食品灰分的组成、分类及应用。
> 2. 熟知食品样品炭化、灰化、恒重的条件及要求。
> 3. 了解配位滴定法的原理及指示剂应用条件。

> **技能目标**
>
> 1. 能够规范进行食品的炭化、灰化、过滤等操作。
> 2. 具有使用分析天平、高温炉、坩埚、干燥器等设备的能力。
> 3. 具备测定食品总灰分、酸不溶性灰分的能力。

食品中除有机物质外,还有较丰富的无机成分,它们在维持人体的正常生理功能、构成机体组织方面有着十分重要的作用。食品经高温灼烧后所残留的无机物质称为灰分,灰分的测定包括总灰分、水溶性灰分、水不溶性灰分、酸溶性灰分、酸不溶性灰分等内容。测定食品灰分是食品质量评价的重要指标之一。

任务一　面粉中总灰分的测定

【工作要点】

1. 灼烧法测定灰分器皿清洗及标记。
2. 使用高温炉、干燥器、分析天平进行灰化、恒重。
3. 数据记录及结果表达。

【工作过程】

(一)器皿准备

①取大小适宜的石英坩埚或瓷坩埚用盐酸(1∶4)煮 1～2 h,洗净晾干;用 0.5% $FeCl_3$ 与等量蓝墨水的混合液在坩埚外壁及坩埚盖上写编号。用长柄坩埚钳将标记好的坩埚置于高温炉(550±25)℃中,灼烧 0.5 h;移至炉口冷却到 200℃左右后,再移入干燥器中,冷却 30 min(至室温后),准确称量。

②再放入高温炉(550±25)℃内灼烧 0.5 h,同①"移至炉口……准确称量"。重复灼烧至前后 2 次称量相差不超过 0.5 mg 为恒重,记录质量 m_1。

(二)样品称量

（1）粗称　称取面粉样品 2～10 g,放入石英坩埚或瓷坩埚中(灰分≥10 g/100 g 的试样称取 2～3 g;灰分<10 g/100 g 的试样称取 3～10 g)。

> **想一想**
> 哪些操作可以减少灰分的损失?

（2）精称　加盖,精密称量(精确到 0.000 1 g),记录质量 m_2。

(三)炭化、灰化

将坩埚置于电炉或煤气灯上,半盖坩埚盖,以小火加热使试样在通气情况下逐渐炭化,直至无黑烟产生。

①炭化后,把坩埚移入高温炉(550±25)℃中,灼烧 4 h。同①"移至炉口……准确称量"。称量前如发现灼烧残渣有炭粒时,应向试样中滴入少许水湿润,使结块松散,蒸干水分再次灼烧至无炭粒即表示灰化完全,方可称量。

②重复灼烧,至前后 2 次称量相差不超过 0.5 mg 为恒重,记录质量 m_3。

(四)结果处理

1. 计算公式

试样中灰分按式(3-1)计算:

$$X = \frac{m_3 - m_1}{m_2 - m_1} \times 100 \tag{3-1}$$

式中:X——试样中灰分的含量,g/100 g;

m_1——空坩埚质量,g;

m_2——样品加空坩埚质量,g;

m_3——残灰加空坩埚质量,g。

试样灰分含量≥10 g/100 g 时,保留 3 位有效数字;灰分含量<10 g/100 g 时,保留 2 位有效数字。

2. 精密度

在重复性条件下获得的 2 次独立测定结果的绝对差值不得超过算术平均值的 5%。

【相关知识】

食品经灼烧后所残留的无机物质称为灰分。灰分数值系用灼烧、称重后计算得出。

【仪器和设备】

1. 高温炉:温度≥600℃。
2. 分析天平:感量为 0.1 mg。
3. 坩埚:石英或瓷质坩埚,高型、容量 50 mL。
4. 电热板。

【友情提示】

1. 把坩埚放入高温炉或从炉中取出时,要放在炉口停留片刻,使坩埚预热或冷却,防止因温度剧变而使坩埚破裂。

2. 灼烧后的坩埚应冷却到 200℃以下再移入干燥器中,否则因热的对流作用,易造成残灰飞散,且冷却速度慢,冷却后干燥器内形成较大真空,盖子不易打开。

3. 从干燥器内取出坩埚时,因内部成真空,开盖恢复常压时,应注意使空气缓缓流入,以防残灰飞散。

4. 灰化后所得残渣可留作 Ca、P、Fe 等成分的分析。

5. 用过的坩埚经初步洗刷后,可用粗盐酸或废盐酸浸泡 10~20 min,再用水冲刷洁净。

> **想一想**
> 为何可用盐酸洗刷坩埚?

【考核要点】

1. 坩埚及干燥器的使用。
2. 高温炉的使用。
3. 数据记录及结果表达。

【思考】

1. 为什么将灼烧后的残留物称为粗灰分？
2. 何为恒重？本实验几次恒重的目的是什么？

【必备知识】

一、食品灰分

除糖类、蛋白质、脂肪等有机质外,食品中还含有人体必需的无机盐(或称矿物质),其中,Ca、Mg、P、Na、K、S、Cl 等元素含量较多,此外,还含有微量的 Fe、Cu、Zn、Mn、I、F、Co、Se 等元素。这些组分在高温灼烧时,发生一系列物理和化学变化,其中的水分及挥发性物质以气态挥发,有机物质中的 C、H、N 等元素与有机物质本身的氧及空气中的氧生成 CO_2、NO、NO_2 及 H_2O 而散失,无机物质以硫酸盐、磷酸盐、碳酸盐、氯化物等无机盐和金属氧化物的形式残留下来,这些残留物称为灰分。

食品的灰分与食品中原来存在的无机成分在数量和组成上并不完全相同。

食品在灰化时,某些易挥发元素,如 Cl、I、Pb 等会挥发散失,P、S 等也能以含氧酸形式挥发散失,使这些无机成分减少。某些金属氧化物会吸收有机物分解产生 CO_2 而形成碳酸盐,又使无机成分增多。因此,灰分并不能准确地表示食品中原来的无机成分的总量。从这种观点出发通常把食品经高温灼烧后的残留物称为粗灰分(总灰分)。总灰分包含 3 类:水溶性灰分,即可溶性的 K、Na、Ca 等的氧化物和盐类的量;水不溶性灰分,即污染的泥沙和 Te、Al、Mg 等氧化物及碱土金属的碱式磷酸盐;酸不溶性灰分,即污染的泥沙和食品中原来存在的微量氧化硅等物质。食品组成不同,灼烧条件不同,残留物亦各不同。

灰分是标示食品中无机成分总量的一项指标。

①食品总灰分的含量是控制食品成品或半成品质量的重要依据。例如,在面粉加工中,常以总灰分含量评价面粉等级,富强粉为 $0.3\% \sim 0.5\%$,标准粉为 $0.6\% \sim 0.9\%$;麦子中麸皮的灰分含量比胚乳的含量高 20 倍,加工精度越细,总灰分含量越小。生产果胶、明胶之类的胶质时,总灰分是这些胶的胶冻性能的标志。水溶性灰分可以反映果酱、果冻等制品中果汁含量。

②评定食品是否卫生,有没有污染。如果灰分含量超过了正常范围,说明食品生产中使用了不合乎卫生标准的原料或食品添加剂,或食品在生产、加工、储藏过程中受到了污染。

③测定植物性原料的灰分可以反映植物生长的成熟度和自然条件对其的影响,测定动

物性原料的灰分可以反映动物品种、饲料组分对其的影响。不同食品的灰分含量，如表 3-1 所示。

表 3-1　食品的灰分含量　　　　　　　　　　　　　　　　　　　%

食品种类	含量	食品种类	含量	食品种类	含量
牛乳	0.6~0.7	小麦粉（整粒）	1.6	鸡蛋白	0.6
乳粉	5~5.7	小麦胚乳	0.5	鸡蛋黄	1.6
脱脂乳粉	7.8~8.2	糖浆、蜂蜜	痕量~1.8	鲜肉	0.5~1.2
罐藏淡炼乳	1.6~1.7	精制糖、糖果	痕量~1.8	鲜鱼（可食部分）	0.8~2.0
罐藏甜炼乳	1.9~2.1	蔬菜	0.2~1.2	奶油（含盐）	2.1
纯油脂	无	鲜果	0.2~1.2	大豆人造奶油	2.0

二、直接灰化法

（一）方法

GB/T 5009.4—2010《食品安全国家标准　食品中灰分的测定》之直接灰化法，也称灼烧法。高温灼烧破坏食品中的有机物，除汞外，大多数金属元素和部分非金属元素的测定都可用该法处理样品。即将一定量的样品置于坩埚中加热，使有机物脱水、分解、氧化、炭化，再到高温电炉中灼烧、灰化，所得无机成分残渣，可供矿物元素分析测定使用。

（二）主要设备——高温炉

直接灰化法使用的主要设备是高温炉（又称马弗炉），通常用于金属熔融、有机物灰化及重量分析的沉淀灼烧等。高温炉有加热部分、保温部分、测温部分等组成，有配套的自动控温仪，用来设定、控制、测量炉内的温度。

高温电炉的最高使用温度可达到 1 000℃ 左右。炉膛以传热性能良好、耐高温而无胀碎裂性的碳化硅材料制成，外壁有槽，槽内嵌入电阻丝以供加热。耐火材料外围包裹一层很厚的绝缘耐热镁砖石棉纤维，以减少热量损失。钢质外壳以铁架支撑。炉门以绝热耐火材料嵌衬，正中有一孔以透明云母片封闭用作观察炉膛的加热情况。伸入炉膛中心的是一支热电偶，作测定温度用。热电偶的冷端与高温计输入端连接，构成一套温度指示和自动控温系统。

高温炉的使用方法如下。

①用毛刷仔细清扫炉膛内的灰尘和机械性杂质，放入已经炭化完全的盛有样品的坩埚，关闭炉门。

②开启电源，指示灯亮。将高温计的黑色指针拨至需要的灼烧温度。

③随着炉膛温度上升，高温计上指示温度的红针向黑针移动，当红针与黑针对准时，控温系统自动断电；炉膛温度降低，红针偏离与黑针对准的位置时，电路自动导通，如此自动恒温。

④达到需要的灼烧时间后，切断电源。待炉膛温度降低至200℃左右，开启炉门，用长柄坩埚钳取出灼烧物品，在炉门口放置片刻，进一步冷却后置干燥器中保存备用。

⑤关闭炉门，做好整理工作。

三、灰化条件的选择

(一)灰化容器

测定灰分通常以坩埚作为灰化容器。坩埚因材质不同分为素烧瓷坩埚(简称瓷坩埚)、铂坩埚、石英坩埚和不锈钢坩埚等。瓷坩埚具有耐高温(1 200℃)、内壁光滑、耐稀酸、价格低廉等优点,但耐碱性较差。当灰化碱性食品(如水果、蔬菜、豆类等)时,瓷坩埚内壁的釉层会部分溶解,反复多次使用后,往往难以保持恒重。当温度骤变时,瓷坩埚易发生破碎。不锈钢坩埚既抗酸又抗碱,且不昂贵,但它含有铬、镍成分,会影响结果准确性。铂坩埚耐高温(1 773℃),稳定性和导热性良好,耐碱、耐 HF,吸湿性小且非常纯净,但常规使用价格昂贵,使用不当还会腐蚀或发脆。

坩埚的大小要根据取样量的大小、样品的性质(如易膨胀等)来选取。一般液体样品或取样量大时,宜选瓷蒸发皿(注意分析天平的最大称量值)。

(二)取样量

灼烧后残留灰分一般要在 10～100 mg,因此,在取样时,要根据试样的种类、性状来确定取样质量。灰分大于 10 g/100 g 的试样称取 2～3 g;灰分小于 10 g/100 g 的试样 3～10 g。例如,麦乳精、大豆粉、调味料、鱼类及海产品等取 1～2 g;谷类及其制品、糕点、牛乳等取 3～5 g;果酱、果冻、脱水水果取 10 g;果汁、鲜果或水果罐头取 20 g;糖及糖制品、淀粉及制品、蜂蜜、奶油、肉制品取 5～10 g;油脂取 50 g。

(三)灰化温度

灰化温度依据食品中的无机成分的组成、性质及含量不同而有所不同,一般为 525～600℃。其中,黄油规定在 500℃以下,因为脂肪用溶剂萃取后,干燥残渣,由灰化减量算出酪蛋白,以残渣作为灰分,还要在灰化后定量食盐,所以采用抑制氯的挥发温度。700℃仅适合于添加乙酸镁的快速灰化法。

灰化温度对测定结果影响很大。灰化温度过高,将引起 K、Na、Cl 等元素的挥发损失,而且磷酸盐、硅酸盐类也会熔融,将炭粒包藏起来,使炭粒无法氧化;灰化温度过低,不仅灰化速度慢,时间长,不易灰化完全,而且不利于除去过剩的碱(碱性食品)吸收的 CO_2。灰化加热的速度也不可过快,以防急剧灼烧物局部产生大量气体而使微粒飞失或爆燃。

(四)灰化时间

灰化至恒重的时间因试样不同而异,一般需 2～5 h。通常是根据经验灰化一定时间后,观察一次残灰的颜色(以灼烧至灰分呈白色或浅灰色、无炭粒)以确定第一次取出时间,取出后冷却,称重,再置入高温炉中灼烧,直至达到恒重。

需要指出,有些含铁量高的食品,其残渣呈褐色,锰、铜含量高的食品,残灰呈蓝绿色。有时灰的表面呈白色,内部仍残留有炭块,所以,实际工作中应根据样品的组成、性状,注意观察残灰的颜色,正确判断灰化程度。

四、加速灰化的方法

(一)样品预处理

1. 果汁、牛乳等液体试样

准确称取适量试样于已知重量的瓷坩埚(或蒸发皿)中,置于水浴上蒸发至近干,再进行炭化。这类样品若直接炭化,液体沸腾,易造成溅失。

2. 果蔬、动物组织等含水分较多的试样

先制备成均匀的试样,再准确称取适量试样于已知重量坩埚中,置烘箱中干燥,再进行炭化。也可取测定水分后的干燥试样直接进行炭化。

3. 谷物、豆类等水分含量较少的固体试样

先粉碎成均匀的试样,取适量试样于已知重量的坩埚中再进行炭化。

4. 含磷量较高的豆类及其制品、肉禽制品、蛋制品、水产品、乳及乳制品

①称取试样后,加入 1.00 mL 乙酸镁溶液(240 g/L)或 3.00 mL 乙酸镁溶液(80 g/L),使试样完全润湿。放置 10 min 后,在水浴上将水分蒸干,再进行炭化等操作。

样品中灰分含量按式(3-2)计算:

$$X = \frac{m_3 - m_1 - m_0}{m_2 - m_1} \times 100 \tag{3-2}$$

式中:m_0 为氧化镁(乙酸镁灼烧后生成物)的质量,g。

②吸取 3 份与①相同浓度和体积的乙酸镁溶液,做 3 次试剂空白试验。

当 3 次试验结果的标准偏差小于 0.003 g 时,取算术平均值作为空白值(m_0)。若标准偏差超过 0.003 g,应重新做空白值试验。

(二)加速灰化的方法

对于难于灰化的样品,通过改变操作方法来加速灰化。

> **想一想**
> 可否用普通蒸馏水代替?

1. 研碎法

样品经初步灼烧后,取出冷却,从灰化容器边缘慢慢加入(不可直接洒在残灰上,防止残灰飞扬)少量无离子水,用玻璃棒研碎,使水溶性盐类溶解,被包住的炭粒暴露出来,用少量水冲洗沾上试样的玻璃棒于容器内,在水浴上蒸发至干,置于 120～130℃烘箱中充分干燥,再灼烧到恒重。

2. 添加灰化助剂法

样品经初步灼烧后,加入灰化助剂如硝酸(1:1)或双氧水,蒸干后再灼烧到恒重,利用助剂的氧化作用来加速炭粒灰化,也可加入 10% 碳酸铵等疏松剂,在灼烧时分解为气体逸出,使灰分呈现松散状态,促进未灰化的炭粒灰化。添加硝酸、乙醇、碳酸铵、双氧水等物质经灼烧后完全消失不至于增加残灰的质量。

3. 硫酸灰化法

白糖、绵白糖、葡萄糖、饴糖等糖类制品,其成分以钾等为主要阳离子过剩,灰化后的残灰为碳酸盐,通过添加硫酸使阳离子全部以硫酸盐形式成为一定组分,称为硫酸灰化法。采用硫酸的强氧化性加速灰化,结果以硫酸灰分来表示。硫酸灰化法在操作时,应注意添加浓硫酸可能会有一部分残灰溶液和 CO_2 气体呈雾状扬起,要边用表面玻璃将灰化容器盖住边

加硫酸,不起泡后,用少量去离子水将表面玻璃上的附着物洗入灰化容器中。

4. 乙酸镁灰化法

谷物及其制品、肉禽制品、蛋制品、水产品、乳及乳制品等食品样品,磷酸一般过剩于阳离子,随着灰化进行,磷酸将以磷酸二氢钾的形式存在,容易形成在比较低的温度下熔融的无机物,而包住未灰化的碳造成供氧不足,难以完成灰化。在预处理时加入乙酸镁、硝酸镁(通常用醇溶液等)等助灰化剂,使灰化容易进行。这些镁盐随着灰化进行而分解,与过剩的磷酸结合,残灰不熔融,成白色松散状态,避免炭粒被包裹,可大大缩短灰化时间。

加助灰化剂法应做空白实验,以校正加入的镁盐灼烧后分解产生 MgO 的量(如样品预处理 4)。

任务二　茶中酸不溶性灰分测定

【项目小结】

本项目由面粉中总灰分测定和酸不溶性灰分的测定两个任务组成,引入食品总灰分的组成与分类、灰分测定原理、灰化条件、不溶性灰分分离方法等理论内容,通过坩埚等器皿准备、样品称量、炭化、灰化、冷却至恒重、过滤等实践操作,具备分析天平、电炉、高温炉、坩埚、干燥器、过滤器的使用能力,熟悉小麦粉的质量等级划分,夯实检验工作技能与职业素养。

【项目验收】

(一)填空题

1. 测定食品灰分含量要求将样品放入高温炉中灼烧,灰化温度的范围一般是_____,必须将样品灼烧至_____并达到恒重为止。

2. 测定灰分含量使用的灰化容器,主要有_____、_____、_____和_____。

3. 测定灰分含量的一般操作步骤分为_____、_____、_____和_____。

4. 炭化就是_____的过程。

5. 水溶性灰分反映的是_____的含量;水不溶性灰分反映的是_____的含量;酸不溶性灰分反映的是_____及_____的含量。

6. 样品中灰化的过程中,加速样品灰化的方法有_____、_____、_____和_____。

(二)单项或多项选择题

1. 灰分是表示(　　)的一项指标。

A. 无机成分总量　　　　　　　B. 有机成分

C. 污染的泥沙和铁、铝等氧化物的总量

2. 为评价果酱中果汁含量的多少,可测其(　　　)的大小。

A. 总灰分　　　　B. 水溶性灰分

C. 酸不溶性灰分

3. 取样量的大小以灼烧后得到的灰分量为(　　　)来决定。

A. 10～100 mg　B. 0.01～0.1 mg　C. 1～10 g

4. 样品灰化完全后,灰分应呈(　　　)。

A. 白色或浅灰色

B. 白色带黑色碳粒

C. 黑色

5. 总灰分测定的一般步骤为(　　　)。

A. 称坩埚重、加入样品后称量、灰化、冷却、称重

B. 称坩埚重、加入样品后称量、炭化、灰化、冷却、称重

C. 样品称重后、炭化、灰化、冷却、称重

6. 灰化完毕后(　　　),用预热后的坩埚钳取出坩埚,放入干燥器中冷却。

A. 立即打开炉门

B. 立即打开炉门,待炉温降到 200℃左右再取出

C. 待炉温降到 200℃左右,打开炉门

7. 采用(　　　)加速灰化的方法,必须做空白试验。

A. 滴加双氧水　B. 加入碳酸氢铵　C. 醋酸镁

8. 对食品灰分叙述正确的是(　　　)。

A. 灰分中无机物含量与原样品无机物含量相同

B. 灰分是指样品经高温灼烧后的残留物

C. 灰分是指食品中含有的无机成分

D. 灰分是指样品经高温灼烧完全后的残留物

9. 耐碱性好的灰化容器是(　　　)。

A. 瓷坩埚　　　　　　　　　　B. 蒸发皿

C. 石英坩埚　　　　　　　　　D. 铂坩埚

10. 正确判断灰化完全的方法是(　　　)。

A. 一定要灰化至白色或浅灰色

B. 一定要高温炉温度达到 500～600℃时,计算时间 5 h

C. 应根据样品的组成、性状观察残灰的颜色

D. 加入助灰剂使其达到白灰色为止

11. 固体食品应粉碎后再进行炭化的目的是(　　　)。

A. 使炭化过程更易进行、更完全

B. 使炭化过程中易于搅拌

C. 使炭化时燃烧完全

D. 使炭化时容易观察

12. 对水分含量较多的食品测定其灰分含量应进行的预处理是( )。

A. 稀释   B. 加助化剂

C. 干燥   D. 浓缩

13. 干燥器内常放入的干燥剂是( )。

A. 硅胶   B. 助化剂

C. 碱石灰   D. 无水硫酸钠

14. 炭化高糖食品时,加入的消泡剂是( )。

A. 辛醇   B. 双氧水

C. 硝酸镁   D. 硫酸

(三)判断题(正确的画"√",错误的画"×")

1. 灰分中含有大量的碳、氢、氧物质。( )

2. 样品测定灰分时,可直接称样后把坩埚放入马弗炉中灼烧。( )

3. 移取灰分时应快速从550℃的马弗炉中将坩埚放入干燥器中。( )

4. 食品中待测的无机元素,一般情况下都与有机物质结合,以金属有机化合物的形式存在于食品中,故都应采用干法消化法破坏有机物,释放出被测成分。( )

(四)简答题

1. 灰分测定时炭化的目的。

2. 食品灰分测定操作中应注意哪些问题?

Project 4

糖类的检验技术

糖类是食品的主要成分之一,影响着食品的形态、组织结构、理化性质及其色、香、味等感官指标,其含量常用于评价食品的营养价值,也是某些食品重要的质量指标。

检验单糖和低聚糖有物理法、化学法、色谱法和酶法等。物理法包括相对密度法、折光法、旋光法等,对一些特定的试样或生产过程监控较为方便、快捷;化学法为常规分析方法,包括还原糖法(直接滴定法、高锰酸钾法、铁氰化钾法等)、碘量法、缩合反应法等。多糖测定中酸水解法、酶水解法用于淀粉的测定,重量法、酸性洗涤法、中性洗涤法用于纤维素的测定,果胶的测定还用到比色法等。

任务一 果蔬中还原糖的测定

【工作要点】

1. 样品中还原糖的提取、净化操作。
2. 样液沉淀及干法过滤。
3. 沸腾滴定及样品预测定。

【工作过程】

(一)样品处理

称取粉碎混匀的试样 2.5~5 g,精确至 0.001 g,置 250 mL 容量瓶中,加 50 mL 水,慢慢加入 5 mL 乙酸锌溶液及 5 mL 亚铁氰化钾溶液,加水至刻度,混匀,静置 30 min,用干燥滤纸过滤,弃去初滤液,取续滤液备用。

想一想
为何要用干燥滤纸过滤? 还要弃初滤液? 弃末滤液?

(二)标定碱性酒石酸铜溶液

吸取 5.0 mL 碱性酒石酸铜甲液及 5.0 mL 碱性酒石酸铜乙液,置于 150 mL 锥形瓶中,加水 10 mL,加入玻璃珠 2 粒,从滴定管滴加约 9 mL 葡萄糖或其他还原糖标准溶液,控制在 2 min 内加热至沸腾,趁热以 1 滴/2 s 的速度继续滴加葡萄糖或其他还原糖标准溶液,直至溶液蓝色刚好褪去为终点,记录消耗葡萄糖或其他还原糖标准溶液的总体积,同时平行操作 3 份,取其平均值,计算每 10 mL(甲、乙液各 5 mL)碱性酒石酸铜溶液相当于葡萄糖的质量或其他还原糖的质量(mg)。

10 mL 碱性酒石酸铜溶液(甲、乙液各 5 mL)相当于还原糖的质量 A(mg)依式(4-1)计算:

$$A = V \times m \tag{4-1}$$

式中:V——平均消耗还原糖标准溶液的体积,mL;

　　　m——1 mL 还原糖标准溶液相当于还原糖的质量,mg。

平行试验中样液消耗量相差不应超过 0.1 mL。

想一想

样液预测与标定操作有何不同?

(三)预测

吸取 5.0 mL 碱性酒石酸铜甲液及 5.0 mL 碱性酒石酸铜乙液,置于 150 mL 锥形瓶中,加水 10 mL,加入玻璃珠 2 粒,控制在 2 min 内加热至沸腾,趁沸腾以先快后慢的速度从滴定管中滴加试样溶液,并保持溶液沸腾状态,待溶液颜色变浅时,以 1 滴/2 s 的速度滴定,直至溶液蓝色刚好褪去为终点,记录样液消耗的体积。(样品中还原糖浓度根据预测加以调节,以 0.1 g/100 g 为宜,即控制样液消耗体积在 10 mL 左右,否则误差大)。

(四)测定

想一想

预测结果怎么使用?

吸取 5.0 mL 碱性酒石酸铜甲液及 5.0 mL 碱性酒石酸铜乙液,置于 150 mL 锥形瓶中,加水 10 mL,加入玻璃珠 2 粒,从滴定管滴加比预测体积少 1 mL 的试样溶液至锥形瓶中,使其在 2 min 内加热至沸,并保持沸腾,继续以 1 滴/2 s 的速度滴定,直至蓝色刚好褪去为终点。记录样液消耗的体积,同法平行操作 3 份,得出平均消耗体积。

(五)数据记录与结果计算

样品中还原糖的含量 X(以某种还原糖计,‰)依式(4-2)计算:

$$X = \frac{A}{m_{样} \times \frac{V}{250} \times 1\,000} \times 100 \qquad (4\text{-}2)$$

式中:A——10 mL 碱性酒石酸铜溶液(甲、乙液各 5 mL)相当于还原糖的质量,mg;

　　　V——测定时平均消耗样品溶液的体积,mL;

　　　$m_{样}$——样品的质量,g;

　　　250——样品溶液总体积,mL。

还原糖含量 ≥10 g/100 g 时,计算结果保留 3 位有效数字;还原糖含量 <10 g/100 g 时,计算结果保留 2 位有效数字。

【相关知识】

样品除去蛋白质后,在加热条件下,以亚甲基蓝作为指示剂,直接滴定经标定的碱性酒石酸铜溶液。还原糖将二价铜还原为氧化亚铜,待二价铜全部还原后,稍过量的还原糖将亚甲基蓝还原,溶液由蓝色变为无色,即为滴定终点。根据所消耗的样液体积,即可计算出还原糖的含量。

想一想

为何要标定碱性酒石酸铜溶液?

各步反应式如下:

$$CuSO_4 + 2NaOH = Cu(OH)_2\downarrow + Na_2SO_4$$

$$Cu(OH)_2 + \begin{array}{c}COOK\\|\\CHOH\\|\\CHOH\\|\\COONa\end{array} = \begin{array}{c}COOK\\|\\CHO\\\quad\\CHO\\|\\COONa\end{array}\!\!\Big\rangle Cu + 2H_2O$$

$$\begin{array}{c}CHO\\|\\(CHOH)_4\\|\\CH_2OH\end{array} + 2\begin{array}{c}COOK\\|\\CHO\\\quad\\CHO\\|\\COONa\end{array}\!\!\Big\rangle Cu + 2H_2O = \begin{array}{c}COOH\\|\\(CHOH)_4\\|\\CH_2OH\end{array} + 2\begin{array}{c}COOK\\|\\CHOH\\|\\CHOH\\|\\COONa\end{array} + Cu_2O\downarrow$$

$$\begin{array}{c}CHO\\|\\(CHOH)_4\\|\\CH_2OH\end{array} + [\text{(CH}_3)_2\text{N—phenothiazine—N}^+\text{(CH}_3)_2\text{Cl}^-] + H_2O \rightleftharpoons$$

$$\begin{array}{c}COOH\\|\\(CHOH)_4\\|\\CH_2OH\end{array} + [\text{(CH}_3)_2\text{N—phenothiazine(H)—N(CH}_3)_2] + HCl$$

实际上,还原糖在碱性溶液中与硫酸铜的反应并不完全符合以上关系,还原糖在此反应条件下将发生降解,形成多种活性降解产物,其反应过程极为复杂,并非反应方程式中所反映的那么简单。在碱性及加热条件下还原糖将形成某些差向异构体的平衡体系。由上述反应看,1 mol 葡萄糖可以将 6 mol 的 Cu^{2+} 还原为 Cu^+。而实际上,从实验结果表明,1 mol 的葡萄糖只能还原 5 mol 多点的 Cu^{2+},且随反应条件的变化而变化。因此,不能根据上述反应直接计算出还原糖含量,而是要用已知浓度的葡萄糖标准溶液标定的方法,或利用通过实验编制出来的还原糖检索表来计算。

GB/T 5009.7—2008《食品中还原糖的测定》之直接滴定法,称样量为 5.0 g 时,检出限为 0.25 g/100 g。

【拓展】还原糖检验样液制备

1. **液体试样**:称取混匀后液体试样 5～25 g,精确至 0.001 g,置 250 mL 容量瓶中,加 50 mL 水,以下按"样品处理"中自"慢慢加入 5 mL 乙酸锌溶液"起依法操作。

2. **酒精性饮料**:称取约 100 g 混匀后的试样,精确至 0.01 g,置于蒸发皿中,用氢氧化钠(40 g/L)溶液中和至中性,在水浴上蒸发至原体积的 1/4 后,移入 250 mL 容量瓶中,以下按"样品处理"中自"慢慢加入 5 mL 乙酸锌溶液"起依法操作。

3. **含大量淀粉的试样**:精确称取 10～20 g 粉碎或混匀后的试样,精确至 0.001 g,置于 250 mL 容量瓶中,加 200 mL 水,在 45℃ 水浴中加热 1 h,并时时振摇。冷却加水至刻度,混匀、静置、沉淀。吸取 200 mL 上清液置于另一个 250 mL 容量瓶中,以下按"样品处理"中自"慢慢加入 5 mL 乙酸锌溶液"起依法操作。

4. **碳酸类饮料**:称取约 100 g 混匀后的试样,精确至 0.01 g,试样置于蒸发皿中,在水浴上微热搅拌除去二氧化碳后,移入 250 mL 容量瓶中,并用水洗涤蒸发皿,洗液并入容量瓶中,再加水至刻度,混匀后,备用。

【仪器与试剂】

1. 仪器
①酸式滴定管(25 mL)。
②可调式电炉(带石棉板)。

2. 试剂
①碱性酒石酸铜(费林试剂)甲液:称取 15 g 硫酸铜($CuSO_4 \cdot 5H_2O$)及 0.05 g 亚甲基蓝,溶于水中并稀释至 1 000 mL。

②碱性酒石酸铜(费林试剂)乙液:称取 50 g 酒石酸钾钠($KNaC_4H_4O_6 \cdot 4H_2O$)及 75 g 氢氧化钠(NaOH),溶于水中,再加入 4 g 亚铁氰化钾[$K_4Fe(CN)_6 \cdot 3H_2O$],完全溶解后,用水稀释至 1 000 mL,储存于橡胶塞玻璃瓶内。

③乙酸锌溶液(219 g/L):称取 21.9 g 乙酸锌[$Zn(CH_3COO)_2 \cdot 2H_2O$],加 3 mL 冰乙酸($C_2H_4O_2$),加水溶解并稀释至 100 mL。

④亚铁氰化钾溶液(106 g/L):称取 10.6 g 亚铁氰化钾[$K_4Fe(CN)_6 \cdot 3H_2O$],加水溶解并稀释至 100 mL。

⑤葡萄糖标准溶液:准确称取 1.0 g 经过 98~100℃ 干燥 2 h 的纯净葡萄糖,加水溶解后加入 5 mL 盐酸(防止微生物生长),并以水稀释至 1 000 mL。此溶液每毫升相当于 1.0 mg 葡萄糖。

【友情提示】

1. 本法适用于各类食品中还原糖的测定,具有试剂用量少、操作简单、快速,滴定终点明显等特点。但对深色的试样(如酱油、深色果汁等),因色素干扰使终点难以判断,从而影响其准确性。

2. 碱性酒石酸铜甲液和乙液应分别配制储存,用时才混合。

3. 碱性酒石酸铜的氧化能力较强,可将醛糖和酮糖氧化,所以测得结果是总还原糖量。

4. 亚甲基蓝本身也是一种氧化剂,其氧化型为蓝色,还原型为无色,但在测定条件下,其氧化能力比碱性酒石酸铜弱,还原糖将溶液中碱性酒石酸铜耗尽时,稍微过量一点的还原糖会将亚甲基蓝还原,变为无色,指示滴定终点。但此反应是可逆的,当空气中的氧与无色亚甲基蓝结合时,又变为蓝色。因此,滴定时要保持溶液沸腾状态,使上升蒸汽阻止空气侵入溶液中。

5. 本法要求还原糖浓度控制在 0.1% 左右。浓度过高或过低都会增加测定误差。通过样液预测,可以对样液浓度进行调整,使测定时样品溶液消耗的体积与标定葡萄糖标准溶液时消耗的体积相近。通过样液预测,还可知道样液的大概消耗量,使正式测定时可预先加入大部分样液与碱性酒石酸铜溶液共沸,充分反应,仅留 1 mL 左右样液在后续滴定时加入,以保证在 1 min 内完成滴定,提高测定准确度。

6. 本法不宜用氢氧化钠和硫酸铜作澄清剂,以免引入 Cu^{2+}。采用乙酸锌和亚铁氰化钾作澄清剂可形成白色的氰

> **想一想**
> 5 mL 乙酸锌溶液及 5 mL 亚铁氰化钾溶液能否省略?

亚铁酸锌沉淀,吸附样液中的蛋白质,用于乳品及富含蛋白质的浅色糖液。

7. 在碱性酒石酸铜乙液中加入亚铁氰化钾,是为了使所生成的 Cu_2O 红色沉淀与之形成可溶性的无色配合物,使终点便于观察。

8. 本方法对滴定操作条件要求很严格,在对碱性酒石酸铜溶液的标定、试样液预测、试样液测定的操作条件均应保持一致。

【考核要点】

1. 沸腾滴定操作控制。
2. 样液沉淀及过滤操作。
3. 预测定及样品还原糖测定。

【思考】

1. 直接滴定法测食品中还原糖的含量,为何要在沸腾条件下进行操作?
2. 在还原糖测定过程中,如何避免 Cu_2O 对终点判断的影响?
3. 水果硬糖成分简单,几乎不经过样品处理可直接用于测定,而对于含脂肪、淀粉比较多的样品,干扰大,应如何进行样品处理、澄清?

【必备知识】

一、糖类

糖类是主要由碳、氢、氧三种元素组成的一大类化合物。大多数糖的分子通式为 $C_n(H_2O)_m$,碳水化合物(carbohydrate)由此得名。不过,鼠李糖($C_6H_{12}O_5$)和脱氧核糖($C_5H_{10}O_4$)的分子中 H、O 原子数之比并非如此,而一些非糖物质,如甲醛(CH_2O)、乙酸($C_2H_4O_2$)、乳酸($C_3H_6O_3$)的分子中 H、O 原子数之比却都是 2∶1,因此"碳水化合物"这一名称只是因习惯沿用至今。

从化学的角度来说,糖是多羟基醛或多羟基酮及其衍生物和缩合物的总称。根据聚合度,糖类物质可分为单糖、寡糖和多糖。单糖是糖的最基本组成单位,是不能用水解方法将其分解的糖。食品中的单糖主要有葡萄糖、果糖和半乳糖,它们都是含有 6 个碳原子的多羟基醛或多羟基酮,分别称为己醛糖(葡萄糖、半乳糖)和己酮糖(果糖)。

寡糖是指聚合度≤10 的糖类,根据水解后所生成单糖分子的数目,又分为二糖、三糖、四糖、五糖等,其中以二糖最为重要,如蔗糖、乳糖、麦芽糖等。蔗糖由 1 分子葡萄糖和 1 分子果糖缩合而成,普遍存在于具有光合作用的植物中,是食品工业中最重要的甜味物质。乳糖由 1 分子葡萄糖和 1 分子半乳糖缩合而成,存在于哺乳动物的乳汁中。麦芽糖由 2 分子葡萄糖缩合而成,游离的麦芽糖在自然界并不存在,通常由淀粉水解产生。

多糖是聚合度>10 的糖类,由单糖缩合而成的高分子化合物,它分为淀粉和非淀粉多糖两大类。淀粉广泛存在于谷类、豆类及薯类中,淀粉包括直链淀粉、支链淀粉和变性淀粉等。非淀粉多糖包括纤维素、半纤维素、果胶、亲水胶物质(如黄原胶、阿拉伯胶等)和活性多糖(如香菇多糖、枸杞多糖等)。纤维素集中于谷类的谷糠和果蔬的表皮中;果胶存在于各类植物的果实中。而活性多糖是一大类具有降血脂、抗氧化、提高机体免疫功能的活性物质。

糖类物质是食品工业的主要原料,也是重要的辅助材料。在食品加工过程中,糖的种类和数量对食品的形态、组织结构、理化性质及其色、香、味等感官指标都有很大的影响,是食品营养价值高低的重要标志之一,也是某些食品重要的质量指标。因此,糖类的测定对食品工业的工艺控制、质量管理具有一定的意义,也是食品的主要分析检测项目之一。

二、单糖

单糖是糖类化合物中最简单的,不能再被水解为更小单位的糖类。从分子结构来看,具有一个自由醛基或酮基并有两个以上羟基的糖类物质称为单糖。

(一)变旋现象

单糖分子中重要的官能团是醛基或酮基,又称为醛糖和酮糖,如葡萄糖为己醛糖,果糖为己酮糖。最简单的单糖是含 3 个碳原子的甘油醛和二羟丙酮。单糖分子的费歇尔(Fischer)投影式如图 4-1 所示。

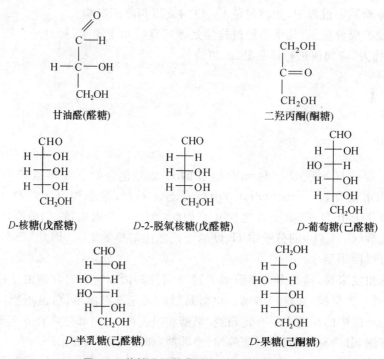

甘油醛(醛糖)　　　　　　　　二羟丙酮(酮糖)

D-核糖(戊醛糖)　　D-2-脱氧核糖(戊醛糖)　　D-葡萄糖(己醛糖)

D-半乳糖(己醛糖)　　　　　　D-果糖(己酮糖)

图 4-1　单糖分子的费歇尔(Fischer)投影式

单糖(除二羟丙酮外)都是手性分子,存在 D 或 L 两种构型。天然存在的单糖大多为 D 型。构型是相对的,与糖的旋光性(左旋或右旋)无关。

> **想一想**
> 新配制的葡萄糖溶液,其旋光度能否准确测定?

研究 D-葡萄糖的旋光性时发现,在不同条件下得到的结晶具有不同的比旋光度。室温时从乙醇溶液中结晶出的葡萄糖比旋光度为 $+112°$,用吡啶作溶剂结晶出的葡萄糖比旋光度为 $+18.7°$。当将两种葡萄糖分别溶于水后,经过一段时间它们的比旋光度都会发生改变,前者比旋光度降低,后者升高,最后两种葡萄糖溶液的比旋光度都变为+52.7°,这种现象称为变旋现象。葡萄糖在水溶液中以半缩醛的环式结构存在,半缩醛羟基与决定构型的羟基(C_5羟基)在同侧的为 α 型,异侧的为 β 型,如图 4-2 所示。

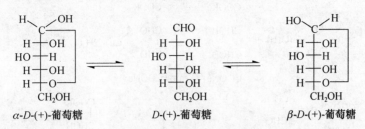

α-D-(+)-葡萄糖　　　　D-(+)-葡萄糖　　　　β-D-(+)-葡萄糖

图 4-2　葡萄糖的环式结构图

(二)还原性

半缩醛羟基比较活泼,单糖无论是醛糖还是酮糖都容易被氧化,且不同氧化剂,其氧化产物不同。

单糖在碱性溶液中氧化比较复杂,生成的产物随溶液碱性强弱不同而不同。弱氧化剂托伦试剂(Tollens)、费林试剂(Fehling)(硫酸铜、氢氧化钠和酒石酸钾钠的混合液)和班乃狄试剂(硫酸铜、碳酸钠和柠檬酸钠混合液)都能将醛糖和酮糖氧化,分别生成银和氧化亚铜,单糖被氧化为小分子羧酸的混合物。习惯将能被托伦试剂和费林试剂等弱氧化剂氧化的糖称为还原性糖,所有的单糖都是还原性糖。

三、还原性二糖

二糖是低聚糖中最重要的一类,均溶于水,有甜味,有旋光性,可结晶。二糖分子由两分子单糖通过糖苷键连接,因分子中存在游离的半缩醛羟基,因此保留了还原性,称为还原性二糖。

麦芽糖由两分子 α-D-葡萄糖经脱水缩合、以 α-1,4 糖苷键结合而成。麦芽糖在酸或酶的催化下,水解生成两分子葡萄糖。

乳糖是由半乳糖和葡萄糖由 β-1,4 糖苷键结合而成。乳糖在水中溶解度较小,没有吸湿性,在酸或酶的作用下,1 分子乳糖能水解生成 1 分子的半乳糖和 1 分子的葡萄糖。

纤维二糖由两分子 β-D-葡萄糖通过 β-1,4 糖苷键结合而成。纤维二糖可以水解生成两分子葡萄糖。

麦芽糖、乳糖、纤维二糖都具有变旋现象。

四、其他检验还原糖的方法

(一)高锰酸钾滴定法

1. 原理

将试样除去蛋白质后,样液中还原糖将过量的碱性酒石酸铜还原为氧化亚铜沉淀。净化后的氧化亚铜沉淀在过量的酸性硫酸铁中被氧化为铜盐,而硫酸铁则被还原成硫酸亚铁,再用标准的高锰酸钾溶液去滴定生成的硫酸亚铁,终点为粉红色。根据高锰酸钾的消耗量计算出氧化亚铜的含量,查附表 10 氧化亚铜质量相当于葡萄糖、果糖、乳糖、转化糖的质量表,得出还原糖量。

以葡萄糖为例,其反应方程式如下:

$$CuSO_4 + 2NaOH = Cu(OH)_2\downarrow + Na_2SO_4$$

$$Cu(OH)_2 + \begin{matrix}COOK\\|\\CHOH\\|\\CHOH\\|\\COONa\end{matrix} = \begin{matrix}COOK\\|\\CHO\\|\\CHO\\|\\COONa\end{matrix}\Bigg\rangle Cu + 2H_2O$$

$$\begin{matrix}CHO\\|\\(CHOH)_4\\|\\CH_2OH\end{matrix} + 6\begin{matrix}COOK\\|\\CHO\\|\\CHO\\|\\COONa\end{matrix}\Bigg\rangle Cu + 6H_2O = \begin{matrix}COOH\\|\\(CHOH)_4\\|\\CH_2OH\end{matrix} + 6\begin{matrix}COOK\\|\\CHOH\\|\\CHOH\\|\\COONa\end{matrix} + 3Cu_2O\downarrow$$

$$Cu_2O + Fe_2(SO_4)_3 + H_2SO_4 = 2CuSO_4 + 2FeSO_4 + H_2O$$

$$10FeSO_4 + 2KMnO_4 + 8H_2SO_4 = 5Fe_2(SO_4)_3 + K_2SO_4 + 2MnSO_4 + 8H_2O$$

注:5 mol Cu_2O 相当于 2 mol $KMnO_4$。

GB/T 5009.7—2008《食品中还原糖的测定》之高锰酸钾滴定法,当称样量为 5.0 g 时,检出限为 0.5 g/100 g。

2. 仪器

①古氏坩埚或 G_4 垂融坩埚(25 mL)。

②真空泵或水力抽气泵。

3. 试剂

①碱性酒石酸铜(费林试剂)甲液:称取 34.639 g 硫酸铜($CuSO_4 \cdot 5H_2O$),加适量水溶解,加 0.5 mL 硫酸,再加水稀释至 500 mL,用精制石棉过滤。

②碱性酒石酸铜(费林试剂)乙液:称取 173 g 酒石酸钾钠及 50 g 氢氧化钠,加适量水溶解,并加水稀释至 500 mL,用精制石棉过滤,储存于橡胶塞玻璃瓶内。

③精制石棉:取石棉先用盐酸(3 mol/L)浸泡 2～3 d,用水洗净,再加氢氧化钠溶液(400 g/L)浸泡 2～3 d,倾去溶液,再用热碱性酒石酸铜乙液浸泡数小时,用水洗净。再以盐酸(3 mol/L)浸泡数小时,用水洗至不呈酸性。然后加水振摇,使成细微的浆状软纤维,用水浸泡并储存于玻璃瓶中,即可用作填充古氏坩埚用。

④氢氧化钠溶液(40 g/L)。

⑤硫酸铁溶液(50 g/L):称取 50 g 硫酸铁,加入 200 mL 水溶解后,慢慢加入 100 mL 硫酸,冷却后加水稀释至 1 000 mL。

⑥高锰酸钾标准溶液$\left[c\left(\dfrac{1}{5}KMnO_4\right) = 0.1\ 000\ mol/L\right]$:见附录Ⅱ。

⑦盐酸(3 mol/L):见附录Ⅰ。

4. 测定

(1)样品处理 见"任务一友情提示"。

(2)测定 吸取 50.00 mL 处理后的样品溶液于 400 mL 烧杯中,加入碱性酒石酸铜甲液和乙液各 25 mL,于烧杯上盖一表面皿,加热,控制在 4 min 内沸腾,再准确煮沸 2 min,趁热用铺好石棉的古氏坩埚或 G_4 垂融坩埚抽滤,并用 60℃ 热水洗涤烧杯及沉淀,至洗液不呈碱性为止。将古氏坩埚或 G_4 垂融坩埚放回原 400 mL 烧杯中,加 25 mL 硫酸铁溶液及 25 mL 水,用玻璃棒搅拌,使氧化亚铜完全溶解,以高锰酸钾标准溶液 $\left[c\left(\frac{1}{5}KMnO_4\right)=0.1000\ mol/L\right]$ 滴定至微红色为终点。

同时吸取 50 mL 水,加入与测定样品时相同量的碱性酒石酸铜甲液、乙液,硫酸铁溶液及水,按同一方法做试剂空白试验。

5. 结果计算

(1)计算公式

试样中还原糖质量相当于氧化亚铜的质量 X_1(mg),依式(4-3)计算:

$$X_1 = c \times (V - V_0) \times 71.54 \tag{4-3}$$

式中:V——测定用样液所消耗高锰酸钾标准溶液的体积,mL;

V_0——试剂空白消耗高锰酸钾标准溶液的体积,mL;

c——高锰酸钾标准溶液的实际浓度,mol/L;

71.54——1 mL1.000 mol/L 高锰酸钾标准溶液相当于氧化亚铜的质量,mg。

(2)所得氧化亚铜质量 X_1 按式(4-3)计算后,查附录 表10,再依式(4-4)计算样品中还原糖的含量 X_2(mg)。

$$X_2 = \frac{m_1}{m_2 \times \frac{V_1}{250} \times 1\ 000} \times 100 \tag{4-4}$$

式中:m_1——查表得还原糖质量,mg;

m_2——样品质量或体积,mg 或 mL;

V_1——测定用样品处理液的体积,mL;

250——样品处理液的总体积,mL。

注:还原糖含量 ≥ 10 g/100 g 时,结果保留三位有效数字;还原糖含量 < 10 g/100 g 时,结果保留两位有效数字。

【友情提示】

①本法适用于各类食品中还原糖的测定,准确度和重现性都优于直接滴定法,但操作烦琐费时,需使用特制的检索表。

②测定必须严格按规定的操作条件,煮沸时间必须在 4 min 内,否则误差大。可先取水 50 mL 加碱性酒石酸铜甲、乙液各 25 mL,调节好热源强度,使其 4 min 内加热至沸,维持热源强度再正式测定。

③本法所用碱性酒石酸铜溶液是过量的,以保证所有的还原糖都全部被氧化,所以煮沸后反应液应呈蓝色。如不呈蓝色,说明样液含糖浓度过高,应调整样液中糖的浓度,或减少样液取用体积或重新操作,而不能增加碱性酒石酸铜甲、乙液的用量。

④在过滤和洗涤氧化亚铜沉淀的整个过程中,应使沉淀始终保持在液面下,避免氧化亚铜暴露于空气中而被氧化。

⑤碱性酒石酸铜甲、乙液应分别存放,临用时等量混合,以免在碱性溶液中氢氧化铜被酒石酸钾钠缓慢地还原而析出氧化亚铜沉淀,影响测定准确度。

⑥常用的澄清剂有中性乙酸铅、乙酸锌和亚铁氰化钾溶液及硫酸铜和氢氧化钠。用乙酸铅作澄清剂时,测定时如样液中残留有铅离子,则会与果糖结合使结果偏低,需加入草酸钠或草酸钾等除铅剂。本法因以反应中产生的定量的 Fe^{2+} 为计算依据,故不宜采用乙酸锌和亚铁氰化钾作澄清剂,以免引入 Fe^{2+}。

⑦样品中的还原糖既有单糖也有麦芽糖或乳糖等双糖时,还原糖的测定结果会偏低,这主要是因为双糖的分子中仅有一个还原基所致。

(二)3,5-二硝基水杨酸比色法

比色法测定还原糖有费林试剂比色法、3,5-二硝基水杨酸比色法、纳尔逊-索模吉(Nelson-Somogyi)试剂比色法和酚-硫酸比色法等。

1. 原理

在氢氧化钠和丙三醇存在下,还原糖能将3,5-二硝基水杨酸中的硝基还原为氨基,生成氨基化合物。此化合物在过量的氢氧化钠碱性溶液中呈橘红色,在 540 nm 波长处有最大吸收,其吸光度与还原糖含量呈线性关系。

2. 试剂

3,5-二硝基水杨酸溶液:称取 6.5 g 3,5-二硝基水杨酸溶于少量水中,移入 1 000 mL 容量瓶中,加入 2 mol/L 氢氧化钠溶液 325 mL,再加入 45 g 丙三醇,摇匀,冷却后定容至 1 000 mL。

其他试剂、仪器同任务一。

3. 操作方法

(1)样品处理 见"任务一友情提示"。

(2)葡萄糖标准曲线绘制 准确移取葡萄糖标准工作液(1 mg/mL)0、1、2、3、4、5、6、7 mL,分别置于 8 支 25 mL 容量瓶中,以水补至 7 mL 后,各加入 3,5-二硝基水杨酸溶液 2 mL,置沸水浴中煮 2 min 进行显色,然后以流水迅速冷却,用水定容到 25 mL,摇匀。

以试剂空白调零,在 540 nm 处测定吸光度,绘制标准曲线。

(3)样品测定 吸取样液 1 mL(含糖 3~4 mg),置于 25 mL 容量瓶中,以下操作同(2)葡萄糖标准曲线绘制。计算样品中还原糖含量。

任务二 蜂蜜中转化糖的测定

任务三　肉制品中淀粉的测定

【工作要点】

1. 富脂食品淀粉测定样液制备。
2. 酸水解淀粉。
3. 淀粉含量测定。

【工作过程】

(一)样液制备

①按任务三抽取肉类制品样品 200 g,加等量水在组织捣碎机中捣成匀浆。

> **想一想**
> 为何用乙醚、乙醇多次洗涤?

②称取 5～10 g 的匀浆(精确至 0.001 g),置于 250 mL 锥形瓶中,加入 50 mL 乙醚振摇提取,用滤纸过滤除去乙醚。再用 50 mL 乙醚淋洗 2 次,滤去乙醚。

③用 150 mL 乙醇(85%)分数次洗涤残渣,除去可溶性糖类物质。滤干乙醇溶液,以 100 mL 水洗涤漏斗中残渣并全部转入 250 mL 锥形瓶中。

于上述 250 mL 锥形瓶中,加入 30 mL 盐酸(1+1),接好冷凝管,置沸水浴中回流 2 h。回流完毕后,立即用流动水冷却至室温,加入 2 滴甲基红指示剂,先用氢氧化钠溶液

> **想一想**
> 为何加入乙酸铅溶液?

(400 g/L)调至黄色,再用盐酸(1+1)调到刚好变为红色。然后加入 20 mL 乙酸铅溶液(200 g/L),摇匀,放置 10 min。再加 20 mL 硫酸钠溶液(100 g/L),以除去过多的铅。摇匀后将全部溶液及残渣转入 500 mL 容量瓶中,用水洗涤锥形瓶,洗液合并于容量瓶中,加水稀释至刻度。过滤,弃去初滤液 20 mL,收集滤液备用。

另取 50 mL 水和 30 mL 盐酸(1+1)于 250 mL 锥形瓶中,按上述方法操作,做空白试验。

(二)标定碱性酒石酸铜溶液

吸取 5.0 mL 碱性酒石酸铜甲液及 5.0 mL 碱性酒石酸铜乙液,置于 150 mL 锥形瓶中,加水 10 mL,加入玻璃珠 2 粒,从滴定管滴加约 9 mL 葡萄糖或其他还原糖标准溶液,控制在 2 min 内加热至沸腾,趁热以 1 滴/2 s 的速度继续滴加葡萄糖或其他还原糖标准溶液,直至溶液蓝色刚好褪去为终点,记录消耗葡萄糖或其他还原糖标准溶液的总体积,同时平行操作 3 份,取其平均值。

计算 10 mL(甲、乙液各 5 mL)碱性酒石酸铜溶液相当于葡萄糖的质量或其他还原糖的质量(mg)。

(三)预测与测定

按任务一直接滴定法测定水解液中还原糖的含量,并同时做试剂空白试验。

(四)结果计算

1. 计算公式

样品中淀粉含量依式(4-7)计算:

$$X = \frac{(A_1 - A_2) \times 0.9}{m \times \dfrac{V}{500} \times 1\,000} \times 100 \qquad (4\text{-}7)$$

式中: X —— 样品中淀粉含量, g/100 g;

A_1 —— 样品水解液中还原糖的质量, mg;

A_2 —— 空白液中还原糖的质量, mg;

m —— 样品质量, g;

V —— 测定用样品水解液体积, mL;

500 —— 样液总体积, mL;

0.9 —— 还原糖折算成淀粉的换算系数。

计算结果保留到小数点后1位。

2. 精密度

在重复性条件下获得的2次独立测定结果的绝对差值不得超过算术平均值的10%。

【相关知识】

样品除去脂肪及可溶性糖类后,其中淀粉用酸水解成具有还原性的单糖,然后进行还原糖测定。淀粉的水解反应:

$$\underset{162}{(C_6H_{10}O_5)_n} + \underset{}{n\,H_2O} = \underset{180}{n\,C_6H_{12}O_6}$$

葡萄糖含量折算为淀粉的换算系数为 $\dfrac{162}{180} = 0.9$。

本法为 GB/T 5009.9—2008《食品中淀粉的测定》酸水解法。

【仪器与试剂】

1. 仪器

①回流装置。

②水浴锅。

③组织捣碎机。

2. 试剂

①85%乙醇。

②乙醚。

③氢氧化钠溶液(400 g/L)。

④氢氧化钠溶液(100 g/L)。

⑤硫酸钠溶液(100 g/L)。

⑥中性乙酸铅溶液(200 g/L):称取 200 g 乙酸铅,溶于水并稀释至 1 000 mL。

⑦甲基红指示剂(2 g/L):甲基红-乙醇溶液。

其余仪器及试剂同任务一、任务二。

【友情提示】

1. 本法适用于淀粉含量较高,而其他能被水解为还原糖的多糖含量较少的样品。因为盐酸水解淀粉的专一性较差,可同时将样品中的半纤维素和多聚戊糖等水解为具有还原性的木糖、阿拉伯糖等,使得测定结果偏高。

> **想一想**
> 酸水解法有何优点和要求?

2. 盐酸对淀粉的水解,可一次性将淀粉水解至葡萄糖,但选择性和准确性不如酶法。

3. 回流装置的冷凝管应较长一些,以保证水解过程中盐酸不会挥发,保持一定的浓度。

【知识窗】

食品淀粉样液的制备

1. 粮食、豆类、糕点、饼干等较干燥的样品

将样品磨碎过 40 目筛,称取 2~5 g(精确至 0.001 g),置于放有慢速滤纸的漏斗中,用 50 mL 石油醚或乙醚分 5 次洗去样品中的脂肪,弃去石油醚或乙醚。用 150 mL 乙醇(85%)分数次洗涤残渣,除去可溶性糖类物质。滤干乙醇溶液,以 100 mL 水洗涤漏斗中残渣并全部转移至 250 mL 锥形瓶中。

2. 蔬菜、水果、粉皮、凉粉等水分较多、不易磨细分散的样品

先按 1∶1 加水在组织捣碎机中捣成匀浆。称取 5~10 g 匀浆(精确至 0.001 g)于 250 mL 锥形瓶中,加 30 mL 乙醚振荡提取,除去脂肪。用滤纸过滤除去乙醚,再用 30 mL 乙醚分 3 次洗去样品中的脂肪,弃去乙醚。用 150 mL85% 乙醇分数次洗涤残渣,以除去可溶性糖类。然后用 100 mL 水洗涤漏斗中残渣并全部转移至 250 mL 锥形瓶中。

3. 水解

在上述 250 mL 锥形瓶中,依任务三中(一)样液制备"加入 30 mL 盐酸(1+1)"起,至"再以盐酸(1+1)校正至水解液刚好变为红色"后,再用氢氧化钠溶液(100 g/L)调到红色刚好退去。若水解液颜色较深,可用精密 pH 试纸测试,使试样水解液的 pH 约为 7。然后加入 20 mL 乙酸铅溶液(200 g/L),摇匀,放置 10 min,以沉淀蛋白质、单宁、有机酸、果胶等胶体物质。再依(一)样液制备"再加 20 mL 硫酸钠溶液(100 g/L)"起,至"收集滤液备用"止。同样做"试剂空白液"。

【考核要点】

1. 样品除脂操作。

2. 酸水解淀粉液。

3. 测定及空白试验。

【思考】

1. 在淀粉水解时,如何控制盐酸的浓度及水解时间?
2. 如何控制实验条件,才能使淀粉的检验结果更具可靠性?

【必备知识】

一、多糖

多糖是由许多单糖以糖苷键相连而形成的高分子长链聚合物,可以水解成一种或几种单糖,习惯上人们把由单糖的衍生物以糖苷键结合成的高分子化合物也称为多糖。多糖在自然界分布很广,广泛存在于动植物体中,作为动植物体的骨架,如纤维素、甲壳质;也可以作储能物质,如淀粉和糖原等;植物的黏液、树胶、果胶等许多物质,都是由多糖组成;形成糖蛋白和糖脂等具有重要生理功能物质。

多糖的性质与单糖不同,它们没有甜味、没有变旋现象,多糖都是非还原性糖。

二、淀粉

淀粉都是由葡萄糖通过糖苷键结合而成的高分子化合物,根据葡萄糖的结合方式不同,淀粉区分为直链淀粉和支链淀粉。天然淀粉由直链淀粉与支链淀粉组成,其比例一般约为$(15\%\sim25\%):(75\%\sim85\%)$,视植物种类与品种、生长时期的不同而异。

直链淀粉是 D-吡喃葡萄糖以 α-1,4-糖苷键连接形成的多糖链,如图 4-8 所示。

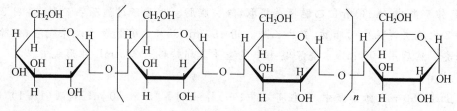

图 4-8 直链淀粉的结构

直链淀粉的分子量依来源而不同,一般含有 $200\sim1\,000$ 个葡萄糖单位,相对分子质量为$(1.5\sim6)\times10^5$。直链淀粉糖链不是以直线型存在的,糖链形成螺旋状,螺旋的每一圈约含有 6 个葡萄糖单位,螺旋间靠氢键维持其空间结构。

> **想一想**
> 淀粉与碘呈色的核心因素?

直链淀粉遇碘呈蓝色,这一特性可用于淀粉或碘的鉴别。淀粉遇碘变蓝不是碘与淀粉发生了化学反应,而是碘分子被包围在淀粉的葡萄糖链螺旋中间,形成配合物(图 4-9),这种配合物呈蓝色。

支链淀粉分子中除有 α-1,4-糖苷键形成的糖链外,还有 α-1,6-糖苷键形成分支。支链淀粉的聚合度一般是 $600\sim6\,000$,含有几百条短链。每一分支平均含 $20\sim30$ 个葡萄糖基,各分支也都是卷曲成螺旋状,如图 4-10 所示。

图 4-9　淀粉-碘复合物结构示意图

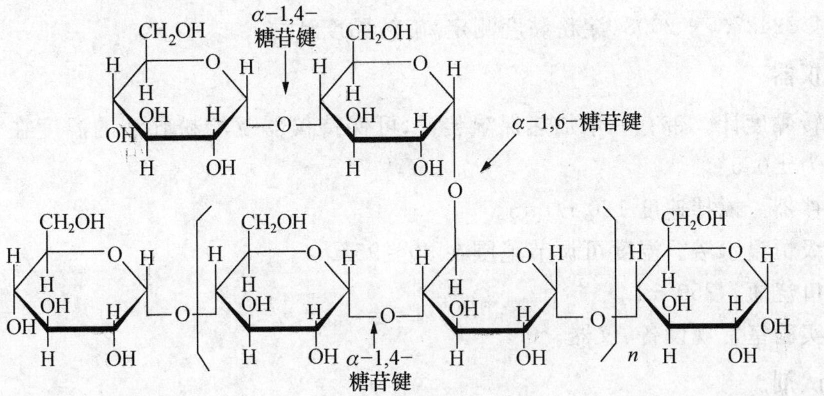

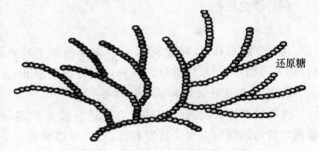

图 4-10　支链淀粉的结构

直链淀粉水溶性较相同相对分子质量的支链淀粉差,可能由于直链淀粉封闭型螺旋线形结构紧密,利于形成较强的分子内氢键而不利于与水分子接近,支链淀粉则由于高度分支性,相对来说结构比较开放,利于与溶剂水分子以氢键结合,有助于支链淀粉分散在水中,如图 4-11 所示。

还原糖

图 4-11　支链淀粉的结构示意图

淀粉与碘的呈色反应,其颜色与淀粉糖苷链的长度有关。当链长小于 6 个葡萄糖基时,不能形成一个螺旋圈,因而不能形成起呈色作用的淀粉-碘配合物。当平均长度为 20 个葡萄糖基时呈红色,大于 60 个葡萄糖基时呈蓝色。支链淀粉的相对分子质量虽大,但是分支单位的长度只有 20～30 个葡萄糖基,因此与碘呈紫红色。

淀粉在酸或酶的催化下水解,在水解的过程中,生成许多中间产物,这些中间产物总称为糊精。糊精遇碘的颜色逐渐变化,分别称为蓝色糊精、红色糊精、无色糊精。直链淀粉水解生成的二糖是麦芽糖,最后变成葡萄糖。因此,可以通过加碘以后颜色变化判断淀粉水解的程度。

淀粉在食品工业主要作为食品生产的原辅材料。例如,生产面包、糕点、饼干时,将淀粉添加到面粉中,可以调节面筋的浓度和胀润度;在糖果生产中,可以作填充剂;在雪糕等冷饮中作稳定剂;在午餐肉等肉类罐头中作增稠剂;还可以在其他食品生产中作为胶体生成剂、保湿剂、乳化剂、黏合剂等。淀粉含量常作为某些食品的主要质量指标,是食品生产管理过程中常做的检测项目之一。

淀粉的检验方法还经常采用酶水解法,也可依据其旋光性采用旋光法。

三、淀粉黏度测定

（一）原理

在 $45.0\sim92.5\,℃$ 的温度范围内，淀粉样品随着温度的升高而逐渐糊化，通过旋转式黏度计可得到黏度值，此黏度值即为当时温度下的黏度值。做出黏度值与温度曲线图，即可得到黏度的最高值及当时的温度。

GB/T 22427.7—2008《淀粉黏度测定》旋转黏度计法。

（二）仪器

①旋转黏度计。带有一个加热保湿装置，可保持仪器及淀粉乳液的温度在 $45\sim95\,℃$ 变化且偏差为 $\pm0.5\,℃$。

②搅拌器。搅拌速度 120 r/min。

③超级恒温水浴。温度可调节范围在 $30\sim95\,℃$。

④四口烧瓶。250 mL。

其他实验室常规设备、仪器。

（三）试剂

蒸馏水或去离子水：电导率 $\leqslant4\ \mu S/cm$。

（四）测定过程

1. 称样

用天平称取样品，精确至 0.1 g，使样品的干基重量为 6.0 g。将样品置入四口烧瓶中后，加入蒸馏水，使水的重量与所称取的淀粉重量和为 100 g。

2. 旋转黏度计及淀粉乳液的准备

按旋转黏度计所规定的操作方法进行校正调零，并将仪器测定筒与超级恒温水浴装置相连，打开水浴装置。

> **想一想**
> 测量温度范围定在 45～95℃，有何作用？

将装有淀粉乳液的四口烧瓶放入超级恒温水浴中，在烧瓶上装上搅拌器、冷凝器和温度计，盖上取样口，打开冷凝水和搅拌器。

3. 样品测定

将测定筒和淀粉乳液的温度通过超级恒温水浴分别同时控制在 45、50、55、60、65、70、75、80、85、90、95℃。在恒温装置到达上述每个温度时，从四口烧瓶中吸取淀粉乳液，加到黏度计的测量筒内，测定黏度，读下各温度时的黏度值。

4. 作图

以黏度值为纵坐标，温度变化为横坐标，根据所得数据做出黏度值与温度变化曲线。

（五）结果

从上述曲线图中，找出最高黏度值及当时温度值即为样品的黏度。同时应进行平行实验。

【友情提示】

①黏度计每次使用前要进行校准及调零，保证仪器的准确度。

②分析人员同时或迅速连续进行二次测定，其结果之差的绝对值应不超过平均结果的10%。

③许多物质,如无机、有机的酸、碱、盐、脂肪和蛋白质,都会影响淀粉糊的黏度。因此,要用蒸馏水调浆制糊。每次调浆水温变化小,要固定浆糊 pH,不同 pH 会使糊黏度变化。

【知识窗】

黏度与黏度计

(一)黏度

黏度(viscosity)是表征流体流动时所受内摩擦阻力大小的物理量,是流体在受剪切应力作用时表现出的特性。

常用的黏度计有毛细管黏度计、旋转黏度计、落球式黏度计和振动式黏度计等。由于淀粉的黏度较高,因此测定和控制淀粉的黏度是产品质量管理的重要方面。影响淀粉浆黏度的因素较多,大致分为两大类,一类为内在因素,如平均分子量大小、分子链形状、直链和支链淀粉含量比例等;另一类为外在因素,如淀粉浆的浓度、温度、搅拌程度、煮浆时间等。前者主要与一定条件下黏度的大小有关,后者则涉及测试结果的准确性和可比性。

淀粉浆的黏度变化范围较大,大多又属于非牛顿流体,流变特性变化大。因此,各种淀粉产品黏度的测定方法、仪器和操作条件,都较难统一规范和标准化。

(二)检验法

1. 恩氏黏度计

恩氏黏度计为短管式黏度计,利用糊液流出的时间求得黏度。在 QB1840—1993《工业薯类淀粉》部颁标准中,规定恩氏黏度计用于马铃薯、木薯和甘薯等原淀粉的黏度测定。但如果淀粉糊液摇动不当,对其黏度的测定结果有很大的影响。

2. 流度和流度计

流度是黏度的倒数,表示流体的流动性质,是物质的流变特性。流度计是一种漏斗式毛细管黏度计。应用酸、热、氧化等变性方法,使淀粉糊黏度降低,将这些变性淀粉统称为稀糊淀粉,在室温下用碱液能使稀糊淀粉糊化,便可用流度计测定其流度。如酸变性淀粉的流度为 10～90 F,氧化淀粉为 10～85 F。

3. 毛细管黏度计

将待测样品粉碎至一定程度,其悬浮液在微沸状态下充分糊化,过滤后得到的糊化液再倒入毛细管黏度计中,在恒温条件下(50℃),糊化液会在重力作用下向下移动,不同黏度的糊化液移动相同距离所用的时间不同,记录该时间,结合该毛细管黏度计常数,计算出此糊化液的运动黏度。

4. 旋转黏度计

一定转速的转子在流体中克服液体的黏滞阻力所需的转矩,与液体的黏度呈正比。旋转黏度计在测定流体黏度时,液体各部分所受的剪切速率较均匀,便于直接测定剪切应力;它适于测量高黏度流体的流变曲线,所得数据便于比较,测量方便。常用的旋转黏度计有同轴双重圆筒和单一圆筒式 2 类。

5. 布拉班德(Brabender)连续黏度计

GB 8884—2007《马铃薯淀粉》规定布拉班德连续黏度计用于马铃薯淀粉的黏度测定。该黏度计能够测定淀粉样品的黏度曲线,即糊黏度随温度变化的特性曲线。

【工作要点】

想一想
为何要收集续滤液备用?

1. 总糖样液的制备。
2. 标准系列制备及标准曲线绘制。
3. 样液平行测定。

【工作过程】

(一)样品处理

①准确称取混匀后样品 5 g,精确至 0.001 g。将样品转移至 250 mL 容量瓶中,加 50 mL 热水,慢慢加入 5 mL 乙酸锌溶液,于沸水浴上加热 5 min,取出摇动下,再加入 5 mL 亚铁氰化钾溶液,冷却,加水至刻度,混匀,静置 30 min,用干燥滤纸过滤,弃去初滤液,取续滤液备用。

②吸取 10 mL 上述样品处理液,置于 100 mL 容量瓶中,加水至刻度,定容摇匀。

(二)标准曲线的制作

①取 7 支比色管,按表 4-2 配制一系列不同浓度的葡萄糖溶液。

表 4-2　葡萄糖标准系列溶液

项目	管号						
	1	2	3	4	5	6	7
葡萄糖标准液/mL	0	0.1	0.2	0.3	0.4	0.6	0.8
蒸馏水/mL	1	0.9	0.8	0.7	0.6	0.4	0.2
葡萄糖含量/μg	0	10	20	30	40	60	80

②在每支试管中立即加入蒽酮试剂 4.0 mL,迅速浸于冰水浴中冷却,待几支试管均加完后,一起浸入沸水浴中。为防止水分蒸发,应在试管口上加盖瓶塞。自重新沸腾起记时间,准确煮沸 10 min。煮完取出,用自来水冲冷,在室温中放置 10 min。

③在分光光度计上,波长 620 nm 下,以 1 号管为空白,迅速测其他各管的吸光值。

④以标准葡萄糖含量(μg)作横坐标,以吸光值作纵坐标,做出标准曲线。

(三)测定

想一想
为何要对待测样品液进行稀释?

吸取 1 mL 已稀释的样品提取液于大试管中,加入 4.0 mL 蒽酮试剂,以下操作同标准曲线制作,比色波长 620 nm,记录吸光值。

平行做 3 份,根据 A_{620} 平均值在标准曲线上查出葡萄糖的含量(g)。

(四)结果处理

1. 计算公式

试样中总糖的含量(以葡萄糖计)按式(4-8)计算:

$$X = \frac{m_1 \times V_0}{m \times V_1 \times 1\,000 \times 1\,000} \times 100 \qquad (4\text{-}8)$$

式中:X——试样中总糖的含量(以葡萄糖计),g/100 g;

$\quad m_1$——从标准曲线上查得葡萄糖含量,μg;

$\quad m$——试样的质量,g;

$\quad V_1$——测定时吸取滤液的体积,mL;

$\quad V_0$——试样经前处理后定容的体积,mL。

当平行测定符合精密度所规定的要求时,取平行测定的算术平均值作为结果,精确到 0.01%。

2. 精密度

同一试样平行实验获得的 2 次独立测定结果的绝对差值不得超过 1%。

【相关知识】

蒽酮比色法测定样品中总糖含量是依据糖类在较高温度下遇浓硫酸脱水生成糠醛或羟甲基糠醛,糠醛或羟甲基糠醛与蒽酮脱水缩合,形成糠醛的衍生物,呈蓝绿色。该物质在 620 nm 处有最大吸收,且在 150 μg/mL 范围内,其颜色的深浅与可溶性糖含量成正比。

蒽酮比色法灵敏度高,糖含量在 30 μg 左右就能进行测定,适合于含微量糖类或样品少的情况。

【仪器与试剂】

1. 仪器

分光光度计及实验室常规设备。

2. 试剂

①葡萄糖标准液:100 μg/mL。

②浓硫酸。

③蒽酮试剂:0.2 g 蒽酮溶于 100 mL 浓硫酸中,当日配制使用。

【友情提示】

1. 显色反应非常灵敏,溶液中切勿混入纸屑及尘埃。

2. 硫酸要求用高纯度的。

3. 蒽酮试剂不稳定,易被氧化变为褐色,一般应当天配制,添加稳定剂硫脲,可以在暗处保存 48 h。

4. 要求样液必须清澈透明，加热后不应有蛋白质沉淀，如样液色泽较深，可用活性炭脱色。

5. 蒽酮试剂中的酸的浓度、取样液量、蒽酮试剂用量、沸水浴中反应时间和显色时间，这些操作条件不可随意改变。

6. 反应液中硫酸的浓度高达 60％ 以上，在此高酸度条件下，沸水浴加热，可使双糖、淀粉等发生水解，再与蒽酮发生显色。因此测定结果是样液中单糖、双糖和淀粉的总量。如要测定结果中不包括淀粉，应用 80％ 乙醇作提取剂，以避免淀粉干扰。此外，在测定条件下，纤维素也会与蒽酮试剂发生反应，因此应避免样液中含有纤维素。

7. 样品液稀释视具体情况而定，使其含糖量在 $20 \sim 80\ \mu g/mL$。

8. 分光光度法及分光光度计的使用见项目七之任务二。

【考核要点】

1. 标准系列制备及吸光值测定操作。
2. 标准曲线绘制及相关性。
3. 样液测定及结果平行性。

【思考】

1. 蒽酮比色法测定总糖有哪些特殊要求？
2. 食品中哪些糖类的测定可以用水处理样品？

【必备知识】

一、总糖

食品中的糖类，有的来自原料，有的是因生产需要而加入的，有的是在生产过程中形成的（如蔗糖水解为葡萄糖和果糖）。总糖是指具有还原性的糖（葡萄糖、果糖、乳糖、麦芽糖等）和在测定条件下能水解为还原性单糖（如蔗糖）的总量。

总糖是许多食品（如麦乳精、果蔬罐头、巧克力、饮料等）的重要质量指标，是食品生产中常规的检验项目，总糖含量直接影响食品的质量及成本。很多食品通常只需测定糖的总量，即总糖。

【知识窗】

定性检验糖

1. 莫氏（Molisch）鉴定法

糖在浓无机酸（浓硫酸、浓盐酸）作用下脱水产生糠醛或糠醛衍生物，再与 α-萘酚（亦可用麝香草酚或其他苯酚化合物代替）生成红色缩合物。此检测法对一些非糖物质（如糠醛、糠醛酸等）亦呈阳性反应，此外，若样液中含有高浓度有机化合物，也会因浓硫酸的焦化作用而出现红色，故试样浓度不宜过高。

2. 塞氏(Seliwanoff)鉴定法

酮糖在浓酸作用下脱水生成 5-羟甲基糠醛,再与间苯二酚反应生成红色物质;有时也同时产生棕色沉淀,此沉淀溶于乙醇,成鲜红色溶液。在此实验条件下,蔗糖有可能水解成果糖与葡萄糖,而呈阳性反应。另外,葡萄糖与麦芽糖亦会呈阳性反应,但呈色速度较酮糖慢。果糖通常在 20～30 s 内即出现红色并产生沉淀。

3. 杜氏(Tollen)鉴定法

戊糖在浓酸溶液中脱水生成糠醛,再与间苯三酚乙醇反应生成樱桃红色物质。但此反应并非戊糖的特有反应,果糖、半乳糖、和糖醛酸等都呈阳性反应。戊糖反应最快,通常在 45 s 内即产生红色沉淀。

二、测定方法

想一想
营养学上"总糖"与检测的"总糖",有区别吗?

总糖的测定通常是以还原糖的测定为基础,常用的方法是直接滴定法或高锰酸钾滴定法。特别指出营养学上所指的总糖是指被人体消化、吸收利用的糖类物质的总和,包括淀粉;而检验的"总糖"不包括淀粉,因为在该测定条件下,淀粉的水解作用很微弱。

总糖的测定也可采用蒽酮比色法、莱因-埃农氏法、铁氰化钾法等。

(一)直接滴定法

1. 原理

样品经处理除去蛋白质等杂质后,加入稀盐酸在加热条件下使蔗糖水解转化为还原糖,再以直接滴定法(或高锰酸钾滴定法)测定水解后样品中还原糖的总量。

2. 仪器与试剂

同任务四。

3. 测定

(1)样品处理及酸水解　同任务二。

(2)标定转化糖标准溶液

①准确称取经 105℃ 干燥至恒重的纯蔗糖 1.90 g,用水溶解并移入 1 000 mL 容量瓶中,定容,混匀。

②吸取 50 mL 置于 100 mL 容量瓶中,以下按任务二(一)自"加 5 mL 盐酸(1＋1)"起至"加水至刻度,摇匀"依次操作。此溶液含转化糖 1 mg/mL。

③取经水解的转化糖标准溶液,按任务一标定碱性酒石酸铜溶液并计算 10 mL 酒石酸铜溶液相当于转化糖的质量。

(3)预测与测定　按任务一进行操作。

4. 结果计算

样品中总糖的含量(以转化糖计)依式(4-9)计算:

$$X(以转化糖计) = \frac{m_2}{m \times \dfrac{50}{V_1} \times \dfrac{V_2}{100} \times 1\,000} \times 100\% \qquad (4\text{-}9)$$

式中：X——样品中总糖的含量(以转化糖计)，%；

V_1——样品处理液总体积，mL；

V_2——测定时消耗的样品水解液体积，mL；

m_2——10 mL 碱性酒石酸铜相当于转化糖的质量，mg；

m——样品质量，g。

想一想
表示总糖测定结果有何要求？

【友情提示】

总糖测定结果一般以转化糖计，也可用葡萄糖计，要根据产品质量指标而定。用转化糖表示时，应用标准转化糖液标定碱性酒石酸铜溶液；用葡萄糖表示时，则应用标准葡萄糖液标定。

(二)莱因-埃农氏法

1. 原理

乳糖：试样除去蛋白质后，在加热条件下，以次甲基蓝为指示剂，直接滴定已标定过的费林试剂，根据样液消耗的体积，计算乳糖含量。

蔗糖：试样除去蛋白质后，其中蔗糖经盐酸水解为还原糖，再按还原糖测定。水解前后的差值乘以相应的系数即为蔗糖含量。

GB 5413.5—2010《食品安全国家标准　婴幼儿食品和乳品中乳糖、蔗糖的测定》第二法，检出限为 0.4 g/100 g。

2. 仪器与试剂

(1)草酸钾-磷酸氢二钠溶液　称取草酸钾 30 g，磷酸氢二钠 70 g，溶于水并稀释至 1 000 mL。

(2)氢氧化钠溶液(300 g/L)

(3)费林试剂

甲液：称取 34.639 g 硫酸铜，溶于水中，加入 0.5 mL 浓硫酸，加水至 500 mL。

乙液：称取 173 g 酒石酸钾钠及 50 g 氢氧化钠溶解于水中，稀释至 500 mL，静置 2 d 后过滤。

(4)酚酞溶液(5 g/L)　0.5 g 酚酞溶于 100 mL 体积分数为 95% 的乙醇中。

(5)次甲基蓝溶液(10 g/L)　1 g 次甲基蓝，溶于 100 mL 水中。

其余试剂及仪器同任务三。

3. 测定

(1)费林试剂的标定

①用乳糖标定。称取预先在 (94±2)℃ 烘箱中干燥 2 h 的乳糖标样约 0.75 g(精确到 0.1 mg)，用水溶解并定容至 250 mL。将此乳糖溶液注入一个 50 mL 滴定管中，待滴定。

预滴定：吸取 10 mL 费林试剂(甲、乙液各 5 mL)于 250 mL 锥形瓶中。加入 20 mL 蒸馏水，放入几粒玻璃珠，从滴定管中放出 15 mL 样液于锥形瓶中，置于电炉上加热，使其在 2 min 内沸腾，保持沸腾状态 15 s，加入 3 滴次甲基蓝溶液，继续滴入至溶液蓝色完全褪尽为止，读取所用样液的体积。

精确滴定：另取 10 mL 费林试剂(甲、乙液各 5 mL)于 250 mL 锥形瓶中，再加入 20 mL

蒸馏水,放入几粒玻璃珠,加入比预滴定量少 0.5～1.0 mL 的样液,置于电炉上,使其在 2 min 内沸腾,维持沸腾状态 2 min,加入 3 滴次甲基蓝溶液,以 1 滴/2 s 的速度徐徐滴入,溶液蓝色完全褪尽即为终点,记录消耗的体积。

费林试剂的乳糖校正值(f_1)按式(4-10)、式(4-11)计算:

$$A_1 = \frac{V_1 \times m_1 \times 1\,000}{250} = 4 \times V_1 \times m_1 \tag{4-10}$$

$$f_1 = \frac{4 \times V_1 \times m_1}{AL_1} \tag{4-11}$$

式中:A_1——实测乳糖数,mg;

    V_1——滴定时消耗乳糖溶液的体积,mL;

    m_1——称取乳糖的质量,g;

    f_1——费林试剂的乳糖校正值;

    AL_1——由乳糖液滴定毫升数查表 4-3 所得的乳糖数,mg。

表 4-3　乳糖及转化糖因数表(10 mL 费林试剂)

滴定量/mL	乳糖/mg	转化糖/mg	滴定量/mL	乳糖/mg	转化糖/mg
15	68.3	50.5	33	67.8	51.7
16	68.2	50.6	34	67.9	51.7
17	68.2	50.7	35	67.9	51.8
18	68.1	50.8	36	67.9	51.8
19	68.1	50.8	37	67.9	51.9
20	68.0	50.9	38	67.9	51.9
21	68.0	51.0	39	67.9	52.0
22	68.0	51.0	40	67.9	52.0
23	67.9	51.1	41	68.0	52.1
24	67.9	51.2	42	68.0	52.1
25	67.9	51.2	43	68.0	52.2
26	67.9	51.3	44	68.0	52.2
27	67.8	51.4	45	68.1	52.3
28	67.8	51.4	46	68.1	52.3
29	67.8	51.5	47	68.2	52.4
30	67.8	51.5	48	68.2	52.4
31	67.8	51.6	49	68.2	52.5
32	67.8	51.6	50	68.3	52.5

注:"因数"系指与滴定量相对应的数目。

若蔗糖含量与乳糖含量的比超过 3:1 时,则在滴定量中加表 4-4 中的校正值后计算。

表 4-4　乳糖滴定量校正值数　　　　　　　　　　　　　　　　　　　　　　　　　mg

滴定终点时所用的糖液量/mL	用 10 mL 费林试剂、蔗糖及乳糖量的比		滴定终点时所用的糖液量/mL	用 10 mL 费林试剂、蔗糖及乳糖量的比	
	3∶1	6∶1		3∶1	6∶1
15	0.15	0.30	35	0.40	0.80
20	0.25	0.50	40	0.45	0.90
25	0.30	0.60	45	0.50	0.95
30	0.35	0.70	50	0.55	1.05

②用蔗糖标定。称取在(105±2)℃烘箱中干燥 2 h 的蔗糖约 0.2 g(精确到 0.1 mg),用 50 mL 水溶解并洗入 100 mL 容量瓶中,加水 10 mL,再加入 10 mL 盐酸,置于 75℃水浴锅中,时时摇动,使溶液温度在 67.0～69.5℃,保温 5 min,冷却后,加 2 滴酚酞溶液,用氢氧化钠溶液调至微粉色,用水定容至刻度。再按与乳糖标定相同的方法进行预滴定和精确滴定。

按式(4-12)、式(4-13)计算费林试剂的蔗糖校正值(f_2):

$$A_2 = \frac{V_2 \times m_2 \times 1\,000}{100 \times 0.95} = 10.526\,3 \times V_2 \times m_2 \tag{4-12}$$

$$f_2 = \frac{10.526\,3 \times V_2 \times m_2}{\mathrm{AL}_2} \tag{4-13}$$

式中:A_2——实测转化糖数,mg;

$\quad\ \ V_2$——滴定时消耗蔗糖溶液的体积,mL;

$\quad\ \ m_2$——称取蔗糖的质量,g;

$\quad$0.95——果糖分子质量和葡萄糖分子质量之和与蔗糖分子质量的比值;

$\quad\ \ f_2$——费林试剂的蔗糖校正值;

$\quad$AL$_2$——由蔗糖溶液滴定的毫升数查表 4-4 所得的转化糖数,mg。

(2)乳糖的测定

①试样处理。称取婴儿食品或脱脂粉 2 g,全脂加糖粉或全脂粉 2.5 g,乳清粉 1 g,精确到 0.1 mg,用 100 mL 水分数次溶解并洗入 250 mL 容量瓶中。徐徐加入 4 mL 乙酸铅溶液、4 mL 草酸钾-磷酸氢二钠溶液,并振荡容量瓶,用水稀释至刻度。静置数分钟,用干燥滤纸过滤,弃去最初 25 mL 滤液后,所得滤液作滴定用。

②滴定。操作同乳糖标定中预滴定和精确滴定。

(3)蔗糖的测定　试样处理同乳糖的测定。取 50 mL 样液于 100 mL 容量瓶中,加水 10 mL,再加入 10 mL 盐酸,置于 75℃水浴锅中,时时摇动,使溶液温度在 67.0～69.5℃,保温 5 min,冷却后,加 2 滴酚酞溶液,用氢氧化钠溶液调至微粉色,用水定容至刻度。再按与乳糖标定相同的方法进行预滴定和精确滴定。

4. 结果计算

(1)计算公式　试样中乳糖的含量 X 按式(4-14)计算:

$$X = \frac{F_1 \times f_1 \times 0.25 \times 100}{V_1 \times m} \tag{4-14}$$

式中:X——试样中乳糖的质量分数,g/100 g;

F_1——由消耗样液的毫升数查表 4-3 所得乳糖数,mg;

f_1——费林试剂乳糖校正值;

V_1——滴定消耗滤液量,mL;

m——试样的质量,g。

以重复性条件下获得的 2 次独立测定结果的算术平均值表示,结果保留 3 位有效数字。

(2)蔗糖

①利用测定乳糖时的滴定量,按式(4-15)计算出相对应的转化前转化糖数 X_1:

$$X_1 = \frac{F_2 \times f_2 \times 0.25 \times 100}{V_1 \times m}$$ (4-15)

式中:X_1——转化前转化糖的质量分数,g/100 g;

F_2——由测定乳糖时消耗样液的毫升数查表 4-3 所得转化糖数,mg;

f_2——费林试剂蔗糖校正值;

V_1——滴定消耗滤液量,mL;

②用测定蔗糖时的滴定量,按式(4-16)计算出相对应的转化后转化糖 X_2:

$$X_2 = \frac{F_3 \times f_2 \times 0.55 \times 100}{V_2 \times m}$$ (4-16)

式中:X_2——转化后转化糖的质量分数,g/100 g;

F_3——由 V_2 查得转化糖数,mg;

f_2——费林试剂蔗糖校正值;

V_2——滴定消耗的转化液量,mL。

③试样中蔗糖的含量 X 按式(4-17)计算:

$$X = (X_2 - X_1) \times 0.95$$ (4-17)

式中:X——试样中蔗糖的质量分数,g/100 g;

X_1——转化前转化糖的质量分数,g/100 g;

X_2——转化后转化糖的质量分数,g/100 g。

表示方法及结果保留同乳糖。

5. 精密度

在重复性条件下获得的 2 次独立测定结果的绝对差值不得超过算术平均值的 1.5%。

任务五　面粉中淀粉含量的测定

【工作要点】

1. 面粉样品的溶解及过滤。

2. 旋光仪校准与使用。

3. 数据处理及表达。

【工作过程】

(一)样液制备

面粉用 40 目以上的标准筛过筛后,称取 2 g 样品,置于 250 mL 烧杯中,加水 10 mL,搅拌使样品湿润,加入 70 mL 氯化钙溶液,盖上表面皿,在 5 min 之内加热至沸腾,并继续加热 15 min。加热时随时搅拌,以防样品黏附在烧杯壁上。如泡沫过多,可加入 1~2 滴辛醇消泡。迅速冷却后,移入 100 mL 容量瓶中,用氯化钙溶液洗涤烧杯上附着的面粉,洗液并入容量瓶中。加入 5 mL 氯化锡溶液,用氯化钙溶液定容,混匀,过滤,弃去初滤液,收集滤液,备用。

> **想一想**
> 为何要在样液中加入氯化钙溶液和氯化锡溶液?

(二)测定

①打开旋光仪电源,经 5~10 min 稳定。

> **想一想**
> 旋光仪的操作规程?

②旋光管内盛蒸馏水,如有气泡须赶入凸颈内。用软布擦干两端护片上的水,旋光管螺帽不宜过紧,以免产生应力影响读数。旋光管所放的位置与方向每次都应一致。

③开示数开关,调零位手轮,使旋光示值为零(详见【必备知识】)。

④关示数开关,取出旋光管,换上待测样品,按相同位置与方向放入样品室,盖好。

⑤开示数开关,示数盘自动转出样品的旋光度,红字为左旋(一),黑字为右旋(十)。

⑥逐次揿下复测按钮,重读几次,取其平均值。

不加面粉,按上述步骤测其提取剂的旋光度。

(三)结果处理

面粉中淀粉的含量按式(4-18)计算:

$$X = \frac{(\alpha - \alpha_0) \times 100}{L \times 203 \times m} \times 100\% \tag{4-18}$$

式中:X——淀粉的质量分数,%;

α——样品液所测的旋光度;

α_0——空白测定时,提取剂的旋光度;

L——旋光管长度,dm;

m——样品质量,g;

203——淀粉的比旋光度。

【相关知识】

淀粉具有旋光性,在一定条件下旋光度的大小与淀粉的浓度成正比。用氯化锡溶液作为蛋白质澄清剂,以氯化钙溶液作为淀粉的提取剂,然后测定其旋光度,即可计算出淀粉的含量。

本法适用于淀粉含量较高,而可溶性糖类含量较少的谷类样品,如面粉、米粉等。

【仪器与试剂】

1. 仪器

旋光仪,实验室常规仪器与设备。

2. 试剂

①氯化钙溶液:溶解 546 g $CaCl_2 \cdot 2H_2O$ 于水中并稀释至 1 000 mL,调整相对密度为 1.30(20℃),再用 1.6‰醋酸调整 pH 为 2.3~2.5,过滤后备用。

②氯化锡溶液:溶解 2.5 g $SnCl_4 \cdot 5H_2O$ 于 75 mL 上述氯化钙溶液中。

【友情提示】

1. 氯化钙溶液可以作为淀粉的提取剂,是因为钙能与淀粉分子上的羟基形成配合物,使淀粉与水有较高的亲和力而易溶于水中。

2. 淀粉溶液加热后,应迅速冷却防止老化,形成高度晶化的不溶性淀粉分子微束。

3. 由于可溶性糖类的比旋光度(蔗糖＋66.5°、葡萄糖＋52.5°、果糖－92.5°)比淀粉的比旋光度低得多,因此,对于可溶性糖类含量不高的谷物样品,其影响可忽略不计。但糊精的比旋光度较高(＋195°),对结果的影响较大,实际上此法测定结果包括糊精。

【考核要点】

1. 制备面粉样液的操作。
2. 旋光仪安全使用。
3. 读数及结果计算。

【思考】

1. 为何能用旋光法测定淀粉?
2. 使用旋光仪有哪些事项要注意?

【必备知识】

一、糖的旋光性

旋光法是应用旋光仪测量旋光性物质的旋光度以确定其含量的分析方法。在食品分析中,旋光法主要用于糖品、味精、氨基酸的分析以及谷类食品中淀粉的测定。

偏振光和旋光性

光是一种电磁波,光波的振动在与其前进方向相互垂直的无限多个平面上。光通过尼科尔棱镜时,只有振动面与尼科尔棱镜的光轴平行的光波才能通过尼科尔棱镜,所以通过尼科尔棱镜的光,只有一个与光的前进方向互相垂直的光波振动面,这种仅在一个平面上振动的光叫偏振光。偏振光的振动面叫偏振面(图4-12)。

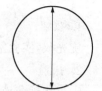

图4-12 自然光和偏振光

利用偏振片也能产生偏振光。它是利用某些双折射晶体(如电气石)的二色性,即可选择性吸收寻常光线,而让非常光线通过的特性,把自然光变成偏振光。

(一)旋光性

旋光性是一种物质使直线偏振光的振动平面发生旋转的特性。分子结构中有不对称碳原子,就会表现出旋光性。许多食品成分,如单糖、低聚糖、淀粉以及大多数的氨基酸都具有旋光性。能把偏振光的振动平面向右旋转的,称为右旋,以(+)表示;反之,称为左旋,以(一)表示。

当偏振光通过旋光性物质时,偏振光的振动方向就会偏转,偏转角度的大小反映了该物质的旋光本领。

(二)旋光度和比旋光度

(1)旋光度 偏振光通过旋光性物质后,振动方向旋转的角度称为旋光度,用 α 表示。旋光度的大小主要取决于旋光性物质的分子结构,也与溶液的浓度、液层厚度、入射偏振光的波长、测定时的温度等因素有关。

(2)比旋光度 同一旋光性物质,在不同的溶剂中有不同的旋光度和旋光方向。由于旋光度的大小受诸多因素的影响,缺乏可比性。一般规定:以黄色钠光 D 线为光源,在20℃时,偏振光透过浓度为 1 g/L、液层厚度为 1 dm(10 cm)旋光性物质的溶液时的旋光度,即比旋光度,用符号 $[\alpha]_D^{20}$ 表示。表4-5列出了几种糖的比旋光度。

表4-5 糖类的比旋光度

糖类	比旋光度 $[\alpha]_D^{20}$	糖类	比旋光度 $[\alpha]_D^{20}$
葡萄糖	+52.3	乳糖	+53.3
果糖	−92.5	麦芽糖	+138.5
转化糖	−20.0	糊精	+194.8
蔗糖	+66.5	淀粉	+196.4

对于特定的光学活性物质,在光源波长和温度一定的情况下,其旋光度 α 与溶液的浓度 c 和液层的厚度 L 成正比。

$$\alpha = K \times c \times L$$

当旋光性物质的浓度为 1 g/mL，液层厚度为 1 dm 时，$K = [\alpha]_t^i$。

因为在一定条件下，比旋光度是已知的，L 为一定，所以测得了旋光度就可计算出旋光性溶液的浓度 c。

糖刚溶解于水时，其比旋光度是变化的，但到一定时间后就稳定在一恒定值上，即变旋现象。因此，对有变旋光性的糖在测定其旋光度时，必须使糖液静置一段时间（24 h）再测定。葡萄糖、果糖、半乳糖、麦芽糖和乳糖的水溶液都有变旋现象，蔗糖没有。

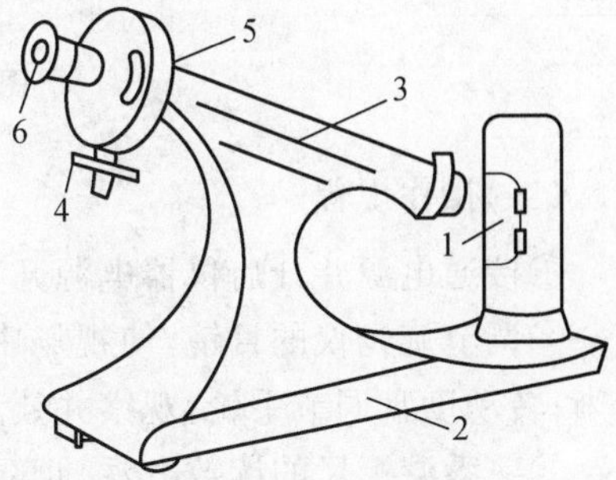

二、旋光仪

测定物质旋光度的仪器，称为旋光仪。旋光仪用于测定光学活性物质对偏振光旋转角度的方向和大小，分析物质的种类、含量，进行定性与定量。广泛应用于乳品、糖、香料、味精、制药等企业的生产、化验分析、质量控制及检验机构。

图 4-13　WXG-4 型旋光仪
1. 钠光源　2. 支座　3. 旋光管
4. 刻度盘转动手轮　5. 刻度盘
6. 目镜

(一)构造及原理

旋光仪的型号很多，常见的是国产 WXG-4 型旋光仪，其外形和构造如图 4-13、图 4-14 所示。

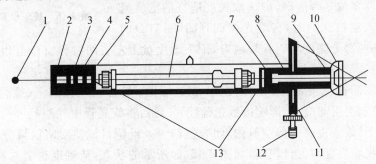

图 4-14　旋光仪的构造
1. 光源（钠光）　2. 聚光镜　3. 滤色镜　4. 起偏镜　5. 半萌片　6. 旋光管　7. 检偏镜
8. 物镜　9. 目镜　10. 放大镜　11. 刻度盘　12. 刻度盘转动手轮　13. 保护片

旋光仪的光学系统以倾斜 20° 安装在基座上。光线从光源 1 投射到聚光镜 2、滤色镜 3、起偏镜 4 后，变成平面直线偏振光，再经半萌片 5，视场中出现了三分视场（图 4-15）。转动检偏镜 7，只有在零度时（旋光仪出厂前调整好）视场中三部分亮度一致，如图 4-15(c) 所示。当旋光性物质盛入旋光管 6，放入镜筒测定，由于溶液具有旋光性，故把平面偏振光旋转了一个角度，通过检偏镜 7，从目镜 9 中观察，就能看到中间亮（或暗）、左右暗（或亮）的照度不等的三分视场，如图 4-15(a)、(b) 所示。转动刻度盘转动手轮 12，带动刻度盘 11 和检偏镜 7，直至再次出现亮度一致的视场，如图 4-15(c) 所示。此时旋转的转角就是该溶液的旋光度（α），它的数值可通过放大镜 10 从度盘 11 上读出。

图 4-15　旋光仪的三分视场

（二）操作规程

①接通电源并开启仪器电源开关，约 10 min 后钠光灯发光正常，才可以开始工作。

②调节旋光仪的目镜，使视场中明暗区域及分界线十分清晰；转动度盘调节手轮，观察并熟悉视场明暗变化的规律。

想一想
整数及小数点后的读数有何不同？

③熟悉游标尺的读数方法，记录最大仪器误差。旋光仪采用双游标读数，以消除度盘偏心差度盘分 360 格，每格 1°，游标分 20 格，等于度盘 19 格，用游标直接读数到 0.05°。

读数方法：旋光度的整数读数从刻度盘上可直接读出，小数点后的读数从游标读数盘中读出，读数方式为游标（0～10）的刻度线与刻度盘线对齐的数值，如图 4-16 所示的读数为 9.30°。测量时 2 个游标都读数，取其平均值。

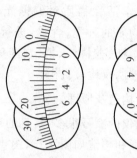

图 4-16　旋光仪刻度盘读数

④检查仪器零位是否准确，即选取长度适宜的空旋光管或者管中装入空白试剂时，将旋光仪调到图 4-15（c）的状态，看到视场两部分亮度均匀且较暗时，记下刻度盘上左右两游标窗口上相应的读数，作为零位读数。

⑤旋光管注满待测溶液，装上橡皮圈，旋上螺帽，直至不漏水为止（螺帽不宜旋得太紧，否则护片玻璃会引起应力，影响读数正确性）。然后将旋光管中气泡赶入凸出部位，管两头残余溶液拭干，放入镜筒中部空舱内，闭合镜筒盖。重调目镜使明暗区域分界线清晰，再旋转检偏器使视场亮度均匀且较暗，如图 4-15（c）所示的状态，从刻度盘上左右窗口记下相应的读数。

⑥由偏振光被旋转的方向确定物质的旋光方向即左旋或右旋。右旋物质读数记为"＋"，左旋物质读数记为"－"。

想一想
为何要记录检偏器旋转的方向？

⑧使用完毕，清洗旋光管，用柔软绒布擦干，放入箱内原位。

【友情提示】

1. 钠灯不宜长时间连续使用，一般不要超过 4 h，如使用时间过长，应关闭电源 20 min，待钠光灯冷却后再继续使用，以防影响钠光灯的寿命。

2. 不论是校正仪器零点还是测定试样，旋转刻度盘时必须极其缓慢，否则就观察不到视场亮度的变化，通常零点校正的绝对值在 1°以内。

3. 样液必须清晰透明，如出现浑浊或悬浮物，必须处理成清液后再进行测定。

4. 仪器应放在空气流通和温度适宜的地方,以免光学部件、偏振片受潮发霉而使性能衰退。

5. 测定最好在(20 ± 2)℃温度下进行。因为温度升高1℃,旋光度约减少0.3%。

三、酶水解法

1. 原理

样品除去脂肪及可溶性糖类后,其中淀粉用淀粉酶水解成小分子糖,再用盐酸水解成单糖,然后按还原糖测定,并折算成淀粉含量。

GB/T 5009.9—2008《食品中淀粉的测定》酶水解法。

2. 试剂

①乙醚。

②乙醇(85%)。

③淀粉酶溶液(5 g/L):称取淀粉酶0.5 g,加100 mL水溶解,临用现配;也可加入数滴甲苯或三氯甲烷(防长霉),储于4℃冰箱中。

④碘溶液:称取3.6 g碘化钾溶于20 mL水中,加入1.3 g碘,溶解后加水定容至100 mL。

其余试剂和仪器同任务二。

3. 测定

(1)样品处理 准确称取2~5 g样品(含淀粉0.5 g左右),置于铺有折叠滤纸的漏斗内,先用50 mL乙醚分5次洗除脂肪,再用约150 mL乙醇(85%)分次洗去可溶性糖类,滤干乙醇,将残留物移入250 mL烧杯中,并用50 mL水洗滤纸及漏斗,洗液并入烧杯内。

(2)酶水解 将烧杯置沸水浴上加热15 min,使淀粉糊化,放冷至60℃以下,加入20 mL淀粉酶溶液,在55~60℃保温1 h,并时时搅拌。取1滴此液于白色点滴板上,加1滴碘液应不呈蓝色,若呈蓝色,需再进行糊化,并加入20 mL淀粉酶溶液继续保温,直至酶解液加碘液后不再呈蓝色为止。加热至沸使酶失活,冷却后移入250 mL容量瓶中,加水定容。混匀,过滤,弃初滤液,滤液备用。

(3)酸水解 取50 mL上述滤液,置于250 mL锥形瓶中,加5 mL盐酸(6 mol/L)。装上回流冷凝器,在沸水浴中回流1 h,冷却后加2滴甲基红指示剂,用氢氧化钠溶液(200 g/L)中和至红色刚好消失。把溶液移入100 mL容量瓶中,洗涤锥形瓶,洗液并入容量瓶中,加水定容,混匀备用。

(4)测定 按任务一操作,同时取50 mL水及与样品处理时相同量的淀粉酶溶液,按同一方法做试剂空白试验。

4. 结果计算

试样中淀粉含量X按式(4-19)计算:

$$X = \frac{(m_1 - m_0) \times 0.9}{m \times \dfrac{V}{500} \times 1\,000} \times 100\% \qquad (4\text{-}19)$$

式中:X——淀粉含量,%;

m_1——样品水解液中还原糖的质量,mg;

m_0——空白液中还原糖的质量,mg;

V——测定用样品水解液体积,mL;

0.9——还原糖换算成淀粉的系数。

【友情提示】

1. 淀粉酶有严格的选择性,测定不受其他多糖的干扰,适合于其他多糖含量高的样品。结果准确可靠,但操作复杂费时。

2. 淀粉酶使用前,应先确定其活力及水解时加入量。

3. 脂肪会妨碍酶对淀粉的作用及可溶性糖的去除,故应用乙醚除去。若样品脂肪含量少,可省去加乙醚处理的步骤。

任务六　食品中膳食纤维的测定

【项目小结】

本项目以果蔬中还原糖的测定导入,针对果蔬、蜂蜜、肉制品、糕点等食品样品进行样液提取、水解处理等操作,突出了标定、预滴定、测定、抽滤、洗涤、恒重等过程的技术性和实际意义,涵盖了糖类的物理检测(如折光法、旋光法)、化学检测(如直接滴定法、酸水解法、重量法)和仪器检测(如分光光度计)等现行标准规定的各种方法;根据食品的性状、检验项目要求进行样液制备,借鉴相关标准和提示,进行试剂、仪器的准备、标定、预检及测定操作,具备准确记录数据、有效数字计算、查阅资料、结果分析与评价的能力。

【项目验收】

(一)填空题

1. 测定还原糖含量时,对提取液中含有的色素、蛋白质、可溶性果胶、淀粉、单宁等影响测定的杂质必须除去,常用的方法是_____,常用澄清剂有_____、_____和_____。

2. 还原糖的测定是一般糖类定量的基础,这是因为有些糖其本身不具有还原性,但可以通过_____,然后换算成相应糖类的含量。

3. 用折光计测定折射率时,温度最好控制在_____左右观测,尽可能缩小校正范围。

4. 还原糖通常用氧化剂_____为标准溶液进行测定。指示剂是_____。

5. 常用的糖类提取剂有_____和_____。

6. 费林试剂由甲、乙溶液组成,甲为_____,乙为_____。

(二)单项或多项选择题

1. 直接滴定法在滴定过程中(　　)。

A. 边加热边振荡

B. 加热沸腾后取下滴定

C. 加热保持沸腾,无须振荡

D. 无须加热沸腾即可滴定

2. 还原糖的测定中,加入(　　)以消除反应产生的氧化铜红色沉淀对滴定的干扰。

A. 铁氰化钾　　　　　　　　　B. 亚铁氰化钾

C. 醋酸铅　　　　　　　　　　D. 氢氧化钠

3. 用直接滴定法测样品还原糖的含量,在样品处理时可选用(　　)作澄清剂;用高锰酸钾法测样品还原糖的含量时,可选用(　　)作澄清剂来处理样品。

A. 中性醋酸铅

B. 乙酸锌和亚铁氰化钾

C. 硫酸铜和氢氧化钠

4. (　　)测定是糖类定量的基础。

A. 还原糖　　　　　　　　　　B. 非还原糖

C. 淀粉　　　　　　　　　　　D. 葡萄糖

5. 直接滴定法在测定还原糖含量时用(　　)作指示剂。

A. 亚铁氰化钾

B. 亚甲基蓝

C. 铜离子

D. 醋酸锌

6. 费林试剂 A 液和 B 液应该(　　)。

A. 分别储存,临用时混合

B. 混合储存,临用时稀释

C. 分别储存,临用时稀释并混合使用

7. 在测定样品还原糖浓度时,应先进行预备滴定,其目的是(　　)。

A. 为了提高正式滴定的准确度

B. 为了方便终点的观察

C. 是正式滴定的平行实验,滴定的结果可用于平均值的计算

8. 折光计读数应用(　　)进行校正。

A. 水　　　　　　　　　　　　B. 葡萄糖溶液

C. 左旋糖苷 70　　　　　　　　D. 苯丙醇

9. 利用折射率无法测定的内容是(　　)。

A. 糖水罐头甜度　　　　　　　B. 油脂的品质

C. 牛乳是否掺水　　　　　　　D. 果冻的甜度

10. 当光线从第一种介质射入第二种介质时,由于光线在两种介质中的(　　)不同,光

的方向发生改变,即光被折射。

    A. 波长　　　　　　　　　　B. 速度

    C. 传播速度　　　　　　　　D. 颜色

11. 下列具有旋光性的物质是(　　　)。

    A. 食盐　　　　　　　　　　B. 食醋

    C. 蜂蜜　　　　　　　　　　D. 花生油

12. 酸水解法测定淀粉含量时,加入盐酸和水后,在沸水浴中水解 6 h 用(　　　)检查淀粉是否水解完全。

    A. 碘液　　　　　　　　　　B. 硫代硫酸钠溶液

    C. 酚酞　　　　　　　　　　D. 氢氧化钠

13. 测定乳品样品中的糖类,需在样品提取液中加醋酸铅溶液,其作用(　　　)。

    A. 沉淀蛋白质　　　　　　　B. 脱脂

    C. 沉淀糖类　　　　　　　　D. 除矿物质

14. 下列对糖果中还原糖测定说法不正确的是(　　　)。

    A. 滴定时保持沸腾是防止次甲基蓝隐色体被空气氧化;

    B. 滴定终点显示出鲜红色是氧化铜的颜色;

    C. 可用澄清剂除去蛋白质和有机酸的干扰;

    D. 用中性乙酸铅作澄清剂时可让过量铅留在溶液中。

(三)判断题(正确的画"√",错误的画"×")

1. 用直接滴定法来测定大豆蛋白溶液中的还原糖含量,由于此样品含有较多的蛋白质,为减少测定时蛋白质产生的干扰,应先选用硫酸铜—氢氧化钠溶液作为澄清剂来除去蛋白质。(　　　)

2. 折光仪棱镜要注意保护,不能在镜面上造成刻痕,不能测定强酸、强碱。(　　　)

3. 油脂酸度越高,折射率越小。(　　　)

4. 蔗糖溶液的折射率随蔗糖浓度的增大而减小。(　　　)

5. 将试液置于旋光管过程中,旋光管中不得有气泡。(　　　)

6. 旋光仪读数为负则物质为右旋物质。(　　　)

(四)简答题

1. 直接滴定法测定食品还原糖含量时,为什么要对葡萄糖标准溶液进行标定?

2. 直接滴定法测食品中还原糖的含量,为何要在沸腾条件下进行操作?

3. 水果硬糖成分简单,几乎不经过样品处理可直接用于测定,而对于含脂肪、淀粉比较多的样品,干扰大,应如何进行样品处理、澄清?

4. 高锰酸钾滴定法测定还原糖含量时,应注意哪些问题?

5. 在测定粗纤维时,如何进行样品的前处理?

6. 试分析在淀粉测定中影响其测定结果的因素有哪些?

7. 试述食品中糖类物质测定的方法有哪些?

8. 什么叫旋光现象?物质的旋光度与哪些因素有关?

Project 5

蛋白质与氨基酸的检验技术

知识目标

1. 熟悉食品中蛋白质、氨基酸的组成及功能。
2. 熟识蛋白质、氨基酸的检测原理。
3. 认识三聚氰胺、水解蛋白等掺假物质。

技能目标

1. 具备酱油中氨基酸态氮、乳与乳制品中蛋白质、肉及肉制品中氮的检验能力。
2. 具有使用消解仪、凯氏定氮仪、电位滴定仪、高效液相色谱仪的能力。
3. 能够进行三聚氰胺、动物水解蛋白等掺假成分的定性检验。
4. 查阅、解读国家标准及行业规范,进行方法选择及结果评价。

食品蛋白及其分解产物对食品的色、香、味和产品质量都有一定的影响。蛋白质在酶、酸或者碱的作用下,最终水解为氨基酸,这是其理化检验的基础,也满足了人体的生理需求。氨基酸在浓碱中蒸馏、用硼酸吸收及标准碱滴定,实现了食品中蛋白质的定量检测。氨基酸自动分析仪、凯氏定氮仪及高效液相色谱仪的运用,使蛋白质、氨基酸的检验过程智能化、自动化。

蛋白质的组成与含量,是食品营养评价的基本指标。食品资源的开发利用,优化食品结构,指导企业经济核算,强化生产过程管理都必须以此为基础。同时,三聚氰胺、动物水解蛋白等掺入成分的检验,是饮食安全之保障。

任务一　酱油中氨基酸态氮的测定

【工作要点】

1. 测定氨基酸态氮的方法。
2. 酸度计、微量滴定管的使用。
3. 电位法测定酱油中氨基酸态氮的操作。

【工作过程】

(一)样品处理

准确称取 5.0 g 酱油试样,置于 100 mL 容量瓶中,加水至刻度,混匀后吸取 20.0 mL,置于 200 mL 烧杯中,加 60 mL 水,开动磁力搅拌器,用氢氧化钠标准溶液 $[c(NaOH) = 0.050 \text{ mol/L}]$ 滴定至酸度计(依项目四之任务六已校正)指示 pH 8.2,记下消耗氢氧化钠标准滴定溶液(0.05 mol/L)的毫升数(可用于计算总酸含量)。

(二)滴定

①在上述滴定至 pH 8.2 的溶液中加入 10.0 mL 甲醛溶液,混匀。再用氢氧化钠标准滴定溶液(0.05 mol/L)继续滴

> **想一想**
> 为何记录从pH 8.2至pH 9.2滴定消耗NaOH标准溶液的体积?

定至 pH 9.2,记下消耗氢氧化钠标准滴定溶液(0.05 mol/L)的毫升数(V_1)。

②空白试验。取 80 mL 蒸馏水置于另一个 200 mL 烧杯中,先用 0.05 mol/L 氢氧化钠标准溶液滴定至 pH 8.2(此时不记碱消耗量),再加入 10.0 mL 中性甲醛溶液,混匀。用 0.05 mol/L 的氢氧化钠标准溶液继续滴定至 pH 9.2,记录消耗氢氧化钠标准溶液的体积(V_2)。

(三)结果处理

1. 计算公式

试样中氨基酸态氮的含量按式(5-1)计算:

$$X = \frac{(V_1 - V_2) \times c \times 0.014}{m \times \dfrac{V_3}{100}} \times 100 \qquad (5\text{-}1)$$

式中：X——试样中氨基酸态氮的含量，g/100 mL；

  V_1——测定用样品稀释液在加入甲醛后消耗氢氧化钠标准溶液的体积，mL；

  V_2——试剂空白试验在加入甲醛后消耗氢氧化钠标准溶液的体积，mL；

  V_3——试样稀释液取用量，mL；

  c——氢氧化钠标准溶液的浓度，mol/L；

  m——测定用样品的质量，g；

 0.014——氮$\left(\dfrac{1}{2}N_2\right)$的毫摩尔质量，g/mmol。

计算结果保留 2 位有效数字。

2. 精密度

在重复性条件下获得的 2 次独立测定结果的绝对差值不得超过算术平均值的 10%。

【相关知识】

氨基酸具有两性，加入甲醛以固定氨基（—NH_2 与甲醛结合）的碱性；使羧基（—COOH）显示酸性，用氢氧化钠标准溶液滴定后定量，以酸度计测定终点。

GB/T 5009.39—2003《酱油卫生标准的分析方法》氨基酸态氮-甲醛值法，适用于以粮食和豆饼、麸皮等其副产品为原料酿造或配制的酱油中游离氨基酸态氮的分析。

【仪器与试剂】

1. 仪器

①酸度计。

②磁力搅拌器。

③微量碱式滴定管（10 mL）。

2. 试剂

①中性甲醛（36%）：应避光存放，不含有聚合物（无沉淀）。

②0.05 mol/L 氢氧化钠标准滴定溶液（参照附录Ⅱ）。

> **想一想**
> 如何判断甲醛没聚合？

【友情提示】

1. 氨基酸态氮是指以氨基酸形式存在的氮元素的含量。

对于酱油来说，该指标越高，说明酱油中的氨基酸含量越高，鲜味越好。

2. 固体样品要先进行粉碎，准确称样后用水萃取，然后测定萃取液，萃取在 50℃ 水浴中进行；液体样品可以直接测定。对于浑浊和色深萃取液可不经处理而直接测定。

3. 试样中如含有铵盐会影响氨基酸态氮的测定，可使氨基酸态氮测定结果偏高。因此要同时测定铵盐,将氨基酸态氮的结果减去铵盐的结果比较准确。

【考核要点】

1. 酸度计的校正及使用。
2. 微量滴定管的使用。
3. 电位法终点控制。

【思考】

1. 使用酸度计要注意哪些事项?
2. 甲醛值法测定氨基酸态氮的操作要点有哪些?
3. 电位法测定酱油中氨态氮有哪些优势?

【必备知识】

一、氨基酸

构成蛋白质的氨基酸主要是 20 种,其中亮氨酸、异亮氨酸、赖氨酸、苯丙氨酸、蛋氨酸、苏氨酸、色氨酸和缬氨酸等 8 种氨基酸称为必需氨基酸。随着食品科学的发展和营养知识的普及,测定食物蛋白中必需氨基酸的组成与含量,提高蛋白质的生理效价而进行的食品研发、配膳,愈来愈得到社会的重视。

鉴于食品中氨基酸成分的复杂性,在一般的常规检验中多测定样品中的氨基酸总量,通常采用酸碱滴定法来完成。色谱技术的发展为各种氨基酸的分离、鉴定及定量提供了有力的工具,近年来,已问世多种氨基酸分析仪,这使得氨基酸的快速鉴定和定量的要求得以实现。例如,近红外反射分析仪,输入相应氨基酸的信息,通过电脑控制进行自动检测和计算,能快速、准确地测出各类氨基酸含量。

氨基酸含量一直是某些发酵产品如调味品的质量指标,也是目前许多保健食品的质量指标之一,与蛋白质中结合态的氨基酸不同,呈游离状态的氨基酸的含氮量可直接测定,故称氨基酸态氮。氨基酸态氮是食品检测的一项重要指标,可以作为食品分级的依据。GB 18186—2000《酿造酱油》以氨基酸态氮含量为依据进行酱油分类及等级划分(表 5-1)。

表 5-1　酱油的分类与等级

指标	高盐稀态发酵酱油（含固稀发酵酱油）				低盐固态发酵酱油			
	特级	一级	二级	三级	特级	一级	二级	三级
氨基酸态氮(以氮计)/(g/100 mL)≥	0.80	0.70	0.55	0.40	0.80	0.70	0.60	0.40

由表 5-1 可以看出,酱油中氨基酸态氮含量越高,酱油的鲜味越强,质量越好,其等级越高。

食品中氨基酸态氮测定的方法包括甲醛值法、比色法。甲醛值法是利用氨基酸在加入甲醛溶液后,氨基(—NH₂)被甲醛结合,碱性消失,羧基(—COOH)得以用强碱滴定;操作方式有电位滴定法和指示剂法。

二、电位滴定法

电位滴定法是测量滴定过程中电位变化以确定滴定终点的方法。在滴定到达终点前后,滴定液中的待测离子浓度往往连续变化 n 个数量级,引起电位的突跃来指示滴定终点;被测成分的含量通过消耗滴定剂的量来计算。

电位滴定法选用两支不同的电极。一支为指示电极,其电极电位随溶液中被分析成分的离子浓度的变化而变化;另一支为参比电极,其电极电位固定不变。在到达滴定终点时,因被分析成分的离子浓度急剧变化而引起指示电极的电位突减或突增,此转折点称为突跃点。

选用不同的指示电极,电位滴定法可用于酸碱滴定、氧化还原滴定、配位滴定和沉淀滴定。使用 pH 玻璃电极为指示电极可进行酸碱滴定,使用铂电极作指示电极可进行氧化还原滴定,配位滴定时若用 EDTA 作滴定剂,可以用汞电极作指示电极,沉淀滴定中,若用硝酸银滴定卤素离子,可以用银电极作指示电极。

将酸度计的玻璃电极及甘汞电极(或复合电极)插入被测氨基酸溶液中构成电池,碱液滴定时,根据酸度计指示的 pH 判断和控制滴定终点,实现间接法测定氨基酸中氮的含量。

电位滴定的基本仪器包括:滴定管、滴定池、指示电极、参比电极等,电位滴定装置如图 5-1 所示。如果使用自动电位滴定仪,在滴定过程中可以自动绘出滴定曲线,自动找出滴定终点,自动给出体积,滴定快捷方便。

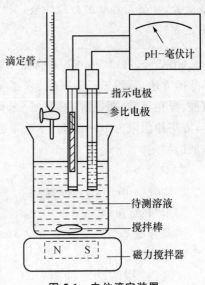

图 5-1 电位滴定装置

电位滴定法可用于有色或浑浊溶液的滴定,还可用于浓度较稀的试液或滴定反应进行不够完全的情况。灵敏度和准确度高,能够实现自动化和连续测定。

三、氨基酸自动分析仪法

1. 原理

食品中的蛋白质经盐酸水解成为游离氨基酸,经氨基酸分析仪的离子交换柱分离后,氨基酸与茚三酮发生颜色反应,生成的蓝紫色化合物其颜色深浅与各有关氨基酸的含量成正比,再通过分光光度计比色测定氨基酸的含量。因脯氨酸和羟脯氨酸则生成黄棕色化合物,故需在另外波长处定量测定。

氨基酸自动分析仪

氨基酸自动分析仪是利用各种氨基酸的酸碱性、极性和分子量大小不同等性质,使用阳离子交换树脂在色谱柱上进行分离。当样液加入色谱柱顶端后,采用不同的 pH 和离子浓度的缓冲溶液即可将它们依次洗脱下来,即先是酸性氨基酸和极性较大的氨基酸,其次是非极性的芳香性氨基酸,最后是碱性氨基酸;摩尔质量小的比摩尔质量大的先被洗脱下来,洗脱下来的氨基酸可用茚三酮显色,从而定量各种氨基酸。

氨基酸分析仪有两种,一种是低速型,使用 300～400 目的离子交换树脂;另一种是高速型,使用直径 4～6 μm 的树脂。阳离子交换树脂是由聚苯乙烯经交联再磺化而成,其交联度为 8。

两种类型分析仪都采用柠檬酸缓冲液作为洗脱液;完全分离和定量 40～46 种游离氨基酸时,要使用柠檬酸锂缓冲液,因所用缓冲液种类多,需要 3 个梯度的柱温,所以,高速型更适宜。

GB/T 5009.124—2003《食品中氨基酸的测定》规定了氨基酸自动分析仪测定食物中氨基酸的方法,适用于天冬氨酸、苏氨酸、丝氨酸、谷氨酸、脯氨酸、甘氨酸、丙氨酸、缬氨酸、蛋氨酸、异亮氨酸、亮氨酸、酪氨酸、苯丙氨酸、组氨酸、赖氨酸和精氨酸共 16 种氨基酸的测定,方法检出限为 10 pmol。本法不适合于蛋白质含量低的水果、蔬菜、饮料和淀粉类食品氨基酸的测定。

2. 试剂

①盐酸(6 mol/L):优级纯。

②苯酚:重蒸馏。

③混合氨基酸标准液(0.002 5 mol/L):仪器出品公司配售。

④缓冲液

A 液:柠檬酸钠缓冲液(pH 2.2):称取 19.6 g 柠檬酸钠($Na_3C_6H_5O_7 \cdot 2H_2O$)和 16.5 mL 浓盐酸加水稀释到 1 000 mL,用浓盐酸或 500 g/L 的氢氧化钠溶液调节 pH 至 2.2。

B 液:柠檬酸钠缓冲液(pH 3.3):称取 19.6 g 柠檬酸钠(同 A)和 12 mL 浓盐酸加水稀释到 1 000 mL,同 A 液,调节 pH 至 3.3。

C 液:柠檬酸钠缓冲液(pH 4.0):称取 19.6 g 柠檬酸钠(同 A)和 9 mL 浓盐酸加水稀释到 1 000 mL,同 A 液,调节 pH 至 4.0。

D 液:柠檬酸钠缓冲液(pH 6.4):称取 19.6 g 柠檬酸钠(同 A)和 46.8 g 氯化钠(优级纯)加水稀释到 1 000 mL,同 A 液,调节 pH 至 6.4。

⑤茚三酮溶液

A. 乙酸锂溶液(pH 5.2):称取 168 g 氢氧化锂($LiOH \cdot H_2O$),加入冰乙酸(优级纯) 279 mL,加水稀释到 1 000 mL,同④缓冲液,调节 pH 至 5.2。

B. 茚三酮溶液:取 150 mL 二甲基亚砜(C_2H_6OS)和乙酸锂溶液 50 mL 加入 4 g 水合茚三酮($C_9H_4O_3 \cdot H_2O$)和 0.12 g 还原茚三酮($C_{18}H_{10}O_6 \cdot 2H_2O$)搅拌至溶解。

⑥高纯氮气:纯度 99.99%。

⑦冷冻剂:市售食盐与冰按 1+3 混合。

3. 仪器

①氨基酸自动分析仪。

②水解管:耐压螺盖玻璃管或硬质玻璃管,体积 20~30 mL。去离子水冲洗干净并烘干。

③真空干燥器(温度可调节)。

实验室常规仪器、设备。

4. 测定

想一想
怎样称量不均匀性试样?

(1)试样处理 试样采集后用匀浆机打成匀浆(或者将试样尽量粉碎)于低温冰箱中冷冻保存,用时将其解冻后使用。

(2)称样 准确称取均匀性好的处理后试样,精确至 0.000 1 g(蛋白质含量在 10~20 mg 范围内);均匀性差的试样(如鲜肉),可适当增大称样量,测定前再稀释。将称好的试样放于水解管中。

(3)水解 在水解管内加 10~15 mL 盐酸(6 mol/L)(依试样蛋白质含量而定),含水量高的试样(如牛奶)可加入等体积的浓盐酸,加入新蒸馏的苯酚 3~4 滴,再将水解管放入冷冻剂中,冷冻 3~5 min,再接到真空泵的抽气管上,抽真空(接近 0 Pa),然后充入高纯氮气;再抽真空,充氮气,重复 3 次后,在充氮气状态下封口或拧紧螺丝盖将已封口的水解管放在 (110±1)℃的恒温干燥箱内,水解 22 h 后,取出冷却。

打开水解管,将水解液过滤后,用去离子水多次冲洗水解管,将水解液全部转移到 50 mL 容量瓶内用去离子水定容。吸取滤液 1 mL 于 5 mL 容量瓶内,用真空干燥器在 40~50℃干燥,残留物用 1~2 mL 水溶解,再干燥,反复进行 2 次,最后蒸干,用 1 mL 柠檬酸钠缓冲液(pH 2.2)溶解,供仪器测定用。

(4)测定 准确吸取 0.200 mL 混合氨基酸标准,用柠檬酸钠缓冲液(pH 2.2)稀释到 5 mL,此标准稀释液浓度为 5.00 nmol/50 μL,作为上机测定用氨基酸标准,用氨基酸自动分析仪以外标法测定试样测定液的氨基酸含量。

5. 结果计算

(1)计算公式 试样中氨基酸的含量依式(5-2)计算:

$$X = \frac{c \times \frac{1}{50} \times F \times V \times M}{m \times 10^9} \times 100 \qquad (5\text{-}2)$$

式中:X——试样中氨基酸的含量,g/100 g;

c——试样测定液中氨基酸含量,nmol/50 μL;

F——试样稀释倍数;

V——水解后试样定容体积,mL;

M——氨基酸分子量;

m——试样质量,g;

$\frac{1}{50}$——折算成每毫升试样测定的氨基酸含量,μmol/L;

10^9——将试样含量由纳克(ng)折算成克(g)的系数。

计算结果:试样氨基酸含量在 1.00 g/100 g 以下,保留 2 位有效数字;含量在 1.00 g/100 g 以上,保留 3 位有效数字。

(2)精密度　在重复性条件下获得的 2 次独立测定结果的绝对差值不得超过算术平均值的 12%。

(3)标准图谱　氨基酸的标准图谱如图 5-2 所示。

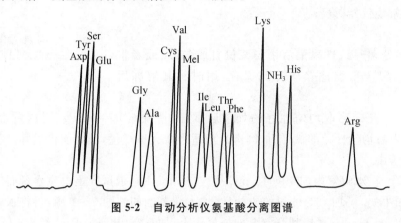

图 5-2　自动分析仪氨基酸分离图谱

(4)定性分析　据峰出现的时间确定氨基酸的种类。氨基酸出峰顺序及保留时间见表 5-2。

表 5-2　氨基酸出峰顺序及保留时间

出峰顺序	氨基酸名称	相对分子质量	保留时间/min	出峰顺序	氨基酸名称	相对分子质量	保留时间/min
1	天冬氨酸	133.1	5.55	9	蛋氨酸	149.2	19.63
2	苏氨酸	119.1	6.60	10	异亮氨酸	131.2	21.24
3	丝氨酸	105.1	7.09	11	亮氨酸	131.2	22.06
4	谷氨酸	147.1	8.72	12	酪氨酸	181.2	24.52
5	脯氨酸	115.1	9.63	13	苯丙氨酸	165.2	25.75
6	甘氨酸	75.1	12.24	14	组氨酸	155.2	30.41
7	丙氨酸	89.1	13.10	15	赖氨酸	146.2	32.57
8	缬氨酸	117.2	16.65	16	精氨酸	174.2	40.75

【友情提示】

1. 测定样品中各种游离氨基酸含量,可以除去脂肪杂质后,直接上柱进行分析。测定蛋白质的氨基酸组成时样品必须经酸水解,使蛋白质完全变成氨基酸后才能上柱进行分析。

(1)酸水解法　称取干燥的蛋白质样品数毫克,加入 2 mL 盐酸(5.7 mol/L),置于110℃烘箱内水解 24 h,再除去过量的盐酸,加缓冲溶液稀释到一定体积,摇匀。取一定量的水解样品上柱进行分析。

（2）净化方法　如果样品中含有糖和淀粉、脂肪、核酸、无机盐等杂质，必须将样品预先除去杂质后再进行酸水解处理。

①去糖和淀粉：把样品用淀粉酶水解，然后用乙醇溶液洗涤，得蛋白质沉淀物。

②去脂肪：先把干燥样品研碎后用丙酮或乙醚等有机溶剂离心或过滤抽提，得蛋白质沉淀物。

③去核酸：将样品在 100 g/L 氯化钠溶液中，85℃加热 6 h，然后用热水洗涤，过滤后将固形物用丙酮干燥即可。

④去无机盐：样品经水解后含有大量无机盐时还必须用阳离子交换树脂进行去盐处理。

2. 根据所用自动分析仪的灵敏度来确定上柱的样品量。一般为每种氨基酸 0.1 μmol 左右（水解样品干重为 0.3 mg 左右）。对于一些未知蛋白质含量的样品，水解后必须预先测定氨基酸的大致含量后才能分析，否则会出现过多或过少的现象。

3. 测定必须在 pH 5～5.5、100℃下进行，反应进行时间为 10～15 min，生成的紫色物质在 570 nm 波长下进行比色测定；生成的黄色化合物在 440 nm 波长下进行比色测定。

4. 显色反应用的茚三酮试剂，随着时间推移发色率会降低，故在较长时间测样过程中应随时采用已知浓度的氨基酸标准溶液上柱测定以检验其变化情况。

四、谷氨酸钠（味精）测定

（一）谷氨酸钠（味精）

谷氨酸钠（味精）化学名称 L-谷氨酸钠一水化物，分子式为 $C_5H_8NO_4Na \cdot H_2O$，相对分子质量为 187.13，其产品按加入成分分为味精、加盐味精和增鲜味精。谷氨酸钠（味精）理化指标如表 5-3 所示。

表 5-3　谷氨酸钠（味精）理化指标

项目		指标	项目		指标
谷氨酸钠/%	≥	99.0	pH		6.7～7.5
透光率/%	≥	98	干燥失重/%	≤	0.5
比旋光度$[\alpha]_D^{20}$/(°)		+24.9～ +25.3	铁/(mg/kg)	≤	5
氯化物（以 Cl^- 计）/%	≤	0.1	硫酸盐（以 SO_4^{2-} 计）/%	≤	0.05

谷氨酸钠含量的测定有高氯酸非水溶液滴定法和旋光法，前者根据终点确定方式的不同又分为电位滴定法与指示剂法。

（二）谷氨酸钠（味精）测定——旋光法

1. 原理

谷氨酸钠分子结构中含有一个不对称碳原子，具有光学活性，能使偏振光面旋转一定角度，因此可用旋光仪测定旋光度，根据旋光度换算谷氨酸钠的含量。

GB/T 8967—2007《谷氨酸钠（味精）》之谷氨酸钠含量分析第二法。

2. 仪器

旋光仪（精度±0.01°）备有钠光灯（钠光谱 D 线 589.3 nm）。

3. 试剂

盐酸(分析纯)。

4. 分析步骤

称取试样 10 g(精确至 0.000 1 g),加少量水溶解并转移至 100 mL 容量瓶中,加盐酸 20 mL,混匀并冷却至 20℃,定容并摇匀。

于 20℃,用标准旋光角校正仪器;将上述试液置于旋光管中(不得有气泡),观测其旋光度,同时记录旋光管中试样液的温度。

5. 计算

(1)计算公式　试样中谷氨酸钠含量按式(5-3)计算:

$$X = \frac{\dfrac{\alpha}{L \times c}}{25.16 + 0.047(20 - t)} \times 100\% \tag{5-3}$$

式中:X——试样中谷氨酸钠的含量,%;

α——实测试样液的旋光度,°;

L——旋光管长度(液层厚度),dm;

c——1 mL 试样液中含谷氨酸钠的质量,g/mL;

25.16——谷氨酸钠的比旋光度 $[\alpha]_D^{20}$,(°);

0.047——温度校正系数;

t——测定时试液的温度,℃。

计算结果保留至小数点后第 1 位。

(2)精密度　同一样品测定结果,相对平均偏差不得超过 0.3%。

【友情提示】

1. 盐酸对仪器有腐蚀,操作时应特别注意,避免酸液滴到仪器上。旋光管外侧和旋光管两端透明窗均应擦净,再装入旋光仪。

2. 实验结束后必须将旋光管上下管口打开并冲洗干净,否则旋光管易腐蚀。

3. 操作中注意将旋光管放平稳,避免滚落打碎。

4. 盛满溶液的旋光管,不能有气泡;如果旋光管中有气泡,应使气泡处于管凸起处。

5. 仪器电源不能反复连续开关,若钠光灯熄灭,要停几分钟后再开。

> **想一想**
> 如何擦拭旋光管外侧及两端透明窗?

任务二　乳及乳制品中蛋白质的测定——微量凯氏定氮法

【工作要点】

1. 称样及消化控制。

2. 蒸馏、滴定操作。

3. 凯氏定氮数据整理。

【工作过程】

(一)试样处理

称取充分混匀乳或乳制品试样 0.2～2 g(其他半固体试样 2～5 g 或液体试样 10～25 g,相当于 30～40 mg 氮),精确至 0.001 g,移入干燥的 100、250 或 500 mL 定氮瓶中,加入 0.2 g 硫酸铜、6 g 硫酸钾及 20 mL 硫酸,轻摇后于瓶口放一小漏斗,将瓶以 45°角斜支于有小孔的石棉网上(图 1-1)。小心加热,待内容物全部炭化,泡沫完全停止后,加强火力,并保持瓶内液体微沸,至液体呈蓝绿色并澄清透明后,再继续加热 0.5～1 h。取下放冷,小心加入 20 mL 水。放冷后,移入 100 mL 容量瓶中,并用少量水洗定氮瓶,洗液并入容量瓶中,再加水至刻度,混匀备用。同时做试剂空白试验。

想一想
消化过程中如何避免溶液外溢?

(二)测定

按图 5-3 安装定氮蒸馏装置,向水蒸气发生器内装水至 2/3 处。加入数粒玻璃珠,加入甲基红乙醇溶液数毫升浓硫酸,以保持水呈酸性,加热煮沸水蒸气发生器内的水并保持沸腾。

向接收瓶内加入 10.0 mL 硼酸溶液(40 g/L)、混合指示剂(A 或 B)1～2 滴,并使冷凝管的下端插入液面下,根据试样中氮含量,准确吸取试样处理液 2.0～10.0 mL 由小玻杯注入反应室,以 10 mL 水洗涤小玻杯并使之注入反应室内,随后塞紧棒状玻塞。将 10.0 mL 氢氧化钠溶液(400 g/L)倒入小玻杯,提起玻塞使其缓缓流入反应室,立即将玻塞盖紧,并加水于小玻杯以防漏气。夹紧螺旋夹,开始蒸馏。蒸馏 10 min 后移动蒸馏液接收瓶,液面离开冷凝管下端,再蒸馏 1 min。然后用少量水冲洗冷凝管下端外部,取下蒸馏液接收瓶。

想一想
有哪些途径可以减小测定误差?

尽快以硫酸或盐酸标准滴定溶液(0.050 0 mol/L)滴定收集液至终点,如用 A 混合指示液,终点颜色为灰蓝色;如用 B 混合指示液,终点颜色为浅灰红色。同时做试剂空白。

(三)结果处理

1. 计算公式

试样中蛋白质的含量按式(5-4)计算:

$$X = \frac{(V_1 - V_2) \times c \times 0.014}{m \times \dfrac{V_3}{100}} \times F \times 100 \tag{5-4}$$

式中:X——试样中蛋白质的含量,g/100 g;

　0.014——1.0 mL 硫酸 $\left[c\left(\dfrac{1}{2}H_2SO_4\right) = 1.000 \text{ mol/L} \right]$ 或盐酸 $[c(HCl) = 1.000 \text{ mol/L}]$ 标准滴定溶液相当于氮的质量,g;

　　m——试样的质量,g;

项目五　蛋白质与氨基酸的检验技术

V_1——试液消耗硫酸或盐酸标准滴定液的体积,mL;

V_2——试剂空白消耗硫酸或盐酸标准滴定液的体积,mL;

V_3——吸取消化液的体积,mL;

c——硫酸或盐酸标准滴定溶液的浓度,mol/L。

F——氮换算为蛋白质的系数,数值见表 5-4。

以重复性条件下获得的 2 次独立测定结果的算术平均值表示,蛋白质含量≥1 g/100 g 时,结果保留 3 位有效数字;蛋白质含量<1 g/100 g 时,结果保留 2 位有效数字。

表 5-4　蛋白质系数(F)

食品种类	蛋白质系数	食品种类	蛋白质系数
一般食物	6.25	大豆蛋白制品	6.25
纯乳与纯乳制品	6.38	肉与肉制品	6.25
面粉	5.70	复合配方食品	6.25
玉米、高粱	6.24	花生	5.46
大麦、小米、燕麦、裸麦	5.83	大豆及其粗加工制品	5.71
大米	5.95	芝麻、向日葵	5.30

2. 精密度

在重复性条件下获得的 2 次独立测定结果的绝对差值不得超过算术平均值的 10%。

【相关知识】

见"【必备知识】三、凯氏定氮法"。

【仪器与试剂】

1. 仪器

实验室常用设备。

①定氮蒸馏装置,如图 5-3 所示。

②凯氏烧瓶:500 mL。

2. 试剂

除非另有规定,所用试剂均为分析纯,水为 GB/T 6682 规定三级水。

①硫酸铜($CuSO_4 \cdot 5HO$)。

②硫酸钾(K_2SO_4)。

③浓硫酸($\rho_{20} \approx 1.84$ g/mL)。

④氢氧化钠溶液(500 g/L):称取 500 g 氢氧化钠于 2 L 烧杯中,不断搅拌下用水溶解并稀释至 1 000 mL,转移到塑料瓶中储存。

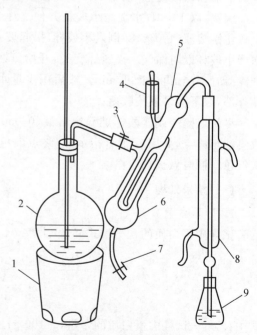

图 5-3　定氮蒸馏装置图

1. 电炉　2. 水蒸气发生器(2 L 烧瓶)　3. 螺旋夹
4. 小玻杯及棒状玻塞　5. 反应室　6. 反应室外层
7. 橡皮管及螺旋夹　8. 冷凝管　9. 蒸馏液接收瓶

⑤硼酸溶液(40 g/L)：称取 40 g 硼酸(H_3BO_3)溶于 1 000 mL 水中。

⑥硫酸标准滴定溶液(0.050 0 mol/L)或盐酸标准滴定溶液(0.050 0 mol/L)。

⑦甲基红乙醇溶液（1 g/L）：称取 0.1 g 甲基红（$C_{15}H_{15}N_3O_2$），溶于 95％乙醇（C_2H_5OH）并稀释至 100 mL。

⑧亚甲基蓝乙醇溶液（1 g/L）：称取 0.1 g 亚甲基蓝（$C_{16}H_{18}ClN_3S \cdot 3H_2O$），溶于 95％乙醇溶液并稀释至 100 mL。

⑨溴甲酚绿乙醇溶液（1 g/L）：称取 0.1 g 溴甲酚绿（$C_{21}H_{14}Br_4O_5S$），溶于 95％乙醇并稀释至 100 mL。

⑩混合指示液

A：2 份甲基红乙醇溶液⑦与 1 份亚甲基蓝乙醇溶液临用时混合⑧。

B：1 份甲基红乙醇溶液⑦与 5 份溴甲酚绿乙醇溶液⑨临用时混合。

【友情提示】

1. 所用试剂溶液应用无氨蒸馏水配制。

2. 消化时不要用强火,应保持和缓沸腾,以免黏附在凯氏瓶内壁上的含氮化合物在无硫酸存在的情况下未消化完全而造成氮损失。

3. 消化过程中应注意不时转动凯氏烧瓶,以便利用冷凝酸液将附在瓶壁上的固体残渣洗下并促进其消化完全。

4. 样品中若含脂肪或糖较多时,消化过程中易产生大量泡沫,为防止泡沫溢出瓶外,在开始消化时应用小火加热,并不停地摇动;或者加入少量辛醇或液体石蜡或硅油消泡剂,并同时注意控制热源强度。

5. 当样品消化液不易澄清透明时,可将凯氏烧瓶冷却,加入 30％过氧化氢 2～3 mL 后再继续加热消化。

6. 若取样量较大,如干试样超过 5 g,可按每克试样 5 mL 的比例增加硫酸用量。

7. 一般消化至呈透明后,继续消化 30 min 即可,但对于含有特别难以氨化的氮化合物的样品,如含赖氨酸、组氨酸、色氨酸、酪氨酸或脯氨酸等时,需适当延长消化时间。有机物如分解完全,消化液呈蓝色或浅绿色,但含铁量多时,呈较深绿色。

> 想一想
> 如何控制氢氧化钠加入量?

8. 蒸馏装置应该密封,防止漏气。

9. 蒸馏前若加碱量不足,消化液呈蓝色不生成氢氧化铜沉淀,此时需再增加氢氧化钠用量。

10. 硼酸吸收液的温度不应超过 40℃,否则对氨的吸收作用减弱而造成损失,此时可置于冷水浴中使用。

11. 蒸馏完毕后,应先将冷凝管下端提离液面清洗管口,再蒸 1 min 后关掉热源,否则可能造成吸收液倒吸。

【考核要点】

1. 称样操作。

2. 消化过程控制。

3. 蒸馏与吸收。

4. 滴定操作。

【思考】

1. 如何控制样品消化条件,使其短时且消化完全?
2. 蒸馏终点、滴定终点如何判断?

【必备知识】

一、蛋白质

蛋白质是生命的物质基础,是构成生物体细胞组织的重要成分,是生物体发育及修补组织的原料。一切有生命的活体都含有不同类型的蛋白质。人体内的酸、碱及水分平衡,遗传信息的传递,物质代谢及转运都与蛋白质有关。人和动物只能从食物中得到蛋白质及其分解产物,来构成自身的蛋白质,故蛋白质是人体重要的营养物质,也是食品中重要的营养成分。

蛋白质在食品中含量的变化范围很宽。动物和豆类食品是优良的蛋白质资源。部分种类食品的蛋白质含量见表5-5。

表5-5　部分食品的蛋白质含量(以湿基计)　　　　　　　　　　　　　　　%

食品种类	蛋白质含量	食品种类	蛋白质含量
水果和蔬菜		谷类和面食	
苹果(生、带皮)	0.2	大米(糙米、长粒、生)	7.9
芦笋(生)	2.3	大米(白米、长粒、生、强化)	7.1
草莓(生)	0.6	小麦粉(整粒)	13.7
莴苣(冰、生)	1.0	玉米粉(整粒、黄色)	6.9
土豆(整粒、肉和皮)	2.1	意大利面条(干、强化)	12.8
乳制品		玉米淀粉	0.3
牛乳(全脂、液体)	3.3	肉、家禽、鱼	
牛乳(脱脂、干)	36.2	牛肉(颈肉、烤前腿)	18.5
切达干酪	24.9	牛肉(腌制、干牛肉)	29.1
酸奶(普通的、低脂)	5.3	鸡(可供煎炸的鸡胸肉、生)	23.1
豆类		火腿(切片、普通的)	17.6
大豆(成熟的种子、生)	36.5	鸡蛋(生、全蛋)	12.5
豆(腰子状、所有品种、成熟的种子、生)	23.6	鱼(太平洋鳕鱼、生)	17.9
豆腐(生、坚硬)	15.6	鱼(金枪鱼、白色、罐装、油浸、滴干的固体)	26.5
豆腐(生、普通)	8.1		

蛋白质是复杂的含氮有机化合物,摩尔质量大,大部分高达数万至数百万,分子的长轴则长达 1～100 nm,它们由 20 种氨基酸通过酰胺键以一定的方式结合起来,并具有一定的空间结构,所含的主要化学元素为 C、H、O、N,在某些蛋白质中还含有微量的 P、Cu、Fe、I 等元素,但含氮则是蛋白质区别于其他有机化合物的主要标志。

不同的蛋白质其氨基酸构成比例及方式不同,故各种不同的蛋白质其含氮量也不同。一般蛋白质含氮量为 16%,即 1 份氮相当于 6.25 份蛋白质,此数值(6.25)称为蛋白质系数。不同种类食品的蛋白质系数如表 5-4 所示。蛋白质可以被酶、酸或碱水解,其水解的中间产物为胨、陈、肽等,最终产物为氨基酸。

测定蛋白质的方法有两大类。一类是利用蛋白质的共性,即含氮量、肽键和折射率等测定蛋白质含量;另一类是利用蛋白质中特定氨基酸残基、酸性和碱性基团以及芳香基团等测定蛋白质含量。但因食品种类繁多,食品中蛋白质含量各异,特别是其他成分,如碳水化合物、脂肪和维生素等干扰成分很多,因此,蛋白质含量测定最常用的方法是凯氏定氮法,它是测定总有机氮的最准确和操作较简便的方法之一,在国内外应用普遍。该法是通过测出样品中的总含氮量再乘以相应的蛋白质系数而求出蛋白质含量的,由于样品中常含有少量非蛋白质含氮化合物,故此法的结果称为粗蛋白质含量。此外,双缩脲法、染料结合法、酚试剂法等也常用于蛋白质含量测定,由于方法简便快速,故多用于生产单位质量控制分析。

GB 5009.5—2010《食品安全国家标准　食品中蛋白质的测定》第一法凯氏定氮法、第二法分光光度法、第三法燃烧法。前两法适用于各种食品中蛋白质的测定,第三法适用于蛋白质含量在 10 g/100 g 以上的粮食、豆类、奶粉、米粉、蛋白质粉等固体试样的筛选测定。以上方法不适用于添加无机含氮物质、有机非蛋白质含氮物质的食品测定。

二、凯氏定氮法

想一想
"三聚氰胺"检验可否用本法?

凯氏定氮法由 Kieldahl 于 1833 年首先提出,是测定化合物或混合物中总氮量的一种方法。经过长期的改进,迄今已演变成常量法、微量法、自动定氮仪法、半微量法及改良凯氏法等,是经典的蛋白质定量方法。

凯氏定氮法是指在有催化剂和加热的条件下,用浓硫酸消化样品使有机氮都转变成硫酸铵;再碱化蒸馏使氨游离,用硼酸吸收后,以硫酸或盐酸标准滴定溶液滴定,根据酸的消耗量乘以换算系数,即得蛋白质的含量。

1. 样品消化

$$2NH_2(CH_2)_2COOH + 13H_2SO_4 = (NH_4)_2SO_4 + 6CO_2 + 12SO_2 + 16H_2O$$

浓硫酸具有脱水性,又有氧化性,使有机物脱水、炭化并生成 CO_2,硫酸则被还原成 SO_2。

$$2H_2SO_4 + C = 2SO_2 + 2H_2O + CO_2 \uparrow$$

二氧化硫(SO_2)使氮还原为氨(NH_3),本身则被氧化为三氧化硫(SO_3),NH_3 随之与硫酸(H_2SO_4)作用生成硫酸铵[$(NH_4)_2SO_4$]留在酸性溶液中:

$$H_2SO_4 + 2NH_3 = (NH_4)_2SO_4$$

为了加速蛋白质的分解,缩短消化时间,常加入下列物质。

（1）硫酸钾（K_2SO_4）　可以提高溶液的沸点而加快有机物分解。它与 H_2SO_4 作用生成硫酸氢钾（$KHSO_4$）可提高反应温度，一般纯硫酸的沸点在 340℃ 左右，而添加硫酸钾

想一想
加入K_2SO_4有何作用？

后，可使温度提高至 400℃ 以上，原因主要在于随着消化过程中硫酸不断地被分解，水分不断溢出而使硫酸钾浓度增大，故沸点升高，其反应式：

$$K_2SO_4 + H_2SO_4 \stackrel{}{=\!=\!=} 2KHSO_4$$

$$2KHSO_4 \stackrel{\triangle}{=\!=\!=} K_2SO_4 + H_2O \uparrow + SO_3 \uparrow$$

但 K_2SO_4 加入量不能太大，否则消化体系温度过高，又会引起已生成的铵盐发生热分解放出氨而造成损失：

$$(NH_4)_2SO_4 \stackrel{\triangle}{=\!=\!=} NH_3 \uparrow + NH_4HSO_4$$

$$NH_4HSO_4 \stackrel{\triangle}{=\!=\!=} NH_3 \uparrow + SO_3 \uparrow + H_2O$$

除硫酸钾外，也可以加入硫酸钠、氯化钾等盐类来提高沸点，但效果不如硫酸钾。

（2）硫酸铜（$CuSO_4$）　加入 $CuSO_4$ 起催化剂的作用。本法除硫酸铜外，还有氧化汞、汞、硒粉、二氧化钛等，但考虑到效果、价格及环境污染等多种因素，应用最广泛的是硫酸铜。使用时常加入少量过氧化氢、次氯酸钾等作为氧化剂以加速有机物氧化。硫酸铜的催化机理：

$$2CuSO_4 \stackrel{\triangle}{=\!=\!=} Cu_2SO_4 + SO_2 \uparrow + O_2 \uparrow$$

$$C + 2CuSO_4 \stackrel{\triangle}{=\!=\!=} Cu_2SO_4 + SO_2 \uparrow + CO_2 \uparrow$$

$$Cu_2SO_4 + 2H_2SO_4 \stackrel{\triangle}{=\!=\!=} 2CuSO_4 + 2H_2O + SO_2 \uparrow$$

此反应不断进行，待有机物全部被消化完后，不再有硫酸亚铜（Cu_2SO_4）生成，溶液呈现清澈的蓝绿色。故硫酸铜除起催化剂的作用外，还可指示消化终点的到达，以及蒸馏时作为碱性反应指示剂。

2. 蒸馏

在消化完全的样品溶液中加入浓氢氧化钠使呈碱性，加热蒸馏，即可释放出氨气，反应方程式如下：

$$2NaOH + (NH_4)_2SO_4 \stackrel{}{=\!=\!=} 2NH_3 \uparrow + Na_2SO_4 + 2H_2O$$

3. 吸收与滴定

加热蒸馏所放出的氨，可用硼酸溶液进行吸收，待吸收完全后，再用盐酸标准溶液滴定，因硼酸呈微弱酸性（$K_a = 5.8 \times 10^{-10}$），用酸滴定不影响指示剂的变色反应，但它有吸收氨的作用，吸收及滴定反应方程式如下：

$$2NH_3 + 4H_3BO_3 \stackrel{}{=\!=\!=} (NH_4)_2B_4O_7 + 5H_2O$$

$$(NH_4)_2B_4O_7 + 5H_2O + 2HCl \stackrel{}{=\!=\!=} 2NH_4Cl + 4H_3BO_3$$

4. 适用范围

凯氏定氮法，适于各类食品中蛋白质含量测定，不能用于添加无机含氮物质、有机非蛋白质含氮物质食品的测定。

蛋白质快速检测

1. 速测管

适用于奶粉、牛奶、豆奶等乳制品中蛋白质含量的快速检测。

测定原理:考马斯亮蓝试剂在游离状态下呈红色,当它与蛋白质结合后变为青色,其颜色深度与蛋白质含量成正比。

检测范围:液体样品为 0.5～20 g/100 g,固体样品为 1～40 g/100 g。

样品处理:取奶粉 2 g(液体奶取 4 mL)于容器中,加纯净水或蒸馏水至 100 mL,充分摇匀;从中取 1 mL 至另一容器中,加纯净水或蒸馏水至 40 mL,充分混匀成样品待测液。

测定与判断:取一支蛋白质检测管,加入 0.5 mL 样品待测液,盖上盖子摇匀,反应 2 min 后,观察颜色变化,根据标准比色板进行半定量判定。

每批检测须做一个纯净水或蒸馏水空白对照以便判断。

2. 蛋白质快速检测仪

蛋白质快速检测仪利用特异显色剂与蛋白质反应实现牛奶、奶粉、豆粉、豆奶粉和鸡蛋等样品中蛋白质含量的测定。

蛋白质快速检测仪由硅光光源、比色池、集成光电传感器、微处理器和微型打印机构成。

方法特点:无危险性,操作时间短,克服了传统凯氏定氮法样品前处理系统烦琐、步骤繁杂等缺点,能够真实地反应样品中蛋白质的含量,不受三聚氰胺、尿素、硝酸铵及甘氨酸等非蛋白氮的干扰。

任务三　肉与肉制品氮含量测定——常量凯氏定氮法

任务四　原料乳中三聚氰胺快速检测

【工作要点】

1. 原料乳中三聚氰胺提取、净化。

2. 高效液相色谱流动相准备与运行。

3. 定性分析及定量计算。

4. 检测结果表达。

想一想
　原料乳三聚氰胺检测怎么体现快速？

【工作过程】

(一)样液制备

称取混合均匀的 15 g(准确至 0.01 g)原料乳样品,置于 50 mL 具塞刻度试管中,加入 30 mL 乙腈,剧烈振荡 6 min,加水定容至满刻度,充分混匀后静置 3 min,用一次性注射器吸取上清液用针式过滤器过滤后,作为高效液相色谱分析用试样。

(二)高效液相色谱运行条件

①色谱柱:强阳离子交换色谱柱,SCX,250 mm×4.6 mm(内径,i.d.),5 μm,或性能相当者。

注:宜在色谱柱前加保护柱(或预柱),以延长色谱柱使用寿命。

②流动相:磷酸盐缓冲溶液-乙腈(70＋30,体积比),混匀。

③流速:1.5 mL/min。

④柱温:室温。

⑤检测波长:240 nm。

⑥进样量:20 μL。

(三)高效液相色谱分析

1. 仪器的准备

开机,用流动相平衡色谱柱,待基线稳定后开始进样。

2. 定性分析

依据保留时间一致性进行定性识别的方法。根据三聚氰胺标准物质的保留时间(图 5-4),确定样品中三聚氰胺的色谱峰(图 5-5)。必要时应采用其他方法进一步定性确证。

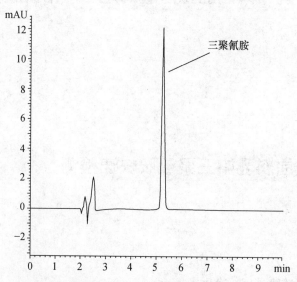

图 5-4　三聚氰胺标准样品色谱图(浓度 5.00 mg/kg)

食品理化检验技术

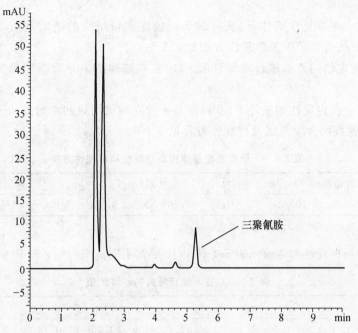

图 5-5　原料乳中添加三聚氰胺的色谱图(浓度 4.00 mg/kg)

3. 定量分析

校准方法为外标法。

注意

三聚氰胺的响应值均应在方法线性范围内,进行平行试验测定;若超出上限值时,需减少称样量再进行提取与测定!

(1)校准曲线制作　根据检测需要,使用标准工作溶液分别进样,以标准工作溶液浓度为横坐标,以峰面积为纵坐标,绘制校准曲线。

(2)试样测定　使用试样分别进样,获得目标峰面积。根据校准曲线计算被测试样中三聚氰胺的含量(mg/kg)。

(3)空白试验　除不称取样品外,均按上述步骤同时完成空白试验。

(四)结果计算

1. 计算公式

结果按式(5-7)计算:

$$X = c \times \frac{V}{m} \times \frac{1\,000}{1\,000} \tag{5-7}$$

式中:X——原料乳中三聚氰胺的含量,mg/kg;

　　c——从校准曲线得到的三聚氰胺溶液的浓度,mg/L;

　　V——试样定容体积,mL;

　　m——样品称量质量,g。

计算结果通常情况下保留 3 位有效数字;结果在 0.1~1.0 mg/kg 时,保留 2 位有效数字;结果小于 0.1 mg/kg 时,保留 1 位有效数字。

2. 精密度

按照 GB/T 6379.1 和 GB/T 6379.2 规定确定,其重复性和再现性值以 95% 的置信度计算。

（1）重复性　在重复性条件下，获得的 2 次独立测量结果的绝对差值不超过重复性限 r，样品中三聚氰胺含量范围及重复性方程见表 5-6。

如果 2 次测定值的差值超过重复性限 r，应舍弃试验结果并重新完成 2 次单个试验的测定。

（2）再现性　在再现性的条件下，获得的 2 次独立测试结果的绝对差值不超过再现性限 R，样品中三聚氰胺的含量范围及再现性方程见表 5-6。

表 5-6　三聚氰胺含量范围及重复性和再现性方程

成分	含量范围/(mg/kg)	重复性限(r)	再现性限(R)
三聚氰胺	0.3～100.0	$\lg r = -1.260 + 0.928\,6\lg X$	$\lg R = -0.704\,4 + 0.774\,4\lg X$

注：X 表示两次测定结果的算术平均值，单位为 mg/kg。

（3）重复性与再现性参考值　表 5-7 列出了 X 在不同范围时的 r 与 R 值，可参考。

表 5-7　X 在不同范围时的 r 与 R 值

项目	X/(mg/kg)					
	0.30～0.40	0.40～0.50	0.50～1.00	1.00～2.00	2.00～2.50	2.50～10.0
r	0.02	0.02	0.03	0.05	0.10	0.13
R	0.08	0.10	0.12	0.20	0.34	0.40

项目	X/(mg/kg)				
	10.0～20.0	20.0～40.0	40.0～60.0	60.0～80.0	80.0～100.0
r	0.47	0.89	1.69	2.46	3.22
R	1.17	2.01	3.44	4.71	5.88

【相关知识】

用乙腈作为原料乳中的蛋白质沉淀剂和三聚氰胺提取剂，强阳离子交换色谱柱分离，高效液相色谱-紫外检测器或二极管阵列检测器检测，外标法定量。

> **想一想**
> 三聚氰胺定性和定量分析的依据？

GB/T 22400—2008《原料乳中三聚氰胺快速检测　液相色谱法》适用于原料乳及不含添加物的液态乳制品，定量检测范围为 0.30～100.0 mg/kg，方法检测限为 0.05 mg/kg；回收率为 93.0％～103％，相对标准偏差小于 10％。

【试剂和材料】

水为 GB/T 6682 规定的一级水。
①乙腈（CH_3CN）：色谱纯。
②磷酸（H_3PO_4）。

③磷酸二氢钾（KH_2PO_4）。

④三聚氰胺标准物质（$C_3H_6N_6$）：纯度≥99％。

⑤三聚氰胺标准储备溶液（1.00×10^3 mg/L）：称取 100 mg（准确至 0.1 mg）三聚氰胺标准物质，用水完全溶解后，100 mL 容量瓶中定容至刻度，混匀，4℃条件下避光保存，有效期为 1 个月。

⑥标准工作溶液：使用时配制。

标准溶液 A（2.00×10^2 mg/L）：准确移取 20.0 mL 三聚氰胺标准储备溶液，置于 100 mL 容量瓶中，用水稀释至刻度，混匀。

标准溶液 B（0.50 mg/L）：准确移取 0.25 mL 标准溶液 A，置于 100 mL 容量瓶中，用水稀释至刻度，混匀。

按表 5-8 分别移取不同体积的标准溶液 A 于容量瓶中，用水稀释至刻度，混匀。按表 5-9 分别移取不同体积的标准溶液 B 于容量瓶中，用水稀释至刻度，混匀。

表 5-8　标准工作溶液配制（高浓度）

项目	标准溶液 A 体积/mL					
	0.10	0.25	1.00	1.25	5.00	12.5
定容体积/mL	100	100	100	50.0	50.0	50.0
标准工作溶液浓度/(mg/L)	0.20	0.50	2.00	5.00	20.0	50.0

表 5-9　标准工作溶液配制（低浓度）

项目	标准溶液 B 体积/mL				
	1.00	2.00	4.00	20.0	40.0
定容体积/mL	100	100	100	100	100
标准工作溶液浓度/(mg/L)	0.005	0.01	0.02	0.10	0.20

⑦磷酸盐缓冲液（0.05 mol/L）：称取 6.8 g（准确至 0.01 g）磷酸二氢钾，加水 800 mL 完全溶解后，用磷酸调节 pH 至 3.0，用水稀释至 1 L，用滤膜过滤后备用。

⑧一次性注射器：2 mL。

⑨滤膜：水相，0.45 μm。

⑩针式过滤器：有机相，0.45 μm。

⑪具塞刻度试管：50 mL。

【仪器与试剂】

①高效液相色谱仪（HPLC）：配有紫外检测器或二极管阵列检测器。

②分析天平：感量 0.000 1 g 和 0.01 g。

③pH 计：测量精度±0.02。

④溶剂过滤器。

【友情提示】

1. 检验报告包括下面内容。
① 鉴别样品、实验室和分析日期等资料。
② 遵守本标准规定的程度。
③ 分析结果及其表示。
④ 测定中观察到的异常现象。
⑤ 对分析结果可能有影响而本法未包括的操作或者任选的操作。
2. 质量保证
① 操作人员应具备从事相应实验技术的能力,并符合国家相关规定。
② 仪器及相关计量器具应通过检定或校准,并在有效使用期内。
③ 宜采用有证标准物质,若采用自配标样,应使用有证标准物质对自配标样进行验证。
④ 原料乳样采集和保存应严格执行本标准和国家相关规定,实施全过程质量保证。
3. 如果保留时间或柱压发生明显的变化,应检测离子交换色谱柱的柱效以保证检测结果的可靠性。
4. 使用不同的离子交换色谱柱,其保留时间有较大的差异,应对色谱条件进行优化。
5. 强阳离子交换色谱的流动相为酸性体系,每天结束实验时应以中性流动相冲洗仪器系统进行维护保养。

【考核要点】

1. 原料乳样中三聚氰胺提取、净化操作。
2. 识别三聚氰胺并对样品定性分析。
3. 定量计算结果分析及或结果表达。

【思考】

1. 原料乳中三聚氰胺检测流程是怎样的?
2. 有哪些因素能够影响三聚氰胺检测结果?

【必备知识】

一、乳制品中三聚氰胺的检测

> **想一想**
> 与三聚氰胺的快速检测比较,有何不同?

1. 方法

GB/T 22388—2008《原料乳与乳制品中三聚氰胺检测方法》之高效液相色谱法(HPLC),适用于原料乳、乳制品以及含乳制品中三聚氰胺的定性确证、定量测定,定量限为 2 mg/kg。

2. 原理

试样用三氯乙酸溶液-乙腈提取,经阳离子交换固相萃取柱净化后,用高效液相色谱测定,外标法定量。

3. 试剂与材料

①甲醇:色谱纯。

②氨水:含量为 25%～28%。

③三氯乙酸。

④柠檬酸。

⑤辛烷磺酸钠:色谱纯。

⑥甲醇水溶液(1+1):准确量取 50 mL 甲醇和 50 mL 水,混匀后备用。

⑦三氯乙酸溶液(1%):准确称取 10 g 三氯乙酸于 1 L 容量瓶中,用水溶解并定容至刻度,混匀后备用。

⑧氨化甲醇溶液(5%):准确量取 5 mL 氨水和 95 mL 甲醇,混匀后备用。

⑨离子对试剂缓冲液:准确称取 2.10 g 柠檬酸和 2.16 g 辛烷磺酸钠,加入约 980 mL 水溶解,调节 pH 至 3.0 后,定容至 1 L 备用。

⑩三聚氰胺标准品:CAS 108-78-01,纯度大于 99.0%。

⑪三聚氰胺标准储备液(1 mg/mL):准确称取 100 mg(精确到 0.1 mg)三聚氰胺标准品于 100 mL 容量瓶中,用甲醇水溶液溶解并定容至刻度,于 4℃ 避光保存。

⑫阳离子交换固相萃取柱:混合型阳离子交换固相萃取柱,基质为苯磺酸化的聚苯乙烯-二乙烯基苯高聚物,填料质量为 60 mg,体积为 3 mL 或相当者。使用前依次用 3 mL 甲醇、5 mL 水活化。

⑬定性滤纸。

⑭海沙:化学纯,粒度 0.65～0.85 mm,二氧化硅(SiO_2)含量为 99%。

⑮微孔滤膜:有机相,0.2 μm。

⑯氮气:纯度≥99.999%。

4. 仪器和设备

①离心机:转速不低于 4 000 r/min。

②超声波水浴。

③固相萃取装置。

④氮吹仪。

⑤涡旋混合器。

⑥具塞塑料离心管:50 mL。

⑦研钵。

其他同项目五之任务四原料乳中三聚氰胺快速检测。

5. 样品处理

(1)提取

①液态奶、奶粉、酸奶、冰淇淋和奶糖等。称取 2 g(精确至 0.01 g)试样于 50 mL 具塞塑料离心管中,加入 15 mL 三氯乙酸溶液和 5 mL 乙腈,超声提取 10 min,再振荡提取 10 min

后,以不低于 4 000 r/min 离心 10 min。上清液经三氯乙酸溶液润湿的滤纸过滤后,用三氯乙酸溶液定容至 25 mL,移取 5 mL 滤液,加入 5 mL 水混匀后做待净化液。

②奶酪、奶油和巧克力等。称取 2 g(精确至 0.01 g)试样于研钵中,加入适量海沙(试样质量的 4～6 倍)研磨成干粉状,转移至 50 mL 具塞塑料离心管中,用 15 mL 三氯乙酸溶液分数次清洗研钵,清洗液转入离心管中,再往离心管中

> **提示**
> 脂肪含量较高,先用三氯乙酸溶液饱和的正己烷液-液分配除脂,再用 SPE 柱净化。

加入 5 mL 乙腈,余下操作同①中"超声提取 10 min,……加入 5 mL 水混匀后做待净化液"。

(2)净化　将提取的待净化液转移至固相萃取柱中。依次用 3 mL 水和 3 mL 甲醇洗涤,抽至近干后,用 6 mL 氨化甲醇溶液洗脱。整个固相萃取过程流速不超过 1 mL/min。洗脱液于 50℃下用氮气吹干,残留物(相当于 0.4 g 样品)用 1 mL 流动相定容,涡旋混合 1 min,过微孔滤膜后,供 HPLC 测定。

6. 高效液相色谱测定

(1)HPLC 参考条件

①色谱柱:C_8 柱,250 mm×4.6 mm[内径(i. d.)],5 μm,或相当者。

　　　　 C_{18} 柱,250 mm×4.6 mm[内径(i. d.)],5 μm,或相当者。

②流动相:C_8 柱,离子对试剂缓冲液-乙腈(85＋15,体积比),混匀。

　　　　 C_{18} 柱,离子对试剂缓冲液-乙腈(90＋10,体积比),混匀。

③流速:1.0 mL/min。

④柱温:40℃。

⑤波长:240 nm。

⑥进样量:20 μL。

(2)标准曲线的绘制　用流动相将三聚氰胺标准储备液逐级稀释得到的浓度为 0.8、2、20、40、80 μg/mL 的标准工作液,浓度由低到高进样检测,以峰面积-浓度作图,得到标准曲线回归方程。基质匹配加标三聚氰胺的样品 HPLC 色谱图见图 5-6。

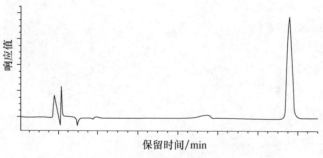

图 5-6　基质匹配加标三聚氰胺的样品 HPLC 色谱图

(检测波长 240 nm,保留时间 13.6 min,C_8 色谱柱)

(3)定量测定　待测样液中三聚氰胺的响应值应在标准曲线线性范围内,超过线性范围则应稀释后再进样分析。

(4)空白实验　除不称取样品外,均按上述测定条件和步骤进行。

(5)结果计算

①试样中三聚氰胺的含量由色谱数据处理软件或按式(5-8)计算:

$$X = \frac{A \times c \times V \times 1\,000}{A_s \times m \times 1\,000} \times f \tag{5-8}$$

式中：X——试样中三聚氰胺的含量，mg/kg；

$\quad A$——样液中三聚氰胺的峰面积；

$\quad c$——标准溶液中三聚氰胺的浓度，μg/mL；

$\quad V$——样液最终定容体积，mL；

$\quad A_s$——标准溶液中三聚氰胺的峰面积；

$\quad m$——试样的质量，g；

$\quad f$——稀释倍数。

计算结果保留 3 位有效数字。

②回收率。在添加浓度 2～10 mg/kg 范围内，回收率为 80％～110％，相对标准偏差小于 10％

想一想
回收率实验有何用途？

③允许差。在重复性条件下获得的 2 次独立测定结果的绝对差值不得超过算术平均值的 10％。

二、饲料中三聚氰胺的检测

本法中鲜乳及饲料中三聚氰胺的检测，最低检出限为 0.2 mg/kg。

1. 试剂与材料

①三氯乙酸溶液（1.5％）：准确称取 15 g 三氯乙酸于 1 L 容量瓶中，用水溶解并定容至刻度混匀后备用。

②离子对试剂缓冲液：准确称取 6.8 g 磷酸二氢钾于 1 L 容量瓶中，用 800 mL 超纯水溶解，用磷酸调 pH 至 3.0，定容至刻度，混匀后备用。

③三聚氰胺标准中间液：准确吸取标准储备液 5 mL 于 50 mL 的棕色容量瓶中，用水溶解到刻度，配制成浓度为 0.1 mg/mL 的标准储备液于 4℃避光保存。

④三聚氰胺标准工作液制备：可根据需要配制，常用的浓度为 4 μg/mL，吸取 0.4 mL 标准储备液于 100 mL 的容量瓶中，用超纯水定容至刻度。

⑤乙酸锌溶液（71.898 g/L）：准确称取 7.189 8 g 药品定容至 100 mL。

⑥亚铁氰化钾溶液（35.9 g/L）：准确称取 3.59 g 药品定容至 100 mL。

⑦微孔滤膜：有机相/水相，0.45 μm/0.2 μm。

其他试剂及仪器和设备同【必备知识】一、乳制品中三聚氰胺的检测。

2. 样品处理

（1）饲料

①提取。称取 2 g 饲料于 50 mL 具塞塑料离心管中，加入 20 mL 1.5％的三氯乙酸溶液，振荡混匀后超声 25 min，加入 1 mL 71.898 g/L 乙酸锌溶液和 1 mL 35.9 g/L 亚铁氰化钾溶液，以 11 000 r/min 离心 10 min，取上清液净化。

②净化。先用 3 mL 甲醇、5 mL 水活化，吸取 5 mL 上清液至混合型阳离子交换固相萃取柱中，依次用 3 mL 水、3 mL 甲醇洗涤，接近抽干后用 5％氨化甲醇溶液洗涤，氮吹，吹干后加入 1 mL 流动相，混匀，过 0.22 μm 微孔滤膜过滤，HPLC 分析。

（2）鲜奶样品　吸取鲜奶 4 mL 于 50 mL 具塞塑料离心管中，加入 18 mL 1.5％的三氯乙酸溶液,振荡混匀后超声约 25 min,加入 1 mL 71.898 g/L 乙酸锌溶液和 1 mL 35.9 g/L 亚铁氰化钾溶液,以 11 000 r/min 离心 5 min,取上清液过 0.22 μm 微孔滤膜过滤,HPLC 分析。

3. HPLC 色谱条件

①流速:1.2 mL/min。

②柱温:40℃。

想一想
HPLC法检测三聚氰胺时,需要关注哪些因素?

其他色谱条件同任务四原料乳中三聚氰胺快速检测。

标准曲线的绘制、结果计算,同【必备知识】一、乳制品中三聚氰胺的检测。

【友情提示】

1. 使用离心机提取时要对称离心,离心后需尽快过 0.45 μm 滤膜,装入进样小瓶,离心管材质要好。

2. 更换液相色谱柱时,要注意流动相流速及配比的改变。

3. 更换完流动相后,需待压力升高至稳定后方可离开。

4. 沉淀剂应取能沉淀蛋白的最小剂量,否则易损伤色谱柱。

5. 固相萃取时过程流速不超过 1 mL/min。

6. 水系流动相过水系滤膜,有机系流动相过有机滤膜。

7. 萃取时不能使固相萃取小柱的底部暴露在外面。

8. 标准储备液配制时,要防止盐酸挥发带走部分三聚氰胺,使标准品的含量降低,峰面积减小,对样品结果造成影响。

9. 标准储备液于 4℃ 避光保存,防止储藏时相互交叉污染。

10. 超声过程中要振荡,最好是 1 次/10 min,使溶液更加充分混匀。

11. 注射完毕后,要观察瓶内液体是否澄清。

12. 试剂空白,每天一次;平行试验,比对试验每周一次;回收率、标准曲线方法不变时每月一次。

三、全自动凯氏定氮仪

自动凯氏定氮仪是将常量凯氏定氮装置组装成具有自动操作功能的一套装置,其原理及试剂与常量法相同。全自动凯氏定氮仪具有高灵敏度,分析速度快,应用范围广,所需试样少,设备和操作比较简单等特点,是目前测定乳与乳制品中蛋白质使用最广泛的仪器。

(一)使用规则

使用前必须反复认真地阅读仪器使用说明书,熟悉、理解仪器的主要部件如蒸馏装置、滴定装置的功能、特点及其相互关联匹配情况,严格按照说明书和仪器操作规程的要求,进行规范操作。使用方法简介如下。

1. 开机前准备

开机之前,保证各个溶液能够满足此次试验测定,检查去离子水、碱液和接收液的使用情况,如果发现不足及时补充否则影响测定工作的正常进行。同时确保冷却水打开,否则,影响正常测定的同时,在没有冷却水保护的情况下,对蒸馏装置及仪器控制系统都有损伤。

2. 空白的测定

首先测定水空白,检查仪器的稳定程度(多次空白测定值误差小于 0.05,确认仪器稳定);再测定试剂空白,并将空白值输入仪器(不测定水空白而直接测试剂空白,相当于在仪器不稳定的情况下就进行试剂空白的测定,将会得到偏高的试剂空白值,测定结果将偏低)。

3. 样品测定

(1)称样 样品应均匀(固体样品应预先研细混匀、液体样品应振摇或搅拌均匀)。固体样品一般取样范围为 0.20~2.00 g;半固体试样一般取样范围为 2.00~5.00 g;液体样品取样 10.0~25.0 mL(相当氮 30~40 mg)。若检测液体样品,结果以 g/100 mL 表示。样品放入定氮管内时,不要黏附颈上,万一黏附可用少量水冲下,以免被检样消化不完全,结果偏低,或者用滤纸包裹好一起投入消化,滤纸影响通过空白扣除。

(2)消化 在加酸的过程中,要考虑到样品的组成对消耗酸量的影响。酸量小,样品消化不完全,测定结果偏低;酸量大,在上机过程中与碱中和后,酸过量,游离铵不能被蒸馏出来,严重影响测定结果。所以,要严格控制硫酸的用量。

在消化过程中,先 220℃ 预消化 1 h,然后将温度升高到 420℃。预消化的目的是让样品和硫酸先缓慢的反应。不预消化,浓硫酸将和样品在高温下剧烈反应,造成炭化,测定结果将偏低,炭化造成的颗粒还会在排废过程中堵塞管路,造成仪器不能正常工作。

4. 回收率的测定

采用硫酸铵和尿素分别对回收率进行测定。单纯地采用硫酸铵,简单快速,不要消化,但只能保证仪器测定的部分,而不能对前处理的消化过程进行质量体系保证。尿素需要消化进行测定,对前处理和仪器测定部分全程进行质量保证。

(二)维护和保养

1. 蒸馏装置

当样品测定完毕后,回到调试界面选择蒸馏功能,开始蒸馏,蒸馏 7 min 左右自动停止。选择排液,将接收杯内液体排净完成对蒸馏装置的清洗。同时也对滴定装置进行了清洗。清洗后取下消化管,倒掉废液,对安全门和滴流盘进行擦拭,去除测定过程中残留的碱液。

2. 标准酸溶液的更换

当采用浓度不同的标准酸溶液时,应当将仪器滴定器中残留的酸液清除掉。在调试界面下选择滴定功能,滴定 5~6 min,旧酸液将彻底被新酸液置换出来。排净接收杯中的标准酸。

3. 定期清洗

定期对排废装置进行清洗,长时间不清洗,会堵塞管路。量取 25 mL 醋酸溶液和 5 mL 水,采用手动蒸馏 0.5 h,挥发的醋酸将清除排废装置内壁上残留的碱液。

4. 注意事项

在每次更换完标准滴定酸或接收液后,以及对仪器进行维修后,都要对仪器进行回收率的测定。一般采用硫酸铵进行回收率分析,保证回收率为 99.5%~100.5%,说明仪器正常,可以进行样品测定。

5. 清洗加碱管路

仪器长时间放置不使用,加碱管路容易结晶堵塞,对管路有腐蚀作用。每次试验过后将碱溶液桶中的碱液更换为蒸馏水,在调试界面中反复加碱,实现对加碱管路的清洗。

为了使凯氏定氮仪保持良好的灵敏度和稳定性,能高效,快速的分析样品,得到准确的分析结果,平时使用,应注意保持仪器各个部件的正常,开机前仔细检查一下,确认无误后开机测定。

四、非蛋白氮含量的测定

1. 原理

用15%的三氯乙酸溶液沉淀蛋白质,滤液经消化、蒸馏后,用 0.01 mol/L 盐酸滴定,计算氮含量,即为样品中非蛋白氮的含量。

GB/T 21704—2008《乳与乳制品中非蛋白氮含量的测定》之检出限为 3.5×10^{-4} g/100 g。

> **想一想**
> 三聚氰胺能用此法检验吗?

2. 仪器与试剂

① 蔗糖（$C_{12}H_{22}O_{11}$）:含氮量质量分数不大于 0.002%,使用之前不能在烘箱中干燥。

② 三氯乙酸溶液（150 g/L）:称取 15.0 g 三氯乙酸（CCl_3COOH）,加水溶解并稀释至 100 mL,混匀。

③ 盐酸标准滴定溶液[c(HCl)＝0.010 0 mol/L]。

④ 定量滤纸:中速。

⑤ 均质机:转速 6 000～18 000 r/min。

其他试剂、仪器同任务二。

3. 测定

(1)试样制备 储藏在冰箱中的乳与乳制品,应在试验前预先取出,并达室温。

① 液态试样。准确称取试样 10 g(精确至 0.000 1 g),置于预先已称量的烧杯中,待测。

② 固态试样。准确称取试样 10 g(精确至 0.000 1 g),置于烧杯中。乳粉加入 90 mL 温水,搅拌均匀;干酪加入 40 mL 温水,均质机匀浆溶解;黄油温热熔化。吸取 10 mL 于预先已称量的烧杯中,称量,待测。

(2)沉淀、过滤 量取 40 mL 的三氯乙酸溶液(150 g/L),加入至上述盛有试样的烧杯中,摇匀,准确称量。静置 5 min,中速滤纸过滤,收集澄清滤液。

(3)测定 准确称取滤液 20 g(精确至 0.000 1 g),同任务二消化、蒸馏,用0.01 mol/L 盐酸标准溶液代替 0.1 mol/L 盐酸标准溶液进行滴定。

(4)空白测定 准确称取 0.1 g 蔗糖于烧杯中,加入 16 mL 的三氯乙酸溶液,按(2)沉淀、过滤,(3)测定步骤进行操作,作为空白值。

4. 结果计算

(1)计算公式 试样中非蛋白氮的含量按式(5-9)计算:

$$X = \frac{1.400\ 7 \times c \times (V_1 - V_0) \times (m_2 - 0.065 \times m_1)}{m_3 \times m_1} \tag{5-9}$$

式中:X——试样中非蛋白氮的含量,%;

m_2——加入 40 mL 三氯乙酸溶液后的试样质量,g;

0.065——响应因子;

m_1——用于沉淀蛋白的试样质量,g;

m_3——用于消化滤液的质量,g;

其他试剂、仪器及设备同任务二。

测定结果用平行测定的算术平均值表示,保留 3 位有效数字。

(2)精密度　在重复性条件下获得的 2 次独立测定结果的绝对差值不得超过算术平均值的 10%。

五、乳与乳制品中动物水解蛋白的检验——$L(-)$-羟脯氨酸含量测定法

1. 方法

乳与乳制品中 $L(-)$-羟脯氨酸含量测定方法,适用于生鲜牛乳、液态乳、乳粉、含乳饲料中动物水解蛋白的鉴定。

当样品中被检出含有 $L(-)$-羟脯氨酸时,可判定为动物水解蛋白。

GB/T 9695.23—2008《肉与肉制品　羟脯氨酸含量测定》用硫酸代替盐酸溶液水解样品。

2. 原理

试样经酸水解,释放出羟脯氨酸。经氯胺 T 氧化,生成含有吡咯环的氧化物。用高氯酸破坏过量的氯胺 T。羟脯氨酸氧化物与对二甲氨基苯甲醛反应生成红色化合物,在波长 558 nm 处进行比色测定。

3. 试剂

所用试剂均为分析纯。水为蒸馏水或同等纯度的水。

①盐酸(6 mol/L)。

②氢氧化钠溶液(1 mol/L、10 mol/L)。

③缓冲液:将 50 g 柠檬酸、26.3 g 氢氧化钠和 146.1 g 结晶乙酸钠溶于水,稀释至 1 L,此溶液与 200 mL 水和 300 mL 正丙醇混合。

④氯胺 T 溶液:将 1.41 g 三水·N-氯-对甲苯磺酰胺钠盐(氯胺 T),溶于 10 mL 水中,依次加入 10 mL 正丙醇和 80 mL 缓冲溶液(用前现配)。

⑤显色剂:称取 10.0 g 对二甲氨基苯甲醛,用 35 mL 高氯酸溶液[60%(质量分数)]溶解,缓慢加入 65 mL 异丙醇(用前现配)。

【知识窗】

对二甲氨基苯甲醛的纯化

用 70%(体积分数)热乙醇配制对二甲氨基苯甲醛饱和溶液。依次在室温和冰箱中冷却,12 h 后,用布氏漏斗过滤。用少量 70%(体积分数)乙醇洗涤布氏漏斗中的固体。将固体转移至锥形瓶中,用 70%(体积分数)热乙醇重新溶解固体,加入冷水充分搅拌,至有大量乳白色晶体析出,于冰箱中过夜。用布氏漏斗过滤固体,用 50%(体积分数)乙醇洗涤后,在有五氧化二磷干燥剂的条件下进行真空干燥。

⑥$L(-)$-羟脯氨酸($C_5H_9NO_3$)标准溶液。

标准储备液(500 $\mu g/mL$):称取 50.0 mg 4-羟基-α-吡咯甲酸[$L(-)$-羟脯氨酸]用少量水溶解,加 1 滴盐酸(6 mol/L),转移至 100 mL 容量瓶中,并用水定容(4℃下可稳定存放

1 个月)。

标准工作液(5 µg/mL):移取 5.00 mL 上述标准储备液至 500 mL 容量瓶中,水定容。

4. 仪器和设备

①配有冷凝管的锥形瓶:250 mL。

②恒温水浴。

③分光光度计:可用波长(558±2) nm。

④酸度计。

其他实验室常规设备。

5. 试样处理

准确称取固体样品 0.5 g(液体样品 4~5 g),精确到 0.000 1 g,放于水解管中。在水解管内加 12 mol/L 盐酸 10~15 mL 后充分溶解,然后充入高纯氮气;在充氮气状态下封口或拧紧螺丝盖将已封口或拧紧螺丝盖,交已封口的水解管放在(110±1)℃的恒温干燥箱内,水解 6h 后,取出稍冷却。

打开水解管(注意防止水解液冲出消化管),趁热将水解溶液转入 100 mL 容量瓶中,并用蒸馏水定容至刻度,混匀。过滤,得此水解液。

吸取 5~25 mL(V_1)水解液于 100 mL 锥形瓶中,用 10 mol/L、1 mol/L 氢氧化钠溶液调节 pH 为 8.3±0.2,定容至 100 mL 容量瓶中,摇匀备用。此液为待测液。

6. 测定

(1)标准曲线绘制 吸取 L(-)-羟脯氨酸标准工作液(5 µg/mL)0.00、0.50、1.00、1.50、2.00、3.00 mL 分别置于 25 mL 具塞试管中,加蒸馏水补充至 5 mL 摇匀,其 L(-)-羟脯氨酸含量分别为 0.0、2.5、5.0、7.5、10.0、15.0 µg。然后向上述具塞试管中分别加氯胺 T 溶液 2 mL,摇匀后于室温放置 20 min。加入显色剂 2 mL,摇匀,塞上塞子于 60℃试管加热器(或恒温水浴)中保温 20 min 后取出,迅速冷却,在波长(558±2) nm 处测定吸光值,绘制标准曲线。

(2)试样测定 根据 L(-)-羟脯氨酸含量,吸取待测液 1.00~5.00 mL(V_2)于 25 mL 具塞试管中,以下按(1)步骤进行比色测定,同时用水做空白测试。

7. 结果计算

(1)计算公式 试样中羟脯氨酸的含量按式(5-10)计算:

$$X = \frac{c \times 100 \times 100}{m \times V_1 \times V_2 \times 1\,000 \times 1\,000} \times 100 \qquad (5\text{-}10)$$

式中: X——样品中 L(-)-羟脯氨酸的含量,g/100 g;

c——从标准曲线查得到的样液中 L(-)-羟脯氨酸含量,µg;

100×100——水解液定容体积(mL)×待测液体积(mL);

m——称取试样的质量,g;

V_1——吸取水解液的体积,mL;

V_2——吸取待测液的体积,mL;

1 000×1 000——L(-)-羟脯氨酸由微克(µL)换算成克(g)。

当符合精密度规定的要求时,取 2 次测定结果的算术平均值作为结果,结果保留小数点后 2 位有效数字。

皮革乳——动物水解蛋白的检验

1. 动物水解蛋白

乳制品中被加入动物水解蛋白,能提高乳制品中蛋白质的含量,此方法成本低,是不法分子常用的掺假手段之一。动物水解蛋白是由动物皮革及其制品下脚料等水解得到的蛋白质,由于下脚料中含有重铬酸钾和重铬酸钠,因此,用这种原料生产水解蛋白,重铬酸钾和重铬酸钠会带入产品中,被人体摄入;这些物质在体内无法分解,缓慢积累会导致中毒,对人体危害极大。我国禁止在乳及乳制品中添加皮革水解蛋白。

2. L(-)-羟脯氨酸

L(-)-羟脯氨酸是动物胶原水解蛋白 18 种组成氨基酸之一,占胶原蛋白氨基酸总量的 10% 以上,是胶原中的特征氨基酸,其含量用于衡量动物胶原水解蛋白含量。检测纯牛奶中是否含有 L-羟脯氨酸,是因为乳中蛋白质中不存在 L-羟脯氨酸,它是动物胶原蛋白中特有成分,所以一旦检出,即可认为纯牛奶中含有皮革水解蛋白。

检测乳与乳制品中是否含有 L(-)-羟脯氨酸是判断乳与乳制品是否掺假的一个重要手段之一。目前,针对 L(-)-羟脯氨酸的检测方法主要有分光光度法、液相色谱法、氨基酸分析仪法、液相色谱质谱法等。

3. 胶原蛋白

胶原蛋白的作用是各种氨基酸相互协同的结果,不是单靠某一种氨基酸。胶原蛋白中 L(-)-羟脯氨酸在其他一些普通的蛋白(如大豆蛋白)中比较少见,羟脯氨酸虽然对皮肤的作用很好,但不是说它的含量越高效果就好。羟脯氨酸含量是由胶原蛋白的原料来源决定的,而且在同一原料中,不同类型的胶原蛋白中羟脯氨酸含量也不同。

化工类的羟脯氨酸或者牛骨、皮来源的软骨素、黏多糖一类原料里面羟脯氨酸超高。

(2)精密度　按照 GB/T 6379 规定确定,重复性和再现性的值以 95% 的置信度来计算。

①重复性。在重复性条件下,获得的 2 次独立测试结果的绝对差值不超过重复性限 (r),L(-)-羟脯氨酸的含量范围及重复性方程:

$$r = 0.013\ 1 + 0.032\ 2\overline{X}$$

式中:r——重复性限,%;

$\overline{X}$——2 次测试平均值,%。

如果 2 次独立测试结果的绝对差值超过重复性限值,舍弃这 2 个结果,重新测定 2 次。

②再现性。在再现性条件下,获得的 2 次独立测试结果的绝对差值不超过再现性限 (R),L(-)-羟脯氨酸的含量范围及再现性方程:

$$R = 0.019\ 5 + 0.052\ 9\overline{X}$$

式中:R——重复性限,%;

$\overline{X}$——2 次测试平均值,%。

【项目小结】

本项目涵盖酱油中氨基酸态氮的测定、乳中蛋白质的测定、肉与肉制品氮含量测定、原料乳中三聚氰胺快速检测4个任务,使用了酸度计、定氮仪、电位滴定仪、高效液相色谱仪、消化炉、绞肉机及粉碎机等仪器设备,要求熟识设备的基本构造、工作原理及操作方法,能够完成酱油、肉及肉制品、乳及乳制品等采样、均质或脱水制样、备检样品保存等具体工作,能够运用湿法消化法、蒸馏法、滴定法、标准曲线法,完成氨基酸态氮测定、凯氏定氮、肉与肉制品中氮测定、三聚氰胺快速检测等检验工作。还要熟悉谷氨酸(味精)旋光法检测、氨基酸自动分析仪使用、高效液相色谱仪运行、全自动凯氏定氮仪、分光光度法测定非蛋白氮、乳与乳制品中羟脯氨酸检验等工作内容,体会每一检验结果的意义与社会价值,掌握蛋白质与氨基酸的检验技术,具有理化检验能力,进一步提升职业素养。

【项目验收】

(一)填空题

1. 凯氏定氮法是通过对样品总氮量的测定换算出蛋白质的含量,这是因为_____。

2. 凯氏定氮法消化过程中硫酸的作用是_____;硫酸铜的作用是_____。

3. 凯氏定氮法的主要操作步骤分为_____、_____、_____、_____。在消化步骤中,需加入少量辛醇并注意控制热源强度,目的是_____。在蒸馏步骤中,清洗仪器后从进样口先加入_____,然后将吸收液置于冷凝管下端并要求_____,再从进样口加入 400 g/L 氢氧化钠至反应管内的溶液有黑色沉淀生成或变成深蓝色,然后通水蒸气进行蒸馏;蒸馏完毕,首先应_____,再停火停气。

4. 食品中氨基酸态氮含量的测定方法有_____和_____,该方法的作用原理是利用氨基酸的_____和_____。

(二)单项或多项选择题

1. 硫酸钾在定氮法中消化过程的作用是(　　)。

A. 催化　　　　B. 显色　　　　C. 氧化　　　　D. 提高温度

2. 凯氏定氮法碱化蒸馏后,用(　　)作吸收液。

A. 硼酸溶液　　B. 氢氧化钠溶液　C. 萘氏试纸　　　D. 蒸馏水

3. 蛋白质测定中,下列做法正确的是(　　)。

A. 消化时硫酸钾用量要大　　　　B. 蒸馏时氢氧化钠要过量

C. 滴定时速度要快　　　　　　　D. 消化时间要长

4. 用电位滴定法测定氨基酸含量时,加入甲醛的目的是(　　)。

A. 固定氨基　　B. 固定羟基　　C. 固定氨基和羟基　　D. 以上都不是

5. 用微量凯氏定氮法测定食品中蛋白质含量时,在蒸馏过程中应注意(　　)。

A. 先加 40% 氢氧化钠,再安装好硼酸吸收液

B. 火焰要稳定

C. 冷凝水在进水管中的流速应控制适当、稳定

D. 蒸馏一个样品后,应立即清洗蒸馏器至少2次

E. 加消化液和加40%氢氧化钠的动作要慢

6. 用微量凯氏定氮法测定食品中蛋白质含量时,在消化过程中应注意(　　)。

A. 称样准确、有代表性　　　　　B. 在通风橱内进行

C. 不要转动凯氏烧瓶　　　　　　D. 消化的火力要适当

E. 烧瓶中放入几颗玻璃球

7. 蛋白质测定消化时,凯氏烧瓶应(　　)放在电炉上进行消化。

A. 与电炉垂直　　　　　　　　　B. 与电炉垂直且高于电炉2 cm的地方

C. 倾斜约45°

8. 蛋白质测定消化时,应(　　)。

A. 先低温消化,待泡沫停止产生后再加高温消化

B. 先高温消化,待泡沫停止产生后再用低温消化

C. 一直保持用最高的温度消化

(三)判断题(正确的画"√",错误的画"×")

1. 蛋白质测定加碱蒸馏时,应先向反应室加入适量20%的氢氧化钠溶液,再加入10 mL样品后,水封,通蒸汽进行蒸馏。(　　)

2. 凯氏定氮法消化时,有机物分解过程中的颜色变化为:刚加入浓硫酸为无色,炭化后为棕色,消化完全时消化液应呈褐色。(　　)

(四)简答题

1. 简述凯氏定氮法测定蛋白质的原理。

2. 凯氏定氮仪法测定蛋白质时,如何消除非蛋白氮的干扰?

3. 简述凯氏定氮法测定蛋白质的步骤及注意事项。

4. 消化过程中加入硫酸铜、硫酸钾有什么作用?怎样控制消化过程中产生的泡沫?

5. 试结合2008年的三聚氰胺案件,分析凯氏定氮法测定蛋白质存在哪些不足?请提出凯氏定氮法的改进建议。

6. 简述凯氏定氮法测定蛋白质的过程中,每一步颜色的变化。

Project 6

脂类测定技术

➤ **知识目标**

1. 熟悉食品中脂肪的类别及性质。
2. 熟识食品中脂肪提取、纯化及恒重的方法。

➤ **技能目标**

1. 具备索氏提取器、粗脂肪测定仪、近红外法分析仪、阿贝折光仪等设备使用能力。
2. 具有应用烘干法、蒸馏法、重量法测定粗脂肪的能力。
3. 能够应用折光法测定可溶性固形物含量。
4. 具有查阅、解读国家标准、行业规范的能力,能依标准规定准确表达检验结果。
5. 能正确处理分析数据,并对分析数据进行评价。

【项目导入】

脂类是食品的重要组成成分。在食品加工生产过程中,原料、半成品、成品的脂类含量对产品的风味、组织结构、品质、外观、口感等都有直接的影响。不同种类的食品,其脂肪含量及存在形式不同,因此测定脂肪的方法也就不同。常用的测定脂肪的方法有索氏提取法、酸分解法、罗紫-哥特里法、巴布科克氏法、氯仿-甲醇提取法等。酸水解法能对包括结合态脂类在内的全部脂类进行定量。而罗紫-哥特里法主要用于乳及乳制品中脂类的测定。

任务一 肉及肉制品中粗脂肪的测定——索氏提取法

【工作要点】

1. 索氏抽提法测定肉及肉制品中粗脂肪的原理。
2. 肉及肉制品中粗脂肪的提取。
3. 索氏抽提器的安装、使用。

【工作过程】

(一)试样制备

取样方法参见"任务三肉与肉制品氮含量测定"。注意避免试样的温度超过25℃。试样应在均质化后 24 h 内尽快分析。

(二)索氏提取器准备

> **想一想**
> 索氏抽提器使用前需做何处理?

(1)清洗 将索氏提取器各部位充分洗涤并用蒸馏水清洗、烘干。底瓶在(103±2)℃的电热鼓风干燥箱内干燥至恒重(前后 2 次称量差不超过 0.002 g)。

(2)滤纸筒制备 将滤纸裁成 8 cm×15 cm 大小,以直径为 2.0 cm 的大试管为模型,将滤纸紧靠试管壁卷成圆筒形,把底端封口,内放一小片脱脂棉,用白细线扎好定型,用硬铅笔编写顺序号。

(三)称样干燥

用洁净称量皿称取 5 g 试样,精确至 0.001 g。含水量 40% 以上的试样,加入适量海沙,置沸水浴上蒸发水分。用一端扁平的玻璃棒不断搅拌,直至松散状;含水量约 40% 以下的试样,加适量海沙,充分搅匀。

> **想一想**
> 如何将试样完全转移至滤纸筒?

将上述拌有海沙的试样全部移入滤纸筒内,用蘸有无水乙醚或石油醚的脱脂棉擦净称量皿和玻璃棒,一并放入滤纸筒内。滤纸筒上方塞添少量脱脂棉。将盛有试样的滤纸筒移入电热鼓风干燥箱内,在(103±2)℃温度下烘干 2 h。

163

(四)提取及恒重

将干燥后盛有试样的滤纸筒放入索氏提取筒内,连接已干燥至恒重的底瓶,注入无水乙醚或石油醚至虹吸管高度以上。待提取液流净后,再加提取液至虹吸管高度的1/3处。连接回流冷凝管。将底瓶放在水浴锅上加热。用少量脱脂棉塞入冷凝管上口。

水浴温度不可过高,应控制在使提取液每6~8 min回流1次,提取6~12 h。提取结束时,用磨砂玻璃接取一滴提取液,磨砂玻璃上无油斑表明提取完毕。

> **想一想**
> 提取结束,怎样处理底瓶?

提取完毕后,回收提取液。取下底瓶,在水浴上蒸干并除尽残余的无水乙醚或石油醚。用脱脂滤纸擦净底瓶外部,在(103±2)℃的干燥箱内干燥1 h,取出,置于干燥器内冷却至室温,称量。重复干燥0.5 h的操作,冷却,称量,直至前后2次称量差不超过0.002 g。

(五)结果处理

1. 计算公式

肉及肉制品中粗脂肪含量按式(6-1)进行计算:

$$X = \frac{m_2 - m_1}{m} \times 100\% \tag{6-1}$$

式中:X——肉及肉制品中粗脂肪含量,%;

m_2——底瓶和粗脂肪的质量,g;

m_1——底瓶的质量,g;

m——试样的质量,g。

计算结果表示到小数点后1位。

2. 精密度

同一试样的2次测定值之差不得超过2次测定平均值的5%。

【相关知识】

见【必备知识】二、索氏提取法。

GB/T 14772—2008《食品中粗脂肪的测定》适于肉、豆、坚果、谷物油炸等制品及糕点类食品中粗脂肪的测定。

【仪器与试剂】

1. 仪器及用具

①索氏提取器:如图6-1所示。

②称量皿:铝质或玻璃质,内径60~65 mm,高25~30 mm。

③绞肉机:筛孔径不超过4 mm。

其他实验室常备仪器及设备。

2. 试剂

①无水乙醚:不含过氧化物。

②石油醚:沸程 30～60℃。

③海沙:直径 0.65～0.85 mm,SiO$_2$ 含量不低于 99%。

海沙净化方法:取用水洗去泥土的海沙,先用盐酸 (1+1)煮沸 0.5 h,用水洗至中性,再用氢氧化钠溶液 (240 g/L)煮沸 0.5 h,用水洗至中性,经(100±5)℃干燥备用。

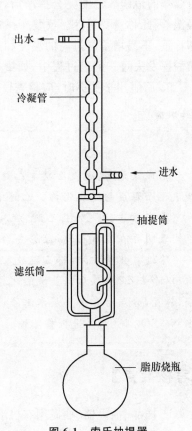

图 6-1　索氏抽提器

【友情提示】

1. 测定用样品、抽提器、抽提用有机溶剂都需要进行脱水处理,否则抽提溶剂不易渗入细胞组织内部,不易将脂肪抽提干净,影响抽提效率。

2. 滤纸要事先干燥,并存放在干燥器内备用,操作过程中动作要快,以免滤纸吸湿造成误差。滤纸筒应严密,不能往外漏样品,且应高出抽提筒虹吸管顶部约 1 cm,内部的试样则应低于虹吸管顶部约 1 cm;筒内样品松紧要适度,否则乙醚不易充分抽提试样脂肪造成结果偏低而产生误差。

3. 有机溶剂乙醚的加入量约是接收瓶体积的 2/3 为宜。加溶剂经过一次虹吸,然后再加 1/3,保证试验不断循环。提取过程中若溶剂蒸发损耗太多可从冷凝器上口小心加入适量的新溶剂补充。

4. 抽提时水浴温度一般控制在乙醚刚开始沸腾即可。水温过高会使乙醚从冷凝管上端溢出,水温过低使回流速度过慢不易抽提充分。在恒温水浴中抽提,控制每分钟滴下乙醚 80～150 滴,或每小时回流 8～12 次,并视含量高低抽提 6～12 h。测定脂肪含量大的样品可先将样品先回流 1～2 次,然后浸泡在溶剂中过夜,次日再继续抽提,则可明显缩短抽提时间。抽提室温以 15～25℃ 为宜。

想一想
抽提剂为乙醚时,需要注意哪些问题?

想一想
抽提时间如何控制?

5. 在抽提时,冷凝管上端最好连接一个氯化钙干燥管,这样,可防止空气中水分进入,也可避免乙醚挥发在空气中,如无此装置可塞一团干燥的脱脂棉球。

6. 试验试样中脂肪是否抽提完全,可用被回流的乙醚滴在滤纸上乙醚挥干后有无油迹来判断,无油迹证明脂肪已被抽提完全。

7. 乙醚和石油醚(沸点 30～60℃)都是易燃易爆且挥发性强的物质,因此在挥发乙醚或石油醚时,切忌用直接明火加热,应该用电热套、电水浴等。另外,乙醚具有麻醉作用,在使用乙醚时应注意室内通风换气,空气流畅。

想一想
怎样能安全恒重抽提的脂肪?

8. 试样抽提完毕后需将接收瓶中乙醚在水浴上完全蒸发挥净后再放入烘箱中,若乙醚未挥净将接收瓶放入烘箱会有爆炸的危险。乙醚完全挥净后,将接收瓶放入烘箱中(100±5)℃烘干至恒重。烘干后易吸湿,因此称量要迅速。反复干燥还会因脂类氧化而增重,一般再次复烘时,烘 30 min 后冷却称重,不易增重。过高的温度和过长的时间容易使不饱和脂肪酸氧化增重或低级游离脂肪酸挥发失重。称量过程中,如重量增加时,以增重前的重量为恒重。

9. 乙醚用于抽提时,应检查过氧化物、无水、无醇、挥发残渣含量低。

【知识窗】

过氧乙醚

形成及危害:过氧乙醚是乙醚在储存过程中由于空气、光线和温度的作用,致使乙醚缓慢氧化而形成的过氧化物。乙醚中有过氧化物存时,挥发蒸馏易发生爆炸事故。

检查方法:取 6 mL 乙醚,加入 2 mL 10%碘化钾溶液,用力摇动,放置 1 min,若出现黄色则表明存在过氧乙醚,应除去后再使用。

除过氧化物方法:将乙醚放入分液漏斗,先以 1/5 乙醚量的 10% KOH 溶液洗涤 2~3 次,以除去乙醇;然后用盐酸酸化,加入 1/5 乙醚量的 10% $FeSO_4$ 或 10% Na_2SO_3 溶液,振摇,静置,分层后弃去下层水溶液,以除去过氧乙醚;最后用水洗至中性,用无水 $CaCl_2$ 或无水 Na_2SO_4 脱水,并进行重蒸馏。

【考核要点】

1. 样品、抽提器、抽提用有机溶剂的脱水处理。
2. 索氏抽提器的安装、使用。
3. 安全操作意识。
4. 抽提器溶剂回收。

【思考】

1. 抽提法测定脂肪要注意哪些安全事项?
2. 乙醚做提取剂,为何要无过氧化物、无水、无乙醇、少残渣?

【必备知识】

一、脂类

(一)食品中的脂肪

脂肪是食品中重要的营养成分之一;脂肪能增加食欲,协助脂溶性维生素的吸收;脂蛋白在人体生理机能调节和完成生化反应方面具有十分重要的作用。同时,过量摄入脂肪对人体健康也会产生严重影响。

各种食品含脂量各不相同,其中植物性或动物性油脂中脂肪含量最高,而水果蔬菜中脂肪含量很低。生产蔬菜罐头添加适量的脂肪可以改善产品的风味;面包等焙烤食品的脂肪含量(特别是卵磷脂等组分)对面包心的柔软度、面包的体积及结构都有影响。因此,在含脂肪的食品中,脂肪的含量都有一定的规定,是食品质量管理中的一项重要指标。测定食品的脂肪含量,可以用来评价食品的品质,衡量食品的营养价值,而且对实行工艺监督,生产过程的质量管理,研究食品的储藏方式是否恰当等方面提供依据。

(二)脂类的测定

食品中脂肪有游离态(动物性脂肪及植物性油脂)、结合态(如天然存在的磷脂、糖脂、脂蛋白及某些焙烤食品中的脂肪与蛋白质或糖类等成分形成),大多数食品中所含的脂肪为游离脂肪。

脂类不溶于水,易溶于有机溶剂。测定脂类大多采用低沸点的有机溶剂萃取的方法。常用的溶剂有乙醚、石油醚、氯仿-甲醇混合溶剂等。其中,乙醚溶解脂肪的能力强,但沸

> **想一想**
> 脂肪提取溶剂有何使用要求?

点低(34.6℃),易燃,而且可饱和约2%的水分,这种含水乙醚会将糖分等非脂成分抽出,因此,在使用时必须采用无水乙醚作提取剂,要求试样也必须预先烘干。石油醚溶解脂肪的能力稍弱于乙醚,但吸收的水分比乙醚少,燃点也稍高,使用时允许试样含有微量水分。两种溶剂都只能提取游离的脂肪。提取结合态脂类,必须预先用酸或碱破坏脂类和非脂成分的结合。乙醚与石油醚也混合使用。氯仿-甲醇混合溶剂对脂蛋白、磷脂的提取效率较高,特别适用于水产品、家禽、蛋制品等食品脂肪的提取。

溶剂提取食品中脂类时,需要根据食品种类、性状及所选取的检验方法,在测定之前对样品进行预处理。脂类检验方法还有酸水解法、罗紫-哥特里法、巴布科克法、盖勃法、氯仿-甲醇提取法等。

二、索氏提取法

索氏提取法是国内外公认的经典方法,是我国粮油分析首选的标准方法。

样品经干燥处理后,用无水乙醚或石油醚等有机溶剂回流抽提,样品中的脂肪完全溶解于溶剂,将溶剂回收后剩余的残留物即为脂肪,由于提取物中含有磷脂、色素、树脂、固

> **想一想**
> 为何索氏提取法提取的是粗脂肪?

醇、芳香油、糖脂等,用此法测得的脂肪称为粗脂肪。食品中的游离脂肪一般都能直接被乙醚、石油醚等有机溶剂抽提,而结合态脂肪不能直接被乙醚、石油醚提取,需在一定条件下进行水解等处理,使之转变为游离脂肪后方能提取,故索氏抽提法测定的脂肪只是食品中的游离态脂肪,而结合态脂肪测不出来。

本法适用于脂类含量较高、结合态的脂类含量较少、能烘干磨细、不易吸湿结块的食品样品,如肉制品、豆制品、坚果制品、谷物、油炸制品、糕点等食品中粗脂肪的测定。

本法对大多数试样结果比较可靠,但费时间,溶剂用量大,且需专门的索氏抽提器。

【知识窗】

粗脂肪测定仪

以索氏抽提溶解脂肪,使脂肪随溶剂抽提出来,再用蒸馏法使脂肪与溶剂分离,经烘干、称量重量为基本原理来测定脂肪含量的仪器称为粗脂肪测定仪。

粗脂肪测定仪主要由加热、抽提和溶剂回收、冷却三大系统组成。仪器为封闭结构,操作时根据所用试剂的沸点和自然温度的差异选择最佳工作温度,加快抽提速度,能有效地缩短分析测定时间。适用于粗脂肪量不低于 0.5% 的粮食、饲料、油料及各种油脂制品,可同时做 6 个样品的测定。

三、蒸馏技术

1. 加料

将待蒸馏液通过玻璃漏斗小心倒入蒸馏瓶中,不使液体从支管流出。加入几粒助沸物,安装温度计在通向冷凝管的侧口部位。检查仪器的各部分连接紧密和妥善。

2. 加热

开冷凝水,由冷凝管下口缓缓通入冷水,自上口流出引至水槽中,再开始加热。加热时,蒸馏瓶中的液体逐渐沸腾

想一想
怎样判定馏出物的沸点?

腾,蒸气上升,温度计读数也略有上升。当蒸气的顶端到达温度计水银球部位时,温度计读数会急剧上升,此时调低加热电炉或电热套的电压,略减慢加热速度,蒸气顶端停留在原处,使瓶颈上部和温度计受热,让水银球上液滴和蒸气温度达到平衡。然后再稍稍加大火力,进行蒸馏。控制加热温度,调节蒸馏速度,通常以每秒 1~2 滴为宜。在整个蒸馏过程中,应使温度计水银球上常有被冷凝的液滴(此时温度即为液体与蒸气平衡时的温度),温度计的读数就是液体(馏出物)的沸点。

提示:加热的火焰不能太大,否则会在蒸馏瓶的颈部造成过热现象,部分液体的蒸气直接受到火焰的热量,会使温度计读得的沸点偏高;蒸馏也不能进行得太慢,否则温度计的水银球不能被馏出液蒸气充分浸润,使温度计上所读得的沸点偏低或不规范。

【知识窗】

蒸馏法

利用混合液体或液-固体系中各组分沸点不同,通过加入或去除热量的方法,使混合物形成气液两相,并让他们相互接触进行质量传递,致使易挥发组分蒸发在气相中增浓,再冷凝,难挥发组分在液相中增浓,实现混合物的分离的单元操作过程称为蒸馏。蒸馏是蒸发和冷凝两种单元操作的联合。

(1)特点 不使用系统组分以外的其他溶剂,不会引入新的杂质;操作流程简单,能直接获得所需要的产品;使用范围广,可以分离液体、气体及固体混合物。不过,蒸馏需消耗大量的能量,有时还有高压、真空、高温或低温等条件限制。

(2)应用 分离沸点差别较大的液体混合物,测定纯化合物的沸点,去除含有的少量杂质提高物质的纯度;蒸馏部分溶剂以浓缩溶液、回收溶剂等。

(3)安全措施

①控制好加热温度。采用加热浴(水浴或油浴),加热浴的温度应当比蒸馏液体的沸点高出若干度,否则难以将被蒸馏物蒸馏出来。但是,加热浴的温度也不能过高,否则会导致蒸馏瓶和冷凝器上部的蒸气压超过大气压,有可能产生事故,特别是在蒸馏低沸点物质时

尤其需注意。一般地,加热浴的温度不能比蒸馏物质的沸点高出30℃。整个蒸馏过程要随时添加浴液,以保持浴液液面超过瓶中的液面至少10 cm。

②蒸馏高沸点物质时,应选用短颈蒸馏瓶或者采取其他保温措施等,保证蒸馏顺利进行。

③蒸馏之前,熟知被蒸馏的物质及其杂质的沸点和饱和蒸气压,以确定收集馏分的温度。

④蒸馏烧瓶应当采用圆底烧瓶沸点在40～150℃的液体可采用沸点在150℃以上的液体或沸点虽在150℃以下,对热不稳定或常压简单蒸馏易热分解的液体,采用减压蒸馏和水蒸汽蒸馏。

3. 观察沸点、收集馏液

想一想
怎样收集提纯后的物质?

进行蒸馏前,至少要准备2个接受瓶。因为在达到预期物质的沸点之前,带有沸点较低的液体先蒸出。这部分馏液称为"前馏分"或"馏头"。前馏分蒸完,温度趋于稳定后,蒸出的就是较纯的物质,此时,更换一个洁净干燥的接受瓶接受,记下这部分液体开始馏出时和最后一滴时温度计的读数,即是该馏分的沸程(沸点范围)。一般液体中或多或少地含有一些高沸点杂质,在所需要的馏分蒸出后,若再继续升高加热温度,温度计的读数会显著升高,若维持原来的加热温度,就不会再有馏液蒸出,温度会突然下降。此时应停止蒸馏。不要蒸干,以免蒸馏瓶破裂及发生其他意外事故。

蒸馏完毕,应先停止加热,然后停止通冷却水,拆下仪器。拆除仪器的顺序和装配的顺序相反,先取下接收器,然后拆下尾接管、冷凝管、蒸馏头和蒸馏瓶等。

【蒸馏口诀】

隔网加热冷管倾,上缘下缘两相平。需加碎瓷防暴沸,热气冷水逆向行。瓶中液限掌握好,先撤热源水再停。

注:①隔网加热冷管倾:"冷管"指冷凝管。意思是说加热蒸馏烧瓶时要隔石棉网(防止蒸馏烧瓶因受热不均匀而破裂),在安装冷凝管时要向下倾斜。

②上缘下缘两相平:意思是说温度计的水银球的上缘要恰好与蒸馏瓶支管接口的下缘在同一水平线上。

③热气冷水逆向行:意思是说冷却水要由下向上不断流动,与热的蒸气的流动的方向相反。

④瓶中液限掌握好:意思是说一定要掌握好蒸馏烧瓶中液体的限量,最多不超过蒸馏烧瓶球体容积的2/3,最低不能少于1/3。

⑤先撤热源水再停:意思是说蒸馏结束时,应先停火再停冷却水。

四、总脂肪含量测定

想一想
总脂肪与粗脂肪的测定原理有哪些差异点?

1. 原理

试样用盐酸加热水解,将包含的和结合的油脂释放出来后,同"任务一肉及肉制品中粗脂肪测定"。

GB/T 9695.7—2008《肉与肉制品 总脂肪含量测定》。

2.仪器与试剂

①2 mol/L 盐酸溶液。

②蓝色石蕊试纸。

其他试剂、仪器、抽样等准备同"任务一"。

3.测 定

(1)酸水解 称取 3～5 g 试样,准确至 0.001 g,置于 250 mL 锥形瓶中,加入 50 mL 2 mol/L 盐酸溶液,盖上小表面皿,于石棉网上用火加热至微沸,保持 1 h,每 10 min 旋转摇动 1 次。取下锥形瓶,加入 150 mL 热水,混匀,过滤。锥形瓶和小表面皿用热水洗净,热水一并过滤。沉淀用热水洗至中性(用蓝色石蕊试纸检验,中性时试纸不变色)。将沉淀和滤纸置于大表面皿上,连同锥形瓶和小表面皿一起于(103±2)℃干燥箱内干燥 1 h,冷却。

(2)脂肪抽提、烘干、恒重 将烘干的滤纸放入衬有脱脂棉的滤纸筒中,以下同"任务一[工作过程](四)提取、恒重",至 2 次称量结果之差不超过试样质量的 0.1%。

(3)抽提完全程度验证 用第 2 个内装沸石、已干燥至恒重的接收瓶,用新的抽提剂继续抽提 1 h,增量不得超过试样质量的 0.1%。

(4)平行试验 按以上步骤,对同一试样进行平行试验测定。

4.计 算

(1)试样中总脂肪的含量(X,%)按式(6-1)计算。

其中,m_2 为接收瓶、沸石连同游离脂肪的质量,g;m_1 为接收瓶和沸石的质量,g。

(2)精密度 2 次测定结果的绝对差值不得超过 0.5%。

任务二 乳粉中脂肪的测定

【工作要点】

1.罗紫哥特里法测定乳脂肪的原理。

2.抽脂瓶测定脂肪操作。

3.样品预处理、碱法水解、溶剂回收、恒重等操作。

【工作过程】

(一)脂肪收集瓶的准备

于干燥的脂肪收集瓶(收集脂肪的容器)中加入几粒沸石,放入烘箱中干燥 1 h。使脂肪收集瓶冷却至室温,称量,精确至 0.1 mg。同时进行空白试验准备(空白试验用 10 mL 水代替试样)。

注:脂肪收集瓶可根据实际需要自行选择。

(二)测定

①样品处理。称取混匀后的试样：巴氏杀菌乳、灭菌乳、生乳、发酵乳、调制乳为 10 g；高脂乳粉、全脂乳粉、全脂加糖乳粉和乳基婴幼儿食品约 1 g；脱脂乳粉、乳清粉、酪乳粉约 1.5 g，称量精确至 0.000 1 g。

想一想
乳脂肪测定的样品处理方式有哪些步骤？

不含淀粉样品：加入 10 mL(65±5)℃的水，将试样洗入抽脂瓶的小球中，充分混合，直到试样完全分散，放入流动水中冷却。

含淀粉样品：将试样放入抽脂瓶中，加入约 0.1 g 的淀粉酶和一小磁性搅拌棒，混合均匀后，加入 8~10 mL 45℃的蒸馏水，注意液面不要太高。盖上瓶塞于搅拌状态下，置 65℃水浴中 2 h，每隔 10 min 摇混 1 次。为检验淀粉是否水解完全可加入 2 滴约 0.1 mol/L 的碘溶液，如无蓝色出现说明水解完全，否则将抽脂瓶重新置于水浴中，直至无蓝色产生。冷却抽脂瓶。

②加入 2.0 mL 氨水，充分混合后立即将抽脂瓶放入(65±5)℃的水浴中，加热 15~20 min，不时取出振荡。取出后，冷却至室温，静止 30 s。

③加入 10 mL 乙醇，平缓的进行混合至均匀，避免液体太接近瓶颈。

作用
使溶剂和水相界面清晰，不影响测定结果。

如果需要，可加入 2 滴刚果红溶液。

④加入 25 mL 乙醚，塞上瓶塞，将抽脂瓶保持在水平位置，小球的延伸部分朝上夹到摇混器上，按约 100 次/min 振荡 1 min，也可采用手动振摇方式。但均应注意避免形成持久乳化液。

抽脂瓶冷却后小心地打开塞子，用少量的混合溶剂冲洗塞子和瓶颈，使冲洗液流入抽脂瓶。

⑤加入 25 mL 石油醚，塞上重新润湿的塞子，按"④"所述，轻轻振荡 30 s。

想一想
倾倒提取液层如何控制？

⑥将加塞的抽脂瓶放入离心机中，在 500~600 r/min 下离心 5 min。否则将抽脂瓶静止至少 30 min，直到上层液澄清，并明显与水相分离。

⑦小心地打开瓶塞，用少量的混合溶剂冲洗塞子和瓶颈内壁，使冲洗液流入抽脂瓶。

如果两相界面低于小球与瓶身相接处，则沿瓶壁边缘慢慢地加入水，使液面高于小球和瓶身相接处(图 6-2)，以便于倾倒。

⑧将上层液尽可能地倒入已准备好的加入沸石的脂肪收集瓶中，避免倒出水层(图 6-2)。

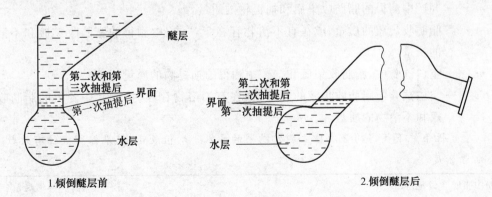

图 6-2　抽脂瓶

项目六　脂类测定技术

⑨用少量混合溶剂冲洗瓶颈外部,冲洗液收集在脂肪收集瓶中。要防止溶剂溅到抽脂瓶的外面。

⑩向抽脂瓶中加入 5 mL 乙醇,用乙醇冲洗瓶颈内壁,按"③"所述进行混合。重复"④~⑨"操作,再进行第 2 次抽提,但只用 15 mL 乙醚和 15 mL 石油醚。

⑪重复"③~⑨"操作,再进行第 3 次抽提,但只用 15 mL 乙醚和 15 mL 石油醚。

注:如果产品中脂肪的质量分数低于 5%,可只进行 2 次抽提。

⑫合并所有提取液,既可采用蒸馏的方法除去脂肪收集瓶中的溶剂,也可于沸水浴上蒸发至干来除掉溶剂。蒸馏前用少量混合溶剂冲洗瓶颈内部。

⑬将脂肪收集瓶放入(102±2)℃的烘箱中加热 1 h,取出脂肪收集瓶,冷却至室温,称量,精确至 0.1 mg。

⑭重复"⑬"操作,直到脂肪收集瓶 2 次连续称量差值不超过 0.5 mg,记录脂肪收集瓶和抽提物的最低质量。

⑮为验证抽提物是否全部溶解,向脂肪收集瓶中加入 25 mL 石油醚,微热,振摇,直到脂肪全部溶解。如果抽提物全部溶于石油醚中,则含抽提物的脂肪收集瓶的最终质量和最初质量之差,即为脂肪含量。

⑯若抽提物未全部溶于石油醚中,或怀疑抽提物是否全部为脂肪,则用热的石油醚洗提。小心地倒出石油醚,不要倒出任何不溶物,重复此操作 3 次以上,再用石油醚冲洗脂肪收集瓶口的内部。最后,用混合溶剂冲洗脂肪收集瓶口的外部,避免溶液溅到瓶的外壁。将脂肪收集瓶放入(102±2)℃的烘箱中,加热 1 h,按"⑬"和"⑭"所述操作。

⑰取"⑭"中测得的质量和"⑯"测得的质量之差作为脂肪的质量。

(三)结果处理

1. 计算公式

样品中脂肪含量按式(6-2)计算:

$$X = \frac{(m_1 - m_2) - (m_3 - m_4)}{m} \times 100 \qquad (6-2)$$

式中:X——样品中脂肪含量,g/100 g;

m——样品的质量,g;

m_1——"⑭"中测得的脂肪收集瓶和抽提物的质量,g;

m_2——脂肪收集瓶的质量,或在有不溶物存在下,"⑯"中测得的脂肪收集瓶和不溶物的质量,g;

m_3——空白试验中,脂肪收集瓶和"⑭"中测得的抽提物的质量,g;

m_4——空白试验中脂肪收集瓶的质量,或在有不溶物存在时,"⑯"中测得的脂肪收集瓶和不溶物的质量,g。

以重复性条件下获得的 2 次独立测定结果的算术平均值表示,结果保留 3 位有效数字。

2. 精密度

乳粉中脂肪含量范围	≥15%	5%~15%	≤5%
重复性条件下获得的两次独立测定结果之差范围	≤0.3 g/100 g	≤0.2 g/100 g	≤0.1 g/100 g

【相关知识】

利用氨-乙醇溶液破坏乳的胶体性状及脂肪球膜,使非脂成分溶解于氨-乙醇溶液中而脂肪游离出来,再用乙醚-石油醚提取出脂肪,蒸馏去除溶剂后,残留物即为乳脂肪,也称罗紫-哥特里法。

用乙醚和石油醚抽提样品的碱水解液,通过蒸馏或蒸发去除溶剂,测定溶于溶剂中抽提物的质量。

GB 5413.3—2010《食品安全国家标准　婴幼儿食品和乳品中脂肪的测定》,适用于巴氏杀菌乳、灭菌乳、生乳、发酵乳、调制乳、乳粉、炼乳、奶油、稀奶油、干酪和婴幼儿配方食品中脂肪的测定。

【仪器与试剂】

1. 仪器和设备
①离心机:放置抽脂瓶或管,500～600 r/min,抽脂瓶外端产生 80～90 g 重力场。
②抽脂瓶:抽脂瓶应带有软木塞或硅胶。软木塞应先浸于乙醚中,后放入 60℃ 或 60℃ 以上的水中保持至少 15 min,冷却后使用。不用时需浸泡在水中,浸泡用水每天更换一次。

2. 试剂和材料
①淀粉酶:酶活力≥1.5 U/mg。
②氨水($NH_3 \cdot H_2O$):质量分数约 25%(可使用浓度更高的氨水)。
③乙醇(C_2H_5OH):体积分数至少为 95%。
④混合溶剂:等体积混合乙醚和石油醚,使用前制备。
⑤碘溶液(I_2):约 0.1 mol/L。
⑥刚果红溶液($C_{32}H_{22}N_6Na_2O_6S_2$):将 1 g 刚果红溶于水中,稀释至 100 mL。
⑦盐酸(6 mol/L)。
其他试剂及仪器同任务一。

【友情提示】

1. 空白试验检验试剂
进行空白试验,以消除环境及温度对检验结果的影响。操作空白试验时在脂肪收集瓶中放入 1 g 新鲜的无水奶油。必要时,于每 100 mL 溶剂中加入 1 g 无水奶油后重新蒸馏,重新蒸馏后必须尽快使用。

2. 空白试验与样品测定同时进行
对于存在非挥发性物质的试剂可用与样品测定同时进行的空白试验值进行校正。抽脂瓶与天平室之间的温差可

> **想一想**
> 为何要做乳脂肪检测的空白试验?

对抽提物的质量产生影响。在理想的条件下(试剂空白值低,天平室温度相同,脂肪收集瓶充分冷却),该值通常小于 0.5 mg。常规测定,可忽略不计。

如果全部试剂空白残余物大于 0.5 mg,则分别蒸馏 100 mL 乙醚和石油醚,测定溶剂残余物的含量。用空的控制瓶测得的量和每种溶剂的残余物的含量都不应超过 0.5 mg。否则应更换不合格的试剂或对试剂进行提纯。

3. 保证乙醚无过氧化物

在不加抗氧化剂的情况下,为确保乙醚中无过氧化物,使用前 3 d 处理:将锌箔削成长条,长度至少为乙醚瓶的一半,每升乙醚用 80 cm² 锌箔。使用前,将锌片完全浸入每升中含有 10 g 五水硫酸铜和 2 mL 质量分数为 98% 的硫酸中 1 min,用水轻轻彻底地冲洗锌片,将湿的镀铜锌片放入乙醚瓶中即可。

【知识窗】

炼乳、奶油及干酪样品的预处理

1. 炼乳

脱脂炼乳、全脂炼乳和部分脱脂炼乳称取 3～5 g、高脂炼乳称取约 1.5 g(精确至 0.000 1 g,下同),用 10 mL 蒸馏水,分次洗入抽脂瓶小球中,充分混合均匀。

2. 奶油、稀奶油

先将奶油试样放入温水浴中溶解并混合均匀后,称取试样约 0.5 g 样品,稀奶油称取 1 g 于抽脂瓶中,加入 8～10 mL 45℃ 的蒸馏水。加 2 mL 氨水充分混匀。

3. 干酪

称取约 2 g 研碎的试样于抽脂瓶中,加 10 mL 盐酸,混匀,加塞,于沸水中加热 20～30 min。

【考核要点】

1. 乳脂肪提取前样品处理操作。
2. 脂肪抽提操作。
3. 安全控制。

【思考】

1. 提取乳脂肪为何反复提到"小心打开塞子、少量溶剂冲洗"等操作?
2. 乳脂肪测定过程中要注意哪些安全事项?

【必备知识】

一、罗紫-哥特里法

想一想
何时应用罗紫-哥特里法检验?

罗紫-哥特里法(Rose-Gottlieb)是乳、炼乳、奶粉、奶油等脂类定量的国际标准法,国际标准化组织(ISO)、联合国粮农组织/世界卫生组织(FAO/WHO)均采用本法。适用于各种液状乳(生乳、加工乳、部分脱脂乳、脱脂乳等)、炼乳、奶粉、奶油及冰淇淋,也适用于豆乳或加工成乳状的食品。

【友情提示】

1. 加入乙醇的作用是沉淀蛋白质以防止乳化,并溶解醇溶性物质,使其留在水中,避免进入醚层,影响结果。

2. 加入石油醚的作用是降低乙醚极性,使乙醚不与水混溶,只抽提出脂类,并可使分层清晰。

3. 乳类脂肪虽然也属于游离脂肪,但因脂肪球被乳中酪蛋白盐包裹,又处于高度分散的胶体分散系中,故不能直接被乙醚、石油醚提取,需预先用氨水处理,使酪蛋白钙盐变成可溶解的盐,破坏脂肪球膜,加乙醇使溶解于氨水的蛋白质沉淀析出,然后再用乙醚提取脂肪,故又称为碱性乙醚提取法。

二、溶剂萃取法

萃取是将物质由一相转移到另一相,从溶液中或其他共存组分中分离有用组分的最基本过程。溶剂萃取是物质在两个液相之间的传质过程,是从溶液中分离各种组分的有效方法。溶剂萃取法利用物质在互不混溶的两相(有机相和水溶液相)中溶解度的不同,依据分配定律,达到提取和分离物质的目的。

溶剂萃取法采用的有机相由有机萃取剂、稀释剂和其他添加剂组成,有机相与水不混溶,它和水相一起组成溶剂萃取体系。溶剂萃取的过程是两相混合然后分离的过程,由于两相互不混溶,必须通过搅拌才能达到两相均匀混合,使物质能在两相之间达到分配平衡的目的;一旦停止搅拌,由于不相混溶和密度差,两相就自然分离。因此,溶剂萃取过程是很容易实现的。

三、巴布科克法

巴布科克法(Babcock)是测定乳脂肪的标准方法,适用于鲜乳及乳制品中脂肪的测定。对含糖多的乳品(如巧克力、含糖食品),用此法时糖易焦化,使结果误差较大,故不宜采用。这种方法又叫湿法提取,样品不需要事前烘干,且操作简便、快速。对大多数样品来说可以满足要求,但不如重量法准确。

1. 原理

利用浓硫酸溶解乳中的蛋白质和乳糖,将牛乳中的酪蛋白钙盐转变成可溶性的重硫酸酪蛋白,使脂肪球膜软化破坏,脂肪游离出来。再利用加热离心(配套乳脂离心机),使脂肪完全迅速分离,直接读取脂肪层,即可得脂肪含量(容量法定量)。

想一想
巴布科克法测乳脂肪的依据?

2. 测定

精密吸取 17.6 mL(17.6 mL 移牛乳吸管)试样,注入巴布科克乳脂瓶中,再取 17.5 mL 硫酸,沿瓶颈缓缓流入瓶中,将瓶颈回旋,使充分混合至呈均匀棕色液体。置乳脂离心机上,以约 1 000 r/min 的转速离心 5 min,取出,置 80℃ 以上水浴中,加入 80℃ 以上的水至瓶颈基部,再置离心机中离心 2 min,取出后再置 80℃ 水浴中,加入 80℃ 以上的水至脂肪浮到2 或 3 刻度处,再置离心机中离心 1 min,取出后置于 55～60℃ 水浴中,5 min 后取出立即读数,即为试样含脂肪的质量分数。

【友情提示】

1. 巴布科克乳脂瓶,颈部刻度有 0.0～0.8%、0.0～10.0% 两种,最小刻度值为 0.1%(图 6-3)。

巴布科克法中采用 17.6 mL 移牛乳吸管取样,实际上注入巴布科克乳脂瓶巴氏瓶中的试样只有 17.5 mL,牛乳的相对密度为 1.03,故试样重量为 $17.5 \times 1.03 = 18$ g。巴氏瓶颈的刻度(0～10%)共 10 个大格,每大格容积为 0.2 mL,在 60℃ 左右,脂肪的平均相对密度为 0.9,故当整个刻度部分充满脂肪时,其脂肪重量为 $0.2 \times 10 \times 0.9 = 1.8$ g。18 g 试样中含有 1.8 g 脂肪,即瓶颈全部刻度表示为脂肪含量 10%,每一大格代表 1% 的脂肪,故乳脂瓶的瓶颈刻度读数即为试样中脂肪质量分数。

2. 硫酸的浓度要严格遵守规定的要求,如过浓会使乳炭化成黑色溶液而影响读数;过稀则不能使酪蛋白完全溶解,会使测定值偏低或使脂肪层浑浊。

3. 硫酸除可破坏脂肪球膜,使脂肪游离出来外,还增加液体的相对密度,使脂肪容易浮出。

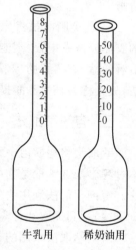

牛乳用　　稀奶油用

图 6-3　巴布科克乳脂瓶

四、盖勃法

1. 原理

在乳中加入硫酸破坏乳胶质性和覆盖在脂肪球上的蛋白质外膜,离心分离脂肪后测量其体积。本法适用于鲜乳中脂肪的测定。

想一想
盖勃法适用于何类样品?

2. 测定

于盖勃乳脂瓶(颈部刻度为 0.0～8.0%,最小刻度值为 0.1%,图 6-4)中先加入 10 mL 硫酸,再用 10.75 mL 单标乳吸管沿着管壁小心准确加入 10.75 mL 试样,使试样与硫酸不要混合,然后加 1 mL 异戊醇($C_5H_{12}O$),塞上橡皮塞,使瓶口向下,同时用布包裹以防冲出,用力振摇便呈均匀棕色液体,静置数分钟(瓶口向下),置 65～70℃ 水浴中 5 min,取出后放乳脂离心机中以 1 000 r/min 的转速离心 5 min,再置 65～70℃水浴中,注意水浴水面应高于乳脂计脂肪层,5 min 后取出立即读数,即为脂肪的质量分数。

3. 精密度

在重复性条件下获得的 2 次独立测定结果的绝对差值不得超过算术平均值的 5%。

【友情提示】

1. 硫酸的浓度要求及作用,同巴布科克法。

2. 盖勃法中所用异戊醇的作用是促使脂肪析出,并能降低脂肪球的表面张力,以利于形成连续的脂肪层。

3. 异戊醇(分析纯,128～132℃):1 mL 应能完全溶于酸中,但由于质量不纯,可能有部分析出掺入到油层,而使结果偏高。

因此,在使用未知规格的异戊醇之前,应先做试验,其方法如下:将硫酸、水(代替牛乳)及异戊醇按测定试样时的数量注入乳脂计中,振摇后静置 24 h 澄清,如在乳脂计的上部狭长部分无油层析出,认为适用,否则表明异戊醇质量不佳,不能采用。

4. 加热(65～70℃水浴中)和离心的作用是促进脂肪离析。

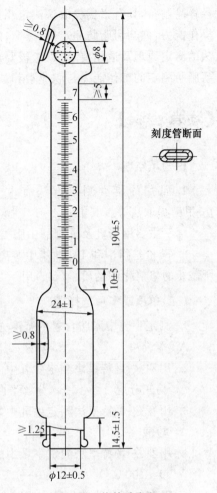

刻度管断面

图 6-4 盖勃乳脂瓶

任务三 大豆粗脂肪含量的测定——近红外法

【项目小结】

本项目以午餐肉中粗脂肪测定、乳粉中脂肪测定、大豆粗脂肪含量测定 3 个任务,引入索氏提取器、粗脂肪测定仪、近红外分析仪、阿贝折光仪、抽脂瓶及抽脂离心机、巴布科克乳脂瓶及乳脂离心机、盖勃乳脂计及乳脂离心机、单标乳吸管等设备及仪器的使用,熟悉重量法测定的原理和技术要点,能进行肉及肉制品、乳粉、大豆等食品采样、均质或脱水制样、监控样品制备,具有索氏提取法测定粗脂肪、乳脂肪的国标测定、大豆近红外光谱测定脂肪的操作能力,熟知粗脂肪测定仪、蒸馏、溶剂萃取、罗紫-哥特里法、巴布科克法、盖勃法、折光仪法的测定原理及适用要求,以考核要点、思考内容,促进项目验收,具备食品理化检验岗位从事脂肪测定的工作能力与职业素养。

【项目验收】

(一)填空题

1. 常用的脂类测定方法有 _____、_____、_____、_____、_____ 和氯仿-甲醇提取法等。其中,_____能对包括结合态脂类在内的全部脂类进行定量测定,而_____主要用于乳及乳制品中脂类的测定。

2. 酸价是指中和 1 g 油脂中游离脂肪酸所需要的_____的质量(mg)。皂化 1 g 油脂所需要的氢氧化钾的质量(mg)用_____表示。

(二)单项或多项选择题

1. 测定牛乳中脂肪含量的基准方法是(　　)。
A. 盖勃法　　　　B. 罗兹-哥特里法　　　C. 巴布科克法　　　D. 索氏提取法
2. 用罗兹-哥特里法测定牛乳中的脂肪含量时,加入石油醚的作用是(　　)。
A. 易于分层　　　B. 分解蛋白质　　　　C. 分解糖类　　　　D. 增加脂肪极性
3. 用罗兹-哥特里法测定牛乳中的脂肪含量时,溶解乳蛋白所用的试剂是(　　)。
A. 盐酸　　　　　B. 乙醇　　　　　　　C. 乙醚　　　　　　D. 氨水
4. 用罗兹-哥特里法测定牛乳中的脂肪含量时,烘干温度为(　　)。
A. 90~100℃　　　B. 80~90℃　　　　　C. 100~102℃　　　　D. 110℃
5. 巴布科克法测定牛乳中脂肪含量时,加入硫酸的量为(　　)。
A. 17.5 mL　　　 B. 20 mL　　　　　　C. 10 mL　　　　　　D. 15 mL
6. 巴布科克法测定牛乳中脂肪含量时,取样量为(　　)。
A. 17.6 mL　　　 B. 20 mL　　　　　　C. 10.75 mL　　　　D. 15 mL
7. 巴布科克法测定牛乳中脂肪含量时,离心速度为(　　)r/min。
A. 2 000　　　　 B. 1 500　　　　　　C. 1 000　　　　　　D. 500
8. 盖勃法测定牛乳脂肪含量时,水浴温度约(　　)。
A. 65℃　　　　　B. 80℃　　　　　　　C. 50℃　　　　　　D. 100℃
9. 盖勃法测定牛乳脂肪含量时,离心机转速为(　　)r/min。
A. 2 000　　　　 B. 1 500　　　　　　C. 1 100　　　　　　D. 2 500
10. 下列关于盖勃法测定脂肪含量的叙述,不正确的是(　　)。
A. 对于不同样品,选用不用的乳脂计
B. 试剂使用前应鉴定
C. 直接使用分析纯硫酸
D. 全过程包括两次保温,一次离心
11. 豆制品中的脂肪含量用(　　)方法测定。

A. 索氏提取   B. 酸水解

C. 罗兹-哥特里   D. 巴布科克

12. 酸价是饼干产品质量的一项重要指标,酸价不合格表明饼干中(　　　)。

A. 油脂已经过量   B. 油脂已经劣变

C. 油脂已经衰败   D. 油脂已经氧化劣变

13. 索氏提取法测定粗脂肪含量要求样品(　　　)。

A. 水分含量小于10%   B. 水分含量小于2%

C. 样品先干燥   D. 无要求

14. 称取大米样品 10.0 g,抽提前的抽提瓶重 113.123 0 g,抽提后的抽提瓶中 113.280 8 g,残留物重 0.157 8 g,则样品中脂肪含量为(　　　)。

A.15.78%   B.1.58%

C.1.6%   D.0.002%

15. 用乙醚抽取测定脂肪含量时,要求样品(　　　)。

A. 含有一定量水分

B. 尽量少含有蛋白质

C. 颗粒较大以防被氧化

D. 经低温脱水干燥

(三)判断题(正确的画"√",错误的画"×")

1. 巴布科克法测定牛乳脂肪含量时,需经过两次离心。(　　　)

2. 盖勃法测定牛奶脂肪含量时,所用的异戊醇无须鉴定便可直接使用。(　　　)

3. 巴布科克法测定牛乳脂肪含量时,加热、离心的作用是形成重硫酸酪蛋白钙盐和硫酸钙沉淀。(　　　)

4. 食品中脂肪的测定是采用索氏提取法,它属于挥发法。(　　　)

5. 索氏提取时,脂肪的恒重与水分测定时样品恒重方法不同,应于 90～91℃干燥,直至恒重。(　　　)

6. 索氏提取法是分析食品中脂类含量的一种常用方法,可以测定出食品中的游离脂肪和结合态脂肪,故此法测得的脂肪也称为粗脂肪。(　　　)

7. 乙醚中含有水,能将试样中糖及无机物抽出,造成测量脂肪含量偏高的误差。(　　　)

8. 采用罗兹-哥特里法测定乳制品中的乳脂肪含量,需利用氨-乙醇溶液破坏乳的胶体性状及脂肪球膜。(　　　)

(四)简答题

1. 简述索氏提取法的适用范围、工作原理及注意事项。

2. 罗兹-哥特里法测定奶粉脂肪含量时,加入氨水、乙醇、乙醚及石油醚的作用分别是什么?

3. 测定脂肪时常用的提取剂有哪些?各自的特点如何?

4. 简述阿贝折光仪使用的注意事项。

食品中矿物元素的检验技术

食品中除 C、H、O、N 4 种元素外,其他元素为矿物质元素。从人体需要及营养学的角度,分为常量元素与微量元素,必需元素、非必需元素和有毒元素。测定食品中的矿物质元素,有利于评价食品的营养价值,开发和生产强化食品,改进食品加工工艺和提高食品质量,了解食品污染情况、查清和控制污染源。

食品中矿物质元素的理化检验以滴定分析法、分光光度法应用最多。在现代仪器分析领域,原子吸收光谱法则更多用于微量、痕量矿物质元素的检测之中。

任务一　食品中钙的测定

【工作要点】

1. 食品中钙元素测定原理。
2. 试样的制备及消化。
3. 配位滴定的操作。
4. 试剂准备与安全。

【工作过程】

(一)湿法消化

1. 试样制备

鲜样(如蔬菜、水果、鲜鱼、鲜肉等)先用自来水冲洗干净后,要用去离子水充分洗净。干粉类试样(如面粉、奶粉等)取样后立即装容器密封保存,防止空气中的灰尘和水分污染。

2. 试样消化

精确称取均匀干试样 0.5～1.5 g(湿样 2.0～4.0 g,饮料等液体试样 5.0～10.0 g)于 250 mL 高型烧杯,加混合酸

> **想一想**
> 为何做此空白试验?

消化液 20～30 mL,上盖表面皿。置于电热板或沙浴上加热消化。如未消化好而酸液过少时,再补加几毫升混合酸消化液,继续加热消化,直至无色透明为止。加几毫升水,加热以除去多余的硝酸。待烧杯中液体接近 2～3 mL 时,取下冷却。用 20 g/L 氧化镧溶液洗至于 10 mL 刻度试管中,定容至刻度。

取与消化试样相同量的混合酸消化液,按上述操作做试剂空白试验测定。

(二)测定

1. 标定 EDTA 滴定度

吸取 0.5 mL 钙标准溶液,以 EDTA 标准溶液滴定,根据滴定消耗 EDTA 的体积,依式(7-1)计算出每毫升 EDTA 相当于钙的毫克数,即滴定度(T)。

$$T = \frac{c \times 0.5}{V \times 1\,000} \tag{7-1}$$

式中：T——EDTA 滴定度，mg/mL；

　　V——滴定钙标准溶液时所用 EDTA 量，mL；

　　c——钙标准溶液浓度，μg/mL。

2. 滴定样液及空白试液

分别吸取 $0.1 \sim 0.5$ mL（根据钙的含量而定）试样消化液及空白于试管中，加 1 滴氰化钠溶液和 0.1 mL 柠檬酸钠溶液，用滴定管加 1.5 mL 1.25 mol/L 氢氧化钾溶液，加 3 滴钙红指示剂，立即以稀释 10 倍 EDTA 溶液滴定，至指示剂由紫红色变蓝为止。

想一想
使用氰化钠，怎样能安全？

(三)结果计算

1. 计算公式

试样中钙元素含量依式(7-2)计算：

$$X = \frac{T \times (V - V_0) \times f \times 100}{m} \tag{7-2}$$

式中：X——试样中钙元素的含量，mg/100 g；

　　T——EDTA 滴定度，mg/mL；

　　V——滴定试样时所用 EDTA 量，mL；

　　V_0——滴定空白时所用 EDTA 量，mL；

　　f——试样稀释倍数；

　　m——试样质量，g。

计算结果表示到小数点后 2 位。

2. 精密度

在重复性条件下获得的 2 次独立测定结果的绝对差值不得超过算术平均值 10%。

【相关知识】

钙与氨羧配位剂能定量地形成金属配合物，其稳定性较钙与指示剂所形成的配合物为强。在适当的 pH 范围内，以氨羧配位剂 EDTA 滴定，在达到滴定终点时，EDTA 从指示剂配合物中夺取钙离子，使溶液呈现游离指示剂的颜色（终点）。根据 EDTA 配位剂用量，计算钙的含量。

GB/T 5009.92—2003《食品中钙的测定》滴定法，线性范围为 $5 \sim 50$ μg。

【试剂与仪器】

1. 试剂

①氢氧化钾溶液（1.25 mol/L）：精确称取 70.13 g 氢氧化钾，用水稀释至 1 000 mL。

想一想
为何要准备氰化钠、柠檬酸钠溶液？

②氰化钠溶液(10 g/L):称取 1.0 g 氰化钠(NaCN),用水稀释至 100 mL。

③柠檬酸钠溶液(0.05 mol/L):称取 l4.7 g 柠檬酸钠($Na_3C_6H_5O_7 \cdot 2H_2O$),用水稀释至 1 000 mL。

④混合酸消化液(4+1):硝酸+高氯酸。

⑤氧化镧溶液(20 g/L):称取 23.45 g 氧化镧(纯度大于 99.99%),先用少量水湿润再加 75 mL 盐酸于 1 000 mL 容量瓶中,加去离子水稀释至刻度。

⑥EDTA 溶液:准确称取 4.50 g EDTA(乙二胺四乙酸二钠),用水稀释至 1 000 mL,储存于聚乙烯瓶中,4℃保存。使用时稀释 10 倍即可。

⑦钙标准溶液(100 $\mu g/mL$):准确称取 0.124 8 g 碳酸钙(纯度大于 99.99%,105~110℃烘干 2 h),加 20 mL 水及 3 mL 0.5 mol/L 盐酸溶解,移入 500 mL 容量瓶中,加水稀释至刻度,储存于聚乙烯瓶中,4℃保存。

⑧钙红指示剂:称取 0.1 g 钙红指示剂($C_{21}O_7N_2SH_{14}$),用水稀释至 100 mL,溶解后即可使用。储存于冰箱中可保持 1.5 个月以上。

2. 仪器

所有玻璃仪器均以硫酸-重铬酸钾洗液浸泡数小时,再用洗衣粉洗刷,后用水反复冲洗,最后用去离子水冲洗晒干或烘干,方可使用。

①实验室常用玻璃仪器:高型烧杯(250 mL)、微量滴定管(1 mL 或 2 mL)、碱式滴定管(50 mL)、刻度吸管(0.5~1 mL)。

②电热板:1 000~3 000 W。

【友情提示】

1. 氰化钠剧毒,必须在碱性条件下使用,以防止在酸性条件下生成 HCN 逸出。测定完成的废液要加氢氧化钠和硫酸亚铁处理,使生成亚铁氰化钾后才能倒掉。

2. 使用混酸消化时,会产生大量有害气体,需要在通风橱中进行消化。操作初期会产生大量的泡沫外溢,需要随时控制;操作中注意火力控制,切忌将酸烧干,发生危险。

3. 微量元素分析的试样制备过程中应特别注意防止各种污染。所用设备如电磨、绞肉机、匀浆器、打碎机等必须是不锈钢制品。所用容器必须使用玻璃或聚乙烯制品,做钙测定的试样不得用石磨研碎。

4. 铁、锰、铝、铜、镍、钴等金属离子能使指示剂褪色或终点不明显,在 pH>8 的溶液中加入氰化钠为配位滴定中的掩蔽剂,可以掩蔽多离子的干扰;加入柠檬酸钠可以掩蔽 Fe^{3+},并防止钙和磷结合形成磷酸钙沉淀。

5. 钙红指示剂在 pH 为 12~14 范围内变色,因此滴定过程中应严格控制溶液的酸度。

6. 滴定在终点时,变化较慢,建议在滴定至蓝紫色时,再滴加半滴摇动至溶液变为蓝色。如果直接滴定至纯蓝色,EDTA 加入易过量。

剧毒化学品

剧毒化学品(图 7-1)是指按照国务院安全生产监督管理部门会同国务院公安、环保、卫生、质检、交通部门确定并公布的剧毒化学品目录中的化学品。一般是具有非常剧烈毒性危害的化学品,包括人工合成的化学品及其混合物(含农药)和天然毒素。

图 7-1　剧毒化学品

根据 2005 年 5 月公安部公布的《剧毒化学品购买和公路运输许可证件管理办法》,"除个人购买农药、灭鼠药、灭虫药以外,在中华人民共和国境内购买和通过公路运输剧毒化学品的,应当遵守本办法"。

我国对购买和通过公路运输剧毒化学品行为实行许可管理制度。购买和通过公路运输剧毒化学品,应当依照本办法申请取得《剧毒化学品购买凭证》、《剧毒化学品准购证》和《剧毒化学品公路运输通行证》。未取得上述许可证件,任何单位和个人不得购买、通过公路运输剧毒化学品。

1. 使用销售相关规定

①剧毒化学品的审批、领用、进出库、收发存根等台账登记清晰完整并保存 1 年。

②剧毒化学品使用要由单位负责人审批,实行双人领取、双人监督使用。

③销售、储存台账,剧毒化学品的购买、运输、销售手续合法,流向记录完整,并保存 1 年。

④剧毒化学品的使用、销售、储存、流向月报按时上报公安机关。

⑤废弃剧毒物品、容器(包括闲置等)有登记。

⑥有防泄漏,防毒、消毒、中和等安全器材和设施。

2. 储存运输相关规定

①有专用仓库,24 h 双人值班看守。

②仓库实行双人双锁保管、装有防盗门、防盗窗,报警电话、犬防、与 110 联网的 CK 报警器等防盗设施。

③仓库需经消防部门验收合格。

④有交通部门认可的专门运输剧毒化学品的资质。

⑤剧毒化学品仓库有外来人员登记、值班巡查登记,清晰完整,并保存 1 年。

【考核要点】

1. 试样消化及样液制备。

2. EDTA 滴定度的标定操作。

3. 滴定条件控制及安全意识。

【思考】

1. 玻璃仪器用硫酸-重铬酸钾洗液浸泡的操作方法?
2. EDTA滴定液怎样进行10倍稀释? 稀释的目的是什么?

【必备知识】

一、食品的组成元素

食品中含有的金属和非金属元素有80余种,常量元素(C、H、O、K、Na、Ca、Mg、P、Cl、S等)在食品中含量很高,是组成人体生命主要和必需的;营养必需的微量元素是动物或人类生理所必需,有Fe、Cu、Zn、Mn、Sn、I、F、Co、Mo、Se、Cr、Ni、Si、V 14种,正常情况下,人体仅需要极少量或只能耐受极小剂量的,否则将出现毒性作用(表7-1);有毒元素(Hg、Cd、Pb、As等)对人体有害,可导致机体呈现毒性反应,而且人体中具有蓄积性,随着在人体内的蓄积量的增加,机体会出现各种中毒现象。

> **想一想**
> 营养必需微量元素是不是越多越好?

表7-1 某些必需微量元素对人体的作用及日需要量(以体重70 kg计)

元素	日需要量/(mg/d)	缺乏	过多
铁(Fe)	15	贫血	血色病
铜(Cu)	3.2	贫血,味觉减退	胃肠炎,肝炎
锌(Zn)	8~15	味觉减退	胃肠炎
硒(Se)	0.068	贫血	腹泻,神经官能症

测定食品中的矿物质元素,有利于评价食品的营养价值,开发和生产强化食品,改进食品加工工艺和提高食品质量,了解食品污染情况、查清和控制污染源。为了保障人体健康,确保饮食安全,对食品中于人体需要和有害的元素进行监测是十分必需的。

食品中矿物质含量较丰富,分布也较广泛,一般情况下都能满足人体需要,不易引起缺乏,但对于一些特殊人群或处于特殊生理状况时,如婴儿、孕妇、青春期、哺乳期、更年期等常易引起缺乏症。

二、食品中的钙元素

钙是构成机体骨骼、牙齿的主要成分,钙还参与凝血过程和维持毛细血管的正常渗透压,并影响神经肌肉的兴奋性,缺钙时可能影响生长发育、产生骨质疏松、引起手足抽搐。

> **想一想**
> 还有哪类食品是补钙佳品?

含钙较多的食品是乳及乳制品、豆及豆制品、蛋、酥鱼、排骨、虾皮等,如表7-2所示。乳及乳制品中钙的含量丰富,且易于吸收,是钙的最佳提供食品。

表 7-2 部分食品中钙的含量   mg/100 g

食品名称	钙含量	食品名称	钙含量	食品名称	钙含量	食品名称	钙含量
牛肉	12	羊肉	15	鸡蛋黄	134	鸭蛋	71
猪肉	11	牛乳	120	鸡蛋白	19	鲤鱼	25
鸡肉	11	全脂乳粉	1 030	鸡蛋	58	对虾	35
鸭肉	11	脱脂乳粉	1 300	全蛋粉	186	干虾皮	1 760

    传统钙的测定方法用草酸铵将钙转化为草酸钙沉淀,然后用重量法或滴定法测定(如高锰酸钾滴定法),此法虽然精确度较高,但需要经过沉淀、过滤、洗涤等步骤,耗时长。

    GB/T 5009.92—2003《食品中钙的测定》为原子吸收分光光度法和滴定法(EDTA 法)。

三、配位滴定法

    以配位反应为基础的滴定分析法称为配位滴定法。多数金属离子在溶液中能与配位剂反应形成配合物,但无机配位剂与金属配位形成的配合物不稳定,有机配位剂特别是氨羧配位剂的配位能力强,分子中含有 2 个以上的配位原子,与金属离子配合时形成低配位比(1:1)、环形结构的螯合物,具有特殊的稳定性。因此,氨羧配位剂在配位滴定分析中具有重要地位。

(一)EDTA 配位剂

    氨羧配位剂是以氨基二乙酸 $\left[-N \diagup^{CH_2COOH}_{\diagdown CH_2COOH} \right]$ 基团为主体的一类有机配位剂的总称。应用最多的是乙二胺四乙酸($C_{10}H_{16}N_2O_8$),简称 EDTA,结构式如图 7-2 所示。

    EDTA 分子中含有 2 个氨基 N 和 4 个羧基 O,共有 6 个配位原子,能与很多金属离子形成非常稳定的螯合物。用 EDTA 作标准溶液可以滴定几十种金属离子。

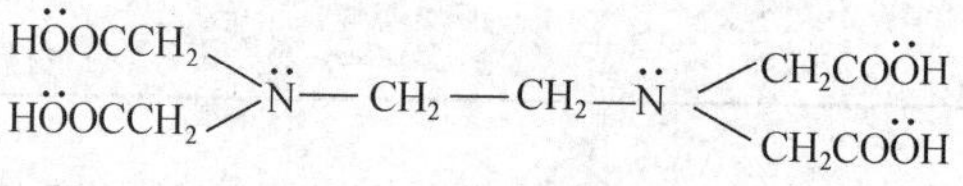

$$HOOCCH_2 \diagdown \ddot{N}-CH_2-CH_2-\ddot{N} \diagup^{CH_2COOH}_{\diagdown CH_2COOH}$$

图 7-2 乙二胺四乙酸的结构式

    EDTA 可以用简式 H_4Y 表示,为白色粉末状结晶,熔点为 241.5℃,微溶于水,22℃时,每 100 mL 水中只能溶解 0.02 g,水溶液显酸性 pH=2.3。难溶于酸及一般的有机溶剂,易溶于氨水和 NaOH 溶液中,生成相应的盐。乙二胺四乙酸二钠盐用简式 $Na_2H_2Y \cdot 2H_2O$ 表示,也简称 EDTA。

(二)金属指示剂

> **想一想**
> 金属指示剂缘何能指示终点?

    配位滴定分析中的指示剂是用来指示溶液中金属离子的浓度的变化情况,故称为金属离子指示剂,简称金属指示剂。

    金属指示剂本身是一种有机配位剂,可与金属离子生成一种有颜色的配合物。这种配合物的颜色与金属指示剂本身颜色明显不同。

食品理化检验技术

常用的金属指示剂

配位滴定中常用的金属指示剂有铬黑T、二甲酚橙、钙指示剂等。

1. 铬黑T

简称 EBT($C_{20}H_{12}N_3NaO_7S$),为偶氮染料。其钠盐是黑褐色粉末,带有金属光泽,表示为 NaH_2In。铬黑T与金属离子配合物为红色,因此,使用铬黑T最适宜的pH范围为 9～10.5,指示剂才能呈现明显的颜色变化。

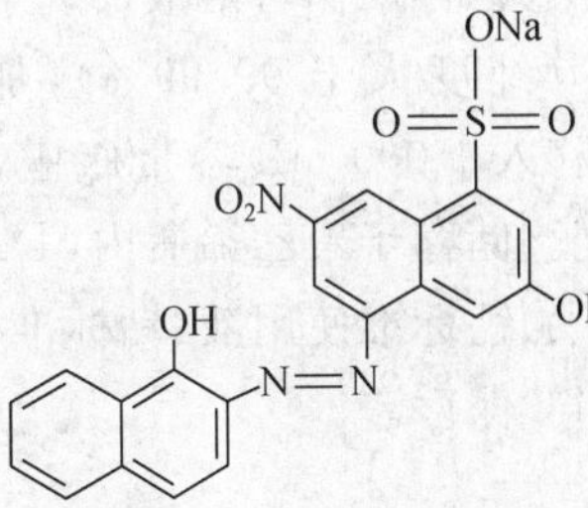

图 7-3　铬黑 T(EBT)

铬黑T的水溶液不稳定,使用时:

①铬黑T与干燥的 NaCl 以 1∶100 的比例混合磨细后,保存在干燥器中备用。但使用时用量不易掌握。

②制成三乙醇胺的无水乙醇溶液。称取铬黑T 0.1 g 溶于 15 mL 三乙醇胺中,溶解后,加入 5 mL 无水乙醇。此溶液可保存数月不变质。

2. 二甲酚橙

简称 XO($C_{31}H_{32}N_2O_{13}S$),属于三苯甲烷类显色剂。二甲酚橙是紫红色结晶,一般使用二甲酚橙四钠盐,易溶于水,不溶于无水乙醇。它在 pH＞6.3 时呈红色,pH＜6.3 时呈黄色,与金属离子配合呈红紫色,因此,它只能在 pH＜6.3 的酸性溶液中使用。

3. 钙指示剂

简称 NN($C_{21}O_7N_2SH_{14}$),又称为钙红。钙指示剂为紫黑色粉末,其水溶液或乙醇溶液均不稳定,常与固体 NaCl 配成固体混合物(1∶100 或 1∶200)使用。

钙指示剂在 pH 8～13 时显蓝色,在 pH 12～13 之间与 Ca^{2+} 形成酒红色配合物。常在 pH 12～13 时滴定 Ca^{2+},终点时由酒红色变为纯蓝色,变色非常敏锐。

指示剂滴加到被测金属离子溶液中,立即与部分金属离子配位,此时溶液呈现该配合物的颜色,若用 M 表示金属离子,用 In 表示指示剂阴离子(略去电荷),其反应可表示为:

$$M \quad + \quad \underset{(\text{甲色})}{In} \quad \Longleftrightarrow \quad \underset{(\text{乙色})}{MIn}$$

滴定开始后,随着 EDTA 的不断加入,溶液中游离的金属离子逐步与 EDTA 配位,由于金属离子与指示剂形成的配合物(MIn)的稳定性比金属离子与 EDTA 的配合物稳定性差,因此,EDTA 能从 MIn 中夺取 M 生成 MY,而使 In 游离出来。其反应可表示为:

$$\underset{(\text{乙色})}{MIn} \quad + \quad Y \Longleftrightarrow MY \quad + \quad \underset{(\text{甲色})}{In}$$

四、火焰原子吸收法测定食品中的钙

本法适用于各种食品中钙的测定,检出限为 $0.1\ \mu g$,线性范围为 $0.5～2.5\ \mu g$。

1. 原理

试样用湿法消化后,导入原子吸收分光光度计中,经火焰原子化后,吸收 422.7 nm 的共振线,其吸收量与含量成正比,与标准系列比较定量。

2. 试剂

①高氯酸。

②硝酸溶液(0.5 mol/L):量取 32 mL 硝酸,加去离子水并稀释至 1 000 mL。

③钙标准储备溶液(500 μg/mL):准确称取 1.248 6 g 碳酸钙(纯度大于 99.99%),加 50 mL 去离子水,加盐酸溶解,移入 1 000 mL 容量瓶中,加 20 g/L 氧化镧溶液稀释至刻度。储存于聚乙烯瓶内,4℃保存。

④钙标准使用液:钙标准使用液的配制见表 7-3,钙标准使用液配制后,储存于聚乙烯瓶内,4℃保存。

表 7-3　钙标准使用液的配制

元素	标准储备溶液浓度 /(μg/mL)	吸取储备标准 液量/mL	稀释体积 (容量瓶)/mL	标准使用液 浓度/(μg/mL)	稀释剂
钙	500	5.0	100	25	20 g/L 氧化镧溶液

3. 仪器与设备

原子吸收分光光度计。

其余试剂、仪器及设备同任务一。

4. 分析步骤

(1)试样处理　同任务一。

(2)测定　由钙标准使用液配制系列的钙标准稀释液,详见表 7-4。

其他实验条件:仪器狭缝、空气及乙炔的流量、灯头高度、元素灯电流等依所使用的仪器说明调至最佳状态。

将消化好的试样液、试剂空白液和钙元素的标准浓度系列分别导入火焰进行测定。

表 7-4　不同浓度系列标准稀释液的配制方法

元素	使用液浓度/ (μg/mL)	吸取使用液量/mL	稀释体积/mL	标准系列浓度/ (μg/mL)	稀释溶液
钙	25	1	50	0.5	20 g/L 氧化镧溶液
		2		1	
		3		1.5	
		4		2	
		6		3	

仪器测定参数见表 7-5。

表 7-5　仪器测定参数

元素	波长/nm	光源	火焰	标准系列浓度范围/(μg/mL)	稀释溶液
钙	422.7	钙元素灯	空气-乙炔	0.5~3.0	20 g/L 氧化镧溶液

5. 结果计算

(1)计算公式　试样中钙元素含量依式(7-3)计算：

$$X = \frac{(c_1 - c_0) \times V \times f \times 100}{m \times 1\,000}$$ 　　　　(7-3)

式中：X——试样中钙元素的含量，mg/100 g；

$\quad c_1$——测定用试样液中钙元素的浓度，μg/mL；

$\quad c_0$——试剂空白液中钙元素的浓度，μg/mL；

$\quad V$——试样定容体积，mL；

$\quad f$——稀释倍数；

$\quad m$——试样质量，g。

计算结果表示到小数点后 2 位。

(2)精密度　在重复性条件下获得的 2 次独立测定结果的绝对差值不得超过算术平均值的 10%。

任务二　食品中铁的测定

任务三　食品中锌的测定

【工作要点】

1. 样品的前处理及消化。

2. 样液萃取。

3. 标准曲线绘制及锌的定量测定。

【工作过程】

(一)样品消化——硝酸-高氯酸-硫酸法

> **想一想**
> 本法消化危险事项在哪里？

1. 粮食、粉丝、粉条、豆干制品、糕点、茶叶等其他含水分少的固体样品

称取 5.00 g 或 10.00 g 的粉碎样品，置于 250～500 mL 定氮瓶中，加数粒玻璃珠，10～15 mL 硝酸-高氯酸混合液，放置片刻，以小火缓慢加热，待作用缓和后，放冷，沿瓶壁加

入 5 mL 或 10 mL 硫酸,再加热,至瓶中液体开始变成棕色时,不断沿瓶壁滴加硝酸-高氯酸混合液至有机质分解完全。加大火力,至产生白烟,溶液应澄明无色或微带黄色,放冷。在操作过程中应注意防止爆炸。

加 20 mL 水煮沸,除去残余的硝酸至产生白烟为止,如此处理 2 次,放冷。将冷却后的溶液移入 50 mL 或 100 mL 容量瓶中,用水洗涤定氮瓶,洗液并入容量瓶中,放冷,加水至刻度,混匀。定容后的溶液每 10 mL 相当于 1 g 样品,相当于加入硫酸量 1 mL。

取与消化样品相同量的硝酸-高氯酸混合液和硫酸,按同一方法做试剂空白试验。

2. 蔬菜、水果

称取 25.00 g 洗净打成匀浆的样品,以下按粮食等样品自"置于 250～500 mL 定氮瓶中"起依法操作至"同一方法做试剂空白试验",但定容后的溶液每 10 mL 相当于 5 g 试样。

3. 酱、酱油、醋、冷饮、豆腐、酱腌菜等

称取 10.00 g 或 20.00 g 样品(或吸取 10.00 mL 或 20.00 mL 液体样品),置于 250～500 mL 定氮瓶中,加数粒玻璃珠、5～15 mL 硝酸-高氯酸混合液。以下按粮食等样品自"放置片刻"起依法操作至"同一方法做试剂空白试验",但定容后的溶液每 10 mL 相当于 2 g 或 2 mL 样品。

4. 含酒精性饮料或含 CO_2 饮料

吸取 10.00 mL 或 20.00 mL 样品,置于 250～500 mL 定氮瓶中,加数粒玻璃珠,先用小火加热除去乙醇或 CO_2,再加 5～10 mL 硝酸-高氯酸混合液,混匀后,以下按粮食等样品自"放置片刻"起依法操作至"同一方法做试剂空白试验",但定容后的溶液每 10 mL 相当于 2 mL 样品。

5. 含糖量高的食品

称取样品 5.00 g 或 10.0 g,置于 250～500 mL 定氮瓶中,先加少量水使润湿,加数粒玻璃珠、5～10 mL 硝酸-高氯酸混合后,摇匀。沿瓶壁缓缓加入 5 mL 或 10 mL 硫酸,待作用缓和停止起泡沫后,先用小火缓缓加热(糖分易炭化),不断沿瓶壁补加硝酸-高氯酸混合液,待泡沫完全消失后,再加大火力,至有机质分解完全,发生白烟,溶液应澄明无色或微带黄色,放冷(操作中时刻注意暴沸或爆炸)。以下按粮食等样品"加 20 mL 水煮沸"起依法操作至"同一方法做试剂空白试验"。

6. 水产品

取可食部分样品捣成匀浆,称取样品 5.00 g 或 10.00 g(海产藻类、贝类可适当减少取样量),置于 250～500 mL 定氮瓶中,先加数粒玻璃珠、5～10 mL 硝酸-高氯酸混合液,混匀后,以下按粮食等样品自"沿瓶壁加入 5 mL 或 10 mL 硫酸"起依次操作至"同一方法做试剂空白试验"。

(二)样品测定

1. 样液萃取

准确吸取 5.0～10.0 mL 定容的消化液和相同量的试剂空白液,分别置于 125 mL 分液漏斗中,加 5 mL 水、0.5 mL 盐酸羟胺溶液(200 g/L),摇匀,再加 2 滴酚红指示液,用氨水(1＋1)调节至红色,再加 5 mL 二硫腙-CCl_4 溶液(0.1 g/L),剧烈振摇 2 min,静置分层。将 CCl_4 层移入另一分液漏斗中,水层再用少量二硫腙-CCl_4 溶液振摇提取,每次 2～3 mL,直

至二硫腙-CCl₄溶液绿色不变为止。

合并提取液，用 5 mL 水洗涤，CCl₄ 层用盐酸 (0.02 mol/L)提取 2 次，每次 10 mL，提取时剧烈振摇 2 min，合并盐酸(0.02 mol/L)提取液，并用少量 CCl₄ 洗去残留的二硫腙。

想一想
何为剧烈振摇？

2. 测定

吸取 0、1.0、2.0、3.0、4.0、5.0 mL 锌标准使用液(相当 0、1.0、2.0、3.0、4.0、5.0 μg)分别置于 125 mL 分液漏斗中，各加盐酸(0.02 mol/L)至 20 mL。于试样提取液、试剂空白提取液及锌标准溶液各分液漏斗中加 10 mL 乙酸-乙酸盐缓冲液、1 mL 硫代硫酸钠溶液(250 g/L)，摇匀，再各加入 10.0 mL 二硫腙使用液，剧烈振摇 2 min。静置分层后，经脱脂棉将 CCl₄ 层滤入 1 cm 比色杯中，以 CCl₄ 调节零点，于波长 530 nm 处测吸光度，标准各点吸收值减去零管吸收值后绘制标准曲线，或计算直线回归方程，样液吸收值与曲线比较或代入方程求得含量。

(三)结果计算

1. 计算公式

样品中锌的含量按式(7-13)计算：

$$X = \frac{(A_1 - A_2) \times 1\,000}{m \times \dfrac{V_2}{V_1} \times 1\,000} \qquad (7\text{-}13)$$

式中：X——试样中锌的含量，mg/kg 或 mg/L；

A_1——测定用样品消化液中锌的含量，μg/mL；

A_2——试剂空白液中锌的含量，μg/mL；

m——称取试样的质量(体积)，g 或 mL；

V_1——样品消化液的总体积，mL；

V_2——测定用消化液的体积，mL。

结果取算术平均值，保留 2 位有效数字。

2. 精密度

在重复性条件下获得的 2 次独立测定结果的绝对差值不得超过算术平均值 10%。

【相关知识】

样品经消化后，在 pH 4.0～5.5 时，锌离子与二硫腙形成紫红色配合物，溶于 CCl₄，加入 $Na_2S_2O_3$，可防止铜、汞、铅、铋、银和镉等离子的干扰，与标准系列相比较进行定量。

GB/T 5009.14—2003《食品中锌的测定》之二硫腙比色法的检出限 2.5 mg/kg。

想一想
微波消解仪有哪些安全要求？

【仪器与试剂】

1. 仪器

实验中所用的玻璃仪器需用 10％～20％硝酸浸泡 24 h 以上,并用不含锌的蒸馏水冲洗干净。

①分光光度计。

②微波消解仪等(配高压消解罐)。

其他常规仪器及设备。

2. 试剂

①乙酸钠溶液(2 mol/L):称取 68 g 乙酸钠($CH_3COONa \cdot 3H_2O$)加水溶解后稀释 250 mL。

②乙酸(2 mol/L):量取 10.0 mL 冰乙酸,加水稀释至 85 mL。

③乙酸-乙酸盐缓冲液:2 mol/L 乙酸钠溶液与 2 mol/L 乙酸等体积混合,此溶液 pH 为 4.7 左右,用(0.1 g/L)二硫腙-CCl_4 溶液提取数次,每次 10 mL,除去其中的锌,至 CCl_4 层绿色不变为止,弃去 CCl_4 层,再用 CCl_4 提取乙酸-乙酸盐缓冲液中过剩的二硫腙,至 CCl_4 层无色,弃去 CCl_4 层。

④氨水(1+1)。

⑤盐酸(2 mol/L)。

⑥盐酸(0.02 mol/L):吸取 1 mL 2 mol/L 盐酸,加水稀释至 100 mL。

⑦酚红指示液(1 g/L):称取 0.1 g 酚红,加少量乙醇溶解,并稀释至 100 mL。

⑧盐酸羟胺溶液(200 g/L):称取 20 g 盐酸羟胺,加 60 mL 水,用 2 mol/L 乙酸调节 pH 至 4.0～5.5,以下按乙酸-乙酸盐缓冲溶液用 0.1 g/L 二硫腙-CCl_4 溶液处理。

⑨硫代硫酸钠溶液(250 g/L):称取 25 g 硫代硫酸钠,加 60 mL 水,用 2 mol/L 乙酸调节 pH 至 4.0～5.5,以下按乙酸-乙酸盐缓冲溶液用 0.1 g/L 二硫腙-CCl_4 溶液处理。

⑩二硫腙-CCl_4 溶液(0.1 g/L)。

⑪二硫腙使用液:吸取 1.0 mL 0.1 g/L 二硫腙-CCl_4 溶液,加 CCl_4 至 10.0 mL,混匀。用 1 cm 比色杯,以 CCl_4 调节零点,于波长 530 nm 处测吸光度(A)。

用式(7-14)计算出配制 100 mL 二硫腙使用液(57％透光率)所需 0.1 g/L 二硫腙-CCl_4 溶液毫升数(V)。

$$V = \frac{10 \times (2 - \lg57)}{A} = \frac{2.44}{A} \tag{7-14}$$

⑫锌标准溶液(100.0 μg/mL):精密称取 0.10 g 锌加 10 mL 盐酸(2 mol/L),溶解后移入 1 000 mL 容量瓶中,加水稀释至刻度。

⑬锌标准使用溶液(1.0 μg/mL):吸取 1.0 mL 锌标准溶液,置于 100 mL 容量瓶中,加 1 mL 盐酸(2 mol/L),以水稀释至刻度。

【友情提示】

1. 测定时加入硫代硫酸钠、盐酸羟胺和控制 pH 的条件下,可防止铜、汞、铅、铋、银、铬等金属离子的干扰,并可防止双硫腙被氧化破坏。

2. 硫代硫酸钠是较强的配合剂,不仅配合干扰金属,同时也与锌配合,所以只有使锌从配合物中释放出来,才能被二硫腙提取,而锌的释放又比较缓慢,因此要求各管必须剧烈振摇 2 min,振摇强度、次数还要一致。

【考核要点】

1. 样品前处理及消化操作。
2. 样液的萃取和试剂的净化提取操作。
3. 分光光度计使用。

【思考】

1. 实验中为何反复用二硫腙-CCl_4 溶液提取样品消化液和相同量的试剂空白液?
2. 测定锌的含量时,因何将萃取液直接滤入 1 cm 比色皿中进行测定?

【必备知识】

一、食品中的锌元素

锌是人体必需的微量元素。为预防儿童缺锌,1986 年卫生部已批准锌可作为营养强化剂使用。

1. 促进生长发育、改善食欲及性功能

锌是人体内 DNA 聚合酶、RNA 聚合酶、碳酸酐酶、碱性

想一想
因何检验食品中锌元素的含量?

磷酸酶、乳酸脱氢酶、超氧化物歧化酶等 100 多种酶的组成部分。缺锌时导致含锌酶活性降低,DNA 复制能力减弱,蛋白质合成障碍,细胞分裂和生长受到抑制。同时生长激素分泌受到影响,引起儿童体格和智力发育迟缓。锌低于 70 mg/kg,即可出现食欲减退和发育迟缓。锌对性器官发育和性功能维持也是必不可少的,缺锌可引起闭经、阳痿及男性不育。

2. 促进伤口愈合,增强免疫功能

锌能促进蛋白质合成、纤维细胞增生和上皮形成,从而加速伤口修复。锌也从各个环节增强机体的免疫功能,预防或治疗缺锌引起的免疫缺陷。

3. 维持夜视和暗适应能力

夜视依赖于维生素 A 和视黄醛的供应。视网膜杆状细胞对长波感光后使视黄醛还原为视黄醇。视黄醇在含锌醇脱氢酶的作用下,再生为视黄醛而恢复对长波的感光能力,这样周而复始的维持了正常人的夜视和暗适应能力。缺锌时醇脱氢酶活性降低,于是便出现夜盲和暗适应能力下降。

4. 稳定生物膜,改善能量代谢及血液灌注

锌能抑制由铁引发的自由基产生和脂质过氧化反应,并以铜锌超氧化物歧化酶

(Cu_2Zn_2-SOD)的形式参与对超氧离子自由基的清除,从而保护膜上的巯基免遭氧化,增加膜的稳定性,这一作用可能有助于防止癌变。通过与钙离子的竞争作用,锌可抑制血小板聚集和 5-羟色胺的释放而影响血液凝固。锌能改善缺血缺氧组织的糖和脂肪代谢,降低胆固醇,增加末梢循环的血液灌流,减轻组织损伤。

Zn 缺乏最常见的病因是膳食不平衡。但过度强化锌的食品易引起与锌相拮抗的其他营养素如钙、磷、铁的缺乏,也可能导致慢性中毒。硫酸锌对成人致呕吐剂量为 450 mg。锌摄入过量会造成锌中毒,而且会使罹患消化道癌症的风险增加约 1/8。

二、原子吸收光谱法测定肉与肉制品中锌

1. 原理

肉与肉制品试样经处理后,导入原子吸收分光光度计中,原子化以后,吸收 213.8 nm 共振线,在一定范围内,其吸收值与锌含量成正比,与配制的标准系列溶液比较确定锌的含量或计算直线回归方程求出锌的含量。

GB/T 9695.20—2008《肉与肉制品 锌的测定》之原子吸收分光光度法检出限为 0.4 mg/kg。

2. 试剂和材料

所用试剂均为分析纯或分析纯以上,水均为去离子水或相应纯度的水。

①盐酸溶液(1+1)。

②盐酸溶液(0.3 mol/L):量取 27 mL 盐酸,加适量水并稀释至 1 000 mL。

③硝酸。

④双氧水。

⑤锌标准溶液(1 000 μg/L):标准称取 1.0 g 金属锌(99.99%)溶于 10 mL 盐酸溶液(1+1)中,然后再水浴上蒸发至近干,用少量水溶解后移入 1 000 mL 容量瓶中,以水稀释至刻度,储于聚乙烯瓶。

⑥锌标准使用液(100 μg/mL):准确吸取 10.0 mL 锌标准溶液置于 100 mL 容量瓶中,以盐酸溶液(0.3 mol/L)稀释至刻度。

3. 仪器

火焰原子吸收分光光度计。

其他同任务三。

4. 测定

(1)试样制备　同任务三。

(2)试样前处理及试样溶液的制备

①高温灰化法。称取制备好的试样 1~5 g,精确至 1 mg,放入坩埚中,小火炭化(防止试样溅出或燃烧)至无烟后移入马弗炉中,(500±25)℃灰化 4 h。灰化好的试样应为灰白色,若灰分中有黑色颗粒时,应待坩埚冷却至室温后滴加水或盐酸(1+1)溶液湿润残渣,烘干后再灰化处理,直至残渣中无黑色颗粒。待坩埚稍冷,加 10 mL 盐酸溶液(0.3 mol/L),溶解残渣并移入 50 mL 容量瓶中,再用盐酸溶液(0.3 mol/L)反复洗涤坩埚,并入容量瓶中,定容、混匀备用。

同时做试剂空白试验。

②微波消解法。准确称取制备好的试样 0.5～1.0 g,精确至 1 mg,放入聚四氟乙烯消解罐内,加入硝酸 6 mL,置于电子控温板(加温 160～180℃),预消解 30 min,待聚四氟乙烯消解罐稍冷后补充硝酸 2 mL 和双氧水 2 mL,将消解罐装好后放入微波消解仪中,按微波消解仪操作条件进行操作。消解时间一般为 10 min,如样品消解完还呈浑浊状态需补加酸重复消解直至澄清。

将消解完的样品再置于电子控温板(加温 160～180℃),进行赶酸处理并使样品体积缩减到 1 mL 左右,取下放冷,用盐酸溶液(0.3 mol/L)反复洗涤消解罐,并入 50 mL 容量瓶中,定容、混匀备用。

需同时做试剂空白试验。

(3)标准系列溶液的制备　吸取 0.00、0.10、0.20、0.40 和 0.80 mL 锌标准使用液,分别置于 50 mL 容量瓶中,以盐酸溶液(0.3 mol/L)稀释至刻度,混匀(各容量瓶中每毫升分别相当于 0、0.2、0.4、0.8、1.6 μg 锌)。

(4)测定　根据仪器型号,将原子吸收分光光度计调节至最佳条件。

仪器参考条件:灯电流 6 mA,波长 213.8 nm,狭缝 0.38 nm,空气流量 10 L/min,乙炔流量 2.3 L/min,灯头高度 3 mm,氘灯背景校正。

将制备好的标准系列溶液、试剂空白液和试样溶液分别导入原子吸收分光光度计,进行火焰光度法测定。以锌含量对应吸光值,绘制标准曲线或计算直线回归方程,试样吸光值与曲线比较或代入方程求出含量。

同一试样应至少进行 2 次平行测定。

【知识窗】

儿童缺锌的危害

人体有着自我调节和自我平衡的能力,短期内锌摄入不足时,人体可以调节。但是如果较长时间内锌摄入不足,超过了肌体的调节能力,锌缺乏的各种症状就会出现。

1. 生长发育迟缓

生长和发育比同龄人落后是儿童锌缺乏的主要表现之一。除个子长得慢以外,儿童时期如果缺锌还会影响到性器官的发育和第二性征的出现,如女孩子月经初潮较晚,不规律;男孩子长胡须比同龄人晚等。

2. 厌食或异食症

厌食或异食(如吃土、墙皮等异物)也是儿童时期锌缺乏的典型表现。锌可以促进口腔中的一种叫"唾液蛋白酶"的物质合成,这种酶可以改善人的味觉,促进人的食欲。如果体内的锌不够用了,这种酶就减少了,孩子就会出现吃饭不香、食欲不振或吃土等现象。在所有锌缺乏的症状中,厌食和异食出现得比较早,而且较为普遍和特异。

3. 对智力和行为等方面的影响

智力发育与锌也有很大关系,这是因为锌可以影响脑中一些神经传导通路的功能。缺锌的孩子还会表现出来一些行为上的改变,比如:不爱动,情绪低落或好发脾气等,补充锌后这些表现可以得到明显好转。

缺锌对儿童的健康有一定的危害,但是儿童是否缺锌要到医院进行检查,如果缺锌,可以在医生指导下服用葡萄糖酸锌等口服液进行治疗。

儿童缺锌可以通过合理膳食进行预防。含锌量较高的食物为海产品,其中以牡蛎最高。各种肉类、奶类、蛋类、坚果类含锌量居中。目前锌强化的食品也可以食用。

5. 结果计算

(1)计算公式 样品中锌的含量按式(7-15)计算:

$$X = \frac{1\,000 \times (c - c_0) \times V}{1\,000 \times m} \tag{7-15}$$

式中:X——试样中锌的含量,mg/kg;

c——测定用试样消化液中锌的浓度,μg/mL;

c_0——试剂空白液中锌的浓度,μg/mL;

V——试样处理液的总体积,mL;

m——试样的质量,g。

结果取算术平均值,保留2位有效数字。

(2)精密度 在重复性条件下获得的2次独立测定结果的绝对差值不得超过算术平均值10%。

任务四 食品中碘的测定

任务五 食品中铅的测定

【工作要点】

1. 二硫腙比色法测定铅的原理。

2. 食品样液的制备。

3. 铅的提取及检测。

【工作过程】

(一)试样预处理

样品采集及制备过程中,应注意不使样品污染。

粮食、豆类去杂物后,磨碎,过 20 目筛,储于塑料瓶中,保存备用。

蔬菜、水果、鱼类、肉类及蛋类等水分含量高的鲜样,用食品加工机或匀浆机打成匀浆,储于塑料瓶中,保存备用。

(二)灰化

(1)粮食及其他含水分少的食品　称取 5.00 g 样品,置于石英或瓷坩埚中加热至炭化,然后移入马弗炉中,500℃ 灰化 3 h,放冷,取出坩埚,加硝酸(1+1),润湿灰分,用小火蒸干,在 500℃ 灼烧 1 h,放冷,取出坩埚。加 1 mL 硝酸(1+1),加热,使灰分溶解,移入 50 mL 容量瓶中,用水洗涤坩埚,洗液并入容量瓶中,加水至刻度,混匀备用。

> **想一想**
> 铅测定样品灰化温度与溶解有何要求?

(2)含水分多的食品或液体样品　称取 5.0 g 或吸取 5.00 mL 样品,置于蒸发皿中,先在水浴上蒸干,再按(1)自"加热至炭化"起依法操作。

(三)测定

①移取 10.0 mL 消化后的定容样液和同量的试剂空白液,分别置于 125 mL 分液漏斗中,各加水至 20 mL。

②吸取 0、0.10、0.20、0.30、0.40、0.50 mL 铅标准使用液(相当 0、1.0、2.0、3.0、4.0、5.0 μg 铅),分别置于 125 mL 分液漏斗中,各加硝酸(1+99)至 20 mL。于试样消化液、试剂空白液和铅标准溶液中各加 2.0 mL 柠檬酸铵溶液(200 g/L),1.0 mL 盐酸羟胺溶液(200 g/L)和 2 滴酚红指示液,用氨水(1+1)调至红色,再各加 2.0 mL 氰化钾溶液(100 g/L),混匀。各加 5.0 mL 二硫腙使用液,剧烈振摇 1 min,静置分层后,CHCl₃ 层经脱脂棉滤入 1 cm 比色皿中,以 CHCl₃ 调节零点于波长 510 nm 处测吸光度,各点减去空白液管吸光度值后,绘制标准曲线或计算一元回归方程,样品与标准曲线比较。

> **想一想**
> 怎样安排比色的顺序?

(四)结果计算

1. 计算公式

试样中铅含量按式(7-18)计算:

$$X = \frac{(m_1 - m_2) \times 1\,000}{m_3 \times \dfrac{V_2}{V_1} \times 1\,000}$$

(7-18)

式中:X——试样中铅的含量,mg/kg 或 mg/L;

m_1——测定用试样液中铅的质量,μg;

m_2——试剂空白液中铅的质量,μg;

m_3——试样质量或体积,g 或 mL;

项目七　食品中矿物元素的检验技术

V_1——试样处理液的总体积,mL;

V_2——测定用试样处理液体积,mL。

以重复性条件下获得的2次测定结果的算术平均值表示,结果保留2位有效数字。

2. 精密度

在重复条件下获得的2次独立测定结果的绝对差值不得超过算术平均值的10%。

【相关知识】

样品经消化后,在pH 8.5~9.0时,铅离子与二硫腙生成红色络合物,溶丁 $CHCl_3$ 等有机溶剂萃取,颜色的深浅与铅离子浓度成正比。加入柠檬酸铵、氰化钾和盐酸羟氨等,防止铜、铁、锌等离子干扰,与标准系列比较定量。

GB 5009.12—2010《食品安全国家标准　食品中铅的测定》之二硫腙比色法,检出限为5 mg/kg。

【仪器与试剂】

1. 试剂

①氨水(1+1)。

②盐酸(1+1)。

③酚红指示液(1 g/L):称取0.10 g酚红,用少量多次乙醇溶解后移入100 mL容量瓶中并定容到刻度。

④盐酸羟胺溶液(200 g/L):称取20.0 g盐酸羟胺,加水溶解至50 mL,加2滴酚红指示液,加氨水(1+1),调pH至8.5~9.0(由黄变红,再多加2滴),用二硫腙-$CHCl_3$溶液(0.5 g/L)提取至$CHCl_3$层绿色不变为止,再用$CHCl_3$洗2次,弃去$CHCl_3$层,水层加盐酸(1+1)呈酸性,加水至100 mL。

⑤柠檬酸铵溶液(200 g/L):称取50 g柠檬酸铵,溶于100 mL水中,加2滴酚红指示液,加氨水(1+1),调pH至8.5~9.0,用二硫腙-$CHCl_3$溶液(0.5 g/L)提取数次,每次10~20 mL,至$CHCl_3$层绿色不变为止,弃去$CHCl_3$层,再用$CHCl_3$洗两次,每次5 mL,弃去$CHCl_3$层,加水稀释至250 mL。

⑥氰化钾溶液(100 g/L):称取10.0 g氰化钾,用水溶解后稀释至100 mL。

⑦三氯甲烷(不应含氧化物)。

⑧淀粉指示液:称取0.5 g可溶性淀粉,加5 mL水搅匀后,慢慢倒入100 mL沸水中,随倒随搅拌,煮沸,放冷备用。临用时配制。

⑨硝酸(1+99)。

⑩二硫腙-$CHCl_3$溶液(0.5 g/L):称取精制过的二硫腙0.5 g,加1 L三氯甲烷溶解,保存于冰箱中。必要时参照友情提示中方法纯化。

⑪二硫腙使用液:吸取1.0 mL二硫腙溶液,加$CHCl_3$至10 mL,混匀。用1 cm比色皿,以$CHCl_3$调节零点,于波长510 nm处测吸光度(A),用式(7-19)计算出配置100 mL二硫腙使用液(70%透光率)所需二硫腙溶液的体积(V)。

$$V = \frac{10 \times (2 - \lg 70)}{A} = \frac{1.55}{A} \tag{7-19}$$

⑫硝酸-硫酸混合液(4+1)。

⑬铅标准溶液(1.0 mg/mL):精密称取 0.159 8 g 硝酸铅,加 10 mL 硝酸(1+99),全部溶解后,移入 100 mL 容量瓶中,加水稀释至刻度。此溶液每毫升相当于 1.0 mg 铅。

⑭铅标准使用液(10.0 μg/mL)。吸取 1.0 mL 铅标准溶液,置于 100 mL 容量瓶中,加水稀释至刻度。此溶液每毫升相当于 10.0 μg 铅。

【知识窗】

三氯甲烷氧化物的检验

检查方法:量取 10 mL CHCl$_3$,加 25 mL 新煮沸过的水,振摇 3 min,静置分层后,取 10 mL 水溶液,加数滴碘化钾溶液(150 g/L)及淀粉指示液,振摇后应不显蓝色,否则含有氧化物。

处理方法:于 CHCl$_3$ 中加入 1/20~1/10 体积的硫代硫酸钠溶液(200 g/L)洗涤,再用水洗后加入少量无水氯化钙脱水后进行蒸馏,弃去最初及最后的 1/10 馏出液,收集中间馏出液备用。

2. 仪器

玻璃仪器均采用 10%~20%硝酸溶液浸泡过夜,用自来水反复冲洗,最后用去离子水冲洗干净。

①分光光度计。

②压力消解器、压力消解罐或压力溶弹。

实验室常规设备及仪器。

【知识窗】

二硫腙的精制

称取 0.5 g 研细的二硫腙,溶于 50 mL CHCl$_3$ 中,如不全溶,可用滤纸过滤于 250 mL 分液漏斗中,用氨水(1+99)提取 3 次,每次 100 mL,将提取液用棉花过滤至 500 mL 分液漏斗中,用盐酸(1+1)调至酸性,将沉淀出的二硫腙用 CHCl$_3$ 提取 2~3 次,每次 20 mL,合并 CHCl$_3$ 层,用等量水洗涤 2 次,弃去洗涤液,在 50℃水浴上蒸去 CHCl$_3$。

精制的二硫腙置硫酸干燥器中,干燥备用。或将沉淀出的二硫腙用 200、200、100 mL CHCl$_3$ 提取 3 次,合并 CHCl$_3$ 层为二硫腙溶液。

【友情提示】

1. 柠檬酸在广泛 pH 范围内都有较强配位能力的掩蔽剂。本实验中主要作用是配位钙镁、铅、铁等离子防止在碱性溶液中形成氢氧化物沉淀。

2. 盐酸羟胺的作用是还原剂。实验中保护二硫腙不被高价金属离子、过氧化物等所氧化,防止溶液中 Fe^{3+} 与氰化物生成赤血盐。

3. 氰化钾剧毒！氰化物是较强的配位剂,可掩蔽铜、锌等多种金属离子的干扰,同时也能拉高 pH 使之稳定在 9 左右(实验中要严格控制 pH 在 8.5～9.0 范围内)。

4. 二硫腙固体(或其溶液)应低温(4～5℃)避光保存,以免氧化。

【考核要点】

1. 样品灰化及样液制备。
2. 移液、萃取条件等操作的平行性及污染控制。
3. 滤入比色皿及比色操作。

【思考】

1. 提取被检样品铅时,如何做到平行性实验?
2. 如何进行比色皿使用?

【必备知识】

一、微量元素

人体必需微量元素在机体组织中的作用浓度很低(10^{-6}～10^{-9}),因此,需要从食物中摄取的量也很低;微量元素的浓度常局限在一定的范围之内(表 7-1)。以硒元素为例,硒元素人体每日安全摄入量为 50～200 μg,低于 50 μg 会导致心肌炎等,但摄入量为 200～1 000 μg 则会导致中毒如厌食、肝病甚至死亡(我国极个别发生硒中毒地区采取相关措施有效降低了硒摄入,地方性硒中毒得到了很好控制,卫生部 2011 年第 3 号公告取消 GB 2762—2005《食品中污染物限量》中硒指标,不再将硒作为食品污染物控制);微量元素的功能形式、化学价态及化学形式也非常重要,例如,Cr 为＋6 价时对人体毒害很大,适量的 Cr^{3+} 对人体是有益的。

从食品安全要求角度看,无论人体必需的微量元素无毒、还是有害,都有一定的限量要求,因此,统称为限量元素。GB 2762—2012《食品中污染物限量》规定了食品中铅、镉、汞、砷、锡、镍、铬、亚硝酸盐、硝酸盐、苯并[a]芘、N-二甲基亚硝胺、多氯联苯、3-氯-1,2-丙二醇的限量指标。

二、铅

铅是一种蓄积性的有害元素,广泛分布于自然界。食品中铅的来源很多,包括动植物原料、食品添加剂及接触食品的管道、容器包装材料、器具和涂料等,均会使铅转移到食品中。长期食用含有铅的食品,会造成人体铅慢性中毒,严重时会引起血色素缺少性贫血、血管痉挛、高血压等疾病。

铅进入人体后,除部分通过粪便、汗液排泄外,其余在数小时后溶入血液中,阻碍血液的合成,导致人体贫血,出现头痛、眩晕、乏力、困倦、便秘和肢体酸痛等;有的口中有金属味,动脉硬化、消化道溃疡和眼底出血等症状也与铅污染有关。小孩铅中毒则出现发育迟缓、食欲不振、行走不便和便秘、失眠;若是小学生,还伴有多动、听觉障碍、注意力不集中、智力低下等现象。

铅进入人体后通过血液侵入大脑神经组织,使营养物质和氧气供应不足,造成脑组织损伤,严重者可能导致终身残废。特别是儿童处于生长发育阶段,对铅比成年人更敏感,进入体内的铅对神经系统有很强的亲和力,故对铅的吸收量比成年人高好几倍,受害尤为严重。铅进孕妇体内则会通过胎盘屏障,影响胎儿发育,造成畸形等。

GB 5009.12—2010《食品安全国家标准　食品中铅的测定》之石墨炉原子吸收光谱法检出限为 0.005 mg/kg,氢化物原子荧光光谱法检出限固体试样为 0.005 mg/kg,液体试样为 0.001 mg/kg;火焰原子吸收光谱法检出限为 0.1 mg/kg;二硫腙比色法检出限为 0.25 mg/kg;单扫描极谱法检出限为 0.085 mg/kg。

三、火焰原子吸收光谱法

1. 原理

试样经消化处理后,铅离子在一定 pH 条件下与二乙基二硫代氨基甲酸钠(DDTC)形成配合物,经 4-甲基-2-戊酮(MIBK)萃取分离,导入原子吸收光谱仪中,火焰原子化后,吸收 283.3 nm 共振线,其吸收量与铅含量成正比,与标准系列比较定量。

2. 仪器与试剂

(1)仪器　原子吸收光谱仪、火焰原子化器及铅空心阴极灯。

(2)试剂和材料

①混合酸(9+1):硝酸-高氯酸(优级纯)。

②硫酸铵溶液(300 g/L):称取 30 g 硫酸铵[$(NH_4)_2SO_4$],用水溶解并稀释至 100 mL。

③柠檬酸铵溶液(250 g/L):称取 25 g 柠檬酸铵,用水溶解并稀释至 100 mL。

④溴百里酚蓝水溶液(1 g/L)。

⑤二乙基二硫代氨基甲酸钠(DDTC)溶液(50 g/L):称取 5 g 二乙基二硫代氨基甲酸钠,用水溶解并加水至 100 mL。

⑥4-甲基-2-戊酮(MIBK)。

⑦铅标准储备液(1.0 mg/mL):准确称取 1.000 g 金属铅(99.99%),分次加少量硝酸(1+1),加热溶解,总量不超过 37 mL,移入 1 000 mL 容量瓶,加水至刻度。混匀。

⑧铅标准使用液(10 μg/mL):精确吸取铅标准储备液(1.0 mg/mL),用 0.5 mol/L 硝酸逐级稀释至 10 μg/mL。

⑨盐酸(1+11)。

⑩磷酸溶液(1+10)。

其他仪器、设备及试剂同任务五。

3. 工作步骤

(1)试样处理

①饮品及酒类。取均匀试样 10~20 g(精确到 0.01 g)于烧杯中(酒类应先在水浴上蒸去酒精),于电热板上先蒸发至一定体积后,加入混合酸(9+1)消化完全后,转移、定容于

50 mL 容量瓶。

②包装材料浸泡液可直接吸取测定。

③谷类。去除其中杂物及尘土,必要时除去外壳,碾碎,过 30 目筛,混匀。称取 5～10 g 试样(精确到 0.01 g),置于 50 mL 瓷坩埚中,小火炭化,然后移入马弗炉中,500℃以下灰化 16 h 后,取出坩埚,放冷后再加少量混合酸(9+1),小火加热,不使干涸,必要时再加少许混合酸(9+1),如此反复处理,直至残渣中无炭粒,待坩埚稍冷,加 10 mL 盐酸(1+11),溶解残渣并移入 50 mL 容量瓶中,再用水反复洗涤坩埚,洗液并入容量瓶中,并稀释至刻度,混匀备用。

取与试样相同量的混合酸和盐酸(1+11),按同一操作方法做试剂空白试验。

④其他样品。蔬菜、瓜果及豆类取可食部分洗净晾干,充分切碎混匀。称取 10～20 g(精确到 0.01 g)于瓷坩埚中,加 1 mL 磷酸溶液(1+10),小火炭化。禽、蛋、水产及乳制品取可食部分充分混匀。称取 5～10 g(精确到 0.01 g)于瓷坩埚中,小火炭化。乳类经混匀后,量取 50.0 mL,置于瓷坩埚中,加磷酸(1+10),在水浴上蒸干,再加小火炭化。

炭化后,按③谷类 自"然后移入马弗炉中……"起依法操作。

(2)萃取分离

①试液调节。视试样情况,吸取 25.0～50.0 mL 上述制备的样液及试剂空白液,分别置于 125 mL 分液漏斗中,补加水至 60 mL。加 2 mL 柠檬酸铵溶液(250 g/L),溴百里酚蓝水溶液 3～5 滴,用氨水(1+1)调 pH 至溶液由黄变蓝,加硫酸铵溶液(300 g/L)10.0 mL,DDTC 溶液(50 g/L) 10 mL,摇匀,放置 5 min 左右。

②萃取。加入 10.0 mL MIBK,剧烈振摇提取 1 min,静置分层后,弃去水层,将 MIBK 层放入 10 mL 带塞刻度管中,备用。

③标准曲线制作。分别吸取铅标准使用液 0.00、0.25、0.50、1.00、1.50、2.00 mL(相当 0.0、2.5、5.0、10.0、15.0、20.0 μg 铅)于 125 mL 分液漏斗中。与试样相同方法调节、萃取。

(4)测定

①饮品、酒类及包装材料浸泡液可经萃取直接进样测定。

②萃取液进样,可适当减小乙炔气的流量。

③仪器参考条件:空心阴极灯电流 8 mA;共振线 283.3 nm;狭缝 0.4 nm;空气流量 8 L/min;燃烧器高度 6 mm。

4. 数据记录及结果表达

①绘制 A-c 铅标准曲线,查出检测样液和试剂空白中铅的含量。

②试样中铅含量按式(7-20)进行计算:

$$X = \frac{(c_1 - c_0) \times V_1 \times 1\,000}{m \times \dfrac{V_3}{V_2} \times 1\,000} \tag{7-20}$$

式中:X——试样中铅的含量,mg/kg 或 mg/L;

c_1——测定用试样中铅的含量,μg/mL;

c_0——试剂空白液中铅的含量,μg/mL;

m——试样质量或体积,g 或 mL;

V_1——试样萃取液体积,mL;

V_2——试样处理液的总体积,mL;

V_3——测定用试样处理液的体积,mL。

测定结果以重复性条件下获得的 2 次独立测定结果的算术平均值表示,结果保留 2 位有效数字。

③精密度。在重复性条件下获得的 2 次独立测定结果的绝对差值不得超过算术平均值的 20%。

四、石墨炉原子吸收光谱法

1. 原理

试样经灰化或酸消解处理后,注入原子吸收分光光度计石墨炉中,电热原子化后吸收 283.3 nm 共振线,在一定浓度范围,其吸收值与铅含量成正比,与标准系列比较定量。

2. 仪器与试剂

(1)仪器　原子吸收光谱仪、附石墨炉及空心阴极灯。

(2)试剂和材料

①过硫酸铵。

②过氧化氢(30%)。

③硝酸(0.5 mol/L、1 mol/L、1+1)。

④磷酸二氢铵溶液(20 g/L):称取 2.0 g 磷酸二氢铵,以水溶解稀释至 100 mL。

⑤4-甲基-2-戊酮(MIBK)。

⑥铅标准使用液(10 μg/mL):每次吸取铅标准储备液(1.0 mg/mL)于 100 mL 容量瓶中,加硝酸(0.5 mol/L)至刻度。如此经多次稀释成每毫升含 10.0、20.0、40.0、60.0、80.0 ng 铅的标准使用液。

其他仪器、设备及试剂,同三。

3. 工作步骤

(1)试样处理　试样预处理,同三。

(2)试样消解

①压力消解罐消解法。称取 1～2 g 试样(精确到 0.001 g,干样、含脂肪高的试样<1 g,鲜样<2 g 或按压力消解罐使用说明书称取试样)于聚四氟乙烯内罐,加硝酸(优级纯)2～4 mL 浸泡过夜。再加过氧化氢(30%)2～3 mL(总量不能超过罐容积的 1/3)。盖好内盖,旋紧不锈钢外套,放入恒温干燥箱,120～140℃保持 3～4 h,在箱内自然冷却至室温,用滴管将消化液洗入或过滤入(视消化后试样的盐分而定)10～25 mL 容量瓶中,用水少量多次洗涤罐,洗液合并于容量瓶中并定容至刻度,混匀备用。同时做试剂空白。

②干法灰化。称取 1～5 g 试样(精确到 0.001 g,根据铅含量而定)于瓷坩埚中,先小火在可调式电热板上炭化至无烟,移入马弗炉(500±25)℃灰化 6～8 h,冷却。若个别试样灰化不彻底,则加 1 mL 混合酸(硝酸:高氯酸＝9:1)在可调式电炉上小火加热,反复多次直到消化完全,放冷,用硝酸(0.5 mol/L)将灰分溶解,用滴管将试样消化液洗入或过滤入(视消化后试样的盐分而定)10～25 mL 容量瓶中,用水少量多次洗涤瓷坩埚,洗液合并于容量瓶中并定容至刻度,混匀备用。同时做试剂空白。

③过硫酸铵灰化法。称取 1～5 g 试样(精确到 0.001 g)于瓷坩埚中,加 2～4 mL 硝酸

（优级纯）浸泡 1 h 以上，先小火炭化，冷却后加 2.00～3.00 g 过硫酸铵（晶体）盖于上面，继续炭化至不冒烟，转入马弗炉，(500 ± 25)℃恒温 2 h，再升至 800℃，保持 20 min，冷却，加 2～3 mL 硝酸（1 mol/L），用滴管将试样消化液洗入或过滤入（视消化后试样的盐分而定）10～25 mL 容量瓶中，用水少量多次洗涤瓷坩埚，洗液合并于容量瓶中并定容至刻度，混匀备用。同时做试剂空白。

④湿式消解法。取试样 1～5 g（精确到 0.001 g）于锥形瓶或高脚烧杯中，放数粒玻璃珠，加 10 mL 混合酸（硝酸＋高氯酸＝9＋1），加盖浸泡过夜，加一小漏斗于电炉上消解，若变棕黑色，再加混合酸，直至冒白烟，消化液呈无色透明或略带黄色，放冷，用滴管将试样消化液洗入或过滤入（视消化后试样的盐分而定）10～25 mL 容量瓶中，用水少量多次洗涤锥形瓶或高脚烧杯，洗液合并于容量瓶中并定容至刻度，混匀备用。同时做试剂空白。

（3）测定

①仪器条件。根据各自仪器性能调至最佳状态。

参考条件：波长 283.3 nm，狭缝 0.2～1.0 nm，灯电流 5～7 mA，干燥温度 120℃，20 s；灰化温度 450℃，持续 15～20 s，原子化温度：1 700～2 300℃，持续 4～5 s。背景校正为氘灯或塞曼效应。

②标准曲线绘制。吸取上面配制的铅标准使用液 10.0、20.0、40.0、60.0、80.0 mg/mL 各 10 μL，注入石墨炉，测得其吸光值并求得吸光值与浓度关系的一元线性回归方程。

③试样测定。分别吸取样液和试剂空白液 10 μL，注入石墨炉，测得其吸光值，代入标准系列的一元线性回归方程中求得样液中铅含量。

④基体改进剂的使用。对有干扰试样，则注入适量的基体改进剂磷酸二氢铵溶液 5 μL 或 10 μL 消除干扰。绘制铅标准曲线时也要加入与等量的基体改进剂磷酸二氢铵溶液。

4. 分析结果

试样中铅含量按式（7-21）进行计算：

$$X = \frac{(c_1 - c_0) \times V \times 1\,000}{m \times 1\,000 \times 1\,000} \tag{7-21}$$

其中，V 为试样消化液定量总体积，mL；其他同三。

任务六　食品中砷的测定

【项目小结】

本项目以食品中钙、铁、锌、碘营养元素含量及铅、砷、镉有害元素残留量的检测导入，介绍食品中矿物元素的分类、性能,配位滴定法、比色法等检验方法,分光光度计的结构、工作原理,通过乳、肉及肉制品等样品的常规制备、提取、净化等过程,熟悉微波消解仪、马弗炉等设备结构、操作方法;能够选择适宜的方法进行样品的消化处理;具备矿物元素标准系列溶液配制、使用能力,运用工作软件控制使用紫外-可见分光光度计、原子吸收分光光度计进行检测分析的能力,进行数据的整理、结果表达,熟悉样品制备的新技术、气相色谱检测原理。

【项目验收】

(一)填空题

1. 矿质元素中,含量在_____以上的称为常量元素。

2. EDTA 滴定法测定钙含量时,pH 一般控制在_____。

3. 食品中微量元素的检测方法有_____、_____和_____等。

4. 用双硫腙比色法测定铅含量时,常用以下主要试剂,它们的主要作用是:盐酸羟胺起_____作用,用以清除_____的影响;氰化钾主要起_____作用;加入柠檬酸铵,_____。

5. 食品中砷的测定常用方法有两种,即_____和_____。

6. 砷斑法测定食品中砷的含量时,用_____和_____将五价砷还原成三价砷,然后与锌粒和酸产生的_____作用生成_____,再与_____试纸生成_____色的砷斑,与标准砷斑比较定量。

7. 用双硫腙比色法测定铅含量时,双硫腙与铅在_____条件下,形成_____色络合物,加入_____和_____掩蔽剂。

8. 测定食品中汞含量时,一般不能用_____进行预处理。

9. 分光光度法测样品中铁的含量时,加入_____试剂可防止二价铁转变为三价铁。

(二)单项或多项选择题

1. 原子吸收分光光度计由光源、( )、单色器、检测器等主要部件组成。

A. 电感耦合等离子体   B. 空心阴极灯

C. 原子化器   D. 辐射源

2. 用双硫腙比色法测铅、汞时,不加入下列哪种掩蔽剂( )。

A. 柠檬酸铵   B. 氰化钾

C. EDTA   D. 酒石酸钾钠

3. 用双硫腙比色法测定铅时,最大吸收波长应为( )nm。

A. 510   B. 500

C. 490   D. 480

4. 用双硫腙比色法测定铅含量时,盐酸羟胺的作用是( )。

A. 掩蔽   B. 还原

C. 氧化   D. 消化

5. 原子吸收分光光度法测定铅的分析线波长为( )nm。

A. 213.8   B. 248.3

C. 285.0　　　　　　　　　　D. 283.3

6. 原子吸收分析中的吸光物质是(　　)。

　　A. 分子　　　　　　　　　　B. 离子

　　C. 基态原子　　　　　　　　D. 激发态原子

7. 使用原子吸收分光光度法测量样品中的金属元素的含量时,样品预处理要达到的主要目的是(　　)。

　　A. 使待测金属元素成为基态原子

　　B. 使待测金属元素与其他物质分离

　　C. 使待测金属元素成为离子存在于溶液中

　　D. 除去样品中有机物

8. 锌与二硫腙可形成(　　)的配合物。

　　A. 白色　　　　　　　　　　B. 紫红色

　　C. 蓝色　　　　　　　　　　D. 黄色

9. 铅与二硫腙形成的配合物的颜色是(　　)。

　　A. 红色　　　　　　　　　　B. 紫色

　　C. 蓝色　　　　　　　　　　D. 黄色

10. 标定 EDTA 溶液浓度基准试剂是(　　)。

　　A. 盐酸　　　　　　　　　　B. 碳酸钙

　　C. 氢氧化钠　　　　　　　　D. 重铬酸钾

(三)判断题(正确的画"√",错误的画"×")

1. 双硫腙是测定铅的专一试剂,测定时没有其他金属离子的干扰。(　　)

2. 在汞的测定中,样品消解可采用干灰化法或湿消解法。(　　)

3. 食品中待测的无机元素,一般情况下都与有机物质结合,以金属有机化合物的形式存在于食品中,故都应采用干法消化法破坏有机物,释放出被测成分。(　　)

4. 用原子吸收分光光度法可以测定矿物元素的含量。(　　)

(四)简答题

1. 食品中矿物质元素的测定方法有哪些?

2. 食品中铁的测定方法有哪些? 测定原理是什么?

3. 二硫腙比色法测食品中的微量元素一般会有哪些干扰? 如何消除?

4. 试述双硫腙比色法测定铅的原理。

5. 配位滴定中,为什么常用乙二胺四乙酸二钠盐作配位滴定剂,而不是乙二胺四乙酸?

6. 写出用 EDTA 法测定食品中钙的方法原理、所用试剂和计算公式。

食品中维生素的检验技术

【项目导入】

维生素对光、热、氧、pH 敏感,食品中维生素的种类及含量不仅取决于食品的品种,也受到加工工艺及储存条件的影响。测定食品中维生素的含量,对指导、评价食品的营养价值,开发利用富含维生素的食品资源,制定合理的生产工艺及储存方法,监督维生素强化食品的强化剂量,防止因摄入过多而引起维生素中毒等方面,都具有十分重要的意义。

维生素的检验方法有化学法、仪器法、微生物法和生物鉴定法。化学滴定法及荧光光度法、分光光度法、色谱法等仪器分析法最为常用。

任务一　维生素 C 的测定——2,6-二氯靛酚滴定法

【工作要点】

1. 2,6-二氯靛酚染料标定。
2. 试样制备、维生素 C 浸提及样液制备。
3. 滴定法测定维生素 C 含量。

【工作过程】

(一)2,6-二氯靛酚钠盐溶液的标定

吸取标准维生素 C 溶液 1 mL 于 50 mL 锥形瓶中,加入 10 mL 浸提剂,摇匀,用 2,6-二氯靛酚染料溶液滴定至溶液呈粉红色 15 s 不褪即为终点。另取 11 mL 浸提剂,做空白试验。

染料滴定度 T(每毫升染料溶液相当的维生素 C 毫克数,mg/mL)依式(8-1)计算:

> **想一想**
> 标定的终点颜色怎样转变?

$$T = \frac{c \times V}{V_1 - V_2} \tag{8-1}$$

式中:c——维生素 C 的浓度,mg/mL;

　　V——吸取维生素 C 标准溶液的体积,mL;

　　V_1——滴定维生素 C 溶液所用 2,6-二氯靛酚钠盐溶液的体积,mL;

　　V_2——滴定空白所用 2,6-二氯靛酚钠盐溶液的体积,mL。

(二)样液制备

①称取具有代表性样品的可食部分 100 g,放入组织捣碎机中,加 100 mL 浸提剂,迅速捣成匀浆。

②称取 10~40 g 浆状样品,用浸提剂将样品移入 100 mL 容量瓶,并稀释至刻度,摇匀

过滤(若滤液有色,可按每克样品加 0.4 g 白陶土脱色后再过滤)。

想一想

移取10 mL此制备样液相当于称取样品多少克?

(三)滴定

吸取滤液 10 mL 放入 20 mL 锥形瓶中,用已标定过的 2,6-二氯靛酚钠盐溶液滴定,直至溶液呈粉红色 15 s 不褪为止。记下染料的用量 V。

同时,吸取 2% 草酸溶液 10 mL,用染料作空白滴定试验,记下用量 V_0。

(四)数据记录与结果计算

1. 计算公式

样品中维生素 C 含量按式(8-2)计算:

$$W = \frac{(V - V_0) \times T \times f}{m} \times 100 \tag{8-2}$$

式中:W——样品中维生素 C 含量,mg/100 g;

$\quad V$——滴定样品时消耗染料溶液的体积,mL;

$\quad V_0$——滴定空白时消耗染料溶液的体积,mL;

$\quad T$——2,6-二氯靛酚染料滴定度,mg/mL;

$\quad f$——稀释倍数;

$\quad m$——样品重量,g。

平行测定的结果,用算术平均值表示,保留 3 位有效数字;含量低的保留小数点后 2 位数字。

2. 精密度

平行测定结果的相对偏差,在维生素 C 含量大于 20 mg/100 g 时,不得超过 2%;小于 20 mg/100 g 时,不得超过 5%。

【相关知识】

用蓝色的碱性染料 2,6-二氯靛酚钠盐标准溶液,对含维生素 C 的酸性浸出液进行氧化还原滴定,染料被还原为无色,当达到滴定终点时,多余的染料在酸性介质中则表现为浅红色,由染料用量计算样品中还原型维生素 C 的含量。

GB 6195—1986《水果、蔬菜维生素 C 含量测定法》的 2,6-二氯靛酚滴定法。

【仪器与试剂】

1. 仪器

高速组织捣碎机(8 000～12 000 r/min)。

2. 试剂

(1)浸提剂

①偏磷酸:2%溶液(W/V)。

②草酸:2%溶液(W/V)。

(2)标准维生素 C 溶液(1 mg/mL) 精确称取维生素 C 100 mg(±0.1 mg),用浸提剂溶解,小心地移入 100 mL 容量瓶中,并加浸提剂稀释至刻度,算出每毫升溶液中维生素 C 的毫克数。

想一想
抗坏血酸标准溶液用什么稀释?

(3)2,6-二氯靛酚(2,6-二氯靛酚吲哚酚钠)溶液　称取碳酸氢钠 52 mg 溶解在 200 mL 热蒸馏水中,然后称取2,6-二氯靛酚 50 mg 溶解在上述碳酸氢钠溶液中。冷却定容至 250 mL,过滤至棕色瓶内,保存在冰箱中。每次使用前,用标准维生素 C 标定其滴定度。

(4)白陶土(或高岭土)　对维生素 C 无吸附性。

(5)检测样品　番茄(青色、红色),辣椒、甘蓝、洋葱、柑橘、蜜枣、鲜枣、柿子、苹果等。

【友情提示】

1. 染料 2,6-二氯靛酚钠盐($C_{12}H_6O_2NCl_2Na$)的颜色反应表现两种特性,一是取决于其氧化还原状态,氧化态为深蓝色,还原态变为无色;二是受其介质的酸度影响,在碱性或中性水溶液呈蓝色,在酸性溶液中呈桃红色。

2. 2,6-二氯靛酚滴定法适用于果蔬及其加工制品中还原型维生素 C 的测定,避免有 Fe^{2+}、Sn^{2+}、Cu^+、SO_2、亚硫酸盐或硫代硫酸盐存在,否则会使结果偏高。在提取过程中,可加入 EDTA 等螯合剂。

3. 维生素 C 在许多因素影响下都易发生变化,取样品时应尽量减少操作时间,并避免与铜、铁等金属接触以防止氧化。

4. 带有颜色的样品液,可用中性的白陶土脱色,吸取澄清滤液进行测定。

5. 偏磷酸不稳定,切忌加热。

6. 经过熏硫或亚硫酸及其盐类处理的样品,在配制样品液时,应加甲醛(纯)5 mL 以除去 SO_2 的影响,以后再定容量。

【考核要点】

1. 稀释倍数计算。
2. 2,6-二氯靛酚标定操作。
3. 维生素 C 含量滴定操作。

【思考】

1. 测定维生素 C 前,为何要先进行 2,6-二氯靛酚染料的标定?
2. 本法测定维生素 C 时,为何要做 2 次空白试验?

【必备知识】

一、维生素

(一)概述

维生素(vitamin)是低分子有机化合物,能直接用于维持人体健康、对促进发育至关重要的有 20 余种。维生素的化学结构各异,大多数是辅酶(或辅基)的组成成分,具有促进营养素(蛋白质、脂肪、碳水化合物等)的合成、降解和控制代谢过程等作用。

这些维生素或其前体化合物都存在于天然食物中。根据溶解性的差异,维生素可分成脂溶性维生素(维生素 A、维生素 D、维生素 E、维生素 K)和水溶性维生素(维生素 C 及 B 族维生素)。前者易溶于脂肪或脂溶剂,在食物中与脂类共存,在体内存在于脂肪组织中,不能从尿中排除,大剂量摄入时可能引起中毒;后者易溶于水,多存在于植物性食品中,满足组织需要后都能从机体排出。

想一想
两类维生素的提取剂有何差异?

(二)维生素 C

维生素 C 具有防治坏血病的生理功能,并有显著酸味,又称抗坏血酸。维生素 C 是 3-酮基-L-呋喃古洛糖酸内酯,具有烯醇式结构(图 8-1),有 4 种异构体,L-抗坏血酸生物活性最高,其他抗坏血酸无生物活性。通常所指的维生素 C 即 L-抗坏血酸。

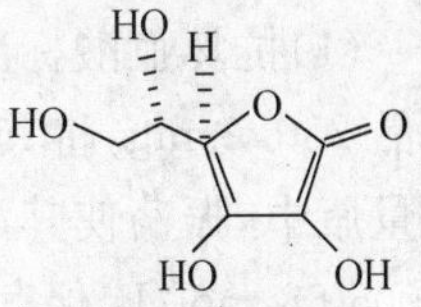

图 8-1　维生素 C 的结构式

天然的抗坏血酸有还原型和脱氢型 2 种。还原型抗坏血酸分子结构中有烯二醇结构,极易失去两原子氢而被氧化为 L-脱氢型抗坏血酸,是一种极敏感的还原剂。L-脱氢抗坏血酸在生物体内可还原为 L-抗坏血酸,因此,L-脱氢抗坏血酸在人体内也具有相同的生理功能。

抗坏血酸易溶于水,微溶于乙醇和甘油,不溶于大多数有机溶剂;其烯二醇的羟基具有酸性,能与多种金属(Na、Ca、Fe 等)成盐;在碱性介质中发生强氧化。固体抗坏血酸比较稳定,在水溶液中极易氧化;酸性溶液、糖、盐、氨基酸、果胶、明胶、多酚类化合物能抑制其氧化;升高温度、光线照射、金属离子存在能促进其氧化。维生素 C 具有广泛的生理功能。部分食物中维生素 C 的含量见表 8-1。

想一想
为何在制备维生素C样液时,要避免Fe²⁺、SO₂等干扰?

表 8-1　食物中维生素 C 的含量　　　　　　　　　　　　　　　　　　　　mg/100 g

食品	含量	食品	含量	食品	含量
辣椒	105	甜薯	30	枣	380
雪里蕻	83	红萝卜(小)	27	红枣	89
洋白菜	39	大白菜	24	草莓	80~100
油菜	61	冬瓜	16	菠萝	60~70
小白菜	36	黄瓜	14	橙子	50
菠菜	31	西红柿	11	苹果	5
白萝卜	30	土豆	10~50	葡萄	4

二、维生素 C 含量的测定——直接碘量法

(一)原理

I_2 是一种弱氧化剂,用 I_2 标准溶液直接测定一些还原性较强的物质的含量。维生素 C($C_6H_8O_6$)的分子中因含有烯

想一想
碘液测定维生素C,为什么要用醋酸酸化?

二醇基而具有较强的还原性,能被 I_2 定量地氧化成二酮基。

维生素 C 在碱性条件下还原性很强,更容易被空气中 O_2 氧化而产生较大误差。在弱酸性溶液中此反应也进行得很安全,因此,此滴定过程在稀醋酸溶液中进行。

(二)仪器与试剂

(1)仪器　酸式滴定管(25 mL,棕色)、榨汁机、离心机等实验室常规仪器及设备。

(2)试剂　草酸(1%,W/V)、可溶性淀粉(1%)、抗坏血酸、碘化钾、碘、活性炭。

(三)测定操作

1. 溶液的配制与标定

(1)抗坏血酸标准溶液的配制　准确称取抗坏血酸标准样品 250.0 mg,将其倒入装有少量 1% 草酸溶液的 250 mL 容量瓶中,振荡使其溶解,再用 1% 草酸溶液定容至 250 mL,其浓度为 1 mg/mL,即 $c(V_C)=$ 0.005 68 mol/L,保存备用。

> **想一想**
> 抗坏血酸标准溶液配制有何特殊要求?

(2)I_2 溶液的配制　称取 2 g KI 倒入小烧杯中,加入少量蒸馏水使 KI 溶解,再称取 1.3 g I_2,加入烧杯中使其完全溶解,再转入 1 000 mL 容量瓶中用蒸馏水溶解并定容至刻度,避光保存,备用。

(3)I_2 溶液的标定

①准确移取 50 mL 抗坏血酸标准溶液于 100 mL 容量瓶中,用 1% 草酸溶液定容至刻度,摇匀。准确移取 10 mL 稀释后的溶液于锥形瓶中,加入 20 mL 1% 的草酸溶液和 1 mL 1% 的淀粉溶液,再用 I_2 溶液滴定,当锥形瓶中的溶液出现棕红色时,已接近氧化还原反应的终点,此时,要放慢滴定的速度,滴至微蓝色并在 30 s 内不褪色即为滴定终点。滴定 5 次,记录体积 V_1,取平均值。

②另取 30 mL 1% 草酸溶液和 1 mL 1% 淀粉溶液于锥形瓶中,用 I_2 溶液滴定做空白试验,滴定 3 次,记录体积 V_2,计算空白值,从平均值中扣除空白值即为标定抗坏血酸溶液所消耗的 I_2 溶液的体积 $V(I_2)$。

③I_2 标准溶液的浓度 $c(I_2)$ 依式(8-3)计算:

$$c(I_2) = \frac{c(V_C) \times V(V_C)}{V(I_2)} \tag{8-3}$$

2. 样品溶液的提取

将新鲜的样品去皮、去核,准确称取可食用部分 100 g,置于榨汁机中,加入 40 mL 草酸溶液,余下 10 mL 草酸溶液用于冲洗粉碎机内残余的果蔬组织,尽量将其粉碎、抽滤,对于滤液的颜色较深的果蔬,不利于观察指示剂终点,为减少误差,加入活性炭脱色,再次抽滤,并将所得滤液移入量筒中并记下体积 V。

> **想一想**
> 样品粉碎不完全或没有冲洗,对实验结果有何影响?

3. 试样中维生素 C 的含量测定

①用移液管移取 10 mL 样品提取液,置于 250 mL 锥形瓶中,加入 20 mL 1% 草酸溶液和 1 mL 1% 淀粉溶液,用已标定的 I_2 溶液进行滴定,至溶液显蓝色并持续 30 s 不褪,即为终点。记录所消耗的 I_2 溶液的体积。

> **想一想**
> 可否同时移取 3 份样液至 3 个锥形瓶等待滴定?

②平行测定 3 次,取平均值,并扣除空白值。

(四)结果计算

样品中维生素 C 含量 W 依式(8-4)计算:

$$W = \frac{c(I_2) \times V(I_2) \times 176.12 \times \dfrac{V}{10}}{m} \times 100 \qquad (8\text{-}4)$$

式中:W——样品中维生素 C 的含量,mg/100 g;

$c(I_2)$——标准碘溶液的浓度,mg/mL;

$V(I_2)$——滴定样品液消耗标准碘溶液的体积,mL;

176.12——维生素 C 的摩尔质量,g/mol;

V——制备的样品体积,mL;

10——滴定移取提取液的体积,mL;

m——称取试样的质量,g。

【友情提示】

1. 在制备样品提取液时,要尽量将样品粉碎,确保维生素 C 最大限度地溶于提取液中。

2. 因维生素 C 在碱性条件下易被空气中的氧氧化,所以为确保维生素 C 尽可能不被氧化,应使其处于酸性条件下。整个操作过程要迅速,防止还原型抗坏血酸被氧化。

3. 对于有色滤液,要先用活性炭脱色,以避免终点判断有误。

> **想一想**
> 在碱性条件下进行维生素C测定,误差是正? 是负?

4. 用 I_2 溶液滴定时,速度要缓慢,接近终点时更要放慢速度,滴至微蓝色且在 30 s 内不褪色,即为滴定终点。

5. 因为 I_2 见光易分解及配制 I_2 溶液时未能将其完全溶解的原因,都会使 I_2 溶液的浓度有所变化。所以在每次测样品之前,都应先用维生素 C 的标准溶液重新标定 I_2 溶液的浓度。

6. 测定样品溶液时必须同时作空白对照,从滴定值中扣除空白值,尽量减少滴定误差。

三、婴幼儿食品和乳品中维生素 C 的测定——荧光分光光度计法

1. 原理

维生素 C(抗坏血酸)在活性炭存在下氧化成脱氢抗坏血酸,后者与邻苯二胺反应生成荧光化合物,此荧光化合物的激发波长是 350 nm,荧光波长(即发射波长)为 433 nm,用荧光分光光度计测其荧光强度,其荧光强度与维生素 C 的浓度成正比,以外标法定量。

GB 5413.18—2010《食品安全国家标准 婴幼儿食品和乳品中维生素 C 的测定》测定还原型维生素 C 和氧化型维生素 C 的总量,检出限为 0.1 mg/100 g。

2. 试剂与材料

①淀粉酶:酶活力 1.5 U/mg,根据活力单位大小调整用量。

> **想一想**
> 本法适合测定哪种维生素C的含量?

②偏磷酸-乙酸溶液 A：称取 15 g 偏磷酸，加入 40 mL 乙酸(36%)于 200 mL 水中，溶解后稀释至 500 mL 备用。

③偏磷酸-乙酸溶液 B：称取 15 g 偏磷酸，加入 40 mL 乙酸(36%)于 100 mL 水中，溶解后稀释至 250 mL 备用。

④酸性活性炭：称取粉末状活性炭(化学纯,80～200 目)约 200 g，加入 1 L 体积分数为 10%的盐酸，加热至沸腾，真空过滤，取下结块于一个大烧杯中，用水清洗至滤液中无铁离子为止，在 110～120℃烘箱中干燥约 10 h 后使用。

⑤乙酸钠溶液：称取 500 g 乙酸钠($CH_3COONa \cdot 3H_2O$)溶解并稀释至 1 L。

⑥硼酸-乙酸钠溶液：称取 3.0 g 硼酸，用乙酸钠溶液溶解并稀释至 100 mL(使用前配制)。

⑦邻苯二胺溶液(400 mg/L)：称取 40 mg 邻苯二胺盐酸盐，用水溶解并稀释至 100 mL(使用前配制)。

⑧维生素 C 标准溶液(100 μg/mL)：准确称取 0.050 g 维生素 C 标准品，用偏磷酸-乙酸溶液 A 溶解并定容至 50 mL 容量瓶中，此标准溶液浓度为每毫升相当于 1 mg 的抗坏血酸(每周新鲜配制)；再准确吸取 10.0 mL 上述溶液用偏磷酸-乙酸溶液 A 稀释并定容至 100 mL，此溶液每毫升相当于 0.1 mg 的抗坏血酸标准溶液(每天新鲜配制)。

3. 仪器和设备

荧光分光光度计。

实验室常规设备及仪器。

4. 分析步骤

(1)试样处理

①含淀粉的试样：称取约 5 g(精确至 0.000 1 g)混合均匀的固体试样或约 20 g(精确至 0.000 1 g)液体试样(含维生素 C 约 2 mg)于 150 mL 锥形瓶中，加入 0.1 g 淀粉酶，固体试样加入 50 mL 45～50℃的蒸馏水，液体试样加入 30 mL 45～50℃的蒸馏水，混合均匀后，用氮气排除瓶中空气，盖上瓶塞，置于(45±1)℃培养箱内 30 min，取出冷却至室温，用偏磷酸-乙酸溶液 B 转至 100 mL 容量瓶中定容。

②不含淀粉的试样：称取混合均匀的固体试样约 5 g(精确至 0.000 1 g)，用偏磷酸-乙酸溶液 A 溶解，定容至 100 mL。或称取混合均匀的液体试样约 50 g(精确至 0.000 1 g)，用偏磷酸-乙酸溶液 B 溶解，定容至 100 mL。

(2)待测液的制备

①将上述试样及维生素 C 标准溶液转至放有约 2 g 酸性活性炭的 250 mL 锥形瓶中，剧烈振摇 1 min，过滤(弃去约 5 mL 最初滤液)，即为试样及标准溶液的滤液。然后准确吸取 5.0 mL 试样及标准溶液的滤液分别置于 25 mL 及 50 mL 放有 5.0 mL 硼酸-乙酸钠溶液的容量瓶中，静置 30 min 后，用蒸馏水定容。以此作为试样及标准溶液的空白溶液。

②在此 30 min 内，再准确吸取 5.0 mL 试样及标准溶液的滤液于另外的 25 mL 及 50 mL 放有 5.0 mL 乙酸钠溶液和约 15 mL 水的容量瓶中，用水稀释至刻度。以此作为试样溶液及标准溶液。

③试样待测液：分别准确吸取 2.0 mL 试样溶液②及试样的空白溶液①于 10.0 mL 试

管中,在避光的环境中,迅速向各管中准确加入 5.0 mL 邻苯二胺溶液,加塞,摇匀,避光放置 60 min 后待测。

④标准系列待测液:准确吸取上述②标准溶液 0.5、1.0、1.5 和 2.0 mL,分别置于 10 mL 试管中,再用水补充至 2.0 mL。同时准确吸取标准溶液的①空白溶液 2.0 mL 于 10 mL 试管中。向每支试管中准确加入 5.0 mL 邻苯二胺溶液,摇匀,在避光条件下放置 60 min 后待测。

(3)测定

①标准曲线的绘制:将标准系列待测液(2)④立刻移入荧光分光光度计的石英杯中,于激发波长 350 nm,发射波长 430 nm 条件下测定其荧光值。以标准系列荧光值分别减去标准空白荧光值为纵坐标,对应的维生素 C 质量浓度为横坐标,绘制标准曲线。

②试样待测液的测定仪器操作条件:将试样(2)③待测液按①的方法分别测其荧光值,试样溶液荧光值减去试样空白溶液荧光值后在标准曲线上查得对应的维生素 C 质量浓度。

5. 分析结果的表述

(1)计算公式 试样中维生素 C 的含量 X 按式(8-5)计算:

$$X = \frac{c \times V \times f}{m} \times \frac{100}{1\,000} \tag{8-5}$$

式中:X——试样中维生素 C 的含量,mg/100 g;

V——试样的定容体积,mL;

c——由标准曲线查得的试样测定液中维生素 C 的质量浓度,μg/mL;

m——试样的质量,g;

f——试样稀释倍数。

以重复性条件下获得的 2 次独立测定结果的算术平均值表示,结果保留至小数点后 1 位。

(2)精密度 在重复性条件下获得 3 次独立测定结果的绝对差值不得超过算术平均值的 10%。

【知识窗】

荧光光谱

多数分子在常温下处在基态最低振动能级。产生荧光的原因是荧光物质的分子吸收了特征频率的光能后,由基态跃迁至较高能级的第一电子激发态或第二电子激发态,处于激发态的分子,通过无辐射去活,将多余的能量转移给其他分子或激发态分子内振动或转动能级后,回至第一激发态的最低振动能级,然后再以发射辐射的形式去活,跃迁回至基态各振动能级,发射出荧光。

荧光是物质吸收光的能量后产生的,因此任何荧光物质都具有 2 种光谱,即激发光谱和发射光谱。

【友情提示】

1. 活性炭用量应准确,其氧化机理是基于表面吸附的氧进行界面反应,加入量不足,氧化不充分,加入量过高,对抗坏血酸有吸附作用。实验表明,2 g 用量时,吸附影响不明显。

2. 邻苯二胺溶液在空气中颜色会逐渐变深,影响显色,故应临用现配。

3. 样品中如含丙酮酸,也能与邻苯二胺生成一种荧光化合物,干扰样品中抗坏血酸的测定。在样品中加入硼酸后,硼酸与脱氢抗坏血酸形成的螯合物不能与邻苯二胺生成荧光化合物,而硼酸与丙酮酸并不作用,丙酮酸仍可以发生上述反应。因此,在测量时,取相同的样品两份,其中一份样品加入硼酸,测出的荧光强度作为背景的荧光读数。由另一份样品不加硼酸,样品的荧光读数减去背景的荧光读数后,再与抗坏血酸标准样品的荧光读数相比较,即可计算出样品中抗坏血酸的含量。

四、水果中维生素 C 的含量测定——2,4-二硝基苯肼比色法

1. 原理

总抗坏血酸包括还原型维生素 C、脱氢型维生素 C 和二酮古龙糖酸。样品中还原型抗坏血酸经活性炭氧化为脱氢抗坏血酸,后者再与 2,4-二硝基苯肼作用生成红色脎。根据脎在硫酸溶液中的含量与总抗坏血酸含量成正比,进行比色定量。

GB 5009.86—2003《蔬菜、水果及其制品中总抗坏血酸的测定》之 2,4-二硝基苯肼比色法,检出限为 $0.1~\mu g/mL$,线性范围为 $1\sim 12~\mu g/mL$。

2. 仪器

紫外-可见分光光度计。

实验室常规仪器及设备。

3. 试剂

本实验用水均为蒸馏水,试剂纯度均为分析纯。

①硫酸(4.5 mol/L):将 250 mL 硫酸(比重 1.84)小心加入到 700 mL 水中,冷却后用水稀释至 1 000 mL。

> 想一想
> 怎样安全使用浓硫酸?

②硫酸(85%):将 90 mL 硫酸(比重 1.84)小心加入到 100 mL 水中,搅拌均匀。

③2,4-二硝基苯肼溶液(2%):溶解 2 g 2,4-二硝基苯肼于 100 mL 4.5 mol/L 硫酸中,过滤。不用时存于冰箱内,每次用前必须过滤。

④草酸溶液(2%):溶解 20 g 草酸($H_2C_2O_4$)于 700 mL 水中,再加水稀释至 1 000 mL。

⑤草酸溶液(1%):稀释 500 mL 2%草酸溶液到 1 000 mL。

⑥硫脲溶液(1%):溶解 5 g 硫脲于 500 mL 1%草酸溶液中。

⑦硫脲溶液(2%):溶解 10 g 硫脲于 500 mL 1%草酸溶液中。

⑧盐酸(1 mol/L):取 100 mL 盐酸,加入水中,并稀释至 1 200 mL。

⑨抗坏血酸标准溶液(1 mg/mL):准确 100 mg 纯抗坏血酸,用 1%草酸溶解、定容 100 mL 容量瓶中,混匀。

⑩活性炭:将 100 g 活性炭加到 750 mL 1 mol/L 盐酸中,回流 1~2 h,过滤,用水洗数

次,至滤液中无铁离子(Fe^{3+})为止,然后置于110℃烘箱中烘干。

普鲁士蓝反应检验 Fe^{3+}:将2‰亚铁氰化钾与1‰盐酸等量混合,再滴入上述洗出滤液,如产生蓝色沉淀,则有 Fe^{3+}。

4. 操作步骤

想一想
实验全程应避光!

(1)样品的制备

①鲜样的制备。称100 g鲜样和100 g 2‰草酸溶液,倒入捣碎机中打成匀浆,取10~40 g匀浆(含1~2 mg抗坏血酸)倒入100 mL容量瓶中,用1‰草酸溶液稀释至刻度,混匀。

②干样制备。称1~4 g干样(含1~2 mg抗坏血酸)放入乳钵内,加入1‰草酸溶液磨成匀浆,倒100 mL容量瓶内,用1‰草酸溶液稀释至刻度,混匀。

③将浸提液过滤,滤液备用。不易过滤的样品用离心机沉淀后,倾出上清液,过滤,备用。

(2)氧化处理 取25 mL上述滤液,加入2 g活性炭,振摇1 min,过滤,弃去最初数毫升滤液。取10 mL此氧化提取液,加入10 mL 2‰硫脲溶液,混匀。

(3)呈色反应

①于3个试管中各加入4 mL稀释液(2)。一个试管作为空白,在其余试管中加入1.0 mL 2‰ 2,4-二硝基苯肼溶液,将所有试管放入(37±0.5)℃恒温箱或水浴中,保温3 h。

②3 h后取出,除空白管外,将所有试管放入冰水中,空白管取出后使其冷却至室温。然后加入1.0 mL 2‰ 2,4-二硝基苯肼溶液,在室温中放置10~15 min后放入冰水内。

(4)显色 当试管放入冰水后,向每一试管中加入5 mL 85‰硫酸,滴加时间至少需要1 min,需边加边摇动试管。硫酸滴加完毕,将试管自冰水中取出,在室温准确放置30 min显色。

(5)比色 用1 cm比色杯,以空白液调零点,于500 nm波长测吸光值。

(6)标准曲线的绘制

①加2 g活性炭于50 mL标准溶液中,摇动1 min,过滤。

②取10 mL滤液放入500 mL容量瓶中,加5.0 g硫脲,用1‰草酸溶液稀释至刻度,抗坏血酸浓度20 μg/mL。

③取5、10、20、25、40、50、60 mL稀释液,分别放入7个100 mL容量瓶中,用1‰硫脲溶液稀释至刻度,使最后稀释液中抗坏血酸的浓度分别为1、2、4、5、8、10、12 μg/mL。

④按样品测定步骤形成脲并比色。

⑤以吸光值为纵坐标,以抗坏血酸浓度(μg/mL)为横坐标绘制标准曲线。

5. 结果计算

(1)计算公式 试样中总抗坏血酸含量依式(8-6)计算:

$$X = \frac{c \times V}{m} \times f \times \frac{100}{1\,000} \tag{8-6}$$

式中:X——试样中总抗坏血酸含量,mg/100 g;

c——由标准曲线查得或由回归方程算得"样品氧化液"中总抗坏血酸的浓度,μg/mL;

V——试样用 1% 草酸溶液定容的体积,mL;

f——样品氧化处理过程中的稀释倍数;

m——试样质量,g。

（2）精密度　同一实验室平行或重复测定,相对偏差绝对值≤10%。

【友情提示】

1. DNPH(2,4-二硝基苯肼)为易燃固体,用于制造炸药及化学试剂,干燥时经震动、撞击会引起爆炸,同时对眼睛和皮肤有刺激性,使用过程中应佩戴手套、轻拿轻放。

2. 2,4-二硝基苯肼比色法容易受共存物质的影响,特别是谷物及其加工食品,必要时可用层析法纯化。

3. 硫脲可保护抗坏血酸不被氧化,且可帮助脎的形成。加入硫脲时应直接垂直滴入溶液,不能滴在管壁上,防止溶液中硫脲的浓度不一致,影响测定结果。

> 想一想
> 硫脲有何用途? 怎样使用?

4. 加入硫酸(9+1)溶解形成脎时,应边滴加边振摇试管,防止样品中糖类成分炭化而使溶液变黑,影响吸光度的测定。

5. 试管从冰水中取出后,因糖类的存在会造成颜色逐渐加深,故必须计时,30 min 后影响将减少,因此,在加入硫酸 30 min 后准时比色。

6. 使用硫酸要避免溅到皮肤、衣服上,避免吸入蒸气,使用时应佩戴防腐手套。硫酸废液一定要放在指定的危险废弃物容器中。

任务二　维生素 A 的测定——三氯化锑比色法

【工作要点】

1. 三氯化锑比色法测定维生素 A 原理。

2. 试样皂化、回流、减压浓缩操作。

3. 维生素 A 吸光度测定及结果表达。

【工作过程】

(一)试样皂化、提取及浓缩

称取 0.5～5.0 g 试样于锥形瓶中,加 10 mL 氢氧化钾溶液(1+1)及 20～40 mL 乙醇,加热低温回流 30 min 至皂化完全。

将皂化瓶内的混合液移入 500 mL 分液漏斗中,用 30 mL 温水洗皂化瓶,洗液并入分液漏斗中。如有残渣,可

> 想一想
> 为何用乙醇进行皂化回流?

将皂化后的混合液,经放有少许脱脂棉的漏斗滤入分液漏斗内。用 50 mL 乙醚分 2 次洗皂化瓶,洗液并入分液漏斗中。振摇并注意放气!静置分层后,水层放入第 2 个分液漏斗内。皂化瓶再用约 30 mL 乙醚分 2 次冲洗,洗液倾入第 2 个分液漏斗中。振摇后,静置分层,水层放入锥形瓶中,醚层与第 1 个分液漏斗合并。重复至水液中无维生素 A 为止。在振摇过程中,不要用力过猛,否则易成乳状,难于分离,如遇此情况,可加少量无水乙醇消除。

用约 30 mL 水加入第 1 个分液漏斗中,轻轻振摇,静置片刻后,放去水层。加 15～20 mL 0.5 mol/L 氢氧化钾溶液于盛醚提取液的分液漏斗中,轻轻振摇后,弃去下层碱液,除去醚溶性酸皂。然后用蒸馏水洗涤,每次约 30 mL,直至洗涤液与酚酞指示剂呈无色为止(大约 3 次)。醚层静置 10～20 min,小心放出析出的水。

将醚层液经过无水硫酸钠滤入 250 mL 锥形瓶中,再用约 25 mL 乙醚冲洗分液漏斗及硫酸钠 2 次,洗液并入锥形瓶内,置于水浴上蒸馏,回收乙醚。待瓶内剩约 5 mL 时取下,再减压抽气法至干,立即加入 5 mL 三氯甲烷于锥形瓶中,然后将三氯甲烷移入 25 mL 具塞试管中,加三氯甲烷至刻度。

(二)测定

1. 标准曲线的绘制

准确吸取 1.0、2.0、3.0、4.0、5.0 mL 维生素 A 标准使用液(根据试样维生素 A 含量调整)置于 10 mL 容量瓶中,以三氯甲烷配制标准系列。再取相同数量的比色管顺次取 1 mL 三氯甲烷和标准系列使用液 1 mL(相当于 1、2、3、4、5 μg 维生素 A),各管加入 1 滴乙酸酐,制成标准比色列。于长 620 nm 波处,以三氯甲烷调节吸光度至零点将其标准比色列顺序移入光路前,迅速加入 9 mL 三氯化锑-三氯甲烷液,于 6 s 内读取吸光度,以吸光度为纵坐标,维生素 A 含量为横坐标绘制标准曲线图。

2. 试样测定

于一比色管中加入 10 mL 三氯甲烷,加入 1 滴乙酸酐为空白液。另一比色管加入 1 mL 三氯甲烷,其余比色管中分别加入 1 mL 试样溶液及 1 滴乙酸酐。其余步骤同标准曲线的制备。根据测得样品的吸光度,从标准线查得相应维生素 A 的含量。

(三)结果计算

1. 计算公式

试样中维生素 A 的含量依式(8-7)计算:

$$X = \frac{c}{m} \times V \times \frac{100}{1\,000} \tag{8-7}$$

式中:X——试样中维生素 A 的含量(1 IU＝0.3 μg 维生素 A),mg/100 g;

c——由标准曲线上查得试样中维生素 A 的含量,μg/mL;

V——提取后加入三氯甲烷定量之体积,mL;

m——样品的质量,g;

100——以每百克试样计。

2. 精密度

在重复性条件下获得的 2 次独立测定结果的绝对差值不得超过算术平均值的 10%。

【相关知识】

维生素 A 在三氯甲烷中能与三氯化锑相互作用，产生蓝色物质，其深浅与溶液中维生素 A 的含量成正比。此蓝色物质虽不甚稳定，但在一定时间内可用分光光度计于 620 nm 波长处测定其吸光度。

GB/T 5009.82—2003《食品中维生素 A 和维生素 E 的测定》之比色法。

【仪器与试剂】

1. 仪器

①分光光度计。

②回流提取装置。

③减压浓缩器。

2. 试剂

除非另有说明，在分析中仅适用确定为分析纯的试剂盒蒸馏水或相当纯度的水。

①无水硫酸钠。

②乙酸酐。

③无水乙醚。

④无水乙醇。

⑤三氯甲烷：不含分解物。

【知识窗】

三氯甲烷纯度检查

检查原因：三氯甲烷($CHCl_3$)不稳定，放置后易受空气中氧的作用生成 HCl 和光气，能够破坏维生素 A。

检查方法：取少量 $CHCl_3$ 置试管中，加水少许振摇(氯化氢溶到水层)，加入几滴硝酸银液，如有白色沉淀即说明三氯甲烷中有分解物。

处理方法：先确定三氯甲烷含有分解产物，再于分液漏斗中加水洗数次，加无水硫酸钠或氯化钙使之脱水，然后蒸馏。

⑥三氯化锑-三氯甲烷溶液(250 g/L)：用 $CHCl_3$ 配制三氯化锑溶液，储于棕色瓶中(注意勿使吸收水分)。溶解 25 g 三氯化锑于 $CHCl_3$ 中，移入 100 mL 容量瓶中并加 $CHCl_3$ 至刻度，再加 10 g 无水硫酸钠，储于棕色瓶中，上清液使用，临用前配制。

⑦氢氧化钾溶液(1+1)。

⑧氢氧化钾溶液(0.5 mol/L)：称取 14 g 氢氧化钾加蒸馏水溶解并稀释至 500 mL。

⑨维生素 A 标准液：视黄醇(纯度 85%)或视黄醇乙酸酯(纯度 90%)经皂化处理后使用。用脱醛乙醇溶解维生素 A 标准品，使其浓度大约为 1 mL 相当于 1 mg 视黄醇。临用前用紫外分光光度法标定其准确浓度。

维生素 A 标准液的标定

标定方法:取维生素 A 标准液若干微升,分别稀释至 3.00 mL 乙醇中,并分别按给定波长测定维生素 A 的吸光值。用比吸光系数计算出该维生素的浓度。

维生素 A 测定条件:维生素 A 标准溶液加入 10.00 μL,其比吸光系数 $E_{0m}^{1\%}$ 为 1 835,工作波长为 325 nm。

维生素 A(E)标准液浓度按式(8-8)计算:

$$c_1 = \frac{A}{E} \times \frac{1}{100} \times \frac{3.00}{V \times 1\,000} \tag{8-8}$$

式中: c_1——维生素浓度,g/mL;

A——维生素的平均紫外吸光值;

V——加入标准液的量,μL;

E——某种维生素 1‰比吸光系数;

$\dfrac{3.00}{V \times 1\,000}$——标准液稀释倍数。

⑩酚酞指示剂(10 g/L):用 95％乙醇配制。

【友情提示】

1. 乙醚作萃取剂,易发生乳化现象。在提取、洗涤操作中,不要用力过猛,若发生乳化,可加几滴乙醇消除乳化。久置乙醚或石油醚要检查过氧物并去除过氧物,方法见项目六之任务一。

2. 维生素 A 见光易分解,整个实验应在暗处进行,防止阳光照射,或采用棕色玻璃避光。

3. 三氯甲烷中不能含有水分,因三氯化锑遇水会出现沉淀氯氧化锑,干扰比色测定。故每毫升 $CHCl_3$ 中应加入乙酸酐 1 滴,来吸收可能混入反应液中的微量水分。

4. 由于三氯化锑与维生素 A 所产生的蓝色物质很不稳定,通常 6 s 以后便开始褪色,因此要求反应在比色皿中进行,产生蓝色后立即读取吸光值。

想一想

在比色、移入光路前,加 9 mL 显色剂为何要迅速?

5. 试样中含 β-萝卜素干扰测定,可将浓缩蒸干的样品用正己烷溶解,以氧化铝为吸附剂,丙酮-乙烷混合液为洗脱剂进行柱层析。

6. 三氯化锑腐蚀性强,不能沾在手上,三氯化锑遇水生成白色沉淀,因此用过的仪器要先用稀盐酸浸泡后再清洗。

【考核要点】

1. 样液提取、纯化操作。
2. 减压浓缩操作。
3. 分光光度计快速测定操作。

【思考】

1. 加碱液洗涤的目的是什么？
2. 若在阳光强烈照射下进行试验，会对结果有何影响？

【必备知识】

一、维生素 A、维生素 E

维生素 A 有许多异构体，在动物的脂肪中存在的维生素 A 的母体化合物称为视黄醇（维生素 A_1），在鱼肝油中存在一种类视黄醇物质（3′-脱氢视黄醇，即维生素 A_2），其结构式如图 8-2 所示。

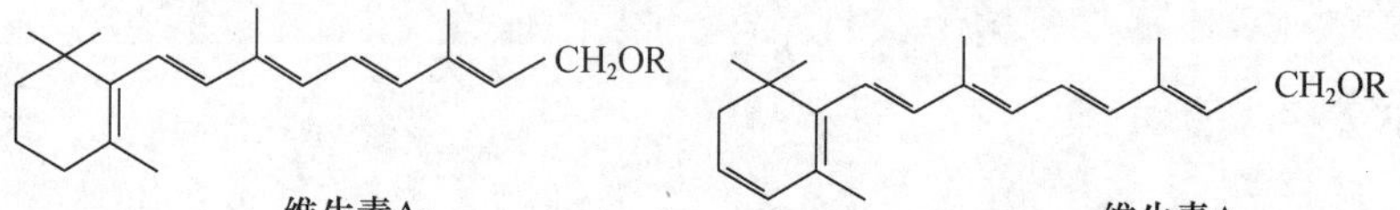

维生素A_1　　　　　　　　维生素A_2

R=H或COCH₃醋酸酯或CO(CH₂)₁₄CH₃棕榈酸酯

图 8-2　维生素 A 的结构式

维生素 A 分子结构的高度不饱和性，决定其具有易氧化的性质，温度升高、紫外光照射、金属存在下氧化更快，可用作磷脂、维生素 E 等抗氧化剂；维生素 A 及维生素 A 原对热、酸、碱相当稳定，但在 pH 小于 4.5 的条件下，维生素的效价也有所降低；无氧时，维生素 A 及维生素 A 原在 120℃下经过 12 h 加热仍无损失，但有氧存在时，于同样温度下经 4 h 加热就有损失。

维生素 E 活性成分主要是 α-、β-、γ- 和 δ- 八种异构体。以 α-生育酚活性最大，因此，通常都以 α-生育酚作为维生素 E 的代表进行研究。母生育酚与生育三烯酚结构上的区别在于其侧链的 3′、7′ 和 11′ 处的双键。不同生育酚或生育三烯酚之间的区别是环状结构上的甲基的数目和位置不同，如图 8-3 所示。

维生素 E 为黄色油状液体，溶于脂溶性溶剂，对热稳定，在酸环境下比碱性环境稳定。在无氧条件下，对热与光以及对碱性环境也相对较为稳定。食物中维生素 E 的含量如表 8-2 所示。

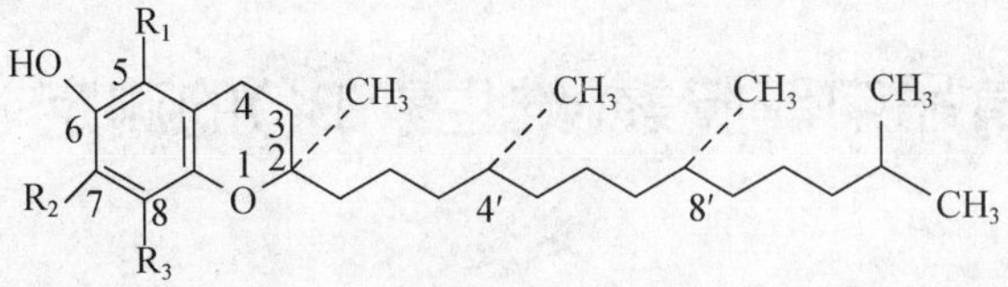

生育酚 (TOC)

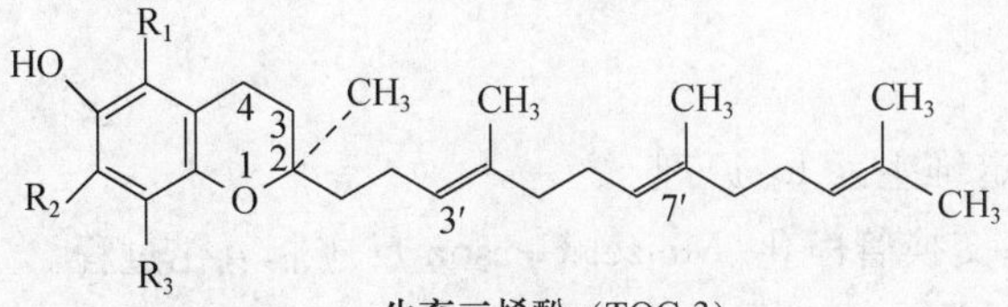

生育三烯酚 (TOC-3)

R_1、R_2、R_3 皆代表 CH_3 和 H(生育酚为 H),其中,α-在 5,7,8 位是 CH_3、β-在 5,8 位是 CH_3、γ-在 7,8 位是 CH_3

图 8-3　生育酚和生育三烯酚的结构式

表 8-2　若干食品中维生素 E 的含量　　　　　　　　　　　　　　　$\mu g/g$

食物	含量	食物	含量
小麦胚油	1 000～3 000	芝麻油	20～300
棉籽油	600～900	猪油及牛奶	10～12
花生油	260～360	牛乳	0.9～1.7
大豆油	100～400	奶油	21～33
橄榄油	50～300		

二、皂化反应

脂溶性维生素(如维生素 A)常与食品中脂类物质共存,测定时通常先将样品进行皂化处理,再水洗去掉已经皂化的脂类物质,然后用有机溶剂提取脂溶性维生素(不皂化物),浓缩后溶于适当的溶剂中制得待测液。

广义的皂化反应是指碱(通常为强碱)与酯反应生成醇和羧酸盐,狭义的皂化反应仅指油脂与氢氧化钠或氢氧化钾混合,得到高级脂肪酸的钠/钾盐和甘油的反应。在皂化和浓缩时,为防止维生素的氧化分解,常加入抗氧化剂(如抗坏血酸)。

脂肪和植物油的主要成分是甘油三酯,它们在碱性条件下水解的反应为:

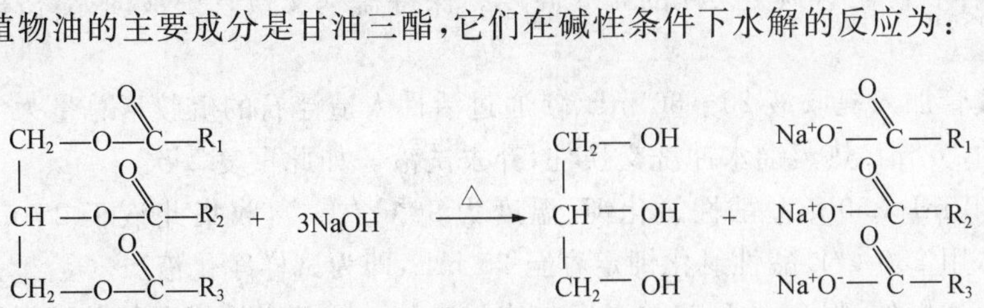

皂化反应生成的高级脂肪酸的钠/钾盐能溶于水,如果向该水溶液中加入氯化钠可分离出脂肪酸钠,这一过程叫盐析。皂化反应和酯化反应不是互为可逆反应。

对于某些含脂肪量低、脂溶性维生素含量较高的样品,可以先用有机溶剂抽提,然后皂化,再提取。对光敏感的维生素 D、维生素 E,测定操作需要在避光条件下进行。

任务三 食品中硫胺素(维生素B₁)的测定——比色法

【工作要点】

1. 荧光比色法测定维生素 B_1 原理。
2. 试样提取、盐基交换管净化、Maizel-Gerson 反应瓶氧化过程。
3. 荧光分光光度计测定食品样品中维生素 B_1 的操作。

【工作过程】

(一)试样制备

1. 试样准备

试样采集后用匀浆机打成匀浆于低温冰箱中冷冻保存,用时将其解冻后混匀使用。干燥试样要将其尽量粉碎后备用。

2. 提取

> **想一想**
> 为什么加盐酸溶解、提取?

①准确称取一定量试样(估计其硫胺素含量为 $10\sim30\ \mu g$,一般称取 $2\sim10\ g$ 试样),置于 100 mL 锥形瓶中,加入 50 mL 0.1 mol/L 或 0.3 mol/L 盐酸使其溶解,放入高压锅中加热121℃下,水解 30 min,凉后取出。

②用 2 mol/L 乙酸钠调其 pH 为 4.5(以 0.4 g/L 溴甲酚绿为外指示剂)。

③按每克试样加入 20 mg 淀粉酶和 40 mg 蛋白酶的比例加入淀粉酶和蛋白酶。于 $45\sim50$℃温箱过夜保温(约 16 h)。

④凉至室温,定容至 100 mL,然后混匀过滤,即为提取液。

3. 净化

①用少许脱脂棉铺于盐基交换管的交换柱底部,加水将棉纤维中气泡排出,再加约 1 g 活性人造浮石使之达到交换柱的 1/3 高度。保持盐基交换管中液面始终高于活性人造浮石。

②用移液管加入提取液 $20\sim60$ mL(使通过活性人造浮石的硫胺素总量为 $2\sim5\ \mu g$)。

③加入约 10 mL 热蒸馏水冲洗交换柱,弃去洗液。如此重复 3 次。

④加入 20 mL 250 g/L 酸性氯化钾(温度为 90℃左右),收集此液于 25 mL 刻度试管内,凉至室温,用 250 g/L 酸性氯化钾定容至 25 mL,即为试样净化液。

⑤重复上述操作,将 20 mL 硫胺素标准使用液加入盐基交换管以代替试样提取液,即得到标准净化液。

4. 氧化

①将 5 mL 试样净化液分别加入 A、B 2 个反应瓶。

②在避光条件下将 3 mL 150 g/L 氢氧化钠加入反应瓶 A,将 3 mL 碱性铁氰化钾溶液

加入反应瓶 B，振摇约 15 s，然后加入 10 mL 正丁醇；将 A、B 两个反应瓶同时用力振摇 1.5 min。

③重复上述操作，用标准净化液代替试样净化液。

想一想
氧化操作需要什么环境？

④静置分层后吸去下层碱性溶液，加入 2～3 g 无水硫酸钠使溶液脱水。

(二)测定

1. 荧光测定条件

激发波长 365 nm；发射波长 435 nm；激发波狭缝 5 nm；发射波狭缝 5 nm。

2. 依次测定下列荧光强度

①试样空白荧光强度(试样反应瓶 A)。

②标准空白荧光强度(标准反应瓶 A)。

③试样荧光强度(试样反应瓶 B)。

④标准荧光强度(标准反应瓶 B)。

(三)结果计算

1. 计算公式

试样中硫胺素含量依式(8-9)计算：

$$X = (U - U_b) \times \frac{c \times V}{S - S_b} \times \frac{V_1}{V_2} \times \frac{1}{m} \times \frac{100}{1\ 000} \tag{8-9}$$

式中：X——试样中硫胺素含量，mg/100 g；

U——试样荧光强度；

U_b——试样空白荧光强度；

S——标准荧光强度；

S_b——标准空白荧光强度；

c——硫胺素标准使用液浓度，μg/mL；

V——用于净化的硫胺素标准使用液体积，mL；

V_1——试样水解后定容之体积，mL；

V_2——试样用于净化的提取液体积，mL；

m——试样质量，g；

$\dfrac{100}{1\ 000}$——试样含量由 μg/g 换算成 mg/100 g 的系数。

计算结果保留 2 位有效数字。

2. 精密度

在重复性条件下获得的 2 次独立测定结果的绝对差值不得超过算术平均值的 10%。

【相关知识】

硫胺素在碱性铁氰化钾溶液中被氧化成噻嘧色素，在紫外线照射下，噻嘧色素发出荧光。在给定的条件下，以及没有其他荧光物质干扰时，此荧光之强度与噻嘧色素量成正

项目八 食品中维生素的检验技术

比,即与溶液中硫胺素量成正比。如试样中含杂质过多,应经过离子交换剂处理,使硫胺素与杂质分离,然后以所得溶液作测定。

GB/T 5009.84—2003《食品中硫胺素(维生素 B_1)的测定》方法检出限为 $0.05~\mu g$,线性范围为 $0.2\sim 10~\mu g$。

【仪器与试剂】

1. 仪器

①电热恒温培养箱。

②荧光分光光度计。

③Maizel-Gerson 反应瓶:如图 8-4 所示。

④盐基交换管:如图 8-5 所示。

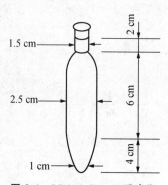

图 8-4　Maizel-Gerson 反应瓶

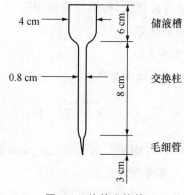

图 8-5　盐基交换管

2. 试剂

①正丁醇:需经重蒸馏后使用。

②无水硫酸钠。

③淀粉酶和蛋白酶。

④盐酸(0.1 mol/L):8.5 mL 浓盐酸(相对密度 1.19 或 1.20)用水稀释至 1 000 mL。

⑤盐酸(0.3 mol/L):25.5 mL 浓盐酸用水稀释至 1 000 mL。

⑥乙酸钠溶液(2 mol/L):164 g 无水乙酸钠溶于水中稀释至 1 000 mL。

⑦氯化钾溶液(250 g/L):250 g 氯化钾溶于水中稀释至 1 000 mL。

⑧酸性氯化钾溶液(250 g/L):8.5 mL 浓盐酸用 25% 氯化钾溶液稀释至 1 000 mL。

⑨氢氧化钠溶液(150 g/L):15 g 氢氧化钠溶于水中稀释至 100 mL。

⑩铁氰化钾溶液(10 g/L):1 g 铁氰化钾溶于水中稀释至 100 mL,放于棕色瓶内保存。

⑪碱性铁氰化钾溶液:取 4 mL 10 g/L 铁氰化钾溶液,用 150 g/L 氢氧化钠溶液稀释至 60 mL。用时现配,避光使用。

⑫乙酸溶液:30 mL 冰乙酸用水稀释至 1 000 mL。

⑬活性人造浮石:称取 200 g 40~60 目的人造浮石,以 10 倍于其容积的热乙酸溶液搅洗 2 次,每次 10 min;再用 5 倍于其容积的 250 g/L 热氯化钾溶液搅洗 15 min;然后再用稀

食品理化检验技术

乙酸溶液搅洗 10 min;最后用热蒸馏水洗至没有氯离子。于蒸馏水中保存。

⑭硫胺素标准储备液(0.1 mg/mL):准确称取 100 mg 经氯化钙干燥 24 h 的硫胺素,溶于 0.01 mol/L 盐酸中,并稀释至 1 000 mL。于冰箱中避光保存。

⑮硫胺素标准中间液(10 μg/mL):将硫胺素标准储备液用 0.01 mol/L 盐酸稀释 10 倍,于冰箱中避光保存。

⑯硫胺素标准使用液(0.1 μg/mL):将硫胺素标准中间液用水稀释 100 倍,用时现配。

⑰溴甲酚绿溶液(0.4 g/L):称取 0.1 g 溴甲酚绿,置于小研钵中,加入 1.4 mL 0.1 mol/L 氢氧化钠溶液研磨片刻,再加入少许水继续研磨至完全溶解,用水稀释至 250 mL。

【友情提示】

1. 一般样品中的维生素 B_1 有游离型和结合型,需要用酸和酶水解,使结合型转化为游离型,然后再用本法测定。

2. 硫色素在紫外线照射下会被破坏,因此,硫胺素氧化后,反应瓶要用黑布遮盖或在暗室中进行氧化并迅速用荧光测定。

3. 硫色素能溶于正丁醇,在正丁醇中比在水中稳定,故用正丁醇等提取硫色素。萃取时振摇不宜过猛,以免乳化,不易分层。

> 想一想
> 保持硫色素稳定的条件有哪些?

4. 人造浮石使用量依取样量而定。一般控制在每克人造浮石能吸附 30 μg 硫胺素,硫胺素量过大,回收率下降。食品中的杂质会降低人造浮石对硫胺素的吸附力,因此,人造浮石用量也不能过少。

5. 样品与铁氰化钾溶液混合后,所呈现的黄色至少保持 15 s 以证明铁氰化钾用量充足,否则应再滴加 1～2 滴铁氰化钾(保证硫胺素氧化完全,避免测定结果偏低)。注意:过多的铁氰化钾又会破坏硫色素。

【考核要点】

1. 荧光分光光度计操作。
2. 盐基交换管的使用。
3. Maizel-Gerson 反应瓶的使用。

【思考】

1. 为何应用盐基交换管于维生素 B_1 测定中?
2. Maizel-Gerson 反应瓶对结果有何影响?

【必备知识】

一、维生素 B₁

维生素 B_1 是取代的嘧啶环和噻唑环所组成的一类含有硫（S）和氨基（—NH_2）的化合物，故又称硫胺素。其结构式如图 8-6 所示。

维生素 B_1 是 B 族维生素中最不稳定的一种。在中性或碱性条件下易降解，对热和光不敏感；酸性条件下相当稳定。食品中其他组分也会影响维生素 B_1 的降解。例如，单宁能与硫胺素形成加成物而使之失活；SO_2 或亚硫酸盐对其有破坏作用；胆碱使其分子裂开，加速其降解；蛋白质与硫胺素的硫醇形式形成二硫化物阻止其降解。

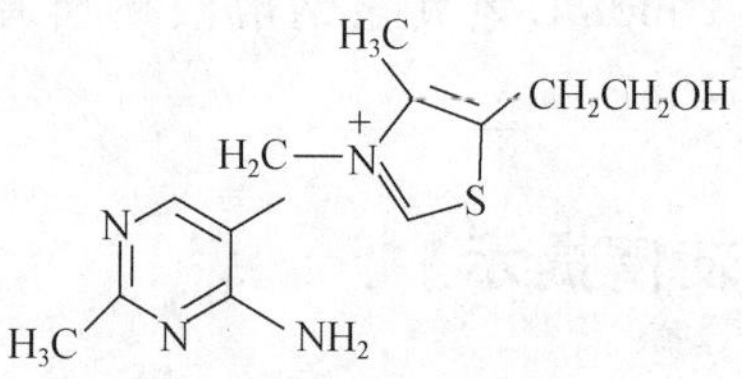

图 8-6　硫胺素的结构式

二、食品加工和储藏过程中维生素的损失

1. 食品原料和维生素的内在变化

水果蔬菜中的维生素含量变化是随成熟度、生长地、气候、品种的变化而变化的。收获后果蔬原料，维生素受到酶的作用而损失，如维生素 C 氧化酶导致维生素 C 含量的减少。

2. 储藏过程中维生素在变化

储藏温度、环境、时间等因素都会影响食品维生素的变化。食品暴露在空气中，一些对光敏感的维生素就很容易遭到破坏。酶的作用也是储藏过程中维生素损失的主要原因；储藏温度对维生素的变化有显著的影响。一般情况下，食品冷藏可降低维生素的损失。此外，在低水分食品中，维生素的稳定性也受到水分活度的影响，较低的水分活度下，食品中的维生素的降解速度缓慢。

3. 食品加工前处理对维生素的影响

食品加工前处理对维生素的损失有显著的影响。在食品加工中，往往要进行去皮、修整、清洗等工序，造成维生素不可避免的损失，如水果加工中加碱去皮，使得维生素 C、叶酸、硫胺素等碱性条件下不稳定的维生素破坏。清洗工序加重了水溶性维生素的损失。谷类原料在磨粉时，造成 B 族维生素的大量损失。

4. 热烫和热加工

为了灭酶、减少微生物的污染，热烫是果蔬加工中不可缺少的工艺，但同时造成了不耐高温的维生素的损失。在现代食品加工中，采用高温瞬时杀菌的方式可以减少维生素的损失。

> **想一想**
> 影响食品中维生素的因素有哪些？

5. 后续加工对维生素的影响

在常压下加热时间过长，对水溶性的维生素的破坏程度较大。制作糕点时，需要加入一些碱性膨松剂，这对维生素 B_1 和维生素 B_2 的破坏较为严重，因此在加工这类产品时，要注意碱性膨松剂的用量。脱水加工对维生素的损失影响非常明显，如蔬菜经热空气干燥，维生素 C 可损失 10%～15%。

由于食品是个多组分的复杂体系,在加工储藏中,食品中的其他成分也会对维生素的变化产生一定的影响。

任务四　维生素 A、维生素 D、维生素 E 的测定

【项目小结】

本项目由食品中的维生素 C、维生素 B₁、维生素 A、维生素 D 及维生素 E 的测定四个任务组成。熟悉维生素的常规测定方法、维生素的基本结构及性能,运用皂化、萃取、浓缩等样液制备技术,进行滴定操作、比色检验、荧光光度计及高效液相色谱仪分析,开展维生素的检验;与富含维生素的食品资源的利用、调整生产工艺、储存条件及销售策略建立有机联系,强化维生素食品的安全指标。初步具备食品中维生素检验岗位的工作能力及职业素质。

【项目验收】

(一)填空题

1. 按照溶解性的不同,可将维生素分为_____和_____两类,维生素 A、维生素 D、维生素 E、维生素 K 属于_____维生素,B 族维生素和维生素 C 属于_____维生素。

2. 人体缺乏维生素 C 时可引起_____病,缺乏维生素 B₁ 时可引起_____病,而缺乏_____时可引起佝偻病。

3. 测定维生素 A 的方法主要有_____、_____和_____等。

4. 测定蔬菜中维生素 C 含量时,加入草酸溶液的作用是_____。

(二)单项或多项选择题

1. 用比色法测定维生素 A 含量时,皂化法适用于维生素 A 含量(　　)的样品。

A. 高　　　　　　　　　　　　B. 低

C. 高低都可以　　　　　　　　D. 高低都不可以

2. 用 2,4-二硝基苯肼比色法测定维生素 C 含量时,加入硫酸的目的是(　　)。

A. 防止微生物的生长

B. 溶解显色剂

C. 溶解形成的脎

D. 溶解维生素 C

3. 2,6-二氯靛酚法测定的是(　　)抗坏血酸。

A. 总   B. 还原型

C. 生理活性   D. 氧化型

4. 荧光比色法测定维生素 B_1 的激发波长为( )nm。

A.365   B.345

C.435   D.635

5. 测定维生素 C 含量的方法有( )。

A.2,6-二氯靛酚滴定法   B.2,4-二硝基苯肼比色法

C. 荧光法   D. HPLC

6. 荧光比色法测定维生素 B_1 的荧光条件为( )。

A. 激发波长 365 nm,发射波长 435 nm

B. 激发波狭缝 5 nm

C. 激发波长 345 nm,发射波长 365 nm

D. 发射波狭缝 5 nm

7. 以下哪种方法适用于测定微量维生素 B_1 含量。( )

A. 分光光度法   B. 高效液相色谱法

C. 荧光法   D. 以上均不适用

8. 若要检测食品中的胡萝卜素,样品保存时必须在( )条件下保存。

A. 低温   B. 恒温

C. 避光   D. 高温

(三)判断题(正确的画"√",错误的画"×")

1. 人体可以自己合成所需的各种维生素。( )

2. 水溶性维生素在酸性介质中不稳定,而在碱性介质中稳定。( )

3. 维生素 A 极易被光破坏,实验操作应在微弱光线下进行。( )

4. 测定维生素 C 含量时,加入硫脲能促进脎的形成并防止维生素 C 继续氧化。( )

5. 用比色法测定维生素 A 时,所生成的蓝色配合物很稳定。( )

(四)简答题

1. 食品中维生素 A、维生素 D、维生素 E 的检测样液在制备时有何共性及差异?

2. 比较测定食品中维生素 C 的方法原理、适用条件及注意事项。

3. 比色法测定食品中维生素 B_1 时,有何特殊要求?

4. 简述 2,4-二硝基苯肼法测定维生素 C 含量时,加入硫脲的作用。

5. 如何检验三氯甲烷中是否含有分解物?如何处理已有分解物?

Project 9

食品添加剂检验技术

> **知识目标**
>
> 1. 熟悉常见的食品添加剂的使用及限量要求。
> 2. 熟知防腐剂、护色剂、抗氧化剂及漂白剂的检测方法。
>
> **技能目标**
>
> 1. 具有酒、饮料、茶叶及肉罐制品中添加剂检测样液的制备能力。
> 2. 具备山梨酸、亚硝酸盐、茶多酚及二氧化硫的检测能力。
> 3. 能够运用薄层色谱、紫外-可见分光光度计等仪器进行部分添加剂的检测。

现代食品工业出于技术目的而有意识地加入食品中的化学合成物质或天然物质称为食品添加剂。目前,食品添加剂已经进入到粮油、果蔬、肉禽加工和烹饪等各个领域。

食品中添加剂的种类和性质千差万别,样品的前处理技术与检测过程同样重要。检验食品中防腐剂、护色剂、抗氧化剂、漂白剂时,会应用溶剂提取、沉淀分离、液-液萃取、吸附、固相萃取等前处理方法进行样品的提取与净化,液相色谱法、液相色谱-质谱联用法有独特的检验优势,薄层色谱法和示差波色谱法能进行快速和低成本测定,分光光度计更多应用在食品添加剂检测的专用仪器,做现场快速检测。

任务一　配制酒中山梨酸含量的测定——薄层色谱法

【工作要点】

1. 配制酒中防腐剂待测试样提取。
2. 薄层色谱分离。
3. 紫外检测器检测山梨酸。

【工作过程】

(一)试样提取

①酒样先混合均匀,称取 2.50 g,置于 25 mL 带塞量筒中,加 0.5 mL 盐酸(1+1)酸化。

②用 15、10 mL 乙醚依次进行萃取提取,每次振摇 1 min,将上层醚提取液吸入另一个 25 mL 带塞量筒中。

> **想一想**
> 酒样提取为何要先酸化?

③合并乙醚提取液。用 3 mL 氯化钠酸性溶液(40 g/L)洗涤 2 次,静止 15 min,将乙醚层通过无水硫酸钠滤入 25 mL 容量瓶中。加乙醚至刻度,混匀。

> **想一想**
> 浓缩时10 mL提取液为何分两次加入?

④吸取 10.0 mL 乙醚提取液,分 2 次置于 10 mL 带塞离心管中,在约 40℃ 的水浴上挥干,冷却后,加入 0.10 mL 乙醇溶解残渣,作为样品提取液,备用。

(二)测定

1. 聚酰胺粉板的制备

称取 1.6 g 聚酰胺粉,加 0.4 g 可溶性淀粉,加约 15 mL 水,在研钵中研磨 3～5 min,立即倒入涂布器内制成 10 cm×18 cm、厚度 0.3 mm 的薄层板 2 块,室温干燥后,于 80℃ 干燥 1 h,取出,置于干燥器中保存。

2. 点样

在薄层板下端 2 cm 处以铅笔画一基线，用微量注射器点 1～2 μL 样品液，同时各点 1～2 μL 山梨酸标准溶液于基线上，每个样点间隔 1 cm 以上，用电吹风机以冷风吹干。

3. 展开与显色

将点样后的薄层板放入预先盛有展开剂正丁醇＋氨水＋无水乙醇(7＋1＋2)或展开剂异丙醇＋氨水＋无水乙醇(7＋1＋2)的展开槽内，展开槽周围贴有滤纸，待溶剂前沿上展至 10 cm，取出挥干，喷显色剂(斑点成黄色，背景为蓝色)。

(三)结果判定与计算

①比较山梨酸标准斑点(山梨酸的比移值为 0.82)，判定试样中是否含有山梨酸。

②试样中山梨酸的含量按式(9-1)进行计算：

$$X = \frac{m_1 \times 1\,000}{m \times \dfrac{10}{25} \times \dfrac{V_2}{V_1} \times 1\,000} \tag{9-1}$$

式中: X——试样中山梨酸的含量，g/kg;

m_1——测定用试样液中山梨酸的质量，μg;

V_1——加入乙醇的体积，mL;

V_2——测定时点样的体积，μL;

m——试样的质量，g;

10——测定时吸取乙醚提取液的体积，mL;

25——试样乙醚提取液总体积，mL。

> **想一想**
> 样液中山梨酸质量A如何得到?

【相关知识】

试样酸化后，用乙醚提取山梨酸。将试样提取液浓缩，点于聚酰胺薄层板上，展开。显色后，根据薄层板上标准液中山梨酸的比移值(R_f)与样液进行比较定性及半定量。

GB/T 5009.29—2003《食品中山梨酸、苯甲酸的测定》之薄层色谱法，在实验条件下，山梨酸的 R_f 值约为 0.82，斑点呈黄色，背景为蓝色。

【仪器与试剂】

1. 仪器

①吹风机。

②层析缸。

③玻璃板：10 cm×18 cm。

④微量注射器：10 μL，100 μL。

⑤喷雾器。

⑥具塞刻度试管(10 mL)。

⑦薄板涂布器。

2. 试剂

①异丙醇。

②正丁醇。

③石油醚:沸程 30～60℃。

④乙醚:不含过氧化物。

⑤氨水。

⑥无水乙醇。

⑦聚酰胺粉:200 目。

⑧盐酸(1+1):取 100 mL 盐酸,加水稀释至 200 mL。

⑨氯化钠酸性溶液(40 g/L):于氯化钠溶液(40 g/L)中加少量盐酸(1+1)酸化。

⑩展开剂:正丁醇+氨水+无水乙醇(7+1+2,体积比);异丙醇+氨水+无水乙醇(7+1+2,体积比)。

⑪山梨酸标准溶液:准确称取 0.200 0 g 山梨酸,用少量乙醇溶解后移入 100 mL 容量瓶中,并稀释至刻度,此溶液每毫升相当于 2.0 mg 山梨酸。

⑫显色剂-溴甲酚紫-乙醇(50%)溶液(0.4 g/L),称取 0.04 g 溴甲酚紫,以乙醇溶液溶解后,用氢氧化钠溶液(4 g/L)调至 pH 等于 8,并定容至 100 mL。

⑬无水硫酸钠。

【友情提示】

1. 乙醚是挥发性很强的试剂,因此,操作过程应在通风橱中进行。

2. 本法可以同时测定糖精钠的含量。

> **想一想**
> 应用本法测糖钠含量,会有哪些不同?

【考核要点】

1. 乙醚提取防腐剂操作。

2. 聚酰胺粉板的制备及展层。

3. 提取液除掉残留水分及定容。

【思考】

1. 酒中防腐剂提取流程?

2. 薄层色谱法测定山梨酸时存在哪些干扰的因素?

3. 点样时,样液及标准溶液分别点 1～2 μL,有何作用?

【必备知识】

一、食品添加剂

(一)食品添加剂概述

GB 2760—2014《食品安全国家标准 食品添加剂使用标准》,将"为改善食品品质和色、香、味,以及为防腐、保鲜和加工工艺的需要而加入食品中的人工合成或者天然物质"定义为食品添加剂,食品用香料、胶基糖果中基础剂物质、食品工业用加工助剂也包括在内。依功能和用途,将食品添加剂分为酸度调节剂、抗结剂、消泡剂、抗氧化剂、漂白剂、膨松剂、胶基糖果中基础物质、着色剂、护色剂、乳化剂、酶制剂、增味剂、面粉处理剂、被膜剂、水分保持剂、防腐剂、稳定剂和凝固剂、甜味剂、增稠剂、食品用香料、食品工业用加工助剂及其他共22类。

无论是人工合成还是天然提取的食品添加剂,由于生产阶段的工艺控制会使产品因带入少量有害杂质而不纯净,长期低剂量摄食也可能带来危害,某些非营养型食品添加剂的使用也会导致低营养密度食品增加,因此,严格控制添加剂的使用范围和使用量,防止糖精、甲醛、硼酸等国家禁止使用添加剂加入,保证食品的营养价值,实施食品添加剂检验非常必要。

(二)食品添加剂的检验方法

> **想一想**
> 添加剂检测与其他成分检测有何不同?

1. 食品添加剂的检验特点

食品的种类繁多、加工工艺各异、基质成分复杂;食品添加剂的使用量非常少(即使少数不法商家为了掩盖食品的本质而成倍超量使用,其在食品中的含量还是很少);多种食品添加剂会同时存在于一种食品中(如碳酸饮料中允许使用包括防腐剂、着色剂、酸度调节剂、抗氧化剂等在内27种食品添加剂);加入食品中的食品添加剂或为化学合成或天然物质,大多结构复杂,尤其是天然物质,组成和结构更复杂(如天然着色剂葡萄皮红的主要成分包括锦葵素、芍药素、翠雀素、花青素配糖体等),有些食品添加剂具有一定的毒性。

食品添加剂的检验与含量分析工作困难程度大,样品预处理、样品制备、萃取等复杂的前处理过程和气相色谱、高效液相色谱等现代分析技术所用仪器设备要有高的灵敏度、精密度和稳定性,价格昂贵,分析费用偏高。

食品添加剂检测流程

2. 食品添加剂的检验方法

食品添加剂品种繁多,食品的成分和性质差异大,因此,同一食品添加剂在不同食品中,有时需要采用不同的分析方法。不同的检验方法或仪器的灵敏度都有所不同,同一种食品中的食品添加剂也可会采用多种分析方法进行比较。因此,实际应用时应以实验室条件和实验结果的需要,选择适合的食品添加剂的检验方法。

（1）电化学分析法　利用物质在化学能与电能转化的过程中，化学组分与电物理量（如电压、电流、电导等）间的定量关系来确定物质的组分和含量。具有仪器简单、操作方便、分析速度快等特点，因电极品种限制及其标准曲线的稳定性，在实际应用中还受到一定的限制。

应用于食品添加剂检验，有伏安法测定食品中的没食子酸酯，检出限为 0.54 mg/L；极谱法测定食品中的叔丁基羟基茴香醚，检验限为 0.19 mg/mL，在 0.5～15.0 mg/mL 范围内线性关系良好；以差示脉冲伏安法可以测定食品中亚硝酸盐的含量。

（2）分光光度法　具有简单易行、无须昂贵的仪器设备等特点，是食品添加剂分析检验中应用最多的方法。

想一想
常用的添加剂检测方法有哪些？

我国食品添加剂国家标准检验方法中常常采用分光光度法。例如，油脂中没食子酸丙酯的测定；护色剂亚硝酸盐的测定；食品中甜味剂环己基氨基磺酸钠的测定；蔬菜、水果及其制品中总抗坏血酸的测定等国家标准中都采用分光光度法。

（3）色谱分析法　利用不同的分析组分在固定相和流动相间分配系数的差异而实现分离、分析的方法，属于物理或物理化学的分离、分析方法。在食品添加剂的检验中，主要应用液相色谱法（HPLC）、气相色谱法（GC）和毛细管电泳法（CE）进行定性定量检验，可同时检验多种食品添加剂。

食品中的丙酸、山梨酸、脱氧乙酸、苯甲酸、对羟基苯甲酸甲酯、对羟基苯甲酸乙酯、对羟基苯甲酸丙酯和对羟基苯甲酸丁酯等 8 种食品防腐剂，使用毛细管气相色谱、内标法可同时测定；油脂及其加工食品中抗氧化剂叔丁基羟基茴香醚、2,6-二叔丁基对甲基苯酚、叔丁基对苯二酚的含量，可以用毛细管气相色谱快速测定，相对偏差均小于 5.2%。

二、防腐剂

（一）常见食品防腐剂

GB 2760—2014《食品安全国家标准　食品添加剂使用标准》规定了我国允许使用的防腐剂主要包括苯甲酸及其钠盐、山梨酸及其钾盐、对羟基苯甲酸乙酯及丙酯等。苯甲酸又名安息香酸，沸点为 249.2℃，100℃开始升华，微溶于水，易溶于氯仿、丙酮、乙醇、乙醚等有机溶剂，化学性质较稳定；苯甲酸钠易溶于水和乙醇，难溶于有机溶剂，与酸作用生成苯甲酸。山梨酸，沸点为 228℃，难溶于水，易溶于乙醇、乙醚、氯仿等有机溶剂，化学性质稳定；山梨酸钾易溶于水，难溶于有机溶剂，与酸作用生成山梨酸。苯甲酸与山梨酸主要用于酸性食品的防腐。

想一想
苯甲酸类与山梨酸类防腐剂有何区别？

苯甲酸以未被解离的分子态存在时才有防腐效果，能抑制微生物细胞呼吸酶系统的活性，特别是对乙酰辅酶的缩合反应有很强的抑制作用。在高酸性食品中的杀菌效力为微碱性食品中的 100 倍。苯甲酸对酵母菌的影响大于霉菌，对细菌效力较弱。

山梨酸也是以未解离的分子形态起防腐作用，能损伤微生物细胞的脱氢酶系统，使分子中的共轭双键氧化，产生分解和重排。抑制目标菌是霉菌、酵母菌及其他好气性细菌，但不能抑制厌氧菌、嗜酸乳杆菌和细菌芽孢的形成。

(二)防腐剂的使用要求及提取方法

合理使用食品防腐剂,防止食品腐败变质,延长保存时间,不会对食用者产生危害。如果超量、超范围使用,不仅带来危害,而且这种危害常常是慢性的,可能引起癌症等慢性疾病。部分防腐剂使用范围和最大使用限量见表 9-1。

表 9-1 部分防腐剂使用范围和最大使用限量

防腐剂类别	使用范围	最大使用量/(g/kg)
苯甲酸及其钠盐(以苯甲酸计)	酱油、醋、果汁	1.0
	酱菜、甜面酱、蜜饯	0.5
	汽水、汽酒	0.2
	葡萄酒、果酒、软糖	0.8
山梨酸及其钾盐(以山梨酸计)	肉、鱼、蛋及禽类制品	0.075
	果蔬类保鲜、碳酸饮料、胶原蛋白肠衣、果冻、酱及酱制品、冰棍类、蜜饯凉果	0.5
	葡萄酒及果酒	0.6
	酱油、食醋、果酱、氢化植物油、软糖、鱼干制品、豆制品、糕点、乳酸饮料	1.0
	食品工业塑料桶装浓缩果蔬汁	2.0
丙酸及其钠盐(以丙酸计)	生湿面制品(如面条、饺子皮、馄饨皮、烧麦皮)	0.25
	原粮	1.8
	豆类制品、面包、糕点、醋、酱油	2.5
	其他(杨梅罐头加工工艺用)	50.0
单辛酸甘油酯	生湿面制品(如面条、饺子皮、馄饨皮、烧麦皮)、糕点、焙烤食品馅料及表面用挂浆(仅限豆馅)	1.0
	肉罐肠类	0.5
对羟基苯甲酸酯类及其钠盐(以对羟基苯甲酸计)	经表面处理的鲜水果、蔬菜	0.012
	碳酸饮料、热凝固蛋制品(如蛋黄酪、松花蛋肠)	0.2
	果酱(罐头除外)、醋、酱油、酱及酱制品、蚝油、虾油、鱼露、果蔬汁(肉)饮料(含发酵型产品)、风味饮料(包括果味饮料、乳味、茶味、咖啡味及其他味饮料等)(仅限果味饮料)	0.25
	焙烤食品馅料及表面用挂浆(仅限糕点馅)	0.5
双乙酸钠	大米(残留量≤30 mg/kg)	0.2
	基本不含水的脂肪和油、豆干类、豆干再制品、原粮、熟制水产品(可直接食用)、膨化食品	1.0
	调味品	2.5
	预制肉制品、熟肉制品	3.0
	粉圆、糕点	4.0
	复合调味料	10.0
脱氢乙酸及其钠盐(以脱氢乙酸计)	黄油和浓缩黄油、腌渍的蔬菜、腌渍的食用菌和藻类、发酵豆制品、果蔬汁(浆)	0.3
	面包、糕点、焙烤食品馅料及表面用挂浆、预制肉制品、熟肉制品、复合调味料	0.5
	淀粉制品	1.0

注:苯甲酸 1 g 相当于苯甲酸钠 1.18 g;山梨酸 1 g 相当于山梨酸钾 1.33 g。

检验防腐剂时，首先要从样品中提取待测物质，通常用水为提取溶剂，对于基质较为复杂的酱油、果奶型饮料、肉制品等样品，以水提取后，还需对蛋白质进行沉淀等，以对样品进行净化，对羟基苯甲酸酯等防腐剂，往往用有机溶剂甲醇、乙腈、乙酸乙酯、乙醚等作为提取剂，然后，以比色法、分光光度法、HPLC 或 GC 等方法进行分析。

禁止将硼酸、甲醛等用于食品防腐。

伴随生物技术的运用，食品防腐剂正向着安全、营养、无公害的方向发展，如葡萄糖氧化酶、鱼精蛋白、溶菌酶、乳酸菌、壳聚糖、果胶分解物等新型防腐剂已经出现，并被国家批准使用（如中华人民共和国卫生部 2010 年第 23 号《关于批准溶菌酶等物质为食品添加剂及部分食品添加剂和营养强化剂扩大使用范围、用量的公告》等）。

三、汽水、配制酒类中苯甲酸、山梨酸的测定——高效液相色谱法

1. 原理

高效液相色谱法（HPLC）主要应用于防腐剂、甜味剂、着色剂、抗氧化剂等食品添加剂的检验以及多种添加剂的同时检验。例如，应用 HPLC 检验汽水、配制酒类中的苯甲酸、山梨酸、对羟基甲酯和对羟基丙酯时，以甲醇-醋酸缓冲液为提取溶剂，检验波长为 254 nm，在 23 min 内就可以完成这 4 种添加剂的同时分析。又如，采用带有二极管阵列检测器的 HPLC 测定人工合成色素柠檬黄、苋菜红、胭脂红及日落黄，根据各组分的出峰顺序，在不同时间段可分别用各组分的最佳检验波长进行检验。此法不仅灵敏度高，还能克服梯度洗脱时的基线漂移，减少共存物的干扰。再有，高效液相色谱-荧光检验法（HPLC-FLD），还能同时测定食用油中没食子酸丙酯、正二氢愈创酸、叔丁基羟基茴香醚、叔丁基对苯二酚、没食子酸辛酯等 5 种抗氧化剂，正二氢愈创酸、叔丁基羟基茴香醚、叔丁基对苯二酚的检验限为 1 $\mu g/g$，没食子酸丙酯和没食子酸辛酯的检验限为 10 $\mu g/g$。

GB/T 5009.29—2003《食品中山梨酸、苯甲酸的测定》之高效液相色谱法测定汽水、配制酒类中苯甲酸和山梨酸时，先将试样加温除去二氧化碳和乙醇，调 pH 至近中性，过

箱里

想一想
HPLC法检验苯甲酸、山梨酸的依据？

滤后，进高效液相色谱仪，经反相色谱分离后，根据保留时间和峰面积进行定性和定量。可同时测定甜味剂糖精钠。

2. 仪器与试剂

（1）仪器

①高效液相色谱仪：带紫外检测器。

②滤膜（HA 0.45 μm）。

③离心机及离机管（10 mL 或 20 mL）。

④恒温水浴锅。

（2）试剂

除另有规定外，试剂均为分析纯试剂，水为蒸馏水或同等纯度水，溶液为水溶液。

①甲醇：经滤膜（0.5 μm）过滤。

②稀氨水（1+1）。

③乙酸铵溶液（0.02 mol/L）：称取 1.54 g 乙酸铵，加水至 1 000 mL，溶解，经 0.45 μm 滤膜过滤。

④碳酸氢钠溶液(20 g/L)：称取 2 g 碳酸氢钠(优级纯)，加水至 100 mL，振摇溶解。

⑤苯甲酸标准储备溶液：准确称取 0.100 0 g 苯甲酸，加碳酸氢钠溶液（20 g/L）5 mL，加热溶解，移入 100 mL 容量瓶中，加水定容至 100 mL，苯甲酸含量为 1 mg/mL，作为储备溶液。

⑥山梨酸标准储备溶液：准确称取 0.100 0 g 山梨酸，加碳酸氢钠溶液（20 g/L）5 mL，加热溶解，移入 100 mL 容量瓶中，加水定容至 100 mL，山梨酸含量为 1 mg/mL，作为储备溶液。

⑦苯甲酸、山梨酸标准混合使用溶液：取苯甲酸、山梨酸标准储备溶液各 10.0 mL，放入 100 mL 容量瓶中，加水至刻度。此溶液含苯甲酸、山梨酸各 0.1 mg/mL。经 0.45 μm 滤膜过滤。

3. 测定操作

(1)试样处理

①汽水。称取 5.00～10.0 g 试样，放入小烧杯中，微温搅拌除去二氧化碳，用氨水(1+1)调 pH 约 7，加水定容至 10～20 mL，经滤膜(HA 0.45 μm)过滤。

②果汁类。称取 5.00～10.0 g 试样，用氨水(1+1)调 pH 约 7，加水定容至适当体积，离心沉淀，上清液经 0.45 μm 滤膜过滤。

③配制酒类。称取 10.0 g 试样，放入小烧杯中，水浴加热除去乙醇，用氨水(1+1)调 pH 约 7，加水定容至适当体积，经 0.45 μm 滤膜过滤。

(2)高效液相色谱参考条件

柱：YWG-C_{18} 4.6 mm×250 mm，10 μm 不锈钢柱。

流动相：甲醇/乙酸铵溶液(0.02 mol/L)(5+95)。

流速：1 mL/min。

进样量：10 μL。

检测器：紫外检测器，230 nm 波长，0.2AUFS。

高效液相分离条件下，同时测定苯甲酸、山梨酸(糖精钠)的分离色谱图如图 9-1 所示。根据保留时间定性，外标峰面积法定量。

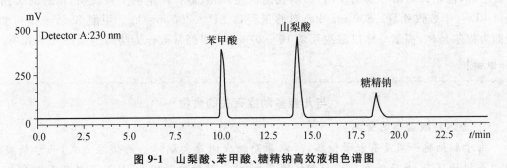

图 9-1　山梨酸、苯甲酸、糖精钠高效液相色谱图

4. 结果计算

(1)计算公式　试样中苯甲酸或山梨酸的含量 X 按式(9-2)进行计算：

$$X = \frac{m_1 \times 1\ 000}{m \times \frac{V_2}{V_1} \times 1\ 000} \tag{9-2}$$

式中：X——试样中苯甲酸或山梨酸的含量，g/kg；

　　　m_1——进样体积中苯甲酸或山梨酸的质量，mg；

　　　V_1——试样稀释总体积，mL；

　　　V_2——进样体积，mL；

　　　m——试样质量，g。

计算结果保留 2 位有效数字。

（2）精密度　在重复性条件下获得的 2 次独立测定结果的绝对差值不得超过算术平均值的 10%。

想一想

薄层色谱法与HPLC法定量苯甲酸、山梨酸有何不同？

四、定性试验——安全检验

（一）食品防腐禁用的化合物

1. 硼酸与硼砂

硼砂（$Na_2B_4O_7 \cdot 10H_2O$）化学名称为四硼酸钠，俗称粗硼砂。硼砂对于口感食品要求较高的食品，特别是部分肉制品能显著提高其"品质"，因而常被作为食品添加剂大量使用。硼砂过去还作为面制品品质改良剂使用。

硼酸（H_3BO_3）也曾经作为防腐剂，硼酸的防腐作用较弱，用量大，容易引起中毒。硼酸影响神经中枢，长期摄入后，会发生消化器官和同化作用的障碍。现在硼酸及硼砂都禁止使用。

硼砂对人体健康的危害性是很大的，人体本来对少量的有毒物质可以自行分解排出体外，但是硼砂进入体内后经过胃酸作用就转变为硼酸，而硼酸在人体内有积存性，积少成多，连续摄取会在体内蓄积，妨害消化道的酶的作用，引起食欲减退、消化不良、抑制营养素之吸收，促进脂肪分解，因而使体重减轻。

硼是人体限量元素，人体若摄入过多的硼，会引发多脏器的蓄积性中毒。因此，GB/T 5009.29—2003《食品中山梨酸、苯甲酸的测定》单设置了"禁止防腐剂定性试验"进行检验。

2. 甲醛

甲醛毒性较高，对蛋白质有很强的凝固作用，能和核酸的氨基及羟基结合，使之变性而失去活性，能阻碍胃酶和胰酶作用，影响代谢机能，刺激器官。生物实验表明，甲醛对大白鼠经口 LD_{50}（半数致死量）：800 mg/kg；对豚鼠经口 LD_{50}：260 mg/kg。甲醛 35%～40% 水溶液即为福尔马林，福尔马林口服致死量 10～20 mL。甲醛常被作为防腐剂而掺入牛乳中。

【知识窗】

与儿童多动症有关的食物

1. 含水杨酸盐类的食品

由于脑细胞一般没有能量储备，所以葡萄糖代谢是大脑唯一的供能方式，而水杨酸却可以干扰糖代谢，导致低血糖症和酮体的产生，使大脑的能量不足，从而导致各种异常行为的产生。

含水杨酸盐类多的食物主要有番茄、苹果、橘、杏等。

2. 富含酪氨酸食品

酪氨酸在机体内可以转化成儿茶酚胺、甲状腺素等神经递质，它们都是"兴奋型"的递质，所以如果孩子这类食物吃得太多，就会出现动作增多的现象。

酪氨酸食品常见的有含酪氨酸挂面、糕点以及乳制品等。

3. 受铅污染的食品

如果孩子经常食用受铅污染的食品,也会引起动作和行为的异常。除了在器具中含有外,在贝类、大红虾、向日葵、莴苣、甘蓝、皮蛋、爆米花、种植在冶炼厂周围的蔬菜以及含酒精的饮料等食物中铅的含量也很丰富。

食物中加入的调味品:家庭常用的胡椒油、酒石黄等食用色素也有加重孩子多动症症状的危险。

此外,缺铁也可能会让孩子患上多动症。因为铁是合成血红蛋白的原料,而血红蛋白是血液中携氧的主要工具,缺铁会导致脑组织缺氧,不仅会使孩子学习成绩下降,还会使他们出现多动症的表现。

(二)硼酸、硼砂定性试验

1. 试剂

①盐酸(1+1)。

②碳酸钠溶液(40 g/L)。

③氢氧化钠溶液(4 g/L)。

④姜黄试纸:称取 20 g 姜黄粉末,用冷水浸渍 4 次,每次各 100 mL,除去水溶性物质后,残渣在 100℃干燥,加 100 mL 乙醇,浸渍数日,过滤。取 1 cm×8 cm 滤纸条,浸入溶液中,取出,于空气中干燥,储于玻璃瓶中。

2. 测定

(1)试样处理

①固体试样:称取 3～5 g 试样,加碳酸钠溶液(40 g/L)充分湿润后,于小火上烘干、炭化后再置高温炉中灰化。

②液体试样:量取 10～20 mL 试样,加碳酸钠溶液(40 g/L)至呈碱性后,置水浴上蒸干、炭化后再置高温炉中灰化。

(2)定性试验

①姜黄试纸法:取一部分灰分,滴加少量水与盐酸(1+1)至微酸性,边滴边搅拌,使残渣溶解,微温后过滤。将姜黄试纸浸入滤液中,取出试纸置表面皿上,于 60～70℃干燥。

试纸显红色或橙红色,在其变色部分熏以氨即转为绿黑色时,证明有硼酸、硼砂存在。

②焰色反应:取灰分置于坩埚中,加硫酸数滴及乙醇数滴,直接点火,火焰呈绿色时,证明有硼酸或硼砂存在。

(三)甲醛快速检出

1. 试剂

①氢氧化钠溶液(12%):聚乙烯塑料瓶保存。

②间苯三酚溶液(1%):称取 1 g 分析纯间苯三酚,溶于 100 mL 12% NaOH 溶液中,临用现配。

2. 仪器

①天平(感量 0.01 g)。

②比色管(100 mL)。

③恒温水浴锅。

④温度计(100℃)。

3．测定

(1)试样处理

水发食品:取其浸泡液直接进行检验。

水产品、米面制品、非发酵性豆制品:称取 10 g 切碎或研碎均匀的试样于 100 mL 比色管中,加入适量蒸馏水,振摇均匀,50～70℃水浴浸泡 10 min,冷却室室温,定容待测。

(2)甲醛检验管的制备　取 0.2 mL 1‰间苯三酚溶液,加到 1.5 mL 带塞离心管中备用。

(3)检验　取 1.0 mL 样品浸泡液于甲醛检验管中,摇匀,使浸泡液与检验管中的试剂充分反应,10 min 内观察溶液颜色的变化。

在样品检验的同时,取 1.0 mL 浸泡液于 1.5 mL 离心管中做样品空白对照试验。

4．结果判定

以白纸或白瓷板衬底并与样品空白溶液对比,观察溶液颜色的变化。

溶液呈橙红色表明甲醛含量较高;溶液呈浅红色表明甲醛含量较低;溶液颜色不变为未检出甲醛。

【友情提示】

1．利用强碱性条件下,甲醛与间苯三酚发生显色反应,生成橙红色配合物,通过颜色变化检验样品中甲醛含量。

2．不适用于样品浸泡液对颜色判断有干扰的食品。

3．本法中显色反应速度较快,超过 15 min 颜色会逐渐褪色。

4．本法检出限为 5 mg/kg。

> 想一想
> HPLC法检测糖精钠与检测苯甲酸、山梨酸有何不同?

[拓展]食品中糖精钠的测定

1．GB/T 5009.28—2003《食品中糖精钠的测定》之高效液相色谱法,适用于食品中糖精钠的测定。检出限:当取样量为 10 g,进样量为 10 μL 时检出量为 1.5 ng。

2．检验原理同山梨酸、苯甲酸的测定。

3．配制糖精钠标准储备溶液:准确称取 0.0851 g 糖精钠($C_6H_4CONNaSO_2 \cdot 2H_2O$)(120℃烘干 4 h 并恒重),加水溶解定容至 100 mL。糖精钠含量 1.0 mg/mL,作为储备溶液。

4．配制糖精钠标准使用溶液:吸取糖精钠标准储备液 10 mL 放入 100 mL 容量瓶中,加水至刻度,经 0.45 μm 滤膜过滤,该溶液每毫升相当于 0.10 mg 的糖精钠。

5．试样处理及高效液相色谱参考条件:同山梨酸、苯甲酸的测定。

6．试样中糖精钠含量 X(g/kg)含量按式(9-2)进行计算,其中,m_1 为进样体积中糖精钠的质量,mg。

食品理化检验技术

任务二　火腿中护色剂的测定——分光光度法

【工作要点】

1. 肉制品中护色剂的性能与制样方法。
2. 盐酸萘乙二胺比色法测定亚硝酸盐及镉柱还原法测定硝酸盐。

【工作过程】

(一)试样提取及净化

火腿用四分法取适量或取全部,用食物粉碎机制成匀浆备用。

称取 5 g(精确至 0.01 g)制成匀浆的试样(如制备过程中加水,应按加水量折算),置于 50 mL 烧杯中,加 12.5 mL 饱和硼砂溶液,搅拌均匀,以 70℃左右的水约 300 mL 将试

想一想
称取试样为何可以精确至0.01 g?

样洗入 500 mL 容量瓶中,于沸水浴中加热 15 min,取出置冷水浴中冷却,并放置至室温。

振荡上述提取液时加入 5 mL 亚铁氰化钾溶液,摇匀,再加入 5 mL 乙酸锌溶液,以沉淀蛋白质。加水至刻度,摇匀,放置 30 min,除去上层脂肪,上清液用滤纸过滤,弃去初滤液 30 mL,滤液备用。

(二)测定亚硝酸盐

吸取 40.0 mL 上述滤液于 50 mL 带塞比色管中,另吸取 0.00、0.20、0.40、0.60、0.80、1.00、1.50、2.00、2.50 mL 亚硝酸钠标准使用液(相当于 0.0、1.0、2.0、3.0、4.0、5.0、7.5、10.0、12.5 μg 亚硝酸钠),分别置于 50 mL 带塞比色管中。于标准管与试样管中分别加入 2 mL 对氨基苯磺酸溶液,混匀,静置 3~5 min 后各加入 1 mL 盐酸萘乙二胺溶液,加水至刻度,混匀,静置 15 min,用 2 cm 比色杯,以零管调节零点,于波长 538 nm 处测吸光度,绘制标准曲线比较。同时做试剂空白。

(三)测定硝酸盐

1. 镉柱还原

①先以 25 mL 稀氨缓冲液⑰冲洗镉柱,流速控制在 3~5 mL/min(以滴定管代替的可控制在 2~3 mL/min)。

②吸取 20 mL 滤液于 50 mL 烧杯中,加 5 mL 氨缓冲溶液⑯,混合后注入储液漏斗,使流经镉柱还原,以原烧杯收集流出液,当储液漏斗中的样液流尽后,再加 5 mL 水置换柱内留存的样液。

想一想
镉柱使用有何注意事项?

③将全部收集液如前再经镉柱还原 1 次,第 2 次流出液收集于 100 mL 容量瓶中,继以水流经镉柱洗涤 3 次,每次 20 mL,洗液一并收集于同一容量瓶中,加水至刻度,混匀。

2. 测定亚硝酸钠总量

吸取 10～20 mL 还原后的样液于 50 mL 比色管中。以下按(二)自"吸取 0.00、0.20、0.40、0.60、0.80、1.00 mL……"起依法操作。

(四)结果计算

1. 亚硝酸盐(以亚硝酸钠计)的含量 X_1 按式(9-3)进行计算

$$X_1 = \frac{m_1 \times 1\,000}{m \times \dfrac{V_1}{V_0} \times 1\,000} \tag{9-3}$$

式中:X_1——试样中亚硝酸钠的含量,mg/kg;

m_1——测定用样液中亚硝酸钠的质量,μg;

m——试样质量,g;

V_1——测定用样液体积,mL;

V_0——试样处理液总体积,mL。

2. 硝酸盐(以硝酸钠计)的含量 X_2 按式(9-4)进行计算

$$X_2 = \left(\frac{m_2 \times 1\,000}{m \times \dfrac{V_2}{V_0} \times \dfrac{V_4}{V_3} \times 1\,000} - X_1 \right) \times 1.232 \tag{9-4}$$

式中:X_2——试样中硝酸钠的含量,mg/kg;

m_2——经镉粉还原后测得总亚硝酸钠的质量,μg;

m——试样的质量,g;

1.232——亚硝酸钠换算成硝酸钠的系数;

V_2——测总亚硝酸钠的测定用样液体积,mL;

V_0——试样处理液总体积,mL;

V_3——经镉柱还原后样液总体积,mL;

V_4——经镉柱还原后样液的测定用体积,mL;

X_1——由式(9-3)计算出的试样中亚硝酸钠的含量,mg/kg。

以重复性条件下获得的 2 次独立测定结果的算术平均值表示,结果保留 2 位有效数字。

3. 精密度

在重复性条件下获得的 2 次独立测定结果的绝对差值不得超过算术平均值的 10%。

【相关知识】

亚硝酸盐采用盐酸萘乙二胺法测定,硝酸盐采用镉柱还原法测定。

试样溶解于水,经沉淀蛋白质、除去脂肪后,在弱酸条件下亚硝酸盐与对氨基苯磺酸重氮化后,再与盐酸萘乙二胺偶合形成紫红色染料,外标法测得亚硝酸盐含量。采用镉柱将硝酸盐还原成亚硝酸盐,测得亚硝酸盐总量,由此总量减去亚硝酸盐含量,即得试样中硝酸盐含量。

GB 5009.33—2010《食品安全国家标准　食品中亚硝酸盐与硝酸盐的测定》之分光光度法,也称格里斯试剂比色法,亚硝酸盐及硝酸盐的检出限分别为 1 mg/kg 和 1.4 mg/kg。

【仪器与试剂】

1. 仪器

所有玻璃仪器都要用蒸馏水冲洗,以保证不带有硝酸盐和亚硝酸盐。

①天平:感量为 0.1 mg 和 1 mg。

②组织捣碎机。

③超声波清洗器。

④恒温干燥箱。

⑤分光光度计:测定波长 538 nm,1～2 cm 光程的比色皿。

⑥镉柱

> **想一想**
> 制备镉柱时,需要注意哪些方面?

a. 海绵状镉的制备:投入足够的锌皮或锌棒于 500 mL 硫酸镉溶液(200 g/L)中,经过 3～4 h,当其中的镉全部被锌置换后,用玻璃棒轻轻刮下,取出残余锌棒,使镉沉底,倾去上层清液,以水用倾泻法多次洗涤,然后移入组织捣碎机中,加 500 mL 水,捣碎约 2 s,用水将金属细粒洗至标准筛上,取 20～40 目的部分。

b. 镉柱的装填(图 9-2):用水装满镉柱玻璃管,并装入 2 cm 高的玻璃棉做垫,将玻璃棉压向柱底时,应将其中所包含的空气全部排出,在轻轻敲击下加入海绵状镉至 8～10 cm 高,上面用 1 cm 高的玻璃棉覆盖,上置一储液漏斗,末端要穿过橡皮塞与镉柱玻璃管紧密连接。

如无上述镉柱玻璃管时,可以 25 mL 酸式滴定管代用,但过柱时要注意始终保持液面在镉层之上。

当镉柱填装好后,先用 25 mL 盐酸(0.1 mol/L)洗涤,再以水洗 2 次,每次 25 mL,镉柱不用时用水封盖,随时都要保持水平面在镉层之上,不得使镉层夹有气泡。

c. 镉柱每次使用完毕后,应先以 25 mL 盐酸(0.1 mol/L)洗涤,再以水洗 2 次,每次 25 mL,最后用水覆盖镉柱。

d. 镉柱还原效率的测定:吸取

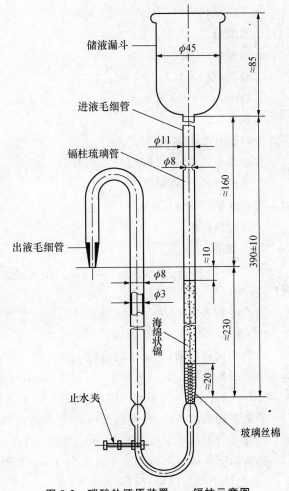

图 9-2　硝酸盐还原装置——镉柱示意图

20 mL硝酸钠标准使用液,加入5 mL氨缓冲液的稀释液,混匀后注入储液漏斗,使流经镉柱还原,以原烧杯收集流出液,当储液漏斗中的样液流完后,再加5 mL水置换柱内留存的样液。取10.0 mL还原后的溶液(相当10 μg亚硝酸钠)于50 mL比色管中,以下按工作过程(二)自"吸取0.00、0.20、0.40、0.60、0.80、1.00 mL……"起依法操作,根据标准曲线计算测得结果,与加入量一致,还原效率应大于98%为符合要求。

e. 还原效率按式(9-5)进行计算:

$$X = \frac{m}{10} \times 100\%$$ (9-5)

式中:X——还原效率,%;

m——测得亚硝酸钠的含量,μg;

10——测定用溶液相当亚硝酸钠的含量,μg。

⑦pH计:精度为±0.01,使用前用pH 7和pH 9的标准溶液进行校正。

2. 试剂

除另有规定外,本方法所用试剂均为分析纯。水为GB/T 6682规定的二级水或去离子水。

①亚铁氰化钾[$K_4Fe(CN)_6 \cdot 3H_2O$]。

②乙酸锌[$Zn(CH_3COO)_2 \cdot 2H_2O$]。

③冰醋酸(CH_3COOH)。

④硼酸钠($Na_2B_4O_7 \cdot 10H_2O$)。

⑤盐酸($\rho = 1.19$ g/mL)。

⑥氨水(25%)。

⑦对氨基苯磺酸($C_6H_7NO_3S$)。

⑧盐酸萘乙二胺($C_{12}H_{14}N_2 \cdot 2HCl$)。

⑨亚硝酸钠($NaNO_2$)。

⑩硝酸钠($NaNO_3$)。

⑪锌皮或锌棒。

⑫硫酸镉。

⑬亚铁氰化钾溶液(106 g/L):称取106.0 g亚铁氰化钾,用水溶解,并稀释至1 000 mL。

⑭乙酸锌溶液(220 g/L):称取220.0 g乙酸锌,先加30 mL冰醋酸溶解,用水稀释至1 000 mL。

⑮饱和硼砂溶液(50 g/L):称取5.0 g硼酸钠,溶于100 mL热水中,冷却后备用。

⑯氨缓冲溶液(pH 9.6～9.7):量取30 mL盐酸,加100 mL水,混匀后加65 mL氨水,再加水稀释至1 000 mL,混匀。调节pH至9.6～9.7。

⑰氨缓冲液的稀释液:量取50 mL氨缓冲溶液,加水稀释至500 mL,混匀。

⑱盐酸(20%,V/V):量取54 mL盐酸,用45 mL水稀释。

⑲对氨基苯磺酸溶液(4 g/L):称取0.4 g对氨基苯磺酸,溶于100 mL 20%(V/V)盐酸中,置棕色瓶中混匀,避光保存。

⑳盐酸萘乙二胺溶液(2 g/L):称取0.2 g盐酸萘乙二胺,溶于100 mL水中,混匀后,置

棕色瓶中,避光保存。

㉑亚硝酸钠标准溶液(200 μg/mL):准确称取 0.100 0 g 于 110～120℃干燥恒重的亚硝酸钠,加水溶解移入 500 mL 容量瓶中,加水稀释至刻度,混匀。

㉒亚硝酸钠标准使用液(5.0 μg/mL):临用前,吸取亚硝酸钠标准溶液 5.00 mL,置于 200 mL 容量瓶中,加水稀释至刻度。

㉓硝酸钠标准溶液(200 μg/mL,以亚硝酸钠计):准确称取 0.123 2 g 于 110～120℃干燥恒重的硝酸钠,加水溶解,移入 500 mL 容量瓶中,并稀释至刻度。

㉔硝酸钠标准使用液(5 μg/mL):临用时吸取硝酸钠标准溶液 2.50 mL,置于 100 mL 容量瓶中,加水稀释至刻度。

㉕盐酸(0.1 mol/L):量取 5 mL 盐酸,用水稀释至 600 mL。

【友情提示】

1. 为避免镀铜镉柱中混入小气泡,柱制备、柱还原能力的检查和柱再生时所用的蒸馏水或去离子水最好是刚沸过并冷却至室温的。

2. 提取液过滤通常使用快速滤纸。

3. 盐酸萘乙二胺有致癌作用,使用时应注意安全。

【考核要点】

1. 试样提取操作。

2. 提取液还原。

3. 标准系列配制及标准曲线制作。

4. 样品测定与精密度。

【思考】

1. 本法测定前的试样的预处理、提取、净化有哪些作用?

2. 使用镉柱时有多种条件要求?为什么?

3. 影响亚硝酸盐及硝酸盐测定结果的主要有哪些因素?

【必备知识】

一、护色剂

护色剂又称发色剂或呈色剂,是使肉与肉制品呈现良好的色泽而适当加入的化学物质。最常用的是硝酸盐和亚硝酸盐。亚硝酸盐和硝酸盐添加在制品中在亚硝基化菌的作用下还原为亚硝酸盐,并在肌肉中

> **想一想**
> 亚硝酸盐及硝酸盐的作用?

乳酸的作用下生成亚硝酸。亚硝酸不稳定,易分解出亚硝基(NO),生成的亚硝基与肌红蛋白反应生成鲜艳的、亮红色亚硝基红蛋白(MbNO),亚硝基红蛋白遇热后,放出巯基(—SH),变成了具有鲜红色的亚硝基血色原,能赋予肉制品鲜艳的红色。同时,亚硝酸盐对抑制微生物的增殖有一定作用,与食盐并用可增加抑菌效用,对肉毒梭状芽孢杆菌的繁殖和产毒有特殊的抑制作用。因此,硝酸盐和亚硝酸盐还用于防止肉制品在保藏过程中的腐败变质和防止肉毒梭状芽孢杆菌中毒。

当然,过多摄入硝酸盐和亚硝酸盐会对人体产生毒害作用。亚硝酸盐与仲胺反应生成具有致癌作用的亚硝胺;亚硝酸盐会使正常血红蛋白(Fe^{2+})转变成高铁血红蛋白(Fe^{3+}),影响血红蛋白携氧功能,导致组织缺氧。

GB 2762—2012《食品安全国家标准 食品中污染物限量》规定了以亚硝酸钠计乳及乳制品中限量值为 0.4 mg/kg(生乳)、2.0 mg/kg(乳粉),包装饮用水为 0.005 mg/L(以 NO_2^- 计)、矿泉水为 0.1 mg/L(以 NO_2^- 计)、45 mg/L(以 NO_3^- 计)。

【知识窗】

肉制品加工离不开亚硝酸盐

从喧嚣一时的"燕窝"风波到隔夜蔬菜的检验结果,把食品添加剂亚硝酸盐推到了公众面前。具有潜在致癌性的亚硝酸盐作为食品添加剂令人谈之色变。亚硝酸盐是致命肉毒素的克星。用了它,食用肉制品的安全性大大提高。

亚硝酸盐到底是善是恶?"把 1 g 肉毒素分成 100 万份,只要吃了其中的一份,人就会立即毙命。而肉毒素的'母亲',就是在肉类中容易生长的肉毒梭状芽孢杆菌。"目前为止,人类能够找到的肉毒梭状芽孢杆菌最好的克星就是亚硝酸盐。在肉类制品中,它是一款最必需的添加剂。

绿叶菜中亚硝酸盐含量更高。每千克绿叶菜中含有硝酸盐 1 000～3 000 mg,而肉制品中作为添加剂添加的硝酸盐或亚硝酸盐每千克残留量(以亚硝酸盐计)不能高于 30 mg。饮食中"90%的硝酸盐来自蔬菜,只有 9%是来自肉类和腌制品。"

植物被收割之后,硝酸盐和亚硝酸的平衡被打破。还原酶被释放,会有更多硝酸盐被转化成亚硝酸盐。此外,自然环境中无处不在的细菌也可以实现这种转化。像白菜等硝酸盐含量本来就高的绿色蔬菜,在运输分销过程中很容易就超过了"4 mg/kg"的国家标准。

减少蔬菜尤其是绿叶蔬菜的保存时间,多买几次菜而不要一次买好。

使用硝酸钠、硝酸钾、亚硝酸钠、亚硝酸钾为护色剂和防腐剂时,GB 2726—2005《熟肉制品卫生标准》理化指标,以亚硝酸钠计残留量不得超过 30 mg/kg(见 GB 2760—2014《食品安全国家标准 食品添加剂使用标准》)。其他允许使用的护色剂还有 D-异抗坏血酸及其钠盐(八宝粥罐头、葡萄酒)、焦磷酸二氢二钠(杂粮制品)、葡萄糖酸亚铁(仅限橄榄腌渍)。常见食品中亚硝酸盐与硝酸盐的限量指标见表 9-2。

表 9-2　食品中亚硝酸盐、硝酸盐限量指标

食品类别	食品名称	限量/(mg/kg)	
		亚硝酸盐(以 NaNO$_2$ 计)	硝酸盐(以 NaNO$_3$ 计)
蔬菜及其制品	腌渍蔬菜	20	—
肉制品	咸肉、腊肉、板鸭、中式火腿、腊肠等,西式火腿类,酱卤肉制品类,熏、烧、烤肉类,油炸肉类,肉灌肠类,发酵肉制品类,肉罐头类	30	
乳及乳制品	生乳	0.4	—
	乳粉	2.0	
饮料类	包装饮用水(矿泉水除外)	0.005 mg/L(以 NO$_2^-$ 计)	—
	矿泉水	0.1 mg/L(以 NO$_2^-$ 计)	45 mg/L(以 NO$_3^-$)
特殊膳食用食品	婴儿配方食品	2.0[a](以粉状产品计)	100(以粉状产品计)
	较大婴儿和幼儿配方食品	2.0[a](以粉状产品计)	100[b](以粉状产品计)
	特殊医学用途婴儿配方食品	2.0(以粉状产品计)	100(以粉状产品计)
	婴幼儿谷类辅助食品	2.0[c]	100[b]
	婴幼儿罐装辅助食品	4.0[c]	200[b]

a 仅适用于乳基产品,b 不适合于添加蔬菜和水果的产品,c 不适合于添加豆类的产品。

二、亚硝酸盐及硝酸盐的检验

GB 5009.33—2010《食品安全国家标准　食品中亚硝酸盐与硝酸盐的测定》第一法为离子色谱法,第三法为乳及乳制品中亚硝酸盐与硝酸盐的测定专用法。

离子色谱法是 20 世纪 70 年代中期发展起来的一项新的液相色谱技术,是利用柱层析前处理分离技术得到纯的亚硝酸根离子和硝酸根离子,根据其各自的离子强度与电导值的变化成正比关系,通过测定物与各自离子标准物的比较来计算含量。离子色谱法不仅可以同时测定蔬菜中的亚硝酸盐和硝酸盐,还可以同时定量测定多种阴离子组分的含量。用离子色谱法测定蔬菜中的硝酸根离子(NO$_3^-$)含量具有简便、快速、灵敏、选择性好、准确度高的特点,其中使用离子色谱法-电导检测器检测蔬菜中亚硝酸盐和硝酸盐含量,分离完全、干扰少,与比色法比较,具有准确、简便、易操作的特点,可用于蔬菜中硝酸根离子(NO$_3^-$)和亚硝酸根离子(NO$_2^-$)的常规检验。

> **想一想**
> 亚硝酸盐及硝酸盐的测定还有哪些方法?

【知识窗】

亚硝酸盐的快速检测

1. 速测管法

(1)食盐中亚硝酸盐　用袋内附带小勺取食盐一平勺,加入到检测管中,加入蒸馏水或纯净水至 1 mL 刻度处,盖上盖,将固体部分摇溶,10 min 后与标准色板对比,该色板上的数值乘上 10 即为食盐中亚硝酸盐的含量(mg/kg)。当样品出现血红色且有沉淀产生或很

快褪色变成黄色时,可判定亚硝酸盐含量相当高,或样品本身就是亚硝酸盐。

(2)液体样品　直接取澄清液体样品 1 mL 加入到检测管中,盖上盖,将试剂摇溶,10 min 后与标准色板对比,找出与检测管中溶液颜色相同的色阶,色阶的数值即为样品中亚硝酸盐(以 $NaNO_2$ 计,mg/L)含量。

(3)乳浊样品　直接取牛乳及豆浆 1 mL 加入到检测管中,盖上盖,将试剂摇溶,10 min 后与标准色板对比,找出与检测管中溶液颜色相同的色阶,色阶的数值乘以 2 即为样品中亚硝酸盐(mg/L)的近似含量。

(4)固体或半固体样品　取粉碎均匀的样品 1.0 g 或 1.0～10 mL 比色管中,加蒸馏水或去离子水至刻度,充分振摇后放置,取上清液 1 mL 加入到检测管中,盖上盖,将试剂摇溶,10 min 后与标准色板对比,该色板上的数值乘上 10 即为样品中亚硝酸盐的含量 mg/kg 或 mg/L(以 $NaNO_2$ 计)。

2. 试纸法

将试纸片上的试纸部分浸入待测液中数秒钟后取出并轻甩去多余溶液,在规定时间将试纸片与试纸瓶上的标准比色卡比对,即可读出浓度值。

三、果蔬中亚硝酸盐及硝酸盐的测定——离子色谱法

1. 原理

食品试样首先沉淀蛋白质、除去脂肪,再提取和净化,然后以氢氧化钾溶液为淋洗液,阴离子交换柱分离,电导检测器检测。以保留时间定性,外标法定量。

本法适用于食品中亚硝酸盐和硝酸盐的检验。

2. 试剂和材料

①超纯水:电阻率>18.2 MΩ·cm。

②乙酸(CH_3COOH)。

③氢氧化钾(KOH)。

④乙酸溶液(3%):量取乙酸 3 mL 于 100 mL 容量瓶中,以水稀释至刻度,混匀。

⑤亚硝酸根离子(NO_2^-)标准溶液(100 mg/L,水基体)。

⑥硝酸根离子(NO_3^-)标准溶液(1 000 mg/L,水基体)。

⑦亚硝酸盐(以 NO_2^- 计,下同)和硝酸盐(以 NO_3^- 计,下同)混合标准使用液:准确移取亚硝酸根离子(NO_2^-)和硝酸根离子(NO_3^-)的标准溶液各 1.0 mL 于 100 mL 容量瓶中,用水稀释至刻度,此溶液每 1 L 含亚硝酸根离子 1.0 mg 和硝酸根离子 10.0 mg。

3. 仪器和设备

①离子色谱仪:包括电导检测器,配有抑制器,高容量阴离子交换柱,50 μL 定量环。

②食物粉碎机。

③超声波清洗器。

④天平:感量为 0.1 mg 和 1 mg。

⑤离心机:转速≥10 000 r/min,配 5 mL 或 10 mL 离心管。

⑥水性滤膜针头滤器(0.22 μm)。

⑦净化柱:包括 C_{18} 柱、Ag 柱和 Na 柱或等效柱。

⑧注射器:1.0 mL 和 2.5 mL。

4. 测定

(1)试样预处理　将新鲜蔬菜或水果试样用去离子水洗净,晾干后,取可食部分切碎混匀。将切碎的样品用四分法取适量,用食物粉碎机制成匀浆备用(如需加水,记录加水量)。

(2)提取

①称取试样匀浆 5 g(精确至 0.01 g,可适当调整试样的取样量,以下相同),以 80 mL 水洗入 100 mL 容量瓶中,超声提取 30 min,每隔 5 min 振摇 1 次,保持固相完全分散。于 75℃水浴中放置 5 min,取出放置至室温,加水稀释至刻度。溶液经滤纸过滤后,取部分溶液于 10 000 r/min 离心 15 min,上清液备用。

②取上清液约 15 mL,通过 0.22 μm 水性滤膜针头滤器、C_{18}柱、弃去前面 3 mL(当 Cl^- 浓度大于 100 mg/L,则需要依次通过针头滤器、C_{18}柱、Ag 柱和 Na 柱,弃去前面 7 mL),收集后面洗脱液待测。

固相萃取柱使用前需进行活化,如使用 OnGuard Ⅱ RP 柱(1.0 mL)、OnGuard Ⅱ Ag 柱(1.0 mL)和 OnGuard Ⅱ Na 柱(1.0 mL),其活化过程为:OnGuard Ⅱ RP 柱(1.0 mL)使用前依次用 10 mL 甲醇、15 mL 水通过,静置活化 30 min。OnGuard Ⅱ Ag 柱(1.0 mL)和 OnGuard Ⅱ Na 柱(1.0 mL)用 10 mL 水通过,静置活化 30 min。

(3)参考色谱条件

①色谱柱:氢氧化物选择性,可兼容梯度洗脱的高容量阴离子交换柱,如 Dionex IonPac AS11-HC 4mm×250 mm(带 IonPac AG11-HC 型保护柱 4 mm×50 mm),或性能相当的离子色谱柱。

②淋洗液:氢氧化钾溶液,浓度为 6～70 mmol/L;洗脱梯度为 6 mmol/L 30 min, 70 mmol/L 5 min,6 mmol/L 5 min;流速 1.0 mL/min。

③抑制器:连续自动再生膜阴离子抑制器或等效抑制装置。

④检测器:电导检测器,检测池温度为 35℃。

⑤进样体积:50 μL(可根据试样中被测离子含量进行调整)。

(4)标准曲线制作　移取亚硝酸盐和硝酸盐混合标准使用液,加水稀释,制成系列标准溶液,含亚硝酸根离子浓度为 0.00、0.02、0.04、0.06、0.08、0.10、0.15、0.20 mg/L;硝酸根离子浓度为 0.0、0.2、0.4、0.6、0.8、1.0、1.5、2.0 mg/L 的混合标准溶液,从低到高浓度依次进样。得到上述各浓度标准溶液的色谱图(图 9-3)。以亚硝酸根离子或硝酸根离子的浓度(mg/L)为横坐标,以峰高(μS)或峰面积为纵坐标,绘制标准曲线或计算线性回归方程。

(5)样品测定　分别吸取空白溶液和试样溶液 50 μL,在相同工作条件下,依次注入离子色谱仪中,记录色谱图。根据保留时间定性,分别测量空白和样品的峰高(μS)或峰面积。

5. 结果计算

(1)计算公式　试样中亚硝酸盐(以 NO_2^- 计)或硝酸盐(以 NO_3^- 计)含量按式(9-6)计算:

$$X = \frac{(c - c_0) \times V \times f \times 1\,000}{m \times 1\,000} \tag{9-6}$$

式中:X——试样中亚硝酸根离子或硝酸根离子的含量,mg/kg;

c——测定用试样溶液中的亚硝酸根离子或硝酸根离子浓度,mg/L;

想一想

测定结果表达与项目九之任务二有何不同?

c_0——试剂空白液中亚硝酸根离子或硝酸根离子的浓度,mg/L;

V——试样溶液体积,mL;

f——试样溶液稀释倍数;

m——试样取样量,g。

以重复性条件下获得的 2 次独立测定结果的算术平均值表示,结果保留 2 位有效数字。

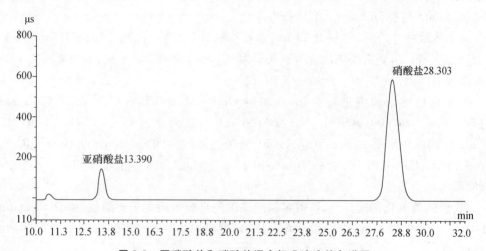

图 9-3　亚硝酸盐和硝酸盐混合标准溶液的色谱图

(2)精密度　在重复性条件下获得的 2 次独立测定结果的绝对值差不得超过算术平均值的 10%。

【友情提示】

1. 试样中测得的亚硝酸根离子含量乘以换算系数 1.5,即得亚硝酸盐(按亚硝酸钠计)含量。

2. 试样中测得的硝酸根离子含量乘以换算系数 1.37,即得硝酸盐(按硝酸钠计)含量。

3. 本法中亚硝酸盐和硝酸盐检出限分别为 0.2 和 0.4 mg/kg。

4. 所有玻璃器皿使用前均需依次用 2 mol/L 氢氧化钾和水分别浸泡 4 h,然后用水冲洗 3～5 次,晾干备用。

5. 任务考核及参考标准

序号	考核项目	考核内容	考核标准	参考分值
1	基本素质	学习与工作态度	态度端正,学习认真,积极主动,学习方法多样,服从安排,出满勤	5
		团队协作	顾全大局,积极与小组成员合作,共同制定工作计划,共同完成工作任务	5

食品理化检验技术

续表

序号	考核项目	考核内容	考核标准	参考分值
2	检验方案制定	制定分光光度法检验样品中亚硝酸盐的方案	能根据工作任务,积极思考,广泛查阅资料,制定出切实可行的分光光度法检验亚硝酸盐的方案	10
		制定离子色谱法检测样品中亚硝酸盐与硝酸盐的方案	根据工作任务,积极思考,广泛查阅资料,制定出切实可行的离子色谱法检验亚硝酸盐与硝酸盐的方案	10
3	样品处理	选择和准备仪器	能根据检验任务,合理选择仪器,正确处理和使用仪器	5
		试剂的选择与配制	能根据检验内容,合理选择试剂并准确配制试剂	
		样品称量	能根据检验需要,精确称取样品	5
		样品预处理	能根据检验需要,对样品进行绞碎、均质等	5
		样品提取、净化	能从样品中正确提取目标物质并进行净化	10
4	仪器分析	分析条件选择	能正确选择检验波长、检验方式等	5
		数据读取	能准确读取检验数据,如吸光度、曲线方程等	5
		标准曲线绘制	能正确绘制标准曲线,并能准确查出测定结果	5
		结果计算	能使用软件或计算公式对测定结果进行计算	10
5	检验报告	编写检验报告	能按要求编写检验报告并上报	10
6	职业素质	方法能力	能通过各种途径快速获取所需信息,问题提出明确,表达清晰,有独立分析问题和解决问题的能力	5
		工作能力	学习工作次序井然、操作规范、结果准确。主动完成自测训练,有完整的读书笔记和工作记录,字迹工整	5
7		合　　计		100

任务三　茶叶中茶多酚的检验——分光光度法

【工作要点】

1. 茶叶样品制备。
2. 茶多酚等抗氧化剂测定原理。
3. 茶多酚提取、氧化及用没食子酸定量茶多酚。

【工作过程】

(一)取样与制样

①按 GB/T 8302—2013《茶 取样》取样条件、人员、工具和器具、取样方法和步骤,抽取能充分代表整批茶叶品质的样品。

②按 GB/T 8303—2013《茶 磨碎试样的制备及其干物质含量测定》制备磨碎试样。

(二)供试液的制备

1. 母液制备

称取 0.2 g(精确到 0.000 1 g)均匀磨碎的茶叶试样于
10 mL 离心管中,加入在 70℃水浴中预热过的 70%甲醇溶液 5 mL,用玻璃棒充分搅拌均匀湿润,立即放入 70℃水浴中,浸提 10 min(隔 5 min 搅拌 1 次),浸提后冷却至室温,转入离心机在 3 500 r/min 转速下离心 10 min,将上清液转移至 10 mL 容量瓶。残渣再用 5 mL 的 70%甲醇溶液提取一次,重复以上操作。合并提取液定容至 10 mL,摇匀,过 0.45 μm 膜,待用(本提取液在 4℃下至多可保存 24 h)。

2. 测试液制备

移取母液 1.0 mL 于 100 mL 容量瓶中,用水定容至刻度,摇匀,待测。

(三)测定

①用移液管分别移取没食子酸工作液、水(作空白对照用)及测试液各 1.0 mL 于刻度试管内,在每个试管内分别加入 5.0 mL 的 10%福林酚(Folin-Ciocaltcu)试剂,摇匀。反应 3~8 min 内,加入 4.0 mL 7.5% Na_2CO_3 溶液,加水定容至刻度、摇匀。室温下放置 60 min。用 1 cm 比色皿、在 765 nm 波长条件下用分光光度计测定吸光度(A)。

②根据没食子酸工作液的吸光度(A)与各工作溶液的没食子酸浓度,制作标准曲线。

(四)结果与计算

1. 计算公式

比较试样和标准工作液的吸光度,茶多酚含量 X(%)按式(9-7)计算:

$$X = \frac{A \times V \times d}{\text{SLOPE}_{\text{Std}} \times m \times 10^6 \times m_1} \times 100\% \tag{9-7}$$

式中:A——样品测试液吸光度;

$\qquad V$——样品提取液体积,10 mL;

$\qquad d$——稀释因子(通常为 1 mL 稀释成 100 mL,则其稀释因子为 100);

$\text{SLOPE}_{\text{Std}}$——没食子酸标准曲线的斜率;

$\qquad m$——样品干物质含量,%;

$\qquad m_1$——样品质量,g。

2. 重复性

同一样品的 2 次测定值,每 100 g 试样不得超过 0.5 g,若测定值相对误差在此范围,则取两次测定值的算术平均值为结果,保留小数点后 1 位。

【相关知识】

磨碎茶叶样品用 70% 的甲醇在 70℃ 水浴上提取茶多酚,福林酚(Folin-Ciocalteu)试剂氧化茶多酚中—OH 基团并显蓝色,最大吸收波长 λ 为 765 nm,用没食子酸作校正标准定量茶多酚。

GB/T 8313—2008《茶叶中茶多酚和儿茶素类含量的检验方法》茶叶中茶多酚的检测。

【仪器与试剂】

1. 仪器

①分析天平:感量 0.001 g。

②水浴锅:(70±1)℃。

③离心机:转速 3 500 r/min。

④分光光度计。

2. 试剂

本法所用水均为重蒸馏水。

①乙腈:色谱纯。

②甲醇。

③碳酸钠(Na_2CO_3)。

④甲醇水溶液(7+3,V/V)。

⑤福林酚(Folin-Ciocalteu)试剂。

⑥福林酚(Folin-Ciocalteu)试剂(10%,现配):将 20 mL 福林酚(Folin-Ciocalteu)试剂转移到 200 mL 容量瓶中,用水定容并摇匀。

⑦ Na_2CO_3(7.5%,g/100 mL):称取 37.50 g Na_2CO_3,加适量水溶解,转移至 500 mL 容量瓶中,定容至刻度,摇匀(室温下可保存 1 个月)。

⑧没食子酸标准储备溶液(1 000 μg/mL):称取 0.110 g 没食子酸(GA,相对分子质量 188.14),于 100 mL 容量瓶中溶解并定容至刻度,摇匀(现配)。

⑨没食子酸工作液:用移液管分别移取 1.0、2.0、3.0、4.0、5.0 mL 的没食子酸标准储备溶液于 10 mL 容量瓶中,分别用水定容至刻度,摇匀,浓度分别为 10、20、30、40、50 μg/mL。

【友情提示】

1. 样品吸光度应在没食子酸标准工作曲线的校准范围内,若样品吸光度高于50 μg/mL浓度的没食子酸标准工作溶液的吸光度,则应重新配制高浓度没食子酸标准工作液进行校准。

2. 福林酚(Folin-Ciocalteu)试剂制备:在 1 000 mL 的磨口回流装置内加入 50 g 钨酸钠、12.5 g 钼酸钠、350 mL 蒸馏水、25 mL 浓磷酸及 50 mL 浓盐酸,充分混匀,以小火回流 10 h,再加入 75 g 硫酸锂、25 mL 蒸馏水、数滴溴水。然后开口继续沸腾 15 min,使得溴水完全挥发为止,冷却后定容至 500 mL,过滤,滤液呈绿色,置于棕色试剂瓶中保存;使用时加入 1 倍体积的蒸馏水,使酸的浓度为 1 mol/L,此液为应用液,置于冰箱中可以长期保存。

【考核要点】

1. 茶多酚测试液的提取操作。
2. 标准曲线绘制及其相关系数。
3. 样液测定及精密度。

【思考】

1. 改变哪些条件,能够提高茶多酚的测定数值?
2. 福林酚(Folin-Ciocaltcu)试剂有何作用? 怎样配制?
3. 制作标准曲线时,没食子酸工作液浓度如何确定?

【必备知识】

一、抗氧化剂概述

抗氧化剂是指能防止或延缓油脂或食品成分氧化分解、变质,提高食品稳定性的食品添加剂。常用的抗氧化剂有叔丁基对羟基茴香醚(BHA)、二丁基羟基甲苯(BHT)、没食子酸丙酯(PG)、特丁基对苯二酚、

> **想一想**
> 抗氧化剂的性质有何特点?

山梨酸钾、生育酚(维生素 E)、竹叶抗氧化物、甘草抗氧化物、抗坏血酸及其盐、磷脂、硫代二丙酸二月桂酯、植酸及植酸钠等。其中,BHT 主要用于食用油脂、干鱼制品;BHA 主要用于食用油脂;PG 主要用于油炸食品、方便面和罐头;维生素 E 主要用于婴儿食品、奶粉;维生素 C 和异维生素 C 主要用于鱼肉制品、冷冻食品等。

通常的抗氧化剂是还原剂,如硫醇、抗坏血酸、多酚类(茶多酚)、二氧化硫、焦亚硫酸钾、焦亚硫酸钠、亚硫酸钠、亚硫酸氢钠、低亚硫酸钠、4-己基间苯二酚等;抗氧化剂可以使食品不褪色、不变色和不破坏维生素。因此,抗氧化剂被广泛应用于食品生产、包装、运输及销售等阶段。

【知识窗】

新型食品抗氧化剂

茶多酚类即从茶叶中提取的抗氧化物质,含有 4 种组分:表没食子儿茶素、表没食子儿茶素没食子酸酯、表儿茶素没食子酸酯以及儿茶素。茶多酚的抗氧化能力比维生素 E、维生素 C、BHT、BHA 强几倍,因此日本已开始茶多酚类抗氧化剂的商品化生产。

天然虾青素(简称 ASTA)——自然界最强的抗氧化剂,在日、美、欧洲、东南亚已经广泛引用于牛奶、烘焙食品、高档饮料等领域。

二、丁基羟基茴香醚和二丁基羟基甲苯的测定——气相色谱法

1. 原理

样品中的抗氧化剂用有机溶剂提取、凝胶渗透色谱净化系统(GPC)净化后,用气相色谱氢火焰离子化检测器检检测,采用保留时间定性,外标法定量。

GB/T 23373—2009《食品中抗氧化剂丁基羟基茴香醚(BHA)、二丁基羟基甲苯(BHT)与特丁基对苯二酚(TBHQ)的测定》方法检出限:BHA 2 mg/kg、BHT 2 mg/kg、TBHQ 5 mg/kg。

2. 试剂和材料

水为 GB/T 6682—2008 规定的二级水。

①环己烷。

②乙酸乙酯。

③石油醚:沸程 30～60℃(重蒸)。

④乙腈。

⑤丙酮。

⑥丁基羟基茴香醚(BHA)标准品:纯度≥99.0%,−18℃冷冻储藏。

⑦二丁基羟基甲苯(BHT)标准品:纯度≥99.3%,−18℃冷冻储藏。

⑧特丁基对苯二酚(TBHQ)标准品:纯度≥99.0%,−18℃冷冻储藏。

⑨BHA、BHT、TBHQ 标准储备液:准确称取 BHA、BHT、TBHQ 标准品各 50 mg(精确至 0.1 mg),用乙酸乙酯:环己烷(1:1)定容至 50 mL,配制成 1 mg/mL 储备液,于 4℃冰箱中避光保存。

⑩BHA、BHT、TBHQ 标准使用液:吸取标准储备液 0.1、0.5、1.0、2.0、3.0、4.0、5.0 mL,于 1 组 10 mL 容量瓶中,乙酸乙酯:环己烷(1:1)定容,此标准系列的浓度为 0.01、0.05、0.1、0.2、0.3、0.4、0.5 mg/mL 现用现配。

3. 仪器和设备

①气相色谱仪(GC):配氢火焰离子化检测器(FID)。

②凝胶渗透色谱净化系统(GPC),或可进行脱脂的等效分离装置。

③旋转蒸发仪。

④涡旋混合器。

⑤微孔过滤器:孔径 0.45 μm,有机滤膜。

4. 试样制备与处理

(1)试样制备　取同一批次 3 个完整独立包装样品(固体样品不少于 200 g,液体样品不少于 200 mL),固体或半固体样品粉碎混匀,液体样品混合均匀,然后用对角线法取 2/4 或 2/6,或根据试样情况取有代表性试样,放置广口瓶内保存待用。

(2)试样处理

①油脂样品。混合均匀的油脂样品,过 0.45 μm 滤膜备用。

②油脂含量较高或中等的样品(油脂含量 15% 以上的样品)。根据样品中油脂的实际含量,称取 50～100 g 混合均匀的样品,置于 250 mL 具塞锥形瓶中,加入适量石油醚,使样品完全浸没,放置过夜,用快速滤纸过滤后,减压回收溶剂,得到的油脂试样过 0.45 μm 滤膜备用。

③油脂含量少的样品(油脂含量 15％以下的样品)和不含油脂的样品(如口香糖等)。称取 1～2 g 粉碎并混合均匀的样品,加入 10 mL 乙腈,涡旋混合 2 min,过滤,如此重复 3 次,将收集滤液旋转蒸发至近干,用乙腈定容至 2 mL,过 0.45 μm 滤膜,直接进气相色谱仪分析。

(3)净化 准确称取备用的油脂试样 0.5 g(精确至 0.1 mg),用乙酸乙酯∶环己烷(1∶1)准确定容至 10.0 mL,涡旋混合 2 min,经凝胶渗透色谱装置净化(净化条件见友情提示),收集流出液,旋转蒸发浓缩至近干,用乙酸乙酯∶环己烷定容至 2 mL,进气相色谱仪分析。

5. 测定

(1)色谱参考条件

①色谱柱:(14％氰丙基-苯基)二甲基聚硅氧烷毛细管柱(30 m×0.25 mm),膜厚 0.25 μm(或相当型号色谱柱)。

②温度:进样口温度为 230℃;升温程序:初始柱温 80℃,保持 1 min,以 10℃/min 升温至 250℃,保持 5 min;检测器温度为 250℃。

③进样量:1 μL。

④进样方式:不分流进样。

⑤载气:氮气,纯度≥99.999％,流速 1 mL/min。

(2)定量分析 在上述仪器条件下,试样待测液和 BHA、BHT、TBHQ 3 种标准品在相同保留时间处(±0.5％)出峰,可定性 BHA、BHT、TBHQ 3 种抗氧化剂。以标准样品浓度为横坐标,峰面积为纵坐标,作线性回归方程,从标准曲线图中查出试样溶液中抗氧化剂的相应含量。BHA、BHT、TBHQ 3 种抗氧化剂标准样品溶液气相色谱图如图 9-4 所示。

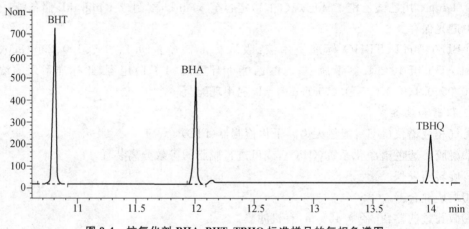

图 9-4 抗氧化剂 BHA、BHT、TBHQ 标准样品的气相色谱图

6. 结果计算

(1)计算公式 试样中抗氧化剂(BHA、BHT、TBHQ)的含量(g/kg)按式(9-8)进行计算:

$$X = c \times \frac{V \times 1\,000}{m \times 1\,000} \qquad (9-8)$$

式中:X——试样中抗氧化剂含量,mg/kg 或 mg/L;

c——从标准工作曲线上查出的试样溶液中抗氧化剂的浓度,μg/mL;

V——试样最终定容体积,mL;

m——试样质量,g 或 mL。

计算结果保留至小数点后 3 位。

(2)精密度　在重复性条件下获得的 2 次独立测定结果的绝对差值不得超过算术平均值的 10%。

【友情提示】

凝胶渗透色谱分离参考条件:

①凝胶渗透色谱柱:300 mm×25 mm 玻璃柱,Bio Beads(S-X3),200～400 目,25 g。

②柱分离度:玉米油与抗氧化剂(BHA、BHT、TBHQ)的分离度>85%。

③流动相:乙酸乙酯∶环己烷(1∶1)。

④流速:4.7 mL/min。

⑤进样量:5 mL。

⑥流出液收集时间:7～13 min。

⑦紫外检测器波长:254 nm。

三、没食子酸丙酯的测定

1. 原理

试样经石油醚溶解,用乙酸铵水溶液提取后,PG 与亚铁酒石酸盐起颜色反应,在波长 540 nm 处测定吸光度,与标准比较定量。

GB/T 5009.32—2003《油脂中没食子酸丙酯(PG)的测定》适用于油脂中没食子酸丙酯(PG)的测定,检出限为 50 μg。试样相当于 2 g 时,最低检出浓度为 25 mg/kg。

2. 试剂和材料

①石油醚:沸程 30～60℃。

②乙酸铵溶液(100 g/L 及 16.7 g/L)。

③显色剂:称取 0.100 g 硫酸亚铁(FeSO$_4$·7H$_2$O)和 0.500 g 酒石酸钾钠(NaKC$_4$H$_4$O$_6$·4H$_2$O),加水溶解,稀释至 100 mL,临用前配制。

④PG 标准溶液:准确称取 0.0100 g PG 溶于水中,移入 200 mL 容量瓶中,并用水稀释至刻度。此溶液每毫升含 50.0 μg PG。

3. 仪器

分光光度计。

4. 试样处理

称取 10.00 g 试样,用 100 mL 石油醚溶解,移入 250 mL 分液漏斗中,加 16.7 g/L 乙酸铵溶液 20 mL,振摇 2 min,静置分层,将水层放入 125 mL 分液漏斗中(如乳化,连同乳化层一起放下),石油醚层再用 16.7 g/L 乙酸铵溶液 20 mL 重复提取 2 次,合并水层。石油醚层用水振摇洗涤两次,每次 15 mL,水洗涤并入同 1 个 125 mL 分液漏斗中,振摇静置。将水层通过干燥滤纸滤入 100 mL 容量瓶中,用少量水洗涤滤纸,加 2.5 mL 乙酸铵溶液(100 g/L),加水至刻度,摇匀。将此溶液用滤纸过滤,弃去初滤液的 20 mL,收集滤液供比色测定用。

5. 测定

①吸取 20.0 mL 试样提取液于 25 mL 具塞比色管中,加入 1 mL 显色剂,加 4 mL 水,摇匀。

②另准确吸取 0、1.0、2.0、4.0、6.0、8.0、10.0 mL PG 标准溶液(相当于 0、50、100、200、300、400、500 μg PG),分别置于 25 mL 带塞比色管中,加入 100 g/L 乙酸铵溶液 2.5 mL,准确加水至 24 mL,加入 1 mL 显色剂,摇匀。

③用 1 cm 比色杯,以零管调节零点,在波长 540 nm 处测定吸光度,绘制标准曲线比较。

6. 结果计算

(1)计算公式 油脂试样中 PG 含量 X 依式(9-9)计算:

$$X = \frac{m_1 \times 1\,000}{m \times \dfrac{V_2}{V_1} \times 1\,000 \times 1\,000} \tag{9-9}$$

式中:X——油脂试样中 PG 含量,g/kg;

m_1——测定用样液中 PG 的质量,μg;

m——试样质量,g;

V_1——提取后样液总体积,mL;

V_2——测定用吸取样液的体积,mL。

计算结果保留 2 位有效数字。

(2)精密度 在重复性条件下获得的 2 次独立测定结果的绝对差值不得超过算术平均值的 10%。

任务四 啤酒中二氧化硫的检验——分光光度法

【工作要点】

1. 啤酒试样制备。

2. 进出口啤酒样品中 SO_2 的检验方法。

3. 分光光度法测定 SO_2 操作。

【工作过程】

(一)啤酒取样与制样

1. 取样

凡同一原料、同一配方、同一工艺所生产的啤酒,经混合过滤,同一罐、同一包装线、同一天包装的产品为一检验批。

2. 抽样数量

按表 9-3 抽取样本。桶装啤酒应使用灭菌的器具,在无菌条件下从各样本中采样、封装。箱装(瓶、听)啤酒先按表 9-3 规定抽取样本,再随机从各样本中抽取单位样品件数。当样品总量不足 4.0 L 时,应适当按比例增加取样量。

想一想
采样标签书写哪些内容?

表 9-3　抽样表

样本批量范围/箱或桶	50 以下	51～1 200	1 201～35 000	≥35 001
样本数/箱或桶	3	5	8	13
单位样本数/瓶或听	3	2	1	1

样品名称
品种规格与数量
制造者名称
采样时间与地点
采样人

3. 试样制备与保存

采样后应立即贴上标签,注明左侧所示内容。将其中 1/3 样品封存,于 5～25℃ 保留 10 d 备查。其余样品立即送化验室,进行感官、理化和卫生等要求的检验。

(二)标准曲线的绘制

1. 除去啤酒中的 SO_2

取 100 mL 啤酒于烧杯中,加入 0.5 mL 淀粉指示剂,滴加 0.05 mol/L 碘溶液,直至溶液出现浅蓝色并在 30 s 内不褪为止。

想一想
滴加碘液有何作用?

2. 标准系列制备

用含 1 滴正己醇的 10 mL 量筒,移取除去 SO_2 的啤酒 10 mL 于一系列 100 mL 容量瓶中,依次加入 0.0、1.0、2.0、3.0、4.0、5.0、6.0 和 8.0 mL SO_2 标准工作液,用水稀释到刻度,摇匀。

想一想
移取啤酒为何能用量筒?

3. 显色

分别移取 25 mL 上述溶液于 50 mL 容量瓶中,加入 5 mL 显色剂,混匀,再加入 5 mL 甲醛溶液,用水稀释至刻度,摇匀,在 25℃ 水浴内放置 30 min。

4. 吸光度测定

从水浴中取出容量瓶,用分光光度计在 550 nm 处,以零号瓶中的溶液为参比液,测定吸光度。

5. 绘制标准曲线

以吸光度为纵坐标,10 mL 啤酒中所含 SO_2 微克数为横坐标绘制标准曲线。

(三)测定

1. 啤酒样液制备

在 100 mL 容量瓶中,用移液管加入 2 mL 四氯汞钠溶液和 5 mL(0.05 mol/L)硫酸溶液。用含 1 滴正己醇的 10 mL 量筒移取 10 mL 未脱气的冷啤酒于容量瓶中,缓缓摇动,加入 15 mL 0.1 mol/L 氢氧化钠溶液,摇匀后,静置 15 s,再加入 10 mL 0.05 mol/L 硫酸溶液,用水稀释至刻度,摇匀。

2. 显色

移取 25 mL 啤酒样液于 50 mL 容量瓶内,加入 5 mL 显色剂,混匀,再加入 5 mL 甲醛

项目九　食品添加剂检验技术

溶液,用水稀释至刻度,摇匀,在25℃水浴内放置30 min。

3. 吸光度测定

以同样方法测定10 mL啤酒的吸光度,从标准曲线中查得所含SO_2微克数。

(四)结果与计算

样品中SO_2的含量X按式(9-10)计算:

$$X = \frac{m}{V} \tag{9-10}$$

式中:X——样品中SO_2的含量,mg/L;

m——测定样液中SO_2的含量,μg;

V——测定样液相当于啤酒的体积,mL。

【相关知识】

啤酒中的SO_2被四氯汞钠溶液吸收,再与甲醛和盐酸副玫瑰苯胺反应生成紫红色的配合物,与标准比较定量。本方法的检出限为2.0 mg/L。

啤酒中SO_2残留不得超过0.01 g/kg。

【仪器与试剂】

1. 试剂

①显色剂:称取100 mg盐酸副玫瑰苯胺(又名盐酸副品红),加适量水溶解,移入250 mL棕色容量瓶中,再加入40 mL盐酸(1+1),用水稀释至刻度。装入棕色瓶中,冷藏保存。使用前,静置15 min。

②甲醛溶液:将5 mL 40%的甲醛用水稀释到1 000 mL,储于棕色瓶中,冷藏保存。

③四氯汞钠溶液:溶解27.2 g氯化高汞和11.7 g氯化钠于水中,并稀释到1 000 mL。

想一想
如何安全配制氯化高汞溶液?

④碘溶液:0.05 mol/L。

⑤硫酸溶液:0.05 mol/L。

⑥氢氧化钠溶液:0.1 mol/L。

⑦硫代硫酸钠标准溶液:0.1 mol/L。按GB/T 601—2002中4.6制备。

⑧淀粉指示剂:1%。

⑨正己醇。

⑩SO_2标准储备液:称取约250 mg亚硫酸氢钠于盛有50 mL碘溶液(0.05 mol/L)的碘价瓶中,室温放置5 min,加入1 mL盐酸,摇匀,立即用0.1 mol/L硫代硫酸钠标准溶液滴定至淡黄色,加入0.5 mL淀粉指示剂,继续滴定至无色。同时做试剂空白试验。

亚硫酸氢钠中SO_2含量X按式(9-11)计算:

$$X = \frac{(V_2 - V_1) \times c \times 32.03}{m} \times 100\% \tag{9-11}$$

式中：X——亚硫酸氢钠中 SO_2 含量，％；

V_1——加入亚硫酸氢钠消耗硫代硫酸钠标准溶液的体积，mL；

V_2——试剂空白消耗硫代硫酸钠标准溶液的体积，mL；

c——硫代硫酸钠标准溶液浓度，mol/L；

32.03——每毫升 1 mol/L 硫代硫酸钠溶液相当 SO_2 的毫克数；

m——亚硫酸氢钠的质量，mg。

想一想
怎样确定配制SO_2标准储备液所需$NaHSO_3$的质量？

根据测定 SO_2 的含量，用此亚硫酸氢钠配制每毫升含有 10 mg SO_2 的标准储备液。

⑪SO_2 标准工作液：量取 100 mL 四氯汞钠溶液于 500 mL 容量瓶内，加入 1.00 mL SO_2 标准储备液，用水稀释至刻度。该溶液每毫升含 20 μg SO_2。

2. 仪器

分光光度计。

【友情提示】

氯化高汞常温下微量挥发，蒸汽压 0.13 kPa(136.2℃)；稳定，属剧毒品，试剂配制及使用中注意安全。

【考核要点】

1. 啤酒两次处理操作。

2. 显色及测定条件控制能力。

3. 报告书写。

【思考】

1. 二氧化硫标准系列配制时的基质是什么？有何意义？

2. 为何标准曲线以 10 mL 啤酒中二氧化硫的含量(μg)为横坐标？

3. 计算时 V 值是怎样得出的？

【必备知识】

一、漂白剂

(一)概述

想一想
漂白剂的功能有何本质区别？

漂白剂是指能够破坏、抑制食品的发色因素，使其褪色或使食品免于褐变的物质。漂白剂按作用机理分为氧化漂白剂和还原漂白剂。

①氧化漂白剂是具有很强氧化漂白能力的漂白剂，它常常会破坏食品中的营养成分，残

留也较大。这种漂白剂种类不多,主要包括高锰酸钾($KMnO_4$)、二氧化氯(ClO_2)、过氧化丙酮($C_3H_7O_2$)、过氧化苯甲酰($C_{14}H_{10}O_4$)等。

②还原漂白剂应用较广,作用比较缓和,使用最多的是亚硫酸及其盐类,它们在自身被氧化的同时将有色物质还原,而呈现漂白作用。Na_2SO_3、低亚硫酸钠($Na_2S_2O_4$,保险粉)、焦亚硫酸钠($Na_2S_2O_5$)、$NaHSO_3$、硫黄、SO_2 等都属于还原漂白剂。亚硫酸及其盐类还原漂白剂除了漂白作用外,还可与葡萄糖等反应,阻断糖氨的非酶褐变;也可抑制氧化酶的活性,防止酶促褐变,并且亚硫酸盐还具有防腐作用。

氧化漂白剂本身就是一种强氧化剂,可以将有色物质内部的生色基团破坏而失去原有的颜色,这种漂白是彻底的、不可逆的。还原漂白剂是通过与有机色质内部的生色基团发生反应,使有机色质失去原有的颜色,但是,在加热或其他因素的作用下,漂白剂可以脱离出来,从而恢复原有颜色,这种漂白是可逆、不彻底的。

(二)漂白剂的残留危害与限量标准

还原漂白剂亚硫酸及其盐类应用广泛,常常导致在食品中会有较高的残留而危害体健康。亚硫酸及其盐类能破坏维生素 B_1,影响人体的生长发育,导致多发性神经炎,出现骨髓萎缩等症状,阻碍成长。长期食用含亚硫酸盐严重超标的食品,会造成肠道功能紊乱,引发剧烈的腹泻,严重危害人体消化系统健康,影响营养物质的吸收等。

GB 2760—2014《食品安全国家标准　食品添加剂使用标准》规定了以 SO_2、焦亚硫酸钾、焦亚硫酸钠、亚硫酸钠、亚硫酸氢钠、低亚硫酸钠及硫黄作为食品的漂白剂时,最大使用量(以 SO_2 计,g/kg)见表9-4。

表 9-4　食品漂白剂的最大使用量/残留量

食品分类及食品名称	漂白剂的最大使用量/残留量计(以 SO_2 计)/(g/kg)	
	SO_2、焦亚硫酸钾、焦亚硫酸钠、亚硫酸钠、亚硫酸氢钠、低亚硫酸钠	硫黄(只限用于熏蒸)
经表面处理的鲜水果	0.05	
水果干类	0.1	0.1
蜜饯凉果	0.35	0.35
干制蔬菜	0.2	0.2
干制蔬菜	0.4(仅限脱水马铃薯)	
经表面处理的鲜食用菌和藻类		0.4
干制的食用菌和藻类	0.05	
食用菌和藻类罐头	0.05(仅限蘑菇罐头)	
腐竹类	0.2(包括腐竹、油皮等)	
腌渍的蔬菜	0.1	
蔬菜罐头	0.05(仅限竹笋、酸菜)	
坚果与籽类罐头	0.05	
可可制品、巧克力和巧克力制品以及糖果	0.1(包括代可可脂巧克力及制品)	
生湿面制品	0.05(如面条、包子皮、馄饨皮、烧麦皮)(仅限拉面)	

食品分类及食品名称	漂白剂的最大使用量/残留量计(以 SO₂ 计)/(g/kg)	
	SO₂、焦亚硫酸钾、焦亚硫酸钠、亚硫酸钠、亚硫酸氢钠、低亚硫酸钠	硫黄(只限用于熏蒸)
食品淀粉	0.03	
冷冻米面制品	0.05(仅限风味派)	
食糖	0.1	0.1
饼干	0.1	
淀粉糖(果糖、葡萄糖、饴糖、部分转化糖)	0.04	
调味糖浆、半固体复合调味料、果蔬汁(浆)、果蔬汁(浆)类饮料	0.05	
葡萄酒、果酒	0.25	
啤酒和麦芽饮料	0.01	
其他(仅限于魔芋粉)		0.9

【知识窗】

吊白块的快速检测

吊白块是工业用漂白剂。

吊白块即甲醛次硫酸氢钠,是以福尔马林结合亚硫酸氢钠再还原制得,呈白色块状或结晶性粉状,易溶于水。常温时较稳定,高温下具有极强的还原性,具有漂白作用。遇酸即发生分解,其水溶液在 60℃ 以上便会分解产生有害物质,120℃ 便分解产生甲醛、二氧化硫和硫化氢等有毒气体。

食品加工中使用吊白块,能改善外观和口感,如粉丝中放入吊白块可使其变得韧性好、爽滑可口、不易煮烂。

吊白块是一种强致癌物质,对人体的肺、肝脏和肾脏损害极大,普通人经口摄入纯吊白块 10 g 就会中毒致死,国家明文规定:严禁在食品加工中使用。

吊白块的快速检测——速测管

用于米粉、面粉及由此制作的食品(如粉丝等)中吊白块的分解产物——甲醛的快速检测。

检测原理:吊白块游离出的甲醛与显色剂反应生成紫色化合物与比色板比对得出甲醛含量。当甲醛含量较高时再测定二氧化硫含量,当二氧化硫含量超出国家规定限量值时,可推断吊白块的存在。

速测操作:取 1 g 样品于试管中,加纯净水至 10 mL,振摇 20 次,放置 5 min,取 1 mL上清液至试管中,加入 4 滴 1 号试剂,再加入 4 滴 2 号试剂,盖盖后混匀 1 min 后,加 2 滴 3号试剂,摇匀,5~10 min 内与标准色板比对,读数乘以 10 即为样品中甲醛含量(mg/kg)。若颜色超出色板标示含量范围,应将样品用纯净水稀释后重新测定,比色结果再乘以稀释倍数即可。

二、水果、蔬菜及其制品中二氧化硫的测定

NY/T 1435—2007《水果、蔬菜及其制品中二氧化硫总量的测定》之重量法的检出限为 2.8 mg/kg,浊度法的检出限为 0.3 mg/kg。

(一)二氧化硫总量的测定

1. 原理

将试料酸化、加热,然后通入氮气流将释放出来的 SO_2 夹带出并通过中性的过氧化氢溶液,SO_2 被过氧化氢溶液吸收并氧化生成硫酸,用氢氧化钠标准溶液滴定。

往滴定后的溶液加入氯化钡,使 SO_4^{2-} 形成硫酸钡沉淀,然后根据 SO_2 含量采用硫酸钡重量测定或浊度测定法验证上述测定。

2. 试剂

水为 GB/T 6682 二级,用前煮沸冷却。

①氮气:纯度≥99.9%。

②过氧化氢溶液(9.1 g/L):取 30.3 mL 过氧化氢(H_2O_2),加水至 1 000 mL,不含硫酸根离子。

③盐酸溶液(1+3)。

④焦亚硫酸钾-EDTA溶液:将 1.20 g 焦亚硫酸钾($K_2S_2O_5$)和 0.20 g 乙二胺四乙酸二钠($C_{10}H_{14}N_2O_8Na_2 \cdot 2H_2O$)溶于少量水中,移入 1 000 mL 容量瓶中,加水定容,摇匀(乙二胺四乙酸的钠盐与微量铜离子形成配合物,防止亚硫酸根离子在空气中氧化)。

⑤蔗糖溶液(100 g/L)。

⑥氢氧化钠标准溶液[$c(NaOH)=0.01$ mol/L]:不含硫酸根离子。

⑦氢氧化钠标准溶液[$c(NaOH)=0.1$ mol/L]:不含硫酸根离子。

⑧碘标准溶液$\left[c\left(\frac{1}{2}I_2\right)=0.02\ \text{mol/L}\right]$。

⑨淀粉溶液(5 g/L):每升含 200 g 氯化钠作为保存剂,制备溶液加热至沸腾并保持 10 min。

⑩指示剂溶液:将 100 mg 溴酚蓝溶于 100 mL 体积分数为 20% 的乙醇溶液中(溴酚蓝在进行浊度测定时不会产生干扰)。

3. 仪器

①量筒。

②吸管。

③10 mL 半微量滴定管。

④25 mL 滴定管。

⑤搅拌器。

⑥夹带装置:如图 9-5 所示(Lieb 和 Zaccherl 型),也可使用能保证 SO_2 被通入的氮气夹带走,并且被过氧化氢溶液吸收的等效仪器。夹带装置应通过下列三个检查试验。

a. 在烧瓶(A)中加入 100 mL 水和 5 mL 盐酸(1+3)溶液,两个起泡器(E 和 E')中都加入 5 mL 水和 0.1 mL 溴酚蓝指示剂,通入氮气后加热回流 1 h。两个起泡器的内盛物都应保持中性。

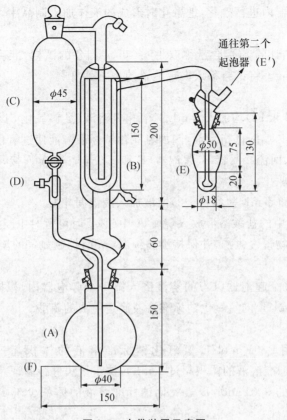

图 9-5　夹带装置示意图

A. 圆底烧瓶,容量为 250 mL 或 250 mL 以上　B. 高效回流冷凝器,能与烧瓶 A 配套　C. 滴液漏斗,能适用于烧瓶 A
D. 氮气输入管;E 和 E'.两个串联起来的起泡器,能与冷凝器 B 配套　F. 圆盘,由铁皮或石棉制成,直径为 150 mm,
中间有一个直径 40 mm 的圆孔。此圆盘用来防止焦化,特别是样品中可提取物的焦化(组成冷凝器的四条同心
玻璃管的内径分别是 45、34、27 和 10 mm。最好用两个球面代替两个磨砂圆锥面)。

b. 在烧瓶(A)中加入 20 mL 蔗糖溶液(100 g/L),通入氮气加热回流 1 h。蔗糖溶液应保持无色,而且烧瓶壁上不能有焦糖沉积。

c. 进行下面两项操作:

(a)用吸管吸取 20 mL 焦亚硫酸钾-EDTA 溶液和 5 mL 盐酸溶液(1+3)移入烧瓶 A 中,按正常的测定条件进行雾沫夹带和滴定操作,但不加盐酸溶液[即按 4(3)①、4(3)②、4(3)⑤和 4(4)的规定]。

(b)在 100 mL 的锥形烧瓶中加入 20 mL 焦亚硫酸钾-EDTA 溶液、5 mL 盐酸溶液(1+3)和 1 mL 淀粉溶液(5 g/L),用滴定管以碘标准溶液$\left[c\left(\frac{1}{2}I_2\right)=0.02 \text{ mol/L}\right]$进行滴定,以刚出现蓝色为滴定终点。

注[1]:操作(a)测得的 SO_2 含量应在操作(b)测得结果±1%以内。

注[2]:应在操作(a)完成后 15 min 内进行操作(b)。

⑦分析天平:感量 10 mg,0.1 mg。

4. 操作步骤

(1)试样的制备　取可食部分用组织捣碎机制成匀浆(或粉粒状);冷冻的或深度冷冻的

制品应在一密闭的容器内进行融化,把融化时形成的液体加入制品中,然后用组织捣碎机制成匀浆。

(2)试料　根据估计的 SO_2 含量称取 10～100 g 制备的试样,准确到 0.01 g,使试料的 SO_2 含量不超过 10 mg。将试料移入夹带装置的烧瓶 A 中。

(3)夹带操作

①每个起泡器(E 和 E′)均加入 3 mL 过氧化氢溶液(足够氧化 51 mg SO_2,并有过量的 H_2O_2 存在)和 0.1 mL 溴酚蓝指示剂,滴加氢氧化钠标准溶液使过氧化氢溶液呈中性。

②将滴液漏斗 C、回流冷凝器 B、起泡器(E 和 E′)与烧瓶 A 连接,通入氮气流将烧瓶 A 和整套仪器内的空气驱出。

③将 100 mL 水和 5 mL 盐酸(1+3)溶液加入滴液漏斗 C。

④将滴液漏斗 C 中的盐酸溶液放入烧瓶 A 中(必要时可暂时中断氮气气流)。

⑤将烧瓶的内盛物慢慢煮沸,并保持沸腾约 30 min,控制氮气的流速为每秒产生 1 个或 2 个气泡。

(4)滴定　将第 2 个起泡器(E′)的溶液倒入第 1 个起泡器内,根据估计的 SO_2 含量用 0.01 mol/L 或 0.1 mol/L 的氢氧化钠标准溶液滴定生成的硫酸。

(5)验证

①如果滴定耗用 0.01 mol/L 氢氧化钠标准溶液的体积超过 10 mL(或所需的 0.1 mol/L 氢氧化钠标准溶液的体积超过 1 mL),按重量法进行验证。

②如果滴定耗用的 0.01 mol/L 氢氧化钠标准溶液的体积少于 10 mL,按浊度法进行验证。

5. 结果计算

(1)计算公式　试样中 SO_2 含量 W_1 按公式(9-12)计算:

$$W_1 = \frac{c \times V}{m} \times 32 \times 1\,000 \tag{9-12}$$

式中:W_1——试样中 SO_2 含量,mg/kg;

c——氢氧化钠标准溶液浓度数值,mol/L;

V——滴定耗用的氢氧化钠标准溶液体积数值,mL;

m——试料的质量数值,g;

32——每摩尔氢氧化钠相当于 SO_2 的质量数值,g/mol;

10^3——由千克(kg)换算成克(g)的换算系数。

计算结果精确到个位。

(2)精密度　在重复条件下获得的 2 次独立测试结果的绝对差值不大于这 2 个测定值的算术平均值的 5%,以大于这 2 个测定值的算术平均值的 5%情况不超过 5%为前提。

所得结果,应说明本法没有规定的或认为是可选择性的任何操作条件,以及可能影响试验结果的任何事项。包括全面鉴定样品所需的全部细节。

(二)重量法验证——酸量滴定法测定生成的硫酸根离子

1. 试剂

水为 GB/T 6682 二级,用前煮沸冷却。

①盐酸。

②100 g/L 氯化钡溶液。

③硫酸钡沉淀物洗涤用液:将 26 mg 二水合氯化钡($BaCl_2 \cdot 2H_2O$)溶于少量水后,转移到 1 000 mL 的容量瓶中,加入 1 mL 浓盐酸,用水定容。

2. 仪器

①无灰滤纸。

②马弗炉,温度能够控制在(800±25)℃。

实验室常规仪器和设备。

3. 操作步骤

①滴定以后,将起泡器 E 的溶液与洗涤用的水都转移到 50 mL 锥形烧瓶中,其总体积大约是 25 mL,加入 1 mL 盐酸溶液并加热至沸腾。

逐滴加入 2 mL 氯化钡(100 g/L)溶液,搅拌,然后让其冷却并放置 12 h。把生成的沉淀物定量收集在预先用沸水蘸湿过的无灰滤纸上。用 20 mL 微温的蒸馏水将沉淀物洗涤一次,再用微温的洗涤用液洗涤 5 次,每次用 20 mL。沥水和干燥。

将滤纸连同沉淀物放入预先经过干燥和称重精确到 1 mg 的坩埚中,再将坩埚放入温度控制在(800±25)℃的马弗炉中煅烧 2 h。把坩埚及其内盛物从马弗炉中取出,在干燥器中冷却后称重,精确到 1 mg。

用差量法测定所得的硫酸钡的质量。

②两次酸量滴定都要用重量法进行验证。

4. 结果计算

试样中 SO_2 含量 W_2 按公式(9-13)计算:

$$W_2 = \frac{0.274\,5 \times m_1}{m} \times 1\,000 \qquad (9\text{-}13)$$

式中:W_2——试样中 SO_2 含量,mg/kg;

m_1——测得的硫酸钡的质量数值,mg;

0.274 5——硫酸钡相当于 SO_2 的质量转换系数;

其他项目同 SO_2 总量测定。

5. 试验结果的一致性

测得的结果与用酸量滴定法测得的结果之差不应大于 5%。

酸量滴定法测得的结果与重量法测得的结果之差大于 5%时,只报出重量法测得的结果。

(三)浊度法验证——酸量滴定法测定生成的硫酸根离子

1. 试剂

①聚乙烯吡咯烷酮溶液:将 50 g 聚乙烯吡咯烷酮(平均相对分子量为 85 000,不含硫酸根离子)溶于少量水中,定容为 1 000 mL。

②氯化钡和聚乙烯吡咯烷酮混合液:将 80 mL 氯化钡溶液(重量法 1.2)与 20 mL 聚乙烯吡咯烷酮溶液混合。

③硫酸标准溶液:取硫酸溶液$\left[c\left(\frac{1}{2}H_2SO_4\right) = 0.1 \text{ mol/L}\right]$31.2 mL 定容为 1 000 mL。

1 mL 的此种溶液相当于 0.1 mg 的 SO_2。

其他试剂同二氧化硫总量的测定。

2. 仪器

分光光度计。

3. 操作步骤

(1)标准曲线的绘制　在 6 只 50 mL 容量瓶中分别加入 0、2、4、8、12 和 16 mL 硫酸标准溶液以及 20 mL 水、0.1 mL 指示剂溶液、1 mL 盐酸溶液和 5 mL 氯化钡和聚乙烯吡咯烷酮混合液,加水定容,摇匀。上述溶液中的 SO_2 质量分别相当于 0、0.2、0.4、0.8、1.2 和 1.6 mg。

上述溶液在加入氯化钡和聚乙烯吡咯烷酮的混合液 15～20 min 后,用分光光度计在波长 650 nm 处测定每种溶液的吸光度。

同时以水代替标液做试剂空白。以吸光度对 SO_2 质量(mg)绘制标准曲线。

(2)测定

①当滴定耗用的氢氧化钠标准溶液(约 0.01 mol/L)体积少于 5 mL 时,滴定后将起泡器 E 的溶液与洗涤用的水都转移到 50 mL 容量瓶中。加入 1 mL 盐酸溶液和 5 mL 氯化钡和聚乙烯吡咯烷酮的混合液,加水定容,摇匀。同时以水代替试液做试剂空白。

②当滴定耗用的氢氧化钠标准溶液(约 0.01 mol/L)体积为 5～10 mL 时,滴定后将起泡器 E 的溶液与洗涤用的水都转移到 50 mL 容量瓶中。加水定容,摇匀。从此溶液中量取出 25 mL 转移到另一 50 mL 容量瓶中。加入 1 mL 盐酸溶液和 5 mL 氯化钡和聚乙烯吡咯烷酮的混合液,加水定容,摇匀。同时以水代替试液做试剂空白。

③加入氯化钡和聚乙烯吡咯烷酮混合液 15～20 min 后,用分光光度计在波长 650 min 处测定溶液的吸光度。

注:浊度法验证时应将样品的称样量调节到样品中 SO_2 的含量在 20～60 mg 为宜。

(3)测定次数　2 次酸量滴定都要用浊度法进行验证。

4. 结果计算

(1)如果按 3(2)①进行验证,试样中 SO_2 含量 W_3 按公式(9-14)计算:

$$W_3 = \frac{m_2}{m} \times 1\ 000 \tag{9-14}$$

式中:W_3——试样中 SO_2 含量,mg/kg;

m_2——根据 3(2)①测得的吸光度从 3(1)标准曲线读取的 SO_2 质量数值,mg;

其他项目同 SO_2 总量测定。

(2)如果按 3(2)②进行验证,试样中 SO_2 含量 W_4 按公式(9-15)计算:

$$W_4 = \frac{m_3}{m} \times 2 \times 10^3 \tag{9-15}$$

式中:W_4——试样中 SO_2 含量,mg/kg;

m_3——根据 3(2)②测得的吸光度从 3(1)标准曲线读取的 SO_2 质量数值,mg;

2——测定液分取量转为全量的系数。

其他项目同 SO_2 总量测定。

三、着色剂的检验

(一)概述

GB 2760—2014《食品安全国家标准　食品添加剂使用标准》中着色剂为一类以食品着色和改善食品色泽为目的食品添加剂(也称食品色素),可应用于食品中的着色剂有 64 种。按着色剂的来源可分为天然着色剂和合成着色剂。天然着色剂是从动物、植物和微生物(培养产物)中提取或加工而成的,如类胡萝卜色素等,还兼营养强化作用。合成着色剂主要是以煤焦油中分离出来的苯胺染料为原料,通过人工化学合成方法制得的有机色素,没有任何营养价值,如果过量使用则易诱发中毒、致泻,甚至癌症,对人体有害。有研究结果表明,小儿经常服用人工添加剂的食品,容易引发儿童行为过激、影响儿童智力发育及干扰体内正常代谢功能,故各国都对其使用范围、限量及检测方法做了明确的规定加以严格限制。

着色剂的检验主要是针对合成着色剂用聚酰胺吸附、液-液萃取、固相萃取及加速溶剂萃取等方法进行样品的提取与净化,检验方法中液相色谱法、液相色谱-质谱联用法具有独特优势,薄层色谱法和示差波色谱法能进行快速和低成本测定,分光光度法更多应用在食品中色素检测的专用仪器,适用现场快速检测。

【知识窗】

合成色素使用

从消费者的角度看,食品的颜色往往给消费者以第一印象。颜色和外观成为人们选择食品的首要标准。

受光、热等影响而褪色的天然食品和色泽失真的人造食品,会使人们产生不协调、食品变质的错觉,进而产生畏惧和厌恶感。从制造商的角度看,为了在市场竞争中取胜,当然是采用最经济的方法来获得最高的利润。

天然色素着色差,颜色不鲜艳,且易褪色,而人工合成色素种类繁多、性质稳定、价格便宜;食品的监督方面,有关单位对食品生产过程疏于管理,很多生产单位没有按照国家规定的标准使用色素。

我国法律还不够完善,也给不法商人以可乘之机,滥用合成色素迷惑了广大消费者,并损害消费者利益。

(二)合成着色剂的测定——薄层色谱法

1. 原理

水溶性酸性合成着色剂在酸性条件下被聚酰胺吸附,而在碱性条件下解吸附,再用纸色谱法或薄层色谱法进行分离后,与标准比较定性、定量。

GB/T 5009.35—2003《食品中合成着色剂的测定》方法检出限为 50 μg。点样量为 1 μL时,检出浓度约为 50 mg/kg。

2. 试剂

①石油醚:沸程 60～90℃。

②甲醇。

③聚酰胺粉(尼龙6):200目。

④硅胶 G。

⑤硫酸溶液(1+10)。

⑥甲醇-甲酸溶液(6+4)。

⑦氢氧化钠溶液(50 g/L)。

⑧海沙:先用盐酸(1+10)煮沸 15 min,用水洗至中性,再用氢氧化钠溶液(50 g/L)煮沸 15 min,用水洗至中性,再于 105℃干燥,储于具玻璃塞的瓶中,备用。

⑨乙醇(50%)。

⑩乙醇-氨溶液:取 1 mL 氨水,加乙醇(70%)至 100 mL。

⑪pH 6 的水:用柠檬酸溶液(20%)调节至 pH 6。

⑫盐酸溶液(1+10)。

⑬柠檬酸溶液(200 g/L)。

⑭钨酸钠溶液(100 g/L)。

⑮碎瓷片:处理方法同⑧。

⑯展开剂:

a. 正丁醇-无水乙醇-氨水(1%)(6+2+3):供纸色谱用。

b. 正丁醇-吡啶-氨水(1%)(6+3+4):供纸色谱用。

c. 甲乙酮-丙酮-水(7+3+3):供纸色谱用。

d. 甲醇-乙二胺-氨水(10+3+2):供薄层色谱用。

e. 甲醇-氨水-乙醇(5+1+10):供薄层色谱用。

f. 柠檬酸钠溶液(25 g/L)-氨水-乙醇(8+1+2):供薄层色谱用。

⑰合成着色剂标准溶液:准确称取按其纯度折算为 100%质量的柠檬黄、日落黄、苋菜红、胭脂红、新红、赤藓红、亮蓝、靛蓝各 0.100 g,置 100 mL 容量瓶中,加 pH 6 水到刻度,配成水溶液(1.00 mg/mL)。

⑱着色剂标准使用液:临用时吸取色素标准溶液各 5.0 mL,分别置于 50 mL 容量瓶中,加 pH 6 的水稀释至刻度。此溶液每毫升相当于 0.10 mg 着色剂。

3. 仪器

①可见分光光度计。

②微量注射器或血色素吸管。

③展开槽,25 cm×6 cm×4 cm。

④层析缸。

⑤滤纸:中速滤纸,纸色谱用。

⑥薄层板:5 cm×20 cm。

⑦电吹风机。

⑧水泵。

4. 分析步骤

(1)试样处理

①果味水、果子露、汽水。称取 50.0 g 试样于 100 mL 烧杯中,汽水需加热驱除二氧化碳。

②配制酒。称取 100.0 g 试样于 100 mL 烧杯中,加碎瓷片数块,加热驱除乙醇。

③硬糖、蜜饯类、淀粉软糖。称取 5.00 g 或 10.0 g 粉碎的试样,加 30 mL 水,温热溶解,若样液 pH 较高,用柠檬酸溶液(200 g/L)调至 pH 4 左右。

④奶糖。称取 10.0 g 粉碎均匀的试样,加 30 mL 乙醇-氨溶液溶解,置水浴上浓缩至约 20 mL,立即用硫酸溶液(1+10)调至微酸性,再加 1.0 mL 硫酸(1+10),加 1 mL 钨酸钠溶液(100 g/L),使蛋白质沉淀,过滤,用少量水洗涤,收集滤液。

⑤蛋糕类。称取 10.0 g 粉碎均匀的试样,加海沙少许,混匀,用热风吹干用品(用手摸已干燥即可),加入 30 mL 石油醚搅拌。放置片刻,倾出石油醚,如此重复处理 3 次,以除去脂肪,吹干后研细,全部倒入 G3 垂融漏斗或普通漏斗中,用乙醇-氨溶液提取色素,直至着色剂全部提完,以下按 4(1)④自"置水浴上浓缩至约 20 mL……"起依法操作。

(2)吸附分离 将处理后所得的溶液加热至 70℃,加入 0.5～1.0 g 聚酰胺粉充分搅拌,用柠檬酸溶液(200 g/L)调 pH 至 4,使着色剂完全被吸附,如溶液还有颜色,可以再加一些聚酰胺粉。将吸附着色剂的聚酰胺全部转入 G3 垂融漏斗中过滤(如用 G3 垂融漏斗过滤可以用水泵慢慢地抽滤)。用 70℃、pH 为 4 的水反复洗涤,每次 20 mL,边洗边搅拌;若含有天然着色剂,再用甲醇-甲酸溶液洗涤 1～3 次,每次 20 mL,至洗液无色为止。再用 70℃ 水多次洗涤至流出的溶液为中性。洗涤过程中应充分搅拌。然后用乙醇-氨溶液分次解吸全部着色剂,收集全部解吸液,于水浴上驱氨。如果为单色,则用水准确稀释至 50 mL,用分光光度法进行测定。如果为多种着色剂混合液,则进行纸色谱或薄层色谱法分离后测定,即将上述溶液置水浴上浓缩至 2 mL 后移入 5 mL 容量瓶中,用 50％乙醇洗涤容器,洗液并入容量瓶中并稀释至刻度。

(3)纸色谱定性 取色谱用纸,在距底边 2 cm 的起始线上分别点 3～10 μL 试样溶液、1～2 μL 着色剂标准溶液,挂于分别盛有 2⑯a.、2⑯b. 的展开剂的层析缸中,用上行法展开,待溶剂前沿展至 1.5 cm 处,将滤纸取出于空气中晾干,与标准斑比较定性。

也可取 0.5 mL 样液,在起始线上从左到右点成条状,纸的左边点着色剂标准溶液,依法展开,晾干后先定性后再供定量用。靛蓝在碱性条件下易褪色,可用 2⑯c. 展开剂。

(4)薄层色谱定性

①薄层板的制备。称取 1.6 g 聚酰胺粉、0.4 g 可溶性淀粉及 2 g 硅胶 G,置于合适的研钵中,加 15 mL 水研匀后,立即置涂布器中铺成厚度为 0.3 mm 的板。在室温晾干后,于 80℃ 干燥 1 h,置干燥器中备用。

②点样。离板底边 2 cm 处将 0.5 mL 样液从左到右点成与底边平行的条状,板的左边点 2 μL 色素标准溶液。

③展开。苋菜红与胭脂红用 2⑯d. 展开剂,靛蓝与亮蓝用 2⑯e. 展开剂,柠檬黄与其他着色剂用 2⑯f. 展开剂。取适量展开剂倒入展开槽中,将薄层板放入展开,待着色剂明显分开后取出,晾干,与标准斑比较,如 R_f 相同即为同一色素。

(5)定量

①试样测定。将纸色谱的条状色斑剪下,用少量热水洗涤数次,洗液移入 10 mL 比色管中,并加水稀释至刻度,作比色测定用。

将薄层色谱的条状色斑包括有扩散的部分,分别用刮刀刮下,移入漏斗中,用乙醇-氨溶液解吸着色剂,少量反复多次至解吸液于蒸发皿中,于水浴上挥去氨,移入 10 mL 比色管中,加水至刻度,作比色用。

②标准曲线制备。分别吸取 0、0.5、1.0、2.0、3.0、4.0 mL 胭脂红、苋菜红、柠檬黄、日落黄色素标准使用溶液,或 0、0.2、0.4、0.6、0.8、1.0 mL 亮蓝、靛蓝色素标准使用溶液,分别置于 10 mL 比色管中,各加水稀释至刻度。

上述试样与标准管分别用 1 cm 比色杯,以零管调节零点,于一定波长下(胭脂红 510 nm,苋菜红 520 nm,柠檬黄 430 nm,日落黄 482 nm,亮蓝 627 nm,靛蓝 620 nm),测定吸光度,分别绘制标准曲线比较或与标准系列目测比较。

(6)结果计算　试样中着色剂的含量 X(g/kg)按式(9-16)进行计算:

$$X = \frac{m_1 \times 1\,000}{m \times \frac{V_2}{V_1} \times 1\,000} \tag{9-16}$$

式中:X——试样中着色剂的含量,g/kg;

　m_1——测定用样液中色素的质量,mg;

　m——试样质量或体积,g 或 mL;

　V_1——试样解吸后总体积,mL;

　V_2——样液点板(纸)体积,mL。

计算结果保留 2 位有效数字。

【知识窗】

"化妆"杂粮面食的辨别

自家蒸馒头、发糕,烙饼越来越不多见了,在市场、超市选购主食,尤其杂粮面食更受宠爱。但是,有些杂粮面食可能是"化妆"而来。例如,玉米馒头可能是精白面粉添加黄色素做成;全麦馒头是加焦糖色素做成;玉米香气可以用香精来伪造;全麦馒头也可以撒点麦麸来化妆……

不过,粗粮的质地和口感是没法伪造!如果粗粮细腻得像白面馒头一样,就一定是假冒产品。

感官、味道简单辨别。杂粮面食总是能看出细小颗粒。真正的玉米面馒头是淡淡的黄色,能看出一些细小的玉米小纤维颗粒,而加了色素的馒头看起来不太自然,颜色较重,看不出玉米小纤维;吃起来,玉米面馒头会带有清淡玉米香味,而用色素和香精的馒头味道很重。

家用食醋帮你辨别。真的紫米馒头呈蓝紫色,紫色素来自花青素,它遇酸变红,遇碱变蓝。在馒头上加 1 滴醋,颜色变红就是真的。绿色面食的颜色来自叶绿素,加点醋后,颜色变成橄榄绿的是真的,如果不变色,就是染色。

【项目小结】

本项目由配制酒中山梨酸含量的测定、火腿中护色剂的测定、茶叶中茶多酚的检验、啤酒中二氧化硫的检验 4 个任务组成,涵盖防腐剂、护色剂、抗氧剂、漂白剂等食品添加剂的基本特性及其测定原理,酒类、肉制品、茶叶等样品的处理及薄层色谱、分光光度计、旋转蒸发仪、萃取设备、氮吹仪等仪器的使用,理化检验操作技术得到锤炼和升华;同时,拓展了高效液相色谱法对防腐剂的检验、甲醛等食品中违禁物质的安全检验、乳及乳制品中亚硝酸盐及硝酸盐的检验、气相色谱法测定抗氧剂、果蔬中二氧化硫的检验、食品着色剂的检验方法,接触色谱工作站软件对检验数据的整理,开展定性及定量分析。

【项目验收】

(一)填空题

1. 在测定火腿肠中亚硝酸盐含量时,加入_____作为蛋白质沉淀剂。

2. 亚硝酸盐用于肉类制品作_____剂,也是一种_____剂。

3. 苯甲酸对多种微生物有抑制作用,抑菌的最适 pH 范围为_____。

4. 在测定糖精钠、苯甲酸钠含量时,对试样处理液进行酸化的目的是_____。

5. 食品防腐剂是_____的食品添加剂。

6. 在我国,防腐剂必须严格按照_____规定添加,不能超标使用。

7. 硝酸盐含量的测定中,镉柱的作用是_____。

8. 薄层色谱法的定性依据是_____;气相色谱法的定性依据是_____;气相色谱法的定量依据是_____。

(二)单项或多项选择题

1. 样品提取过程中加入亚铁氰化钾和乙酸锌溶液的作用是(　　)。
A. 溶解亚硝酸钠　　　　B. 沉淀蛋白质　　　　C. 催化剂　　　　D. 显色剂

2. 食品中亚硝酸盐限量指标(以亚硝酸钠计),乳粉为(　　),腌渍蔬菜为(　　)。
A. 2 mg/kg　　　　B. 3 mg/kg　　　　C. 4 mg/kg　　　　D. 20 mg/kg

3. 分光光度法的吸光度与(　　)无关。
A. 入射光的波长　　B. 溶液的浓度　　　C. 液层的高度　　　D. 液层的厚度

4. 在可见光范围内,亚硝酸钠溶液对(　　)nm 波长区间的光吸收最强。
A. 400～430　　　　B. 430～480　　　　C. 480～500　　　　D. 500～560

5. 分光光度法中,摩尔吸光系数与(　　)有关。
A. 液层的厚度　　　B. 溶液的浓度　　　C. 溶质的性质　　　D. 光的强度

6. 测定火腿肠中亚硝酸盐时,用(　　)作显色剂。
A. 亚铁氰化钾　　　　　B. 乙酸锌溶液
C. 盐酸萘乙二胺　　　　D. 硼砂饱和溶液

7. 在测定亚硝酸盐含量时,在样品液中加入饱和硼砂溶液的作用是(　　)。
A. 提取亚硝酸盐　　　B. 沉淀蛋白质　　　C. 便于过滤　　　D. 还原硝酸盐

8. 使用分光光度法测定食品亚硝酸盐含量的方法称为(　　)。
A. 盐酸副玫瑰苯胺比色法　　B. 盐酸萘乙酸比色法
C. 格里斯比色法　　　　　　D. 双硫腙比色法

9. 在薄层分析展开操作中,下列哪种方法正确(　　)。

A. 将板放入展开剂中　　　　B. 将板基线一端浸入展开剂中的厚度约 0.5 cm

C. 将板浸入展开剂中泡 1～2 h

D. 将板悬挂在层析缸中

10. 下列物质具有防腐剂特性的是(　　)。

A. 苯甲酸钠　　　　　　　B. 硫酸盐　　　　　C. BHT　　　　D. HPDE

11. 下列属于我国目前允许的人工着色剂的是(　　)。

A. 苋菜红　　　　　　　　B. 姜黄素　　　　　C. 红花黄　　　　D. 虫胶红

(三)判断题(正确的画"√",错误的画"×")

1. 防腐剂是添加于食品中,以阻止或延迟食品氧化、提高食品稳定性和延长其储藏期的物质。(　　)

2. 油溶性抗氧化剂有 BHT、PG、TBHQ、维生素 E、抗坏血酸及其盐类等。(　　)

3. 二氧化硫、亚硫酸盐和过氧化氢都属于还原型漂白剂。(　　)

4. 气相色谱分析结束后,必须先关闭总电源,再关闭高压气瓶和载气稳压阀。(　　)

(四)简答题

1. 分光光度法检测食品中亚硝酸盐含量的基本原理是什么?

2. 样品溶解时加入饱和硼砂溶液的作用是什么?

3. 离子色谱法检验肉类中亚硝酸盐与硝酸盐含量的流程是怎样的?

4. 使用硫酸锌溶液作蛋白质沉淀剂时,应注意什么问题?

5. 配制与保存盐酸萘乙二胺溶液有哪些要求?

6. 人工合成色素的定量测定中,分别采用什么方法进行试样的处理及色素的提取?

食品综合检验

> ➤ **知 识 目 标**
>
> 1. 熟悉糖果、糕点的产品认证标准。
> 2. 熟识糖果、糕点、乳及乳制品、啤酒的理化检验项目及方法。
>
> ➤ **技 能 目 标**
>
> 1. 具有糖果、糕点、啤酒、乳及乳制品相关理化指标检验能力。
> 2. 具备数据处理、结果分析及报告撰写能力。

附录

附录 I　常用酸碱、缓冲溶液及指示剂的配制

附表 1-1　常用酸碱溶液配制

名称 (分子式)	相对密度 d	含量 $(w/w)/\%$	近似摩尔浓度 $/(mol/L)$	欲配溶液的摩尔浓度 $/(mol/L)$			
				6	3	2	1
				配制 1 L 溶液所用的体积或质量/mL 或 g			
盐酸(HCl)	1.18~1.19	36~38	12	500	250	167	83
硝酸(HNO₃)	1.39~1.40	65~68	15	381	191	128	64
硫酸(H₂SO₄)	1.83~1.84	95~98	18	84	42	28	14
冰醋酸(HAc)	1.05	99.9	17	253	177	118	59
磷酸(H₃PO₄)	1.69	85	15	39	19	12	6
氨水(NH₃·H₂O)	0.90~0.91	28	15	400	200	134	77
氢氧化钠(NaOH)				(240)	(120)	(80)	(40)
氢氧化钾(KOH)				(339)	(170)	(113)	(56.5)

附表 1-2　常用缓冲溶液的配制

缓冲溶液组成	pK_a	缓冲溶液 pH	缓冲溶液配制方法
邻苯二甲酸氢钾	2.95	标准 4.01	称取在 110℃烘干的分析纯邻苯二甲酸氢钾 10.21 g,溶于蒸馏水中,再定容至 1 000 mL
磷酸二氢钾-磷酸二氢钠		标准 6.86	称取 3.39 g KH₂PO₄ 和 3.53 g NaH₂PO₄(110℃烘干、分析纯)溶于蒸馏水中,再定容至 1 000 mL
硼砂	9.14	标准 9.18	称取分析纯 3.81 g Na₂B₄O₇·10H₂O(在盛有饱和食盐水的干燥器中保存 24 h),用蒸馏水溶解后定容至 1 000 mL
氨基乙酸-盐酸	2.35	2.3	取氨基乙酸 150 g 溶于 500 mL 水中,加盐酸 80 mL,加水稀释至 1 L
磷酸-枸橼酸盐		2.5	Na₂HPO₄·12H₂O 113 g 溶于 200 mL 水后,加枸橼酸 387 g,溶解过滤后,稀释至 1 L
一氯乙酸-氢氧化钠	2.86	2.8	取 200 g 一氯乙酸溶于 200 mL 水中,加 NaOH 40 g 溶解后稀释至 1 L
邻苯二甲酸氢钾-盐酸	2.95	2.9	取 500 g KHC₈H₄O₄ 溶于 500 mL 水中,加浓盐酸 8 mL,稀释至 1 L
甲酸-NaOH	3.76	3.7	取 95 g 甲酸和 NaOH 40 g 于 500 mL 水中,溶解,稀释至 1 L
NH₄Ac-HAc		4.5	取 NH₄Ac 77 g 溶于 200 mL 水中,加冰醋酸 59 mL,稀释至 1 L

缓冲溶液组成	pK_a	缓冲溶液 pH	缓冲溶液配制方法
醋酸钠-醋酸	4.74	4.7	取无水 NaAc 83 g 溶于水中,加冰醋酸 60 mL,稀释至 1 L
醋酸钠-醋酸	4.74	5.0	取无水 NaAc 160 g 溶于水中,加冰醋酸 60 mL,稀释至 1 L
醋酸铵-醋酸	4.74	5.0	取无水 NH_4Ac 250 g 溶于水中,加冰醋酸 25 mL,稀释至 1 L
醋酸铵-醋酸	4.74	6.0	取 NH_4Ac 600 g 溶于水中,加冰醋酸 20 mL 稀释至 1 L
六次甲基四胺-盐酸	5.15	5.4	取六次甲基四胺 40 g 溶于 200 mL 水中,加盐酸 10 mL,稀释至 1 L
醋酸钠-磷酸氢二钠		8.0	取 50 g 无水 NaAc 和 50 g $Na_2HPO_4 \cdot 12H_2O$,溶于水中,稀释至 1 L
Tris-HCl[三羟甲基氨甲烷 $CNH_2(CH_2OH)_3$]	8.21	8.2	取 25 g Tris 试剂溶于水中,加浓盐酸 8 mL,稀释至 1 L
氨-氯化铵	9.26	9.2	取 54 g NH_4Cl 溶于水中,加浓氨水 63 mL,稀释至 1 L
氨-氯化铵	9.26	9.5	取 54 g NH_4Cl 溶于水中,加浓氨水 126 mL,稀释至 1 L
氨-氯化铵	9.26	10.0	取 54 g NH_4Cl 溶于水中,加浓氨水 350 mL,稀释至 1 L

注:1. 缓冲液配制后可用 pH 试纸检查。如 pH 不对,可用共轭酸或碱调节。pH 欲调节精确时,可用 pH 计调节。

2. 若需增加或减少缓冲溶液缓冲容量时,可相应增加或减少共轭酸碱对物质的量,再调节之。

附表 1-3 常用指示剂的配制

指示剂名称	溶液配制方法
甲基橙	0.1% 水溶液
甲基红	0.1 或 0.2 g 指示剂溶于 100 mL 60% 乙醇中
酚酞	0.1 g 指示剂溶于 100 mL 60% 乙醇中
甲基红-溴甲酚绿	1 份 0.2% 甲基红乙醇溶液,3 份 0.1% 溴甲酚绿乙醇溶液
铬黑 T(EBT)	0.5% 水溶液(EBT 在水溶液中稳定性较差,可以配成指示剂与 NaCl 之比为 1∶100 或 1∶200 的固体粉末)
钙指示剂	0.5% 乙醇溶液(可以配成指示剂与 NaCl 之比为 1∶100 或 1∶200 的固体粉末)
次甲基蓝	0.05% 的水溶液
荧光黄	0.2% 乙醇溶液
铬酸甲	取铬酸钾 5 g,加水溶解,稀释至 100 mL
硫酸铁铵	取硫酸铁铵 8 g,加水溶解,稀释至 100 mL
曙红	0.5% 水溶液
溴酚蓝	取溴酚蓝 0.1 g,加 50% 乙醇 100 mL 溶解后过滤

附录Ⅱ 常用标准溶液配制与标定

(一)氢氧化钠标准滴定溶液

1. 配制

称取 110 g 氢氧化钠,溶于 100 mL 无二氧化碳的水中,摇匀,注入聚乙烯容器中,密闭放置至溶液清亮。按附表 2-1 的规定,用塑料管量取上层清液,用无二氧化碳的水稀释至

附 录

1 000 mL，摇匀。

附表 2-1　氢氧化钠标准滴定溶液配制

氢氧化钠标准滴定溶液的浓度[$c(\mathrm{NaOH})$]/(mol/L)	1	0.5	0.1
氢氧化钠溶液的体积 V/mL	54	27	5.4

2. 标定

按附表 2-2 规定，称取于 $105\sim110^{\circ}\mathrm{C}$ 电烘箱中干燥至恒重的工作基准试剂邻苯二甲酸氢钾，加无 CO_2 的水溶解，加 2 滴酚酞指示液（10 g/L），用配制好的氢氧化钠溶液滴定至溶液呈粉红色，并保持 30 s。同时做空白试验。

附表 2-2　氢氧化钠标准滴定溶液标定

氢氧化钠标准滴定溶液的浓度[$c(\mathrm{NaOH})$]/(mol/L)	1	0.5	0.1
工作基准试剂邻苯二甲酸氢钾的质量 m/g	7.5	3.6	0.75
无 CO_2 水的体积 V/mL	80	80	50

氢氧化钠标准滴定溶液的浓度[$c(\mathrm{NaOH})$]，数值以摩尔每升(mol/L)表示，按式(2-1)计算：

$$c(\mathrm{NaOH}) = \frac{m \times 1\,000}{(V_1 - V_2)M} \qquad (2\text{-}1)$$

式中：m——邻苯二甲酸氢钾的质量的准确数值，g；

V_1——氢氧化钠溶液的体积的数值，mL；

V_2——空白试验氢氧化钠溶液的体积的数值，mL；

M——邻苯二甲酸氢钾的摩尔质量的数值，g/mol[$M(\mathrm{KHC_8H_4O_4}) = 204.22$]。

储藏条件：置聚乙烯塑料瓶中，密封保存；塞有 2 孔，孔内各插入玻璃管，其一孔玻璃管供吸出本液使用；另一孔与钠石灰管相连。

(二)盐酸标准滴定溶液

1. 配制

按附表 2-3 的规定量取盐酸，用水稀释至 1 000 mL，摇匀。

附表 2-3　盐酸标准滴定溶液配制

盐酸准滴定溶液的浓度[$c(\mathrm{HCl})$]/(mol/L)	1	0.5	0.1
盐酸溶液的体积 V/mL	90	45	9

2. 标定

按附表 2-4 规定，称取于 $270\sim300^{\circ}\mathrm{C}$ 高温炉中灼烧至恒重的工作基准试剂无水碳酸钠，溶于 50 mL 水中，加 10 滴甲基红-溴甲酚绿指示液，用配制好的盐酸溶液滴定至溶液由绿色变为暗红色，煮沸 2 min，冷却后继续滴定至溶液呈暗红色。同时做空白试验。

附表 2-4　盐酸标准滴定溶液标定

盐酸标准滴定溶液的浓度[$c(\mathrm{HCl})$]/(mol/L)	1	0.5	0.1
工作基准试剂无水碳酸钠的质量 m/g	1.9	0.95	0.2

盐酸标准滴定溶液的浓度[$c(\mathrm{HCl})$],数值以摩尔每升(mol/L)表示,按式(2-2)计算。

$$c(\mathrm{HCl}) = \frac{m \times 1\,000}{(V_1 - V_2)M} \tag{2-2}$$

式中：m——无水碳酸钠的质量的准确数值,g;

V_1——盐酸溶液的体积的数值,mL;

V_2——空白试验盐酸溶液的体积的数值,mL;

M——无水碳酸钠的摩尔质量的数值,g/mol$\left[M\left(\frac{1}{2}\mathrm{Na_2CO_3}\right)=52.994\right]$。

(三)硫酸标准滴定溶液

1. 配制

按附表 2-5 的规定量取硫酸,用水稀释至 1 000 mL,摇匀。

附表 2-5　硫酸标准滴定溶液配制

硫酸标准滴定溶液的浓度 $\left[c\left(\frac{1}{2}\mathrm{H_2SO_4}\right)\right]$/(mol/L)	1	0.5	0.1
硫酸溶液的体积 V/mL	30	15	3

2. 标定

按附表 2-6 规定,称取于 270～300℃高温炉中灼烧至恒重的工作基准试剂无水碳酸钠,溶于 50 mL 水中,加 10 滴甲基红-溴甲酚绿指示液,用配制好的硫酸溶液滴定至溶液由绿色变为暗红色,煮沸 2 min,冷却后继续滴定至溶液呈暗红色。同时做空白试验。

附表 2-6　硫酸标准滴定溶液标定

硫酸标准滴定溶液的浓度 $\left[c\left(\frac{1}{2}\mathrm{H_2SO_4}\right)\right]$/(mol/L)	1	0.5	0.1
工作基准试剂无水碳酸钠的质量 m/g	1.9	0.95	0.2

硫酸标准滴定溶液的浓度$\left[c\left(\frac{1}{2}\mathrm{H_2SO_4}\right)\right]$,数值以摩尔每升(mol/L)表示,按式(2-3)计算。

$$c\left(\frac{1}{2}\mathrm{H_2SO_4}\right) = \frac{m \times 1\,000}{(V_1 - V_2)M} \tag{2-3}$$

式中：m——无水碳酸钠的质量的准确数值,g;

V_1——硫酸溶液的体积的数值,mL;

V_2——空白试验硫酸溶液的体积的数值,mL;

M——无水碳酸钠的摩尔质量的数值$\left[M\left(\frac{1}{2}\mathrm{Na_2CO_3}\right)=52.994\right]$,g/mol。

(四)碳酸钠标准滴定溶液

1. 配制

按附表 2-7 的规定量取无水碳酸钠,用水稀释至 1 000 mL,摇匀。

碳酸钠标准滴定溶液的浓度 $\left[c\left(\frac{1}{2}Na_2CO_3\right)\right]/(mol/L)$	1	0.1
无水碳酸钠的质量 m/g	53	5.3

2. 标定

量取 35.00～40.00 mL 配制好的碳酸钠溶液,加附表 2-8 规定体积的水,加 10 滴甲基红-溴甲酚绿指示液,用附表 2-8 规定的盐酸标准滴定溶液滴定至溶液由绿色变为暗红色,煮沸 2 min,冷却后继续滴定至溶液呈暗红色。同时做空白试验。

附表 2-8　硫酸标准滴定溶液标定

碳酸钠标准滴定溶液的浓度 $\left[c\left(\frac{1}{2}Na_2CO_3\right)\right]/(mol/L)$	1	0.1
加入水的体积 V/mL	50	20
盐酸标准滴定溶液的浓度 $[c(HCl)]/(mol/L)$	1	0.1

碳酸钠标准滴定溶液的浓度 $\left[c\left(\frac{1}{2}Na_2CO_3\right)\right]$,数值以摩尔每升(mol/L)表示,按式(2-4)计算。

$$c\left(\frac{1}{2}Na_2CO_3\right)=\frac{V_1\times c_1}{V} \tag{2-4}$$

式中:V_1——盐酸标准滴定溶液的体积的数值,mL;

$\quad c_1$——盐酸标准滴定溶液的浓度的准确数值,mol/L;

$\quad V$——碳酸钠溶液的体积的准确数值,mL。

(五)重铬酸钾标准滴定溶液 $\left[c\left(\frac{1}{6}K_2Cr_2O_7\right)=0.1\ mol/L\right]$

称取(4.90±0.20) g 已在(120±2)℃的电烘箱中干燥至恒重的工作基准试剂重铬酸钾,溶于水,移入 1 000 mL 容量瓶中,稀释至刻度。

重铬酸钾标准滴定溶液的浓度 $\left[c\left(\frac{1}{6}K_2Cr_2O_7\right)\right]$,数值以摩尔每升(mol/L)表示,按式(2-5)计算:

$$c\left(\frac{1}{6}K_2Cr_2O_7\right)=\frac{m\times 1\ 000}{V\times M} \tag{2-5}$$

式中:m——重铬酸钾的质量的准确数值,g;

$\quad V$——重铬酸钾溶液的体积的准确数值,mL;

$\quad M$——重铬酸钾的摩尔质量的数值 $\left[M\left(\frac{1}{6}K_2Cr_2O_7\right)=49.031\right]$,g/mol。

(六)硫代硫酸钠标准滴定溶液[$c(Na_2S_2O_3)=0.1$ mol/L]

1. 配制

称取 26 g 硫代硫酸钠($Na_2S_2O_3 \cdot 5H_2O$)(或 16 g 无水硫代硫酸钠),加 0.2 g 无水碳酸钠,溶于 1 000 mL 水中,缓缓煮沸 10 min,冷却。放置 2 周后过滤。

2. 标定

称取 0.18 g 于(120 ± 2)℃干燥至恒重的工作基准试剂重铬酸钾,置于碘量瓶中,溶于 25 mL 水,加 2 g 碘化钾及 20 mL 硫酸溶液(20%),摇匀,于暗处放置 10 min。加 150 mL 水(15~20℃),用配制好的硫代硫酸钠溶液滴定,近终点时加 2 mL 淀粉指示液(10 g/L),继续滴定至溶液由蓝色变为亮绿色。同时做空白试验。

硫代硫酸钠标准滴定溶液的浓度[$c(Na_2S_2O_3)$],数值以摩尔每升(mol/L)表示,按式(2-6)计算。

$$c(Na_2S_2O_3)=\frac{m\times1\,000}{(V_1-V_2)M} \tag{2-6}$$

式中:m——重铬酸钾的质量的准确数值,g;

V_1——硫代硫酸钠溶液的体积的数值,mL;

V_2——空白试验硫代硫酸钠溶液的体积的数值,mL;

M——重铬酸钾的摩尔质量的数值$\left[M\left(\frac{1}{6}K_2Cr_2O_7\right)=49.031\right]$,g/mol。

(七)碘酸钾标准滴定溶液

1. 方法一

(1)配制　称取附表 2-9 规定量的碘酸钾,溶于 1 000 m L 水中,摇匀。

附表 2-9　碘酸钾标准滴定溶液配制

碘酸钾标准滴定溶液的浓度$\left[c\left(\frac{1}{6}KIO_3\right)\right]$/(mol/L)	0.3	0.1
碘酸钾的质量 m/g	11	3.6

(2)标定　按附表 2-10 的规定,取配制好的碘酸钾溶液、水及碘化钾,置于碘量瓶中,加 5 mL 盐酸溶液(20%),摇匀,于暗处放置 5 min。加 150 mL 水(15~20℃),用硫代硫酸钠标准滴定溶液[$c(Na_2S_2O_3)=0.1$ mol/L]滴定,近终点时,加 2 mL 淀粉指示液(10 g/L),继续滴定至溶液蓝色消失。同时做空白试验。

附表 2-10　碘酸钾标准滴定溶液标定

碘酸钾标准滴定溶液的浓度$\left[c\left(\frac{1}{6}KIO_3\right)\right]$/(mol/L)	0.3	0.1
碘酸钾溶液的体积 V/mL	11.00~13.00	35.00~40.00
加入水的体积 V/mL	20	0
碘化钾的质量 m/g	3	2

碘酸钾标准滴定溶液的浓度 $\left[c\left(\dfrac{1}{6}KIO_3\right)\right]$，数值以摩尔每升（mol/L）表示，按式（2-7）计算。

$$c\left(\frac{1}{6}KIO_3\right)=\frac{(V_1-V_2)\times c_1}{V} \tag{2-7}$$

式中：V_1——硫代硫酸钠标准滴定溶液的体积的数值，mL；

V_2——空白试验硫代硫酸钠标准滴定溶液的体积的数值，mL；

c_1——硫代硫酸钠标准滴定溶液的浓度的准确数值，mol/L；

V——碘酸钾溶液的体积的准确数值，mL。

2. 方法二

称取附表2-11规定量、已在（180±2）℃的电烘箱中干燥至恒重的工作基准试剂碘酸钾，溶于水，移入1 000 mL容量瓶中，稀释至刻度。

附表2-11 碘酸钾标准滴定溶液配制

碘酸钾标准滴定溶液的浓度 $\left[c\left(\dfrac{1}{6}KIO_3\right)\right]$/(mol/L)	0.3	0.1
工作基准试剂碘酸钾的质量 m/g	10.70±0.50	3.57±0.15

碘酸钾标准滴定溶液的浓度 $\left[c\left(\dfrac{1}{6}KIO_3\right)\right]$，数值以摩尔每升（mol/L）表示，按式（2-8）计算。

$$c\left(\frac{1}{6}KIO_3\right)=\frac{m\times1\,000}{V\times M} \tag{2-8}$$

式中：m——碘酸钾的质量的准确数值，g；

V——碘酸钾溶液的体积的数值，mL；

M——碘酸钾的摩尔质量的数值 $\left[M\left(\dfrac{1}{6}KIO_3\right)=35.667\right]$，g/mol。

（八）碘标准滴定溶液 $\left[c\left(\dfrac{1}{2}I_2\right)=0.1\ mol/L\right]$

1. 配制

称取13 g碘及35 g碘化钾，溶于100 mL水中，稀释至1 000 mL，摇匀，储存于棕色瓶中。

2. 标定

量取35.00～40.00 mL配制好的碘溶液，置于碘量瓶中，加150 mL水（15～20℃），用硫代硫酸钠标准滴定溶液 $[c(Na_2S_2O_3)=0.1\ mol/L]$ 滴定，近终点时加2 mL淀粉指示液（10 g/L），继续滴定至溶液蓝色消失。

同时做水所消耗碘的空白试验：取250 mL水（15～20℃），加0.05～0.20 mL配制好的碘溶液及2 mL淀粉指示液（10 g/L），用硫代硫酸钠标准滴定溶液 $[c(Na_2S_2O_3)=0.1\ mol/L]$ 滴定至溶液蓝色消失。

碘标准滴定溶液的浓度$\left[c\left(\frac{1}{2}I_2\right)\right]$，数值以摩尔每升（mol/L）表示，按式（2-9）计算：

$$c\left(\frac{1}{2}I_2\right)=\frac{(V_1-V_2)\times c_1}{V_3-V_4}\qquad(2\text{-}9)$$

式中：V_1——硫代硫酸钠标准滴定溶液的体积的数值，mL；

$\quad V_2$——空白试验硫代硫酸钠标准滴定溶液的体积的数值，mL；

$\quad c_1$——硫代硫酸钠标准滴定溶液的浓度的准确数值，mol/L；

$\quad V_3$——碘溶液的体积的准确数值，mL；

$\quad V_4$——空白试验中加入的碘溶液的体积的准确数值，mL。

储藏条件：置带玻璃塞的棕色玻璃瓶中，密闭，在阴凉处保存。

（九）高锰酸钾标准滴定溶液$\left[c\left(\frac{1}{5}KMnO_4\right)=0.1\ mol/L\right]$

1. 配制

称取 3.3 g 高锰酸钾，溶于 1050 mL 水中，缓缓煮沸 15 min，冷却，于暗处放置 2 周，用已处理过的 4 号玻璃滤锅过滤。储存于棕色瓶中。

玻璃滤锅的处理：玻璃滤锅在同样浓度的高锰酸钾溶液中缓缓煮沸 5 min。

2. 标定

称取 0.25 g 于 105～110℃电烘箱中干燥至恒重的工作基准试剂草酸钠，溶于 100 mL 硫酸溶液(8＋92)中，用配制好的高锰酸钾溶液滴定，近终点时加热至约 65℃，继续滴定至溶液呈粉红色，并保持 30 s。同时做空白试验。

高锰酸钾标准滴定溶液的浓度$\left[c\left(\frac{1}{5}KMnO_4\right)\right]$，数值以摩尔每升（mol/L）表示，按式（2-10）计算：

$$c\left(\frac{1}{5}KMnO_4\right)=\frac{m\times1\,000}{(V_1-V_2)\times M}\qquad(2\text{-}10)$$

式中：m——草酸钠的质量的准确数值，g；

$\quad V_1$——高锰酸钾溶液的体积的数值，mL；

$\quad V_2$——空白试验高锰酸钾溶液的体积的数值，mL；

$\quad M$——草酸钠的摩尔质量的数值$\left[M\left(\frac{1}{2}Na_2C_2O_4\right)=66.999\right]$，g/mol。

储藏条件：置带玻璃塞的棕色玻璃瓶中，密闭保存。

（十）乙二胺四乙酸二钠标准滴定溶液

1. 配制

按附表 2-12 的规定量称取乙二胺四乙酸二钠，加 1 000 mL 水，加热溶解，冷却，摇匀。

附表 2-12　乙二胺四乙酸二钠标准滴定溶液配制

乙二胺四乙酸二钠标准滴定溶液的浓度[c(EDTA)]/(mol/L)	0.1	0.05	0.02
乙二胺四乙酸二钠的质量 m/g	40	20	8

2. 标定

(1)乙二胺四乙酸二钠标准滴定溶液[c(EDTA)]＝0.1 mol/L、[c(EDTA)＝0.05 mol/L]

按附表 2-13 的规定量称取于(800±50)℃的高温炉中灼烧至恒重的工作基准试剂氧化锌,用少量水湿润,加 2 mL 盐酸溶液(20%)溶解,加 100 mL 水,用氨水溶液(10%)调节溶液 pH 至 7～8,加 10 mL 氨-氯化铵缓冲溶液甲(pH≈10)及 5 滴铬黑 T 指示液(5 g/L),用配制好的乙二胺四乙酸二钠溶液滴定至溶液由紫色变为纯蓝色。同时做空白试验。

附表 2-13　乙二胺四乙酸二钠标准滴定溶液标定

乙二胺四乙酸二钠标准滴定溶液的浓度[c(EDTA)]/(mol/L)	0.1	0.05
工作基准试剂氧化锌的质量 m/g	0.3	0.15

乙二胺四乙酸二钠标准滴定溶液的浓度[c(EDTA)],数值以摩尔每升(mol/L)表示,按式(2-11)计算。

$$c(EDTA) = \frac{m \times 1\,000}{(V_1 - V_2)M} \tag{2-11}$$

式中:m——氧化锌的质量的准确数值,g;

V_1——乙二胺四乙酸二钠溶液的体积的数值,mL;

V_2——空白试验乙二胺四乙酸二钠溶液的体积的数值,mL;

M——氧化锌的摩尔质量的数值[M(ZnO)＝81.39],g/mol。

(2)乙二胺四乙酸二钠标准滴定溶液[c(EDTA)＝0.02 mol/L]　称取 0.42 g 于(800±50)℃的高温炉中灼烧至恒重的工作基准试剂氧化锌,用少量水湿润,加 3 mL 盐酸溶液(20%)溶解,定量转移至 250 mL 容量瓶中,稀释至刻度,摇匀。取 35.00～40.00 mL,加 70 mL 水,用氨水溶液(10%)调节溶液 pH 至 7～8,加 10 mL 氨-氯化铵缓冲溶液甲(pH≈10)及 5 滴铬黑 T 指示液(5 g/L),用配制好的乙二胺四乙酸二钠溶液滴定至溶液由紫色变为纯蓝色。同时做空白试验。

乙二胺四乙酸二钠标准滴定溶液的浓度[c(EDTA)],数值以摩尔每升/(mol/L)表示,按式(2-12)计算。

$$c(EDTA) = \frac{m \times \dfrac{V_1}{250} \times 1\,000}{(V_2 - V_3) \times M} \tag{2-12}$$

式中:m——氧化锌的质量的准确数值,g;

V_1——氧化锌溶液的体积的准确数值,mL;

V_2——乙二胺四乙酸二钠溶液的体积的数值,mL;

V_3——空白试验乙二胺四乙酸二钠溶液的体积的数值,mL;

M——氧化锌的摩尔质量的数值[M(ZnO)＝81.39],g/mol。

十一、硝酸银标准滴定溶液[c(AgNO₃)＝0.1 mol/L]

1. 配制

称取 17.5 g 硝酸银,溶于 1 000 mL 水中,摇匀。溶液储存于棕色瓶中。

2. 标定

按电位滴定法测定。称取 0.22 g 于 500～600℃ 的高温炉中灼烧至恒重的工作基准试剂氯化钠，溶于 70 mL 水中，加 10 mL 淀粉溶液（10 g/L），以 pHS-3C 酸度计指示、磁力搅拌器搅拌，用配制好的硝酸银溶液滴定。按 GB/T 9725—2007 中 6.2.2 条规定计算 V_0。

硝酸银标准滴定液的浓度 $[c(AgNO_3)]$，数值以摩尔每升（mol/L）表示，按式（2-13）计算：

$$c(AgNO_3) = \frac{m \times 1\,000}{V_0 \times M} \tag{2-13}$$

式中：m——氯化钠的质量的准确数值，g；

　　　V_0——硝酸银溶液的体积的数值，mL；

　　　M——氯化钠的摩尔质量的数值 $[M(NaCl) = 58.442]$，g/mol。

附录Ⅲ　常用玻璃量器衡量法 $K(t)$ 值表

附表 3-1　钠钙玻璃体胀系数 $25 \times 10^{-8}℃^{-1}$，空气密度 0.001 2 g/cm³

水温 t/℃	0.0	0.1	0.2	0.3	0.4	0.5	0.6	0.7	0.8	0.9
15	1.002 08	1.002 09	1.002 10	1.002 11	1.002 13	1.002 14	1.002 15	1.002 17	1.002 18	1.002 19
16	1.002 21	1.002 22	1.002 23	1.002 25	1.002 26	1.002 28	1.002 29	1.002 30	1.002 32	1.002 33
17	1.002 35	1.002 36	1.002 38	1.002 39	1.002 41	1.002 42	1.002 44	1.002 46	1.002 47	1.002 49
18	1.002 51	1.002 52	1.002 54	1.002 55	1.002 57	1.002 58	1.002 60	1.002 62	1.002 63	1.002 65
19	1.002 67	1.002 68	1.002 70	1.002 72	1.002 74	1.002 76	1.002 77	1.002 79	1.002 81	1.002 83
20	1.002 85	1.002 87	1.002 89	1.002 91	1.002 92	1.002 94	1.002 96	1.002 98	1.003 00	1.003 02
21	1.003 04	1.003 06	1.003 08	1.003 10	1.003 12	1.003 14	1.003 15	1.003 17	1.003 19	1.003 21
22	1.003 23	1.003 25	1.003 27	1.003 29	1.003 31	1.003 33	1.003 35	1.003 37	1.003 39	1.003 41
23	1.003 44	1.003 46	1.003 48	1.003 50	1.003 52	1.003 54	1.003 56	1.003 59	1.003 61	1.003 63
24	1.003 66	1.003 68	1.003 70	1.003 72	1.003 74	1.003 76	1.003 79	1.003 81	1.003 83	1.003 86
25	1.003 89	1.003 91	1.003 93	1.003 95	1.003 97	1.004 00	1.004 02	1.004 04	1.004 07	1.004 09

附表 3-2　硼硅玻璃体胀系数 $10 \times 10^{-8}℃^{-1}$，空气密度 0.001 2 g/cm³

水温 t/℃	0.0	0.1	0.2	0.3	0.4	0.5	0.6	0.7	0.8	0.9
15	1.002 00	1.002 01	1.002 03	1.002 04	1.002 06	1.002 07	1.002 09	1.002 10	1.002 12	1.002 13
16	1.002 15	1.002 16	1.002 18	1.002 19	1.002 21	1.002 22	1.002 24	1.002 25	1.002 27	1.002 29
17	1.002 30	1.002 32	1.002 34	1.002 35	1.002 37	1.002 39	1.002 40	1.002 42	1.002 4	1.002 46

水温 t/℃	0.0	0.1	0.2	0.3	0.4	0.5	0.6	0.7	0.8	0.9
18	1.002 47	1.002 49	1.002 51	1.002 53	1.002 54	1.002 56	1.002 58	1.002 60	1.002 62	1.002 64
19	1.002 66	1.002 67	1.002 69	1.002 71	1.002 73	1.002 75	1.002 77	1.002 79	1.002 81	1.002 83
20	1.002 85	1.002 86	1.002 88	1.002 90	1.002 92	1.002 94	1.002 96	1.002 98	1.003 00	1.003 03
21	1.003 05	1.003 07	1.003 09	1.003 11	1.003 13	1.003 15	1.003 17	1.003 19	1.003 22	1.003 24
22	1.003 27	1.003 29	1.003 31	1.003 33	1.003 35	1.003 37	1.003 39	1.003 41	1.003 43	1.003 46
23	1.003 49	1.003 51	1.003 53	1.003 55	1.003 57	1.003 59	1.003 62	1.003 64	1.003 66	1.003 69
24	1.003 72	1.003 74	1.003 76	1.003 78	1.003 81	1.003 83	1.003 86	1.003 88	1.003 91	1.003 94
25	1.003 97	1.003 99	1.004 01	1.004 03	1.004 05	1.004 08	1.004 10	1.004 13	1.004 16	1.004 19

附录Ⅳ

附表 4-1　密度计读数变为温度 20℃时的度数换算表

密度计读数	生乳温度/℃															
	10	11	12	13	14	15	16	17	18	19	20	21	22	23	24	25
25	23.3	23.4	23.6	23.7	23.9	24.0	24.2	24.4	24.6	24.8	25.0	25.2	25.4	25.5	25.8	26.0
26	24.2	24.4	24.5	24.7	24.9	25.0	25.2	25.4	25.6	25.8	26.0	26.2	26.4	26.6	26.8	27.0
27	25.1	25.3	25.4	25.6	25.7	25.9	26.1	26.3	26.5	26.8	27.0	27.2	27.5	27.7	27.9	28.1
28	26.0	26.1	26.3	26.5	26.6	26.8	27.0	27.3	27.5	27.8	28.0	28.2	28.5	28.7	29.0	29.2
29	26.9	27.1	27.3	27.5	27.6	27.8	28.0	28.3	28.5	28.8	29.0	29.2	29.5	29.7	30.0	30.2
30	27.9	28.1	28.3	28.5	28.6	28.8	29.0	29.3	29.5	29.8	30.0	30.2	30.5	30.7	31.0	31.2
31	28.8	28.0	29.2	29.4	29.6	29.8	30.0	30.3	30.5	30.8	31.0	31.2	31.5	31.7	32.0	32.2
32	29.3	30.0	30.2	30.4	30.6	30.7	31.0	31.2	31.5	31.8	32.0	32.3	32.5	32.8	33.0	33.3
33	30.7	30.8	31.1	31.2	31.5	31.7	32.0	32.2	32.5	32.8	33.0	33.3	33.5	33.8	34.1	34.3
34	31.7	31.9	32.1	32.3	32.5	32.7	33.0	33.2	33.5	33.8	34.0	34.3	34.5	34.7	35.1	35.3
35	32.6	32.8	33.1	33.3	33.5	33.7	34.0	34.2	34.5	34.7	35.0	35.3	35.5	35.8	36.1	36.3
36	33.5	33.8	34.0	34.3	34.5	34.7	34.9	35.2	35.6	35.7	36.0	36.2	36.5	36.7	37.0	37.2

附录Ⅴ

附表 5-1　碳酸气吸收系数表

温度 /℃	压力/MPa																	
	0.00	0.01	0.02	0.03	0.04	0.05	0.06	0.07	0.08	0.09	0.10	0.11	0.12	0.13	0.14	0.15	0.16	0.17
0	1.71	1.88	2.05	2.22	2.39	2.56	2.73	2.90	3.07	3.23	3.40	3.57	3.74	3.91	4.08	4.25	4.42	4.59
1	1.65	1.81	1.97	2.13	2.30	2.46	2.62	2.78	2.95	3.11	3.27	3.43	3.60	3.76	3.92	4.08	4.25	4.41
2	1.58	1.74	1.90	1.05	2.21	2.37	2.52	2.68	2.83	2.99	3.15	3.30	3.46	3.62	3.77	3.93	4.09	4.24

食品理化检验技术

温度 /℃	压力/MPa																	
	0.00	0.01	0.02	0.03	0.04	0.05	0.06	0.07	0.08	0.09	0.10	0.11	0.12	0.13	0.14	0.15	0.16	0.17
3	1.53	1.68	1.83	1.98	2.13	2.28	2.43	2.58	2.73	2.88	3.03	3.18	3.34	3.49	3.64	3.79	3.94	4.09
4	1.47	1.62	1.76	1.91	2.05	2.20	2.35	2.49	2.64	2.78	2.93	3.07	3.22	3.36	3.51	3.65	3.80	3.94
5	1.42	1.56	1.71	1.82	1.99	2.13	2.27	2.41	2.55	2.69	2.83	2.97	3.11	3.25	3.39	3.53	3.67	3.81
6	1.38	1.51	1.65	1.78	1.92	2.06	2.19	2.33	2.46	2.60	2.74	2.87	3.01	3.14	3.28	3.42	3.55	3.69
7	1.33	1.46	1.59	1.73	1.86	1.99	2.12	2.25	2.38	2.51	2.64	2.78	2.91	3.04	3.17	3.30	3.43	3.56
8	1.28	1.41	1.54	1.66	1.79	1.91	2.04	2.17	2.29	2.42	2.55	2.67	2.80	2.93	3.05	3.18	3.31	3.43
9	1.24	1.36	1.48	1.60	1.73	1.85	1.97	2.09	2.21	2.34	2.46	2.58	2.70	2.82	2.95	3.07	3.19	3.31
10	1.19	1.31	1.43	1.55	1.67	1.78	1.90	2.02	2.14	2.25	2.37	2.49	2.61	2.73	2.94	2.96	3.08	3.20
11	1.15	1.27	1.38	1.50	1.61	1.72	1.84	1.95	2.07	2.18	2.29	2.41	2.52	2.63	2.75	2.86	2.98	3.09
12	1.12	1.23	1.34	1.45	1.56	1.67	1.78	1.89	2.00	2.11	2.22	2.33	2.44	2.55	2.66	2.77	2.88	2.99
13	1.08	1.19	1.30	1.40	1.51	1.62	1.72	1.83	1.94	2.05	2.15	2.26	2.37	2.47	2.58	2.69	2.79	2.90
14	1.05	1.15	1.26	1.36	1.46	1.57	1.67	1.78	1.88	1.98	2.09	2.19	2.29	2.40	2.50	2.60	2.71	2.81
15	0.02	1.12	1.22	1.32	1.42	1.52	1.62	1.72	1.82	1.92	2.02	2.13	2.23	2.33	2.43	2.53	2.63	2.73
16	0.98	1.08	1.18	1.28	1.37	1.47	1.57	1.67	1.76	1.86	1.96	2.05	2.15	2.25	2.35	2.44	2.54	2.64
17	0.96	1.05	1.14	1.24	1.33	1.43	1.52	1.62	1.71	1.81	1.90	1.99	2.09	2.18	2.28	2.37	2.47	2.56
18	0.93	1.02	1.11	1.20	1.29	1.39	1.48	1.57	1.66	1.75	1.84	1.94	2.03	2.12	2.21	2.30	2.39	2.49
19	0.90	0.99	1.08	1.17	1.26	1.35	1.44	1.53	1.61	1.70	1.79	1.88	1.97	2.06	2.15	2.24	2.33	2.42
20	0.88	0.96	1.05	1.14	1.22	1.31	1.40	1.48	1.57	1.66	1.74	1.83	1.92	2.00	2.09	2.18	2.26	2.35
21	0.85	0.94	1.02	1.11	1.19	1.28	1.36	1.44	1.53	1.61	1.70	1.78	1.87	1.95	2.03	2.12	2.20	2.29
22	0.83	0.91	0.99	1.07	1.16	1.24	1.32	1.40	1.48	1.57	1.65	1.73	1.81	1.89	1.97	2.06	2.14	2.22
23	0.80	0.88	0.96	1.04	1.12	1.20	1.28	1.36	1.44	1.52	1.60	1.68	1.76	1.84	1.91	1.99	2.07	2.15
24	0.78	0.86	0.94	1.01	1.09	1.17	1.24	1.32	1.40	1.47	1.55	1.63	1.71	1.78	1.86	1.94	2.01	2.09
25	0.76	0.83	0.91	0.93	1.06	1.13	1.21	1.28	1.36	1.43	1.51	1.58	1.66	1.73	1.81	1.88	1.96	2.03

温度 /℃	压力/MPa																	
	0.18	0.19	0.20	0.21	0.22	0.23	0.24	0.25	0.26	0.27	0.28	0.29	0.30	0.31	0.32	0.33	0.34	0.35
0	4.76	4.93	5.09	5.26	5.43	5.60	5.77	5.94	6.11	6.28	6.45	6.62	6.79	6.95	7.12	7.20	7.45	7.63
1	4.57	4.73	4.90	5.06	5.22	5.38	5.54	5.71	5.87	6.03	6.19	6.36	6.52	6.68	6.84	7.01	7.17	7.33
2	4.40	4.55	4.71	4.87	5.02	5.18	5.34	5.49	5.65	5.81	5.96	6.12	6.27	6.43	6.59	6.74	6.90	7.06
3	4.24	4.39	4.54	4.69	4.84	4.99	5.14	5.29	5.45	5.60	5.75	5.90	6.05	6.20	6.35	6.50	6.65	6.80
4	4.09	4.24	4.38	4.53	4.67	4.82	4.96	5.11	6.25	5.40	5.54	5.69	5.83	5.98	6.13	6.27	6.42	6.56
5	3.95	4.09	4.23	4.38	4.52	4.66	4.80	4.94	5.08	5.22	5.33	5.50	5.64	5.78	5.92	6.06	6.20	6.34
6	3.82	3.96	4.10	4.23	4.37	4.50	4.64	4.77	4.91	5.06	5.18	5.32	5.45	5.59	5.73	5.86	6.00	6.13
7	3.70	3.83	3.96	4.09	4.22	4.35	4.48	4.62	4.75	4.88	5.01	5.14	5.27	5.40	5.53	5.67	5.80	5.93
8	3.56	3.69	3.81	3.91	4.07	4.19	4.32	4.45	4.57	4.70	4.82	4.95	5.08	5.20	5.33	5.48	5.58	5.71
9	3.43	3.56	3.68	3.80	3.92	4.05	4.17	4.29	4.41	4.53	4.66	4.78	4.90	5.02	5.14	5.27	5.39	5.51
10	3.32	3.43	3.55	3.67	3.79	3.90	4.02	4.14	4.26	4.38	4.49	4.61	4.73	4.85	4.97	5.08	5.20	5.32
11	3.20	3.32	3.43	3.55	3.66	3.77	3.89	4.00	4.12	4.23	4.34	4.46	4.57	4.68	4.80	4.91	5.03	5.14
12	3.10	3.21	3.32	3.43	3.54	3.65	3.76	3.87	3.98	4.09	4.20	4.31	4.42	4.53	4.64	4.76	4.87	4.98
13	2.01	3.11	3.22	3.33	3.43	3.54	3.65	3.76	3.86	3.97	4.08	4.18	4.29	4.40	4.50	4.61	4.72	4.82
14	2.92	3.02	3.12	3.23	3.33	3.43	3.54	3.64	3.74	3.85	3.95	4.06	4.16	4.26	4.37	4.47	4.57	4.68

附 录

温度 /℃	压力/MPa																	
	0.18	0.19	0.20	0.21	0.22	0.23	0.24	0.25	0.26	0.27	0.28	0.29	0.30	0.31	0.32	0.33	0.34	0.35
15	2.83	2.93	3.03	3.13	3.23	3.33	3.43	3.53	3.63	3.78	3.84	3.94	4.04	4.14	4.24	4.34	4.44	6.54
16	2.73	2.83	2.93	3.03	3.12	3.22	3.32	3.42	3.51	3.61	3.71	3.80	3.90	4.00	4.10	4.19	4.29	4.39
17	2.65	2.75	2.84	2.94	3.03	3.13	3.22	3.31	3.41	3.50	3.60	3.69	3.79	3.88	3.98	4.07	4.16	4.26
18	2.58	2.67	2.76	2.85	2.94	3.03	3.13	3.22	3.31	3.40	3.49	3.58	3.68	3.77	3.86	3.95	4.04	4.18
19	2.50	2.59	2.68	2.77	2.86	2.95	3.04	3.13	3.22	3.31	3.39	3.48	3.57	3.66	3.75	3.84	3.98	4.02
20	2.44	2.52	2.61	2.70	2.78	2.87	2.96	3.04	3.13	3.22	3.30	3.39	3.48	3.56	3.65	3.74	3.82	3.91
21	2.37	2.46	2.54	2.62	2.71	2.79	2.88	2.96	3.05	3.13	3.21	3.30	3.38	3.47	3.55	3.64	3.72	3.80
22	2.30	2.38	2.47	2.55	2.63	2.71	2.79	2.87	2.96	3.04	3.12	3.20	3.28	3.37	3.45	3.53	3.61	3.69
23	2.23	2.31	2.39	2.47	2.55	2.63	2.71	2.79	2.87	2.95	3.03	3.11	3.18	3.26	3.34	3.42	3.50	2.58
24	2.17	2.25	2.32	2.40	2.48	2.55	2.63	2.71	2.79	2.86	2.94	3.02	3.09	3.17	3.25	3.32	3.40	3.48
25	2.11	2.18	2.26	2.33	2.41	2.48	2.56	2.63	2.71	2.78	2.86	2.93	3.01	3.08	3.16	3.23	3.31	3.38

温度 /℃	压力/MPa														
	0.36	0.37	0.38	0.39	0.40	0.41	0.42	0.43	0.44	0.45	0.46	0.47	0.48	0.49	0.50
0	7.80	7.97	8.14	8.31	8.48	8.64	8.81	8.98	9.15	9.32	9.49	9.66	9.83	10.00	10.17
1	7.49	7.66	7.82	7.98	8.14	8.31	8.47	8.63	8.79	8.96	9.12	9.28	9.44	9.61	9.77
2	7.21	7.37	7.52	7.68	7.84	7.99	8.15	8.31	7.46	8.62	8.78	8.93	9.09	9.24	9.40
3	6.95	7.10	7.25	7.40	7.56	7.71	7.86	8.01	8.16	8.31	8.46	8.61	8.76	8.91	9.06
4	6.71	6.85	7.00	7.14	7.29	7.43	7.58	7.72	7.87	8.02	8.16	8.31	8.45	8.60	8.74
5	6.48	6.62	6.76	6.91	7.06	7.19	7.33	7.47	7.61	7.75	7.89	8.03	8.17	8.31	8.45
6	6.27	6.41	6.54	6.68	6.81	6.96	7.09	7.22	7.36	7.49	7.63	7.76	7.90	8.04	8.17
7	6.06	6.19	6.32	6.45	6.59	6.72	6.85	6.98	7.11	7.24	7.37	7.51	7.64	7.77	7.90
8	5.84	5.96	6.09	6.22	6.34	6.47	6.60	6.72	6.85	6.98	7.10	7.23	6.36	7.48	7.61
9	5.63	5.75	5.88	6.00	6.12	6.24	6.36	6.49	6.61	6.73	6.85	6.98	7.10	7.22	7.34
10	5.44	5.55	5.67	5.79	5.91	6.03	6.14	6.26	6.38	6.50	6.61	6.73	6.85	6.97	7.09
11	5.25	5.37	5.48	5.60	5.71	5.82	5.94	6.05	6.17	6.28	6.39	6.51	6.62	6.73	6.85
12	5.09	5.20	5.31	5.42	5.53	5.64	5.75	5.86	5.97	6.08	6.19	6.30	6.41	6.52	6.63
13	4.93	5.04	5.14	5.25	5.36	5.47	5.57	5.68	5.79	5.89	6.00	6.11	6.21	6.32	6.43
14	4.78	4.88	4.99	5.09	5.20	5.30	5.40	5.51	5.61	5.71	5.82	5.92	6.02	6.13	6.23
15	4.64	4.74	4.84	4.94	5.04	5.14	5.24	5.34	5.44	5.54	5.65	5.75	5.85	5.95	6.05
16	4.48	4.58	4.68	4.78	4.87	4.97	5.07	5.17	5.26	5.36	5.46	5.55	6.65	5.75	5.85
17	4.35	4.45	4.54	4.64	4.73	4.82	4.92	5.01	5.11	5.20	5.30	5.39	5.49	5.58	5.67
18	4.23	4.32	4.41	4.50	4.59	4.68	4.77	4.87	4.96	5.06	5.14	5.23	5.32	5.42	5.51
19	4.11	4.20	4.28	4.37	4.46	4.55	4.64	4.73	4.82	4.91	5.00	5.09	5.18	5.26	5.35
20	4.00	4.08	4.17	4.26	4.34	4.43	4.52	4.60	4.69	4.78	4.86	4.95	5.04	5.12	5.21
21	3.89	3.97	4.06	4.14	4.23	4.31	4.39	4.48	4.56	4.65	4.73	4.82	4.90	4.98	5.07
22	3.77	3.86	3.94	4.02	4.10	4.18	4.27	4.35	4.43	4.51	4.59	4.67	4.76	4.84	1.92
23	3.66	3.74	3.82	3.90	3.98	4.06	4.14	4.22	4.30	4.37	4.45	4.53	4.61	4.69	4.77
24	3.56	3.63	3.71	3.79	3.86	3.94	4.02	4.10	4.17	4.25	4.33	4.40	4.48	4.58	4.64
25	3.46	3.53	3.61	3.68	3.76	3.83	3.91	3.98	4.06	4.13	4.20	4.28	4.35	4.43	4.50

食品理化检验技术

附表 6-1　观测糖度温度校正

观测锤度　温度低于20℃时读数应减之数

温度/℃	0	1	2	3	4	5	6	7	8	9	10	11	12	13	14	15	16	17	18	19	20	21	22	23	24	25	30
0	0.30	0.34	0.36	0.41	0.45	0.49	0.52	0.55	0.59	0.62	0.65	0.67	0.70	0.72	0.75	0.77	0.79	0.82	0.84	0.87	0.89	0.91	0.93	0.95	0.97	0.99	1.08
5	0.36	0.38	0.40	0.43	0.45	0.47	0.49	0.51	0.52	0.54	0.56	0.58	0.60	0.61	0.63	0.65	0.67	0.68	0.70	0.71	0.73	0.74	0.75	0.76	0.77	0.80	0.86
10	0.32	0.33	0.34	0.36	0.37	0.38	0.39	0.40	0.41	0.42	0.43	0.44	0.45	0.46	0.47	0.48	0.49	0.50	0.50	0.51	0.52	0.53	0.54	0.55	0.56	0.57	0.60
10.5	0.31	0.32	0.33	0.34	0.35	0.36	0.37	0.38	0.39	0.40	0.41	0.42	0.43	0.44	0.45	0.46	0.47	0.48	0.48	0.49	0.50	0.51	0.52	0.52	0.53	0.54	0.57
11	0.31	0.32	0.33	0.33	0.34	0.35	0.36	0.37	0.38	0.39	0.40	0.41	0.42	0.42	0.43	0.44	0.45	0.46	0.46	0.47	0.48	0.49	0.49	0.50	0.50	0.51	0.55
11.5	0.30	0.31	0.31	0.32	0.33	0.33	0.34	0.35	0.36	0.37	0.38	0.39	0.40	0.40	0.41	0.42	0.43	0.43	0.44	0.44	0.45	0.46	0.46	0.47	0.47	0.48	0.52
12	0.29	0.30	0.31	0.31	0.32	0.33	0.33	0.34	0.34	0.35	0.36	0.37	0.38	0.38	0.39	0.40	0.41	0.41	0.42	0.42	0.43	0.44	0.44	0.45	0.45	0.46	0.50
12.5	0.27	0.28	0.28	0.29	0.30	0.31	0.31	0.32	0.33	0.34	0.35	0.35	0.36	0.36	0.37	0.38	0.38	0.39	0.39	0.40	0.41	0.41	0.42	0.42	0.43	0.43	0.47
13	0.26	0.27	0.28	0.29	0.30	0.31	0.31	0.32	0.33	0.34	0.34	0.35	0.36	0.36	0.37	0.38	0.38	0.39	0.39	0.40	0.41	0.41	0.42	0.42	0.43	0.43	0.44
13.5	0.25	0.25	0.26	0.26	0.27	0.28	0.28	0.29	0.30	0.31	0.31	0.32	0.33	0.33	0.34	0.35	0.35	0.36	0.36	0.37	0.38	0.38	0.39	0.39	0.40	0.38	0.41
14	0.24	0.24	0.24	0.25	0.25	0.26	0.27	0.28	0.29	0.29	0.30	0.30	0.31	0.31	0.32	0.33	0.33	0.34	0.35	0.35	0.36	0.36	0.37	0.38	0.38	0.36	0.38
14.5	0.22	0.22	0.22	0.23	0.23	0.24	0.24	0.25	0.26	0.26	0.27	0.28	0.28	0.29	0.30	0.31	0.31	0.32	0.33	0.33	0.34	0.34	0.35	0.35	0.36	0.33	0.35
15	0.20	0.20	0.20	0.21	0.21	0.22	0.22	0.23	0.23	0.24	0.24	0.25	0.26	0.26	0.27	0.28	0.28	0.29	0.30	0.30	0.31	0.31	0.32	0.32	0.30	0.30	0.32
15.5	0.18	0.18	0.18	0.19	0.19	0.20	0.20	0.21	0.21	0.22	0.22	0.23	0.24	0.24	0.24	0.25	0.26	0.26	0.27	0.28	0.28	0.28	0.29	0.29	0.30	0.27	0.29
16	0.17	0.17	0.17	0.18	0.18	0.18	0.18	0.19	0.19	0.20	0.20	0.20	0.21	0.21	0.22	0.22	0.22	0.23	0.23	0.25	0.23	0.25	0.26	0.26	0.27	0.25	0.26
16.5	0.15	0.15	0.15	0.16	0.16	0.16	0.16	0.16	0.17	0.17	0.17	0.18	0.18	0.18	0.19	0.19	0.19	0.19	0.20	0.20	0.20	0.21	0.21	0.22	0.22	0.22	0.23
17	0.13	0.13	0.13	0.13	0.14	0.14	0.14	0.14	0.15	0.15	0.15	0.15	0.16	0.16	0.16	0.16	0.16	0.16	0.17	0.17	0.18	0.18	0.18	0.18	0.19	0.19	0.20
17.5	0.11	0.11	0.11	0.11	0.12	0.12	0.12	0.12	0.12	0.12	0.12	0.12	0.13	0.13	0.13	0.13	0.13	0.14	0.14	0.14	0.15	0.15	0.15	0.16	0.16	0.16	0.16
18	0.09	0.09	0.09	0.10	0.10	0.10	0.10	0.10	0.10	0.10	0.10	0.10	0.11	0.11	0.11	0.11	0.11	0.12	0.12	0.12	0.12	0.12	0.12	0.13	0.13	0.13	0.13
18.5	0.07	0.07	0.07	0.07	0.07	0.07	0.07	0.07	0.07	0.07	0.07	0.07	0.08	0.08	0.08	0.08	0.08	0.08	0.09	0.09	0.09	0.09	0.09	0.09	0.09	0.09	0.10
19	0.05	0.05	0.05	0.05	0.05	0.05	0.05	0.05	0.05	0.05	0.05	0.05	0.06	0.06	0.06	0.06	0.06	0.06	0.06	0.06	0.06	0.06	0.06	0.06	0.06	0.06	0.07
19.5	0.03	0.03	0.03	0.03	0.03	0.03	0.03	0.03	0.03	0.03	0.03	0.03	0.03	0.03	0.03	0.03	0.03	0.03	0.03	0.03	0.03	0.03	0.03	0.03	0.03	0.03	0.04
20	0	0	0	0	0	0	0	0	0	0	0	0	0	0	0	0	0	0	0	0	0	0	0	0	0	0	0

观测锤度

温度高于 20℃ 时读数应加之数

温度/℃	0	1	2	3	4	5	6	7	8	9	10	11	12	13	14	15	16	17	18	19	20	21	22	23	24	25	30
20.5	0.02	0.02	0.02	0.03	0.03	0.03	0.03	0.03	0.03	0.03	0.03	0.03	0.03	0.03	0.03	0.03	0.03	0.03	0.03	0.03	0.03	0.03	0.03	0.03	0.04	0.04	0.04
21	0.04	0.04	0.04	0.05	0.05	0.05	0.05	0.05	0.06	0.06	0.06	0.06	0.06	0.06	0.06	0.06	0.06	0.06	0.06	0.06	0.06	0.06	0.06	0.07	0.07	0.07	0.07
21.5	0.07	0.07	0.07	0.08	0.08	0.08	0.08	0.08	0.09	0.09	0.09	0.09	0.09	0.09	0.09	0.09	0.09	0.09	0.09	0.09	0.09	0.09	0.09	0.10	0.10	0.10	0.11
22	0.10	0.10	0.10	0.10	0.10	0.10	0.10	0.11	0.11	0.11	0.11	0.11	0.12	0.12	0.12	0.12	0.12	0.12	0.12	0.12	0.12	0.12	0.12	0.13	0.13	0.13	0.14
22.5	0.13	0.13	0.13	0.13	0.13	0.13	0.13	0.14	0.14	0.14	0.14	0.14	0.15	0.15	0.15	0.15	0.15	0.15	0.16	0.16	0.16	0.16	0.16	0.17	0.17	0.17	0.18
23	0.16	0.16	0.16	0.16	0.16	0.16	0.16	0.16	0.17	0.17	0.17	0.17	0.17	0.17	0.17	0.17	0.18	0.18	0.18	0.19	0.19	0.19	0.20	0.20	0.20	0.20	0.21
23.5	0.19	0.19	0.19	0.19	0.19	0.19	0.19	0.19	0.20	0.20	0.20	0.20	0.21	0.21	0.21	0.21	0.22	0.22	0.22	0.23	0.23	0.23	0.23	0.24	0.24	0.24	0.25
24	0.21	0.21	0.21	0.22	0.22	0.22	0.22	0.22	0.23	0.23	0.23	0.23	0.24	0.24	0.24	0.24	0.25	0.25	0.25	0.26	0.26	0.26	0.26	0.27	0.27	0.27	0.28
24.5	0.24	0.24	0.24	0.25	0.25	0.25	0.26	0.26	0.26	0.27	0.27	0.27	0.28	0.28	0.28	0.28	0.28	0.29	0.29	0.29	0.29	0.30	0.30	0.30	0.31	0.31	0.32
25	0.27	0.27	0.27	0.28	0.28	0.28	0.28	0.29	0.30	0.30	0.30	0.30	0.31	0.31	0.31	0.31	0.31	0.32	0.32	0.32	0.32	0.32	0.33	0.33	0.34	0.34	0.35
25.5	0.30	0.30	0.30	0.31	0.31	0.31	0.31	0.32	0.32	0.33	0.33	0.33	0.34	0.34	0.34	0.34	0.34	0.35	0.35	0.36	0.36	0.36	0.36	0.37	0.37	0.37	0.39
26	0.33	0.33	0.33	0.34	0.34	0.34	0.34	0.35	0.35	0.36	0.36	0.36	0.36	0.37	0.37	0.38	0.38	0.38	0.39	0.39	0.40	0.40	0.40	0.40	0.40	0.40	0.42
26.5	0.37	0.37	0.37	0.38	0.38	0.38	0.38	0.39	0.39	0.39	0.39	0.40	0.40	0.41	0.41	0.41	0.42	0.42	0.42	0.43	0.43	0.43	0.43	0.44	0.44	0.44	0.46
27	0.40	0.40	0.40	0.41	0.41	0.41	0.41	0.42	0.42	0.42	0.42	0.43	0.43	0.44	0.44	0.44	0.45	0.45	0.45	0.46	0.46	0.46	0.47	0.47	0.48	0.48	0.50
27.5	0.43	0.43	0.43	0.44	0.44	0.44	0.45	0.45	0.45	0.46	0.46	0.46	0.47	0.47	0.48	0.48	0.49	0.49	0.49	0.50	0.50	0.50	0.51	0.51	0.52	0.52	0.54
28	0.46	0.46	0.46	0.47	0.47	0.47	0.48	0.48	0.48	0.49	0.49	0.49	0.50	0.50	0.51	0.52	0.52	0.52	0.53	0.53	0.54	0.54	0.55	0.55	0.56	0.56	0.58
28.5	0.50	0.50	0.50	0.51	0.51	0.51	0.51	0.52	0.52	0.53	0.53	0.53	0.54	0.54	0.55	0.56	0.56	0.56	0.57	0.57	0.58	0.58	0.59	0.59	0.60	0.60	0.62
29	0.54	0.54	0.54	0.55	0.55	0.55	0.55	0.56	0.56	0.56	0.56	0.57	0.58	0.58	0.58	0.59	0.59	0.60	0.60	0.61	0.61	0.61	0.62	0.62	0.63	0.63	0.66
29.5	0.58	0.58	0.58	0.59	0.59	0.59	0.59	0.60	0.60	0.60	0.60	0.61	0.62	0.62	0.62	0.63	0.63	0.64	0.64	0.65	0.65	0.65	0.66	0.66	0.67	0.67	0.70
30	0.61	0.61	0.61	0.62	0.62	0.62	0.62	0.63	0.63	0.63	0.63	0.64	0.65	0.65	0.65	0.66	0.66	0.67	0.67	0.68	0.68	0.68	0.69	0.69	0.70	0.70	0.73
30.5	0.65	0.65	0.65	0.66	0.66	0.66	0.66	0.67	0.67	0.67	0.68	0.68	0.69	0.69	0.70	0.70	0.70	0.71	0.71	0.72	0.72	0.73	0.73	0.74	0.75	0.75	0.78
31	0.69	0.69	0.69	0.70	0.70	0.70	0.70	0.71	0.71	0.71	0.72	0.72	0.73	0.73	0.74	0.74	0.74	0.75	0.75	0.76	0.76	0.77	0.77	0.78	0.79	0.79	0.82
31.5	0.73	0.73	0.73	0.74	0.74	0.74	0.74	0.75	0.75	0.76	0.76	0.76	0.77	0.77	0.78	0.79	0.79	0.79	0.80	0.80	0.81	0.81	0.82	0.82	0.83	0.83	0.86
32	0.76	0.76	0.77	0.77	0.78	0.78	0.78	0.79	0.79	0.79	0.80	0.80	0.81	0.81	0.82	0.83	0.83	0.83	0.84	0.84	0.85	0.85	0.86	0.86	0.87	0.87	0.90
32.5	0.80	0.80	0.81	0.81	0.82	0.82	0.82	0.83	0.83	0.83	0.84	0.84	0.85	0.85	0.86	0.87	0.87	0.87	0.88	0.88	0.89	0.90	0.90	0.91	0.92	0.92	0.95
33	0.84	0.84	0.85	0.85	0.85	0.86	0.86	0.86	0.86	0.86	0.87	0.87	0.88	0.89	0.89	0.90	0.91	0.91	0.92	0.92	0.93	0.94	0.94	0.95	0.96	0.96	0.99
33.5	0.88	0.88	0.88	0.89	0.89	0.90	0.90	0.90	0.90	0.91	0.91	0.92	0.92	0.93	0.93	0.94	0.95	0.95	0.96	0.97	0.98	0.98	0.99	0.99	1.00	1.00	1.03
34	0.91	0.91	0.92	0.92	0.93	0.93	0.93	0.94	0.94	0.94	0.95	0.95	0.96	0.97	0.97	0.98	0.99	1.00	1.00	1.01	1.02	1.03	1.03	1.04	1.04	1.04	1.07
34.5	0.95	0.95	0.96	0.96	0.97	0.97	0.97	0.98	0.98	0.98	0.99	1.00	1.01	1.01	1.02	1.03	1.03	1.04	1.04	1.05	1.06	1.07	1.07	1.08	1.08	1.09	1.12
35	0.99	0.99	1.00	1.00	1.01	1.01	1.01	1.02	1.02	1.02	1.03	1.04	1.05	1.05	1.06	1.07	1.07	1.08	1.09	1.09	1.10	1.11	1.11	1.12	1.12	1.13	1.16
40	1.42	1.43	1.43	1.44	1.44	1.45	1.45	1.46	1.47	1.47	1.47	1.48	1.49	1.50	1.50	1.51	1.52	1.53	1.53	1.54	1.54	1.55	1.55	1.56	1.56	1.57	1.62

食品理化检验技术

附表 7-1　乳稠计读数变为 15℃ 的度数换算表

a＼b	8	9	10	11	12	13	14	15	16	17	18	19	20	21	22
15	14.2	14.3	14.4	14.5	14.6	14.7	14.8	15.0	15.1	15.2	15.4	15.6	15.8	16.0	16.2
16	15.2	15.3	15.4	15.5	15.6	15.7	15.8	16.0	16.1	16.3	16.5	16.7	16.9	17.1	17.3
17	16.2	16.3	16.4	16.5	16.6	16.7	16.8	17.0	17.1	17.3	17.5	17.7	17.9	18.1	18.3
18	17.2	17.3	17.4	17.5	17.6	17.7	17.8	18.0	18.1	18.3	18.5	18.7	18.9	19.1	19.5
19	18.2	18.3	18.4	18.5	18.6	18.7	18.8	19.0	19.1	19.3	19.5	19.7	19.9	20.1	20.3
20	19.1	19.2	19.3	19.4	19.5	19.6	19.8	20.0	20.1	20.3	20.5	20.7	20.9	21.0	21.3
21	20.1	20.2	20.3	20.4	20.5	20.6	20.8	21.0	21.2	21.4	21.6	21.8	22.0	22.2	22.4
22	21.1	21.2	21.3	21.4	21.5	21.6	21.8	22.0	22.2	22.4	22.6	22.8	23.0	23.2	23.4
23	22.1	22.2	22.3	22.4	22.5	22.6	22.8	23.0	23.2	23.4	23.6	23.8	24.0	24.2	24.4
24	23.1	23.2	23.3	23.4	23.5	23.6	23.8	24.0	24.2	24.4	24.6	24.8	25.0	25.2	25.5
25	24.0	24.1	24.2	24.3	24.5	24.6	24.8	25.0	25.2	25.4	25.6	25.8	26.0	26.2	26.4
26	25.0	25.1	25.2	25.3	25.5	25.6	25.8	26.0	26.2	26.4	26.6	26.9	27.1	27.3	27.5
27	26.0	26.1	26.2	26.3	26.4	26.6	26.8	27.0	27.2	27.4	27.6	27.9	28.1	28.4	28.6
28	26.9	27.0	27.1	27.2	27.4	27.6	27.8	28.0	28.2	28.4	28.6	28.9	29.2	29.4	29.6
29	27.8	27.9	28.1	28.2	28.4	28.6	28.8	29.0	29.2	29.4	29.6	29.9	30.2	30.4	30.6
30	28.7	28.9	30.0	30.2	30.4	30.6	30.8	31.0	31.2	31.4	31.6	32.0	32.2	32.5	32.7
31	29.7	29.8	30.0	30.2	30.4	30.6	30.8	31.0	31.2	31.4	31.6	32.0	32.2	32.5	32.7
32	30.6	30.8	31.0	31.2	31.4	31.6	31.8	32.0	32.2	32.4	32.7	33.0	33.3	33.6	33.8
33	31.6	31.8	32.0	32.2	32.4	32.6	32.8	33.0	33.2	33.4	33.7	34.0	34.3	34.7	34.8
34	32.5	32.8	33.0	33.1	33.3	33.7	33.8	34.0	34.2	34.4	34.7	35.0	35.3	35.6	35.9
35	33.6	33.7	33.8	34.0	34.2	34.4	34.8	35.0	35.2	35.4	35.7	36.0	36.3	36.6	36.9

a:乳稠计读数；b:鲜乳温度,℃。

附表 8-1　酒精水溶液的相对密度与酒精度(乙醇含量)对照表(20℃)

相对密度 20℃/20℃	乙醇/% (V/V)	乙醇/% (m/m)	乙醇/ (g/100 mL)	相对密度 20℃/20℃	乙醇/% (V/V)	乙醇/% (m/m)	乙醇/ (g/100 mL)
1.000 00	0.00	0.00	0.00	0.992 95	4.90	3.90	3.87
0.999 97	0.02	0.02	0.02	292	4.92	3.92	3.89
994	0.04	0.03	0.03	289	4.94	3.93	3.90
991	0.06	0.05	0.05	287	4.96	3.95	3.92
988	0.08	0.06	0.06	284	4.98	3.96	3.93
0.999 85	0.10	0.08	0.08	0.992 81	5.00	3.98	3.95
982	0.12	0.10	0.10	278	5.02	4.00	3.97
979	0.14	0.11	0.11	276	5.04	4.01	3.98
976	0.16	0.13	0.13	273	5.06	4.03	4.00
973	0.18	0.14	0.14	271	5.08	4.04	4.01
0.999 70	0.20	0.16	0.16	0.992 68	5.10	4.06	4.03
967	0.22	0.18	0.18	265	5.12	4.08	4.04
964	0.24	0.19	0.19	263	5.14	4.09	4.06
961	0.26	0.21	0.21	260	5.16	4.11	4.07
958	0.28	0.22	0.22	258	5.18	4.12	4.08
0.999 55	0.30	0.24	0.24	0.992 55	5.20	4.14	4.10
952	0.32	0.26	0.26	252	5.22	4.16	4.12
949	0.34	0.27	0.27	249	5.24	4.17	4.13
945	0.36	0.29	0.29	247	5.26	4.19	4.15
942	0.38	0.30	0.30	244	5.28	4.20	4.16
0.999 39	0.40	0.32	0.32	0.992 41	5.30	4.22	4.18
936	0.42	0.34	0.34	238	5.32	4.24	4.20
933	0.44	0.35	0.35	236	5.34	4.25	4.21
930	0.46	0.37	0.37	233	5.36	4.27	4.23
927	0.48	0.38	0.38	231	5.38	4.28	4.24
0.999 24	0.50	0.40	0.40	0.992 28	5.40	4.30	4.26
921	0.52	0.41	0.41	225	5.42	4.32	4.28
918	0.54	0.43	0.43	223	5.44	4.33	4.29
916	0.56	0.44	0.44	220	5.46	4.35	4.31
913	0.58	0.46	0.46	218	5.48	4.36	4.32
0.999 10	0.60	0.47	0.47	0.992 15	5.50	4.38	4.34
907	0.62	0.49	0.49	212	5.52	4.40	4.36
904	0.64	0.50	0.50	209	5.54	4.41	4.37
901	0.66	0.52	0.52	207	5.56	4.43	4.39
898	0.68	0.53	0.53	204	5.58	4.44	4.40
0.998 95	0.70	0.55	0.55	0.992 01	5.60	4.46	4.42
892	0.72	0.57	0.57	198	5.62	4.48	4.44
889	0.74	0.58	0.58	196	5.64	4.49	4.45
886	0.76	0.60	0.60	193	5.66	4.51	4.47
883	0.78	0.61	0.61	191	5.68	4.52	4.48
0.998 80	0.80	0.63	0.63	0.991 88	5.70	4.54	4.50
877	0.82	0.65	0.65	185	5.72	4.56	4.52
874	0.84	0.66	0.66	182	5.74	4.57	4.53
872	0.86	0.68	0.68	180	5.76	4.59	4.55
869	0.88	0.69	0.69	177	5.78	4.60	4.56
0.998 66	0.90	0.71	0.71	0.991 48	6.00	4.78	4.74
863	0.92	0.73	0.73	145	6.02	4.80	4.76
860	0.94	0.74	0.74	143	6.04	4.82	4.77
857	0.96	0.76	0.76	140	6.06	4.83	4.79
854	0.98	0.77	0.77	138	6.08	4.85	4.80
0.998 51	1.00	0.79	0.79	0.991 35	6.10	4.87	4.82

相对密度 20℃/20℃	乙醇/% (V/V)	乙醇/% (m/m)	乙醇/ (g/100 mL)	相对密度 20℃/20℃	乙醇/% (V/V)	乙醇/% (m/m)	乙醇/ (g/100 mL)
848	1.02	0.81	0.81	132	6.12	4.89	4.83
845	1.04	0.82	0.82	130	6.14	4.90	4.85
842	1.06	0.84	0.84	127	6.16	4.92	4.86
839	1.08	0.85	0.85	125	6.18	4.93	4.88
0.998 36	1.10	0.87	0.87	0.991 22	6.20	4.95	4.89
833	1.12	0.89	0.89	119	6.22	4.97	4.91
830	1.14	0.90	0.90	117	6.24	4.98	4.92
827	1.16	0.92	0.92	114	6.26	5.00	4.94
824	1.18	0.93	0.93	112	6.28	5.01	4.95
0.998 21	1.20	0.95	0.95	0.991 09	6.30	5.03	4.97
818	1.22	0.97	0.97	106	6.32	5.05	4.99
815	1.24	0.98	0.98	104	6.34	5.06	5.00
813	1.26	1.00	1.00	101	6.36	5.08	5.02
810	1.28	1.01	1.01	099	6.38	5.09	5.03
0.998 07	1.30	1.03	1.03	0.990 96	6.40	5.11	5.05
804	1.32	1.05	1.05	093	6.42	5.13	5.07
801	1.34	1.06	1.06	091	6.44	5.14	5.08
798	1.36	1.08	1.08	088	6.46	5.16	5.10
795	1.38	1.09	1.09	086	6.48	5.17	5.11
0.997 92	1.40	1.11	1.11	0.990 83	6.50	5.19	5.13
789	1.42	1.13	1.13	080	6.52	5.21	5.15
786	1.44	1.14	1.14	078	6.54	5.22	5.16
783	1.46	1.16	1.16	075	6.56	5.24	5.18
780	1.48	1.17	1.17	073	6.58	5.25	5.19
0.997 77	1.50	1.19	1.19	0.990 70	6.60	5.27	5.21
774	1.52	1.21	1.20	067	6.62	5.29	5.23
771	1.54	1.22	1.22	065	6.64	5.30	5.24
769	1.56	1.24	1.23	062	6.66	5.32	5.26
766	1.58	1.25	1.25	060	6.68	5.33	5.27
0.997 63	1.60	1.27	1.26	0.990 57	6.70	5.35	5.29
760	1.62	1.29	1.28	055	6.72	5.37	5.31
757	1.64	1.30	1.29	052	6.74	5.38	5.32
754	1.66	1.32	1.31	050	6.76	5.40	5.34
751	1.68	1.33	1.32	047	6.78	5.41	5.35
0.997 48	1.70	1.35	1.34	0.990 45	6.80	5.43	5.37
745	1.72	1.37	1.36	042	6.82	5.45	5.39
742	1.74	1.38	1.37	040	6.84	5.46	5.40
739	1.76	1.40	1.39	037	6.86	5.48	5.42
736	1.78	1.41	1.40	035	6.88	5.49	5.43
0.997 33	1.80	1.43	1.42	0.990 32	6.90	5.51	5.45
730	1.82	1.45	1.44	030	6.92	5.53	5.47
727	1.84	1.46	1.45	027	6.94	5.54	5.48
725	1.86	1.48	1.47	025	6.96	5.56	5.50
722	1.88	1.49	1.48	022	6.98	5.57	5.51
0.997 19	1.90	1.51	1.50	0.990 20	7.00	5.59	5.53
716	1.92	1.53	1.52	017	7.02	5.61	5.54
713	1.94	1.54	1.53	015	7.04	5.62	5.56
710	1.96	1.56	1.55	012	7.06	5.64	5.57
707	1.98	1.57	1.56	010	7.08	5.65	5.59
0.997 04	2.00	1.59	1.58	0.990 07	7.10	5.67	5.60
701	2.02	1.61	1.60	004	7.12	5.69	5.62
698	2.04	1.62	1.61	002	7.14	5.70	5.63
695	2.06	1.64	1.63	0.989 99	7.16	5.72	5.65
692	2.08	1.65	1.64	997	7.18	5.73	5.66

附 录

相对密度 20℃/20℃	乙醇/% (V/V)	乙醇/% (m/m)	乙醇/ (g/100 mL)	相对密度 20℃/20℃	乙醇/% (V/V)	乙醇/% (m/m)	乙醇/ (g/100 mL)
0.996 89	2.10	1.67	1.66	0.989 94	7.20	5.75	5.68
686	2.12	1.69	1.68	991	7.22	5.77	5.70
683	2.14	1.70	1.69	989	7.24	5.78	5.71
681	2.16	1.72	1.71	986	7.26	5.80	5.73
678	2.18	1.73	1.72	984	7.28	5.81	5.74
0.996 75	2.20	1.75	1.74	0.989 81	7.30	5.83	5.76
672	2.22	1.76	1.75	979	7.32	5.85	5.78
669	2.24	1.78	1.77	976	7.34	5.86	5.79
667	2.26	1.79	1.78	974	7.36	5.88	5.81
664	2.28	1.81	1.80	971	7.38	5.89	5.82
0.996 61	2.30	1.82	1.81	0.989 69	7.40	5.91	5.84
658	2.32	1.84	1.83	966	7.42	5.93	5.86
655	2.34	1.85	1.84	964	7.44	5.94	5.87
652	2.36	1.87	1.86	961	7.46	5.96	5.89
649	2.38	1.88	1.87	0.989 959	7.48	5.97	5.90
0.996 46	2.40	1.90	1.89	954	7.52	6.01	5.94
643	2.42	1.92	1.91	951	7.54	6.02	5.95
640	2.44	1.93	1.92	949	7.56	6.04	5.97
638	2.46	1.95	1.94	946	7.58	6.05	5.98
635	2.48	1.96	1.95	0.989 44	7.60	6.07	6.00
0.996 32	2.50	1.98	1.97	941	7.62	6.09	6.02
629	2.52	2.00	1.99	939	7.64	6.10	6.03
626	2.54	2.01	2.00	936	7.66	6.12	6.05
624	2.56	2.03	2.02	934	7.68	6.13	6.06
621	2.58	2.04	2.03	0.989 31	7.70	6.15	6.08
0.996 18	2.60	2.06	2.05	929	7.72	6.17	6.10
615	2.62	2.08	2.07	926	7.74	6.19	6.11
612	2.64	2.09	2.08	924	7.76	6.20	6.13
609	2.66	2.11	2.10	921	7.78	6.22	6.14
606	2.68	2.12	2.11	0.989 19	7.80	6.24	6.16
0.996 03	2.70	2.14	2.13	916	7.82	6.26	6.18
600	2.72	2.16	2.15	914	7.84	6.27	6.19
597	2.74	2.17	2.16	911	7.86	6.29	6.21
595	2.76	2.19	2.18	909	7.88	6.30	6.22
592	2.78	2.20	2.19	0.989 06	7.90	6.32	6.24
0.995 89	2.80	2.22	2.21	903	7.92	6.34	6.26
586	2.82	2.24	2.23	901	7.94	6.35	6.27
583	2.84	2.25	2.24	898	7.96	6.37	6.29
580	2.86	2.27	2.26	896	7.98	6.38	6.30
577	2.88	2.28	2.27	0.988 93	8.00	6.40	6.32
0.995 74	2.90	2.30	2.29	891	8.02	6.42	6.33
571	2.92	2.32	2.31	888	8.04	6.43	6.35
568	2.94	2.33	2.32	886	8.06	6.45	6.36
566	2.96	2.35	2.34	883	8.08	6.46	6.38
563	2.98	2.36	2.35	0.988 81	8.10	6.48	6.39
0.995 60	3.00	2.38	2.37	879	8.12	6.50	6.41
557	3.02	2.40	2.39	876	8.14	6.51	6.42
554	3.04	2.41	2.40	874	8.16	6.53	6.44
552	3.06	2.43	2.42	871	8.18	6.54	6.45
549	3.08	2.44	2.43	0.988 69	8.20	6.56	6.47
0.995 46	3.10	2.46	2.45	867	8.22	6.58	6.49
543	3.12	2.48	2.47	864	8.24	6.59	6.50
540	3.14	2.49	2.48	862	8.26	6.61	6.52
537	3.16	2.51	2.50	859	8.28	6.62	6.53
534	3.18	2.52	2.51	0.988 57	8.30	6.64	6.55
0.995 31	3.20	2.54	2.53	855	8.32	6.66	6.57
528	3.22	2.56	2.54	852	8.34	6.67	6.58

食品理化检验技术

相对密度 20℃/20℃	乙醇/% (V/V)	乙醇/% (m/m)	乙醇/ (g/100 mL)	相对密度 20℃/20℃	乙醇/% (V/V)	乙醇/% (m/m)	乙醇/ (g/100 mL)
525	3.24	2.57	2.56	850	8.36	6.69	6.60
523	3.26	2.59	2.57	847	8.38	6.70	6.61
520	3.28	2.60	2.59	0.988 45	8.40	6.72	6.63
0.995 17	3.30	2.62	2.60	843	8.42	6.74	6.65
514	3.32	2.64	2.62	840	8.44	6.75	6.66
511	3.34	2.65	2.63	838	8.46	6.77	6.68
509	3.36	2.67	2.65	835	8.48	6.78	6.69
506	3.38	2.68	2.66	0.988 33	8.50	6.80	6.71
0.995 03	3.40	2.70	2.68	830	8.52	6.82	6.73
500	3.42	2.72	2.70	828	8.54	6.83	6.74
497	3.44	2.73	2.71	825	8.56	6.85	6.76
495	3.46	2.75	2.73	823	8.58	6.86	6.77
492	3.48	2.76	2.74	0.988 20	8.60	6.88	6.79
0.994 89	3.50	2.78	2.76	817	8.62	6.90	6.81
486	3.52	2.80	2.78	815	8.64	6.91	6.82
483	3.54	2.81	2.79	812	8.66	6.93	6.84
481	3.56	2.83	2.81	810	8.68	6.94	6.85
478	3.58	2.84	2.82	0.988 07	8.70	6.96	6.87
0.994 75	3.60	2.86	2.84	804	8.72	6.98	6.89
472	3.62	2.88	2.86	802	8.74	6.99	6.90
469	3.64	2.89	2.87	799	8.76	7.01	6.92
467	3.66	2.91	2.89	794	8.78	7.03	6.94
464	3.68	2.92	2.90	0.987 94	8.80	7.04	6.95
0.994 61	3.70	2.94	2.92	792	8.82	7.06	6.97
458	3.72	2.96	2.94	789	8.84	7.07	6.98
455	3.74	2.97	2.95	787	8.86	7.09	7.00
453	3.76	2.99	2.97	784	8.88	7.10	7.01
450	3.78	3.00	2.98	0.987 82	8.90	7.12	7.03
0.994 47	3.80	3.02	3.00	780	8.92	7.14	7.04
444	3.82	3.04	3.02	777	8.94	7.15	7.06
441	3.84	3.05	3.03	775	8.96	7.17	7.07
439	3.86	3.07	3.05	772	8.98	7.18	7.09
436	3.88	3.08	3.06	0.987 70	9.00	7.20	7.10
0.994 33	3.90	3.10	3.08	768	9.02	7.22	7.12
430	3.92	3.12	3.10	765	9.04	7.24	7.13
427	3.94	3.13	3.11	763	9.06	7.25	7.15
425	3.96	3.15	3.13	760	9.08	7.27	7.16
422	3.98	3.16	3.14	0.987 58	9.10	7.29	7.18
0.994 19	4.00	3.18	3.16	756	9.12	7.31	7.20
416	4.02	3.20	3.18	753	9.14	7.32	7.21
413	4.04	3.21	3.19	751	9.16	7.34	7.23
411	4.06	3.23	3.21	748	9.18	7.35	7.24
408	4.08	3.24	3.22	0.987 46	9.20	7.37	7.26
0.994 05	4.10	3.26	3.24	744	9.22	7.39	7.28
402	4.12	3.28	3.26	741	9.24	7.40	7.29
399	4.14	3.29	3.27	739	9.26	7.42	7.31
397	4.16	3.31	3.29	736	9.28	7.43	7.32
394	4.18	3.32	3.30	0.987 34	9.30	7.45	7.34
0.993 91	4.20	3.34	3.32	732	9.32	7.47	7.36
388	4.22	3.36	3.33	729	9.34	7.48	7.37
385	4.24	3.37	3.35	727	9.36	7.50	7.39
383	4.26	3.39	3.36	724	9.38	7.51	7.40
380	4.28	3.40	3.38	0.987 22	9.40	7.53	7.42

附

录

相对密度 20℃/20℃	乙醇/% (V/V)	乙醇/% (m/m)	乙醇/ (g/100 mL)	相对密度 20℃/20℃	乙醇/% (V/V)	乙醇/% (m/m)	乙醇/ (g/100 mL)
0.993 77	4.30	3.42	3.39	720	9.42	7.55	7.44
374	4.32	3.44	3.41	717	9.44	7.56	7.45
371	4.34	3.45	3.42	715	9.46	7.58	7.47
369	4.36	3.47	3.44	712	9.48	7.59	7.48
366	4.38	3.48	3.45	0.987 10	9.50	7.61	7.50
0.993 63	4.40	3.50	3.47	708	9.52	7.63	7.52
360	4.42	3.52	3.49	705	9.54	7.64	7.53
357	4.44	3.53	3.50	703	9.56	7.66	7.55
355	4.46	3.55	3.52	700	9.58	7.67	7.56
352	4.48	3.56	3.53	0.986 98	9.60	7.69	7.58
0.993 49	4.50	3.58	3.55	696	9.62	7.71	7.60
346	4.52	3.60	3.57	693	9.64	7.72	7.61
344	4.54	3.61	3.58	691	9.66	7.74	7.63
341	4.56	3.63	3.60	688	9.68	7.75	7.64
339	4.58	3.64	3.61	0.986 86	9.70	7.77	7.66
0.993 66	4.60	3.66	3.63	684	9.72	7.79	7.67
333	4.62	3.68	3.65	681	9.74	7.80	7.69
330	4.64	3.69	3.66	679	9.76	7.82	7.70
328	4.66	3.71	3.68	676	9.78	7.83	7.72
325	4.68	3.72	3.69	0.986 74	9.80	7.85	7.73
0.993 22	4.70	3.74	3.71	672	9.82	7.87	7.75
319	4.72	3.76	3.73	669	9.84	7.88	7.76
316	4.74	3.77	3.74	667	9.86	7.90	7.78
314	4.76	3.79	3.76	664	9.88	7.91	7.7
311	4.78	3.80	3.77	0.986 62	9.90	7.93	7.81
0.993 08	4.80	3.82	3.79	660	9.92	7.95	7.83
305	4.84	3.84	3.81	657	9.94	7.97	7.84
303	4.84	3.85	3.82	655	9.96	7.98	7.86
300	4.86	3.87	3.84	652	9.98	8.00	7.87
298	4.88	3.88	3.85	0.986 50	10.00	8.02	7.89

附录Ⅸ 糖溶液的相对密度和 Plato 度或浸出物的百分含量及计算原麦汁浓度经验公式校正表

附表 9-1 糖溶液的相对密度和 Plato 度或浸出物的百分含量(20℃)

相对密度	100 g溶液中浸出物的克数/g	相对密度	100 g溶液中浸出物的克数/g	相对密度	100 g溶液中浸出物的克数/g	相对密度	100 g溶液中浸出物的克数/g	相对密度	100 g溶液中浸出物的克数/g
1.000 00	0.000	30	0.334	10	0.540	40	0.872	85	1.244
05	0.013	35	0.347	15	0.552	45	0.885	1.004 90	1.257
10	0.026	40	0.360	20	0.565	1.003 50	0.898	95	1.270
15	0.039	45	0.373	25	0.579	55	0.911	1.005 00	1.283
20	0.052	1.001 50	0.386	30	0.591	60	0.924	05	1.296
25	0.064	55	0.398	35	0.604	65	0.937	10	1.308
30	0.077	60	0.411	40	0.616	70	0.949	15	1.321
35	0.090	65	0.424	45	0.629	75	0.962	20	1.334
40	0.103	70	0.437	1.002 50	0.642	80	0.975	25	1.347
45	0.116	75	0.450	55	0.655	85	0.988	30	1.360
1.000 50	0.129	80	0.463	60	0.668	90	1.001	35	1.372
55	0.141	85	0.476	65	0.680	95	1.014	40	1.385
60	0.154	1.001 90	0.488	70	0.693	1.004 00	1.026	45	1.398
65	0.167	95	0.501	75	0.706	05	1.039	1.005 50	1.411
70	0.180	1.002 00	0.514	80	0.719	10	1.052	55	1.424
75	0.193	05	0.527	85	0.732	15	1.065	60	1.437
80	0.206	10	0.540	90	0.745	20	1.078	65	1.450
85	0.219	15	0.552	95	0.757	25	1.090	70	1.462
90	0.231	20	0.565	1.003 00	0.770	30	1.103	75	1.475
95	0.244	25	0.579	05	0.783	1.004 50	1.155	80	1.488
1.001 00	0.257	30	0.591	10	0.796	55	1.168	85	1.501
05	0.270	35	0.604	15	0.808	60	1.180	90	1.514
10	0.283	40	0.616	20	0.821	65	1.193	95	1.526
15	0.296	45	0.629	25	0.834	70	1.206	1.006 00	1.539
20	0.309	1.002 00	0.514	30	0.847	75	1.219	05	1.552
25	0.321	05	0.527	35	0.859	80	1.232	10	1.565

相对密度	100 g 溶液中浸出物的克数/g	相对密度	100 g 溶液中浸出物的克数/g	相对密度	100 g 溶液中浸出物的克数/g	相对密度	100 g 溶液中浸出物的克数/g	相对密度	100 g 溶液中浸出物的克数/g
15	1.578	1.007 50	1.923	25	2.114	60	2.458	95	2.801
20	1.590	55	1.935	30	2.127	65	2.470	1.011 00	2.839
25	1.603	60	1.948	35	2.139	70	2.483	05	2.826
30	1.616	65	1.961	40	2.152	75	2.496	10	2.839
35	1.629	70	1.973	45	2.165	80	2.508	15	2.852
40	1.641	75	7.004	50	2.178	85	2.521	20	2.864
45	1.654	80	7.017	55	2.191	90	2.534	25	2.877
1.006 50	1.667	85	7.029	60	2.203	95	2.547	30	2.890
55	1.680	30	1.872	65	2.216	1.010 00	2.560	35	2.903
60	1.693	35	1.884	70	2.229	1.010 05	2.572	40	2.915
65	1.705	40	1.897	75	2.241	10	2.585	45	2.928
70	1.718	45	1.910	80	2.254	15	2.598	50	2.940
75	1.731	1.007 50	1.923	85	2.267	20	2.610	55	2.953
80	1.744	55	1.935	90	2.280	25	2.623	60	2.966
85	1.757	60	1.948	95	2.292	30	2.636	65	2.979
90	1.769	65	1.961	1.009 00	2.305	35	2.649	70	2.991
95	1.782	70	1.973	05	2.317	40	2.661	75	3.004
1.007 00	1.795	75	1.986	10	2.330	45	2.674	80	3.017
05	1.807	80	1.999	15	2.343	50	2.687	85	3.029
10	1.820	85	2.012	20	2.356	55	2.699	90	2.042
15	1.833	90	2.025	25	2.369	60	2.712	95	3.055
20	1.846	95	2.038	30	2.381	65	2.725	1.012 00	3.067
25	1.859	1.008 00	2.051	35	2.394	70	2.738	05	3.080
30	1.872	05	2.065	40	2.407	75	2.750	10	3.093
35	1.884	10	2.078	45	2.419	80	2.763	15	3.105
40	1.897	15	2.090	1.009 50	2.432	85	2.776	20	3.118
45	1.910	20	2.102	55	2.445	90	2.788	25	3.131

食品理化检验技术

相对密度	100 g 溶液中浸出物的克数/g	相对密度	100 g 溶液中浸出物的克数/g	相对密度	100 g 溶液中浸出物的克数/g	相对密度	100 g 溶液中浸出物的克数/g	相对密度	100 g 溶液中浸出物的克数/g
30	3.143	65	3.485	1.015 00	3.826	35	4.165	70	4.505
35	3.156	70	3.497	05	3.838	40	4.178	75	4.517
40	3.169	75	3.510	10	3.851	45	4.190	80	4.529
45	3.181	80	3.523	15	3.863	1.016 50	4.203	85	4.542
50	3.194	85	3.535	20	3.876	55	4.216	90	4.555
55	3.207	90	3.548	25	3.888	60	4.228	95	4.567
60	3.219	95	3.561	30	3.901	65	4.241	1.018 00	4.580
65	3.232	1.014 00	3.573	35	3.914	70	4.253	05	4.592
70	3.245 ·	05	3.586	40	3.926	75	4.266	1.018 10	4.605
75	3.257	10	3.598	45	3.939	80	4.278	15	4.617
80	3.270	15	3.611	1.015 50	3.951	85	4.291	20	4.630
85	3.282	20	3.624	55	3.964	90	4.304	25	4.642
90	3.295	25	3.636	60	3.977	95	4.316	30	4.655
95	3.308	30	3.649	65	3.989	1.017 00	4.329	35	4.668
1.013 00	3.321	35	3.662	70	4.002	05	4.341	40	4.680
05	3.333	40	3.674	75	4.014	10	4.354	45	4.692
10	3.346	45	3.687	80	4.027	15	4.366	1.018 50	4.705
15	3.358	1.014 50	3.699	85	4.039	20	4.379	55	4.718
20	3.371	55	3.712	90	4.052	25	4.391	60	4.730
25	3.384	60	3.725	95	4.065	30	4.404	65	4.743
30	3.396	65	3.737	1.016 00	4.077	35	4.417	70	4.755
35	3.409	70	3.750	05	4.090	40	4.429	75	4.768
40	3.421	75	3.762	10	4.102	45	4.442	80	4.780
45	3.434	80	3.775	15	4.115	1.017 50	4.454	85	4.792
1.013 50	3.447	85	3.788	20	4.128	55	4.467	90	4.805
1.013 55	3.459	90	3.800	25	4.140	60	4.479	95	4.818
60	3.472	95	3.813	30	4.153	65	4.492	1.019 00	4.830

附录

相对密度	100 g 溶液中浸出物的克数/g	相对密度	100 g 溶液中浸出物的克数/g	相对密度	100 g 溶液中浸出物的克数/g	相对密度	100 g 溶液中浸出物的克数/g	相对密度	100 g 溶液中浸出物的克数/g
05	4.843	40	5.180	75	5.517	10	5.853	45	6.188
10	4.855	45	5.193	80	5.530	15	5.865	1.024 50	6.200
15	4.868	50	5.205	85	5.542	20	5.878	55	6.213
20	4.880	55	5.218	90	5.555	25	5.890	60	6.225
25	4.893	60	5.230	95	5.567	30	5.903	65	6.238
30	4.905	65	5.243	1.022 00	5.580	35	5.915	70	6.250
35	4.918	70	5.255	05	5.592	40	5.928	75	6.263
40	4.930	75	5.268	10	5.605	45	5.940	80	6.275
45	4.943	80	5.280	15	5.617	1.023 50	5.952	85	6.287
1.019 50	4.955	85	5.293	20	5.629	55	5.965	90	6.114
55	4.968	90	5.305	25	5.642	60	5.977	95	6.126
60	4.980	95	5.318	30	5.654	65	5.990	1.025 00	6.139
65	4.993	1.021 00	5.330	35	5.667	70	6.002	05	6.151
70	5.006	05	5.343	40	5.679	75	6.015	10	6.163
75	5.018	10	5.355	45	5.692	80	6.027	15	6.176
80	5.030	15	5.367	1.022 50	5.704	85	6.039	20	6.188
85	5.043	20	5.380	55	5.716	90	6.052	25	6.200
90	5.055	25	5.392	60	5.729	95	6.064	30	6.213
95	5.068	30	5.405	65	5.741	1.024 00	6.077	35	6.225
1.020 00	5.080	35	5.418	70	5.754	05	6.089	40	6.238
05	5.093	40	5.430	75	5.766	10	6.101	45	6.250
10	5.106	45	5.443	80	5.779	15	6.114	1.025 50	6.263
15	5.188	1.021 50	5.455	85	5.791	20	6.126	55	6.275
20	5.130	55	5.467	90	5.803	25	6.139	60	6.287
25	5.143	60	5.480	95	5.816	30	6.151	65	6.300
30	5.155	65	5.492	1.023 00	5.828	35	6.163	70	6.498
35	5.168	70	5.505	1.023 05	5.841	40	6.176	75	6.510

食品理化检验技术

相对密度	100 g 溶液中浸出物的克数/g	相对密度	100 g 溶液中浸出物的克数/g	相对密度	100 g 溶液中浸出物的克数/g	相对密度	100 g 溶液中浸出物的克数/g	相对密度	100 g 溶液中浸出物的克数/g
80	6.523	15	6.856	1.028 50	7.189	85	7.521	20	7.853
85	6.535	20	6.868	55	7.201	90	7.533	25	7.865
90	6.547	25	6.881	60	7.214	95	7.546	30	7.877
95	6.560	30	6.893	65	7.226	1.030 00	7.558	35	7.889
1.026 00	6.572	35	6.905	70	7.238	05	7.570	40	7.901
05	6.584	40	6.918	75	7.251	10	7.583	45	7.914
10	6.597	45	6.930	80	7.263	15	7.595	1.031 50	7.926
15	6.609	1.027 50	6.943	85	7.275	20	7.607	55	7.938
20	6.621	55	6.955	90	7.287	25	7.619	60	7.950
25	6.634	60	6.967	95	7.300	30	7.632	65	7.963
30	6.646	65	6.979	1.029 00	7.312	35	7.644	70	7.975
35	6.659	70	6.992	05	7.324	40	7.656	75	7.987
40	6.671	75	7.004	10	7.337	45	7.668	80	8.000
45	6.683	80	7.017	15	7.349	1.030 50	7.681	85	8.012
1.026 50	6.696	85	7.029	20	7.361	55	7.693	90	8.024
55	6.708	90	7.041	23	7.374	60	7.705	95	8.036
60	6.720	95	7.053	30	7.386	65	7.717	1.032 00	8.048
65	6.733	1.028 00	7.066	35	7.398	70	7.730	05	8.061
70	6.745	05	7.078	40	7.411	75	7.742	10	8.073
75	6.757	10	7.091	45	7.423	80	7.754	15	8.085
80	6.770	15	7.103	1.029 50	7.435	85	7.767	20	8.098
85	6.782	20	7.115	55	7.447	90	7.779	25	8.110
90	6.794	25	7.127	60	7.460	95	7.791	1.032 30	8.122
95	6.807	30	7.140	65	7.472	1.031 00	7.803	35	8.134
1.027 00	6.819	35	7.152	70	7.484	05	7.816	40	8.146
05	6.831	40	7.164	75	7.497	10	7.828	45	8.159
10	6.844	45	7.177	80	7.509	15	7.840	1.032 50	8.171

附录

相对密度	100 g 溶液中浸出物的克数/g	相对密度	100 g 溶液中浸出物的克数/g	相对密度	100 g 溶液中浸出物的克数/g	相对密度	100 g 溶液中浸出物的克数/g	相对密度	100 g 溶液中浸出物的克数/g
55	8.183	90	8.513	25	8.842	60	9.170	95	9.498
60	8.195	95	8.525	30	8.854	65	9.182	1.038 00	9.509
65	8.207	1.034 00	8.537	35	8.866	70	9.194	05	9.522
70	8.220	05	8.549	40	8.878	75	9.206	10	9.534
75	8.232	10	8.561	45	8.890	80	9.218	15	9.546
80	8.244	15	8.574	1.035 50	8.902	85	9.230	20	9.558
85	8.256	20	8.586	55	8.915	90	9.243	25	9.570
90	8.269	25	8.598	60	8.927	95	9.255	30	9.582
95	8.281	30	8.610	65	8.939	1.037 00	9.267	35	9.594
1.033 00	8.293	35	8.622	70	8.951	05	9.279	40	9.606
05	8.305	40	8.634	75	8.963	10	9.291	45	9.618
10	8.317	45	8.647	80	8.975	15	9.303	1.038 50	9.631
15	8.330	1.034 50	8.659	85	8.988	20	9.316	55	9.643
20	8.342	55	8.671	90	9.000	25	9.328	60	9.655
25	8.354	60	8.683	95	9.012	30	9.340	65	9.667
30	8.366	65	8.695	1.036 00	9.024	35	9.352	70	9.679
35	8.378	70	8.708	05	9.036	40	9.364	75	9.691
40	8.391	75	8.720	10	9.048	45	9.376	80	9.703
45	8.403	80	8.732	15	9.060	1.037 50	9.388	85	9.715
1.033 50	8.415	85	8.744	20	9.073	55	9.400	90	9.727
55	8.427	90	8.756	25	9.085	60	9.413	95	9.740
60	8.439	95	8.768	30	9.097	65	9.425	1.039 00	9.751
65	8.452	1.035 00	8.781	35	9.109	70	9.437	05	9.764
70	8.464	05	8.793	40	9.121	75	9.449	10	9.776
75	8.476	10	8.805	45	9.133	80	9.461	15	9.788
80	8.488	15	8.817	1.036 50	9.145	85	9.473	20	9.800
85	8.500	20	8.830	55	9.158	90	9.485	25	9.812

食品理化检验技术

相对密度	100 g 溶液中浸出物的克数/g	相对密度	100 g 溶液中浸出物的克数/g	相对密度	100 g 溶液中浸出物的克数/g	相对密度	100 g 溶液中浸出物的克数/g	相对密度	100 g 溶液中浸出物的克数/g
30	9.824	65	10.150	1.042 00	10.475	35	10.800	70	11.123
35	9.836	70	10.162	05	10.487	40	10.812	75	11.135
40	9.848	75	10.174	10	10.499	45	10.824	80	11.147
45	9.860	80	10.186	15	10.511	1.043 50	10.836	85	11.159
1.039 50	9.873	85	10.198	20	10.523	55	10.848	90	11.171
55	9.885	90	10.210	25	10.536	60	10.860	95	11.183
60	9.897	95	10.223	30	10.548	65	10.872	1.045 00	11.195
65	9.909	1.041 00	10.234	35	10.559	70	10.884	05	11.207
70	9.921	05	10.246	40	10.571	75	10.896	10	11.219
75	9.933	10	10.259	45	10.584	80	10.908	15	11.231
80	9.945	15	10.271	1.042 50	10.596	85	10.920	20	11.243
85	9.957	20	10.283	55	10.608	90	10.932	25	11.255
90	9.969	25	10.295	60	10.620	95	10.944	30	11.267
95	9.981	30	10.307	65	10.632	1.044 00	10.956	35	11.279
1.040 00	9.993	35	10.319	70	10.644	05	10.968	40	11.291
05	10.005	40	10.331	75	10.656	10	10.980	45	11.303
10	10.017	45	10.343	80	10.668	15	10.992	1.045 50	11.315
15	10.030	1.041 50	10.355	85	10.680	20	11.004	55	11.327
20	10.042	1.041 55	10.367	90	10.692	25	11.016	60	11.339
25	10.054	60	10.379	95	10.704	30	11.027	65	11.351
30	10.066	65	10.391	1.043 00	10.716	35	11.039	70	11.363
35	10.078	70	10.403	05	10.728	40	11.051	75	11.375
40	10.090	75	10.415	10	10.740	45	11.063	80	11.387
45	10.102	80	10.427	15	10.752	1.044 50	11.075	85	11.399
1.040 50	10.114	85	10.439	20	10.764	55	11.087	90	11.411
55	10.126	90	10.451	25	10.776	60	11.100	95	11.423
60	10.138	95	10.463	30	10.788	65	11.112	1.046 00	11.435

附录

相对密度	100 g 溶液中浸出物的克数/g	相对密度	100 g 溶液中浸出物的克数/g	相对密度	100 g 溶液中浸出物的克数/g	相对密度	100 g 溶液中浸出物的克数/g	相对密度	100 g 溶液中浸出物的克数/g
05	11.446	40	11.768	75	12.090	10	12.411	45	12.731
10	11.458	45	11.780	80	12.102	15	12.423	1.051 50	12.743
15	11.470	1.047 50	11.792	85	12.114	20	12.435	55	12.755
20	11.482	55	11.804	90	12.126	25	12.447	60	12.767
25	11.494	60	11.816	95	12.138	30	12.458	65	12.778
30	11.506	65	11.828	1.049 00	12.150	35	12.470	70	12.790
35	11.518	70	11.840	05	12.162	40	12.482	75	12.802
40	11.530	75	11.852	10	12.173	45	12.494	80	12.814
45	11.542	80	11.864	15	12.185	1.050 50	12.506	85	12.826
1.046 50	11.554	85	11.876	20	12.197	55	12.518	90	12.838
55	11.566	90	11.888	25	12.209	60	12.530	95	12.849
60	11.578	95	11.900	30	12.221	65	12.542	1.052 00	12.861
65	11.590	1.048 00	11.912	35	12.233	70	12.553	05	12.873
70	11.602	05	11.923	40	12.245	75	12.565	10	12.885
75	11.614	10	11.935	45	12.256	80	12.577	15	12.897
80	11.626	15	11.947	1.049 50	12.268	85	12.589	20	12.909
85	11.638	20	11.959	55	12.280	90	12.601	25	12.920
90	11.650	25	11..971	60	12.292	95	12.613	30	12.932
95	11.661	30	11.983	65	12.304	1.051 00	12.624	35	12.944
1.047 00	11.673	35	11.995	70	12.316	05	12.636	40	12.956
05	11.685	40	12.007	75	12.328	10	12.648	45	12.968
10	11.697	45	12.019	80	12.340	15	12.660	1.052 50	12.979
15	11.709	1.048 50	12.031	85	12.351	20	12.672	55	12.991
20	11.721	55	12.042	90	12.363	25	12.684	60	13.003
25	11.733	60	12.054	95	12.375	30	12.695	65	13.015
30	11.745	65	12.066	1.050 00	12.387	35	12.707	70	13.027
35	11.757	70	12.078	05	12.399	40	12.719	75	13.039

食品理化检验技术

相对密度	100 g 溶液中浸出物的克数/g	相对密度	100 g 溶液中浸出物的克数/g	相对密度	100 g 溶液中浸出物的克数/g	相对密度	100 g 溶液中浸出物的克数/g	相对密度	100 g 溶液中浸出物的克数/g
80	13.050	15	13.369	1.055 50	13.687	85	14.004	20	14.320
85	13.062	20	13.380	55	13.698	90	14.015	25	14.332
90	13.074	25	13.392	60	13.710	95	14.027	30	14.343
95	13.086	30	13.404	65	13.722	1.057 00	14.039	35	14.355
1.053 00	13.098	35	13.416	70	13.734	05	14.051	40	14.367
05	13.109	40	13.428	75	13.746	10	14.062	45	14.379
10	13.121	45	13.439	80	13.757	15	14.074	1.058 50	14.390
15	13.133	1.054 50	13.451	85	13.769	20	14.086	55	14.402
20	13.145	55	13.463	90	13.781	25	14.097	60	14.414
25	13.157	60	13.475	95	13.792	30	14.109	65	14.425
30	13.168	65	13.487	1.056 00	13.804	35	14.121	70	14.437
35	13.180	70	13.499	05	13.816	40	14.133	75	14.449
40	13.192	75	13.510	10	13.828	45	14.144	80	14.460
45	13.204	80	13.522	15	13.839	1.057 50	14.156	85	14.472
1.053 50	13.215	85	13.534	20	13.851	55	14.168	90	14.484
55	13.227	90	13.546	25	13.863	60	14.179	95	14.495
60	13.239	95	13.557	30	13.875	65	14.191	1.059 00	14.507
65	13.251	1.055 00	13.569	35	13.886	70	14.203	05	14.519
70	13.263	05	13.581	40	13.898	75	14.215	10	14.531
75	13.274	10	13.593	45	13.910	80	14.226	15	14.542
80	13.286	15	13.604	1.056 50	13.921	85	14.238	20	14.554
85	13.298	20	13.616	55	13.933	90	14.250	25	14.565
90	13.310	25	13.628	60	13.945	95	14.261	30	14.577
95	13.322	30	13.640	65	13.957	1.058 00	14.273	35	14.589
1.054 00	13.333	35	13.651	70	13.968	05	14.285	40	14.601
05	13.345	40	13.663	75	13.980	10	14.297	45	14.612
10	13.357	45	13.675	80	13.992	15	14.308	1.058 50	14.624

附录

相对密度	100 g 溶液中浸出物的克数/g	相对密度	100 g 溶液中浸出物的克数/g	相对密度	100 g 溶液中浸出物的克数/g	相对密度	100 g 溶液中浸出物的克数/g	相对密度	100 g 溶液中浸出物的克数/g
55	14.636	90	14.950	25	15.265	60	15.578	95	15.891
60	14.647	95	14.962	30	15.276	65	15.590	1.065 00	15.903
65	14.659	1.062 00	14.974	35	15.288	70	15.602	05	15.914
70	14.671	05	14.986	40	15.300	75	15.613	10	15.926
75	14.682	10	14.997	45	15.311	80	15.625	15	15.938
1.058 80	14.694	15	15.009	1.062 50	15.323	85	15.637	20	15.949
85	14.706	20	15.020	55	15.334	90	15.648	25	15.961
90	14.717	25	15.032	60	15.346	95	15.660	30	15.972
95	14.729	30	15.044	65	15.358	1.064 00	15.671	35	15.984
1.060 00	14.741	35	15.055	70	15.369	05	15.683	40	15.995
05	14.752	40	15.067	75	15.381	10	15.694	45	16.007
10	14.764	45	15.079	80	15.393	15	15.706	1.065 50	16.019
15	14.776	1.062 50	15.090	85	15.404	20	15.717	55	16.030
20	14.787	55	15.102	90	15.416	25	15.729	60	16.041
25	14.799	60	15.114	95	15.427	30	15.741	65	16.053
30	14.811	65	15.125	1.063 00	15.439	35	15.752	70	16.065
35	14.822	70	15.137	05	15.451	40	15.764	75	16.076
40	14.834	75	15.148	10	15.462	45	15.776	80	16.088
45	14.846	80	15.160	15	15.474	1.064 50	15.787	85	16.099
1.061 00	14.857	85	15.172	20	15.486	55	15.799	90	16.111
55	14.869	90	15.183	25	15.497	60	15.810	95	16.122
60	14.881	95	15.195	30	15.509	65	15.822	1.066 00	16.134
65	14.892	1.062 00	15.207	35	15.520	70	15.833	05	16.145
70	14.904	05	15.218	40	15.532	75	15.845	10	16.157
75	14.916	10	15.230	45	15.544	80	15.857	15	16.169
80	14.927	15	15.241	1.063 50	15.555	85	15.868	20	16.180
85	14.939	20	15.253	55	15.567	90	15.880	25	16.191

相对密度	100 g 溶液中浸出物的克数/g	相对密度	100 g 溶液中浸出物的克数/g	相对密度	100 g 溶液中浸出物的克数/g	相对密度	100 g 溶液中浸出物的克数/g	相对密度	100 g 溶液中浸出物的克数/g
30	16.203	65	16.514	1.069 00	16.825	35	17.135	70	17.444
35	16.215	70	16.526	05	16.836	40	17.146	75	17.456
40	16.226	75	16.537	10	16.848	45	17.158	80	17.467
45	16.238	80	16.549	15	16.859	1.070 50	17.169	85	17.479
1.066 50	16.249	85	16.561	20	16.871	55	17.181	90	17.490
55	16.261	90	16.572	25	16.882	60	17.192	95	17.501
60	16.272	95	16.583	30	16.894	65	17.204	1.072 00	17.513
65	16.284	1.068 00	16.595	35	16.905	70	17.215	05	17.524
70	16.295	05	16.606	40	16.917	75	17.227	10	17.536
75	16.307	10	16.618	45	16.928	80	17.238	15	17.547
80	16.319	15	16.630	1.069 50	16.940	85	17.250	20	17.559
85	16.330	20	16.641	55	16.951	90	17.261	25	17.570
90	16.341	25	16.652	60	16.963	95	17.272	30	17.581
95	16.353	30	16.664	65	16.974	1.071 00	17.284	35	17.593
1.067 00	16.365	35	16.676	70	16.986	05	17.295	40	17.604
05	16.376	40	16.687	75	16.997	10	17.307	45	17.616
10	16.388	45	16.699	80	17.009	15	17.318	1.072 50	17.627
15	16.399	1.068 50	16.710	85	17.020	20	17.330	55	17.639
20	16.411	55	16.722	90	17.032	25	17.341	60	17.650
25	16.422	60	16.733	95	17.043	30	17.353	65	17.661
30	16.434	65	16.744	1.070 00	17.055	35	17.364	70	17.673
35	16.445	70	16.756	05	17.066	40	17.375	75	17.684
40	16.457	75	J6.768	10	17.078	45	17.387	80	17.696
45	16.468	80	16.779	15	17.089	1.071 50	17.398	85	17.707
1.067 50	16.480	85	16.791	20	17.101	55	17.410	90	17.719
55	16.491	90	16.802	25	17.112	60	17.421	95	17.730
60	16.503	95	16.813	30	17.123	65	17.433	1.073 00	17.741

附录

相对密度	100 g 溶液中浸出物的克数/g	相对密度	100 g 溶液中浸出物的克数/g	相对密度	100 g 溶液中浸出物的克数/g	相对密度	100 g 溶液中浸出物的克数/g	相对密度	100 g 溶液中浸出物的克数/g
05	17.753	40	18.061	75	18.368	10	18.675	45	18.980
10	17.764	45	18.072	80	18.379	15	18.686	1.078 50	18.992
15	17.776	1.074 50	18.084	85	18.391	20	18.697	55	19.003
20	17.787	55	18.095	90	18.402	25	18.709	60	19.015
25	17.799	60	18.106	95	18.413	30	18.720	65	19.026
30	17.810	65	18.118	1.076 00	18.425	35	18.731	70	19.037
35	17.821	70	18.129	05	18.436	40	18.742	75	19.048
40	17.833	75	18.140	10	18.447	45	18.754	80	19.060
45	17.844	80	18.152	15	18.459	1.077 50	18.765	85	19.071
1.073 50	17.856	85	18.163	20	18.470	55	18.777	90	19.082
55	17.867	90	18.175	25	18.482	60	18.788	95	19.094
60	17.878	95	18.186	30	18.493	65	18.799	1.079 00	19.105
65	17.890	1.075 00	18.197	35	18.504	70	18.810	05	19.116
70	17.901	05	18.209	40	18.516	75	18.822	10	19.127
75	17.913	10	18.220	45	18.527	80	18.833	15	19.139
80	17.924	15	95	1.076 50	18.538	85	18.845	20	19.150
85	17.935	20	18.243	55	18.550	90	18.856	25	19.161
90	17.947	25	18.254	60	18.561	95	18.867	30	19.173
95	17.958	30	18.266	65	18.572	1.078 00	18.878	35	19.184
1.074 00	17.970	35	18.277	70	18.584	05	18.890	40	19.195
05	17.981	40	18.288	75	18.595	10	18.901	45	19.207
10	17.992	45	18.300	80	18.607	15	18.912	1.079 50	19.218
15	18.004	1.075 50	18.311	85	18.618	20	18.924	55	19.229
20	18.015	55	18.323	90	18.629	25	18.935	60	19.241
25	18.027	60	18.334	95	18.641	30	18.947	65	19.252
30	18.038	65	18.345	1.077 00	18.652	35	18.958	70	19.263
35	18.049	70	18.356	05	18.663	40	18.969	75	19.274

续附表 9-1

相对密度	100 g 溶液中浸出物的克数/g	相对密度	100 g 溶液中浸出物的克数/g	相对密度	100 g 溶液中浸出物的克数/g	相对密度	100 g 溶液中浸出物的克数/g	相对密度	100 g 溶液中浸出物的克数/g
80	19.286	45	19.432	10	19.579	75	19.725	45	19.883
85	19.297	1.080 50	19.444	15	19.590	80	19.737	50	19.894
90	19.308	55	19.455	20	19.601	85	19.748	55	19.905
95	19.320	60	19.466	25	19.613	95	19.770	60	19.917
1.080 00	19.331	65	19.478	30	19.624	1.082 00	19.782	65	19.928
05	19.342	70	19.489	35	19.635	05	19.793	70	19.939
10	19.353	75	19.500	40	19.646	10	19.804	75	19.950
15	19.365	80	19.511	45	19.658	15	19.815	80	19.961
20	19.376	85	19.523	1.081 50	19.669	20	19.827	85	19.973
25	19.387	90	19.534	55	19.680	25	19.838	90	19.984
30	19.399	95	19.545	60	19.692	30	19.849	95	19.995
35	19.410	1.081 00	19.556	65	19.703	35	19.860	1.083 00	20.007
40	19.421	05	19.567	70	19.714	40	19.872		

附表 9-2　计算原麦汁浓度经验公式校正表

| 原麦汁浓度 2A+E | 酒精度/%mass | | | | | | | | | | | | | | | | |
	2.8	3.0	3.2	3.4	3.6	3.8	4.0	4.2	4.4	4.6	4.8	5.0	5.2	5.4	5.6	5.8	6.0
8	0.05	0.06	0.06	0.06	0.07	0.07	—										
9	0.08	0.09	0.09	0.10	0.10	0.11	0.11	—									
10	0.11	0.12	0.12	0.13	0.14	0.15	0.15	0.16	0.17	0.18	0.18	—	—	—	—	—	—
11	0.14	0.15	0.16	0.17	0.18	0.19	0.20	0.20	0.21	0.22	0.23	0.24	0.25	0.26			
12	0.17	0.18	0.19	0.20	0.21	0.22	0.23	0.25	0.26	0.27	0.28	0.29	0.30	0.31	0.32	0.33	—
13	0.20	0.21	0.22	0.24	0.25	0.26	0.28	0.29	0.30	0.31	0.33	0.34	0.35	0.37	0.38	0.39	0.41
14	0.22	0.24	0.25	0.27	0.29	0.30	0.32	0.33	0.35	0.36	0.38	0.39	0.40	0.42	0.43	0.45	0.46
15	0.25	0.27	0.29	0.30	0.32	0.34	0.36	0.37	0.39	0.41	0.42	0.44	0.46	0.47	0.49	0.51	0.52
16	0.28	0.30	0.32	0.34	0.36	0.38	0.40	0.42	0.44	0.45	0.47	0.49	0.51	0.53	0.55	0.56	0.58
17	0.31	0.33	0.36	0.38	0.40	0.42	0.44	0.46	0.48	0.50	0.52	0.54	0.56	0.58	0.60	0.62	0.64
18	0.34	0.36	0.39	0.41	0.43	0.46	0.48	0.50	0.53	0.55	0.57	0.59	0.62	0.64	0.66	0.68	0.71
19	0.37	0.40	0.42	0.45	0.47	0.50	0.52	0.55	0.57	0.59	0.62	0.64	0.67	0.69	0.72	0.74	0.76
20	0.40	0.43	0.45	0.48	0.51	0.54	0.56	0.59	0.62	0.64	0.67	0.70	0.72	0.75	0.77	0.80	0.82

附表 10-1　相当于氧化亚铜质量的葡萄糖、果糖、乳糖、转化糖质量表

氧化亚铜	葡萄糖	果糖	乳糖（含水）	转化糖	氧化亚铜	葡萄糖	果糖	乳糖（含水）	转化糖
11.3	4.6	5.1	7.7	5.2	63.0	27.0	29.8	42.9	28.6
12.4	5.1	5.6	8.5	5.7	64.2	27.5	30.3	43.7	29.1
13.5	5.6	6.1	9.3	6.2	65.3	28.0	30.9	44.4	29.6
14.6	6.0	6.7	10.0	6.7	66.4	28.5	31.4	45.2	30.1
15.8	6.5	7.2	10.8	7.2	67.6	29.0	31.9	46.0	30.6
16.9	7.0	7.7	11.5	7.7	68.7	29.5	32.5	46.7	31.2
18.0	7.5	8.3	12.3	8.2	69.8	30.0	33.0	47.5	31.7
19.1	8.0	8.8	13.1	8.7	70.9	30.5	33.6	48.3	32.2
20.3	8.5	9.3	13.8	9.2	72.1	31.0	34.1	49.0	32.7
21.4	8.9	9.9	14.6	9.7	73.2	31.5	34.7	49.8	33.2
22.5	9.4	10.4	15.4	10.2	74.3	32.0	35.2	50.6	33.7
23.6	9.9	10.9	16.1	10.7	75.4	32.5	35.8	51.3	34.3
24.8	10.4	11.5	16.9	11.2	76.6	33.0	36.3	52.1	34.8
25.9	10.9	12.0	17.7	11.7	77.7	33.5	36.8	52.9	35.3
27.0	11.4	12.5	18.4	12.3	78.8	34.0	37.4	53.6	35.8
28.1	11.9	13.1	19.2	12.8	79.9	34.5	37.9	54.4	36.3
29.3	12.3	13.6	19.9	13.3	81.1	35.0	38.5	55.2	36.8
30.4	12.8	14.2	20.7	13.8	82.2	35.5	39.0	55.9	37.4
31.5	13.3	14.7	21.5	14.3	83.3	36.0	39.6	56.7	37.9
32.6	13.8	15.2	22.2	14.8	84.5	36.5	40.1	57.5	38.4
33.8	14.3	15.8	23.0	15.3	85.6	37.0	40.7	58.2	38.9
34.9	14.8	16.3	23.8	15.8	86.7	37.5	41.2	59.0	39.4
36.0	15.3	16.8	24.5	16.3	87.8	38.0	41.7	59.8	40.0
37.2	15.7	17.4	25.3	16.8	88.9	38.5	42.3	60.5	40.5
38.3	16.2	17.9	26.1	17.3	90.1	39.0	42.8	61.3	41.0
39.4	16.7	18.4	26.8	17.8	91.2	39.5	43.4	62.1	41.5
40.5	17.2	19.0	27.6	18.3	92.3	40.0	43.9	62.8	42.0
41.7	17.7	19.5	28.4	18.9	93.4	40.5	44.5	63.6	42.6
42.8	18.2	20.1	29.1	19.4	94.6	41.0	45.0	64.4	43.1
43.9	18.7	20.6	29.9	19.9	95.7	41.5	45.6	65.1	43.6
45.0	19.2	21.1	30.6	20.4	96.8	42.0	46.1	65.9	44.1
46.2	19.7	21.7	31.4	20.9	97.9	42.5	46.7	66.7	44.7
47.3	20.1	22.2	32.2	21.4	99.1	43.0	47.2	67.4	45.2
48.4	20.6	22.8	32.9	21.9	100.2	43.5	47.8	68.2	45.7
49.5	21.1	23.3	33.7	22.4	101.3	44.0	48.3	69.0	46.2
50.7	21.6	23.8	34.5	22.9	102.5	44.5	48.9	69.7	46.7
51.8	22.1	24.4	35.2	23.5	103.6	45.0	49.4	70.5	47.3
52.9	22.6	24.9	36.0	24.0	104.7	45.5	50.0	71.3	47.8
54.0	23.1	25.4	36.8	24.5	105.8	46.0	50.5	72.1	48.3
55.2	23.6	26.0	37.5	25.0	107.0	46.5	51.1	72.8	48.8
56.3	24.1	26.5	38.3	25.5	108.1	47.0	51.6	73.6	49.4
57.4	24.6	27.1	39.1	26.0	109.2	47.5	52.2	74.4	49.9
58.5	25.1	27.6	39.8	26.5	110.3	48.0	52.7	75.1	50.4
59.7	25.6	28.2	40.6	27.0	111.5	48.5	53.3	75.9	50.9
60.8	26.1	28.7	41.4	27.6	112.6	49.0	53.8	76.7	51.5
61.9	26.5	29.2	42.1	28.1	113.7	49.5	54.4	77.4	52.0

氧化亚铜	葡萄糖	果糖	乳糖（含水）	转化糖	氧化亚铜	葡萄糖	果糖	乳糖（含水）	转化糖
114.8	50.0	54.9	78.2	52.5	166.6	73.7	80.5	113.7	77.0
116.0	50.6	55.5	79.0	53.0	167.8	74.2	81.1	114.4	77.6
117.1	51.1	56.0	79.7	53..6	168.9	74.7	81.6	115.2	78.1
118.2	51.6	56.6	80.5	54.1	170.0	75.2	82.2	116.0	78.6
119.3	52.1	57.1	81.3	54.6	171.1	75.7	82.8	116.8	79.2
120.5	52.6	57.7	82.1	55.2	172.3	76.3	83.3	117.5	79.7
121.6	53.1	58.2	82.8	55.7	173.4	76.8	83.9	118.3	80.3
122.7	53.6	58.8	83.6	56.2	174.5	77.3	84.4	119.1	80.8
123.8	54.1	59.3	84.4	56.7	175.6	77.8	85.0	119.9	81.3
125.0	54.6	59.9	85.1	57.3	176.8	78.3	85.6	120.6	81.9
126.1	55.1	60.4	85.9	57.8	177.9	78.9	86.1	121.4	82.4
127.2	55.6	61.0	86.7	58.3	179.0	79.4	86.7	122.2	83.0
128.3	56.1	61.6	87.4	58.9	180.1	79.9	87.3	122.9	83.5
129.5	56.7	62.1	88.2	59.4	181.3	80.4	87.8	123.7	84.0
130.6	57.2	62.7	89.0	59.9	182.4	81.0	88.4	124.5	84.6
131.7	57.7	63..2	89.8	60.4	183.5	81.5	89.0	125.3	85.1
132.8	58.2	63.8	90.5	61.0	184.5	82.0	89.5	126.0	85.7
134.0	58.7	64.3	91.3	61.5	185.8	82.5	90.1	126.8	86.2
135.1	59.2	64.9	92.1	62.0	186.9	83.1	90.6	127.6	86.3
136.2	59.7	65.4	92.8	62.6	188.0	83.6	91.2	128.4	87.3
137.4	60.2	66.0	93.6	63.1	189.1	84.1	91.8	129.1	87.8
138.5	60.7	66.5	94.4	63.6	190.3	84.6	92.3	129.9	88.4
139.6	61.3	67.1	95.2	64.2	191.4	85.2	92.9	130.7	88.9
140.7	61.8	67.7	95.9	64.7	192.5	85.7	93.5	131.5	89.5
141.9	62.3	68.2	96.7	65.2	193.6	86.2	94.0	132.2	90.0
143.0	62.8	68.8	97.5	65.8	194.8	86.7	94.6	133.0	90.6
144.1	63.3	69.3	98.2	66.3	195.9	87.3	95.2	133.8	91.1
145.2	63..8	69.9	99.0	66.8	197.0	87.8	95.7	134.6	91.7
146.4	64.3	70.4	99.8	67.4	198.1	88.3	96.3	135.3	92.2
147.5	64.9	71.0	100.6	67.9	199.3	88.9	96.9	136.1	92.8
148.6	65.4	71.6	101.3	68.4	200.4	89.4	97.4	136.9	93.3
149.7	65.9	72.1	102.1	69.0	201.5	89.9	98.0	137.7	93.8
150.9	66.4	72.7	102.9	69.5	202.7	90.4	98.6	138.4	94.4
152.0	66.9	73.2	103.6	70.0	203.8	91.0	99.2	139.2	94.9
153.1	67.4	73.8	104.4	70.6	204.9	91.5	99.7	140.0	95.5
154.2	68.0	74.3	105.2	71.1	206.0	92.0	100.3	140.8	96.0
155.4	68.5	74.9	106.0	71.6	207.2	92.6	100.9	141.5	96.6
156.5	69.0	75.5	106.7	72.2	208.3	93.1	101.4	142.3	97.1
157.6	69.5	76.0	107.5	72.7	209.4	93.6	102.0	143.1	97.7
158.7	70.0	76.6	108.3	73.2	210.5	94.2	102.6	143.9	98.2
159.9	70.5	77.1	109.0	73.8	211.7	94.7	103.1	144.6	98.8
161.0	71.1	77.7	109.8	74.3	212.8	95.2	103.7	145.4	99.3
162.1	71.6	78.3	110.6	74.9	213.9	95.7	104.3	146.2	99.9
163.2	72.1	78.8	111.4	75.4	215.0	96.3	104.8	147.0	100.4
164.4	72.6	79.4	112.1	75.9	216.2	96.8	105.4	147.7	101.0
165.5	73.1	80.0	112.9	76.5	217.3	97.3	106.0	148.5	101.5

附录

氧化亚铜	葡萄糖	果糖	乳糖（含水）	转化糖	氧化亚铜	葡萄糖	果糖	乳糖（含水）	转化糖
218.4	97.9	106.6	149.3	102.1	270.2	122.7	133.1	185.1	127.8
219.5	98.4	107.1	150.1	102.6	271.3	123.3	133.7	185.8	128.3
220.7	98.9	107.7	150.8	103.2	272.5	123.8	134.2	186.6	128.9
221.8	99.5	108.3	151.6	103.7	273.6	124.4	134.8	187.4	129.5
222.9	100.0	108.8	152.4	104.3	274.7	124.9	135.4	188.2	130.0
224.0	100.5	109.4	153.2	104.8	275.8	125.5	136.0	189.0	130.6
225.2	101.1	110.0	153.9	105.4	277.0	126.0	136.6	189.7	131.2
226.3	101.6	110.6	154.7	106.0	278.1	126.6	137.2	190.5	131.7
227.4	102.2	111.1	155.5	106.5	279.2	127.1	137.7	191.3	132.3
228.5	102.7	111.7	156.3	107.1	280.3	127.7	138.3	192.1	132.9
229.7	103.2	112.3	157.0	107.6	281.5	128.2	138.9	192.9	133.4
230.8	103.8	112.9	157.8	108.2	282.6	128.8	139.5	193.6	134.0
231.9	104.3	113.4	158.6	108.7	283.7	129.3	140.1	194.4	134.6
233.1	104.8	114.0	159.4	109.3	284.8	129.9	140.7	195.2	135.1
234.2	105.4	114.6	160.2	109.8	286.0	130.4	141.3	196.0	135.7
235.3	105.9	115.2	160.9	110.4	287.1	131.0	141.8	196.8	136.3
236.4	106.5	115.7	161.7	110.9	288.2	131.6	142.4	197.5	136.8
237.6	107.0	116.3	162.5	111.5	289.3	132.1	143.0	198.3	137.4
238.7	107.5	116.9	163.3	112.1	290.5	132.7	143.6	199.1	138.0
239.8	108.1	117.5	164.0	112.6	291.6	133.2	144.2	199.9	138.6
240.9	108.6	118.0	164.8	113.2	292.7	133.8	144.8	200.7	139.1
242.1	109.2	118.6	165.6	113.7	293.8	134.3	145.4	201.4	139.7
243.1	109.7	119.2	166.4	114.3	295.0	134.9	145.9	202.2	140.3
244.3	110.2	119.8	167.1	114.9	296.1	135.4	146.5	203.0	140.8
245.4	110.8	120.3	167.9	115.4	297.2	136.0	147.1	203.8	141.4
246.6	111.3	120.9	168.7	116.0	298.3	136.5	147.7	204.6	142.0
247.7	111.9	121.5	169.5	116.5	299.5	137.1	148.3	205.3	142.6
248.8	112.4	122.1	170.3	117.1	300.6	137.7	148.9	206.1	143.1
249.9	112.9	122.6	171.0	117.6	301.7	138.2	149.5	206.9	143.7
251.1	113.5	123.2	171.8	118.2	302.9	138.8	150.1	207.7	144.3
252.2	114.0	123.8	172.6	118.8	304.0	139.3	150.6	208.5	144.8
253.3	114.6	124.4	173.4	119.3	305.1	139.9	151.2	209.2	145.4
254.4	115.1	125.0	174.2	119.9	306.2	140.4	151.8	210.0	146.0
255.6	115.7	125.5	174.9	120.4	307.4	141.0	152.4	210.8	146.6
256.7	116.2	126.1	175.7	121.0	308.5	141.6	153.0	211.6	147.1
257.8	116.7	126.7	176.5	121.6	309.6	142.1	153.6	212.4	147.7
258.9	117.3	127.3	177.3	122.1	310.7	142.7	154.2	213.2	148.3
260.1	117.8	127.9	178.1	122.7	311.9	143.2	154.8	214.0	148.9
261.2	118.4	128.4	178.8	123.3	313.0	143.8	155.4	214.7	149.4
262.3	118.9	129.0	179.6	123.8	314.1	144.4	156.0	215.5	150.0
263.4	119.5	129.6	180.4	124.4	315.2	144.9	156.5	216.3	150.6
264.6	120.0	130.2	181.2	124.9	316.4	145.5	157.1	217.1	151.2
265.7	120.6	130.8	181.9	125.5	317.5	146.0	157.7	217.9	151.8
266.8	121.1	131.3	182.7	126.1	318.6	146.6	158.3	218.7	152.3
268.0	121.7	131.9	183.5	126.6	319.7	147.2	158.9	219.4	152.9
269.1	122.2	132.5	184.3	127.2	320.9	147.7	159.5	220.2	153.5

食品理化检验技术

氧化亚铜	葡萄糖	果糖	乳糖（含水）	转化糖	氧化亚铜	葡萄糖	果糖	乳糖（含水）	转化糖
322.0	148.3	160.1	221.0	154.1	373.8	174.5	187.6	257.1	181.0
323.1	148.8	160.7	221.8	154.6	374.9	175.1	188.2	257.9	181.6
324.2	149.4	161.3	222.6	155.2	376.0	175.7	188.8	258.7	182.2
325.4	150.0	161.9	223.3	155.8	377.2	176.3	189.4	259.4	182.8
326.5	150.5	162.5	224.1	156.4	378.3	176.8	190.1	260.2	183.4
327.6	151.1	163.1	224.9	157.0	379.4	177.4	190.7	261.0	184.0
328.7	151.7	163.7	225.7	157.5	380.5	178.0	191.3	261.8	184.6
329.9	152.2	164.3	226.5	158.1	381.7	178.6	191.9	262.6	185.2
331.0	152.8	164.9	227.3	158.7	382.8	179.2	192.5	263.4	185.8
332.1	153.4	165.4	228.0	159.3	383.9	179.7	193.1	264.2	186.4
333.3	153.9	166.0	228.8	159.9	385.0	180.3	193.7	265.0	187.0
334.4	154.5	166.6	229.6	160.5	386.2	180.9	194.3	265.8	187.6
335.5	155.1	167.2	230.4	161.0	387.3	181.5	194.9	266.6	188.2
336.6	155.6	167.8	231.2	161.6	388.4	182.1	195.5	267.4	188.8
337.8	156.2	168.4	232.0	162.2	389.5	182.7	196.1	268.1	189.4
338.9	156.8	169.0	232.7	162.8	390.7	183.2	196.7	268.9	190.0
340.0	157.3	169.6	233.5	163.4	391.8	183.8	197.3	269.7	190.6
341.1	157.9	170.2	234.3	164.0	392.9	184.4	197.9	270.5	191.2
342.3	158.5	170.8	235.1	164.5	394.0	185.0	198.5	271.3	191.8
343.4	159.0	171.4	235.9	165.1	395.2	185.6	199.2	272.1	192.4
344.5	159.6	172.0	236.7	165.7	396.3	186.2	199.8	272.9	193.0
345.6	160.2	172.6	237.4	166.3	397.4	186.8	200.4	273.7	193.6
346.8	160.7	173.2	238.2	166.9	398.5	187.3	201.0	274.4	194.2
347.9	161.3	173.8	239.0	167.5	399.7	187.9	201.6	275.2	194.8
349.0	161.9	174.4	239.8	168.0	400.8	188.5	202.2	276.0	195.4
350.1	162.5	175.0	240.6	168.6	401.9	189.1	202.8	276.8	196.0
351.3	163.0	175.6	241.4	169.2	403.1	189.7	203.4	277.6	196.6
352.4	163.6	176.2	242.2	169.8	404.2	190.3	204.0	278.4	197.2
353.5	164.2	176.8	243.0	170.4	405.3	190.9	204.7	279.2	197.8
354.6	164.7	177.4	243.7	171.0	406.4	191.5	205.3	280.0	198.4
355.8	165.3	178.0	244.5	171.6	407.6	192.0	205.9	280.8	199.0
356.9	165.9	178.6	245.3	172.2	408.7	192.6	206.5	281.6	199.6
358.0	166.5	179.2	246.1	172.8	409.8	193.2	207.1	282.4	200.2
359.1	167.0	179.8	246.9	173.3	410.9	193.8	207.7	283.2	200.8
360.3	167.6	180.4	247.7	173.9	412.1	194.4	208.3	284.0	201.4
361.4	168.2	181.0	248.5	174.5	413.2	195.0	209.0	284.8	202.0
362.5	168.8	181.6	249.2	175.1	414.3	195.6	209.6	285.6	202.6
363.6	169.3	182.2	250.0	175.7	415.4	196.2	210.2	286.3	203.2
364.8	169.9	182.8	250.8	176.3	416.6	196.8	210.8	287.1	203.8
365.9	170.5	183.4	251.6	176.9	417.7	197.4	211.4	287.9	204.4
367.0	171.1	184.0	252.4	177.5	418.8	198.0	212.0	288.7	205.0
368.2	171.6	184.6	253.2	178.1	419.9	198.5	212.6	289.5	205.7
369.3	172.2	185.2	253.9	178.7	421.1	199.1	213.3	290.3	206.3
370.4	172.8	185.8	254.7	179.2	422.2	199.7	213.9	291.1	206.9
371.5	173.4	186.4	255.5	179.8	423.3	200.3	214.5	291.9	207.5
372.7	173.9	187.0	256.3	180.4	424.4	200.9	215.1	292.7	208.1

附录

氧化亚铜	葡萄糖	果糖	乳糖（含水）	转化糖	氧化亚铜	葡萄糖	果糖	乳糖（含水）	转化糖
425.6	201.5	215.7	293.5	208.7	440.2	209.3	223.8	303.8	216.7
426.7	202.1	216.3	294.3	209.3	441.3	209.9	224.4	304.6	217.3
427.8	202.7	217.0	295.0	209.9	442.5	210.5	225.1	305.4	217.9
428.9	203.3	217.6	295.8	210.5	443.6	211.1	225.7	306.2	218.5
430.1	203.9	218.2	296.6	211.1	444.7	211.7	226.3	307.0	219.1
431.2	204.5	218.8	297.4	211.8	445.8	212.3	226.9	307.8	219.9
432.3	205.1	219.5	298.4	212.4	447.0	212.9	227.6	308.6	220.4
433.5	205.1	220.1	299.0	213.0	448.1	213.5	228.2	309.4	221.0
434.6	206.3	220.7	299.8	213.6	449.2	214.1	228.8	310.2	221.6
435.7	206.9	221.3	300.6	214.2	450.3	214.7	229.4	311.0	222.2
436.8	207.5	221.9	301.4	214.8	451.5	215.3	230.1	311.8	222.9
438.0	208.1	222.6	302.2	215.4	452.6	215.9	230.7	312.6	223.5
439.1	208.7	232.2	303.0	216.0					

附录 XI 20℃ 时折光率与可溶性固形物含量换算

附表 11-1 20℃ 时折光率与可溶性固形物含量换算表

折光率	可溶性固形物/%	折光率	可溶性固形物/%	折光率	可溶性固形物/%	折光率	可溶性固形物/%	折光率	可溶性固形物/%	折光率	可溶性固形物/%
1.333 0	0.0	1.354 9	14.5	1.379 3	29.0	1.406 6	43.5	1.437 3	58.0	1.471 3	72.5
1.333 7	0.5	1.355 7	15.0	1.380 2	29.5	1.407 6	44.0	1.438 5	58.5	1.472 5	73.0
1.334 4	1.0	1.356 5	15.5	1.381 1	30.0	1.408 6	44.5	1.439 6	59.0	1.473 7	73.5
1.335 1	1.5	1.357 3	16.0	1.382 0	30.5	1.409 6	45.0	1.440 7	59.5	1.474 9	74.0
1.335 9	2.0	1.358 2	16.5	1.382 9	31.0	1.410 7	45.5	1.441 8	60.0	1.476 2	74.5
1.336 7	2.5	1.359 0	17.0	1.383 8	31.5	1.411 7	46.0	1.442 9	60.5	1.477 4	75.0
1.337 3	3.0	1.359 8	17.5	1.384 7	32.0	1.412 7	46.5	1.444 1	61.0	1.478 7	75.5
1.338 1	3.5	1.360 6	18.0	1.385 6	32.5	1.413 7	47.0	1.445 3	61.5	1.479 9	76.0
1.338 8	4.0	1.361 4	18.5	1.386 5	33.0	1.414 7	47.5	1.446 4	62.0	1.481 2	76.5
1.339 5	4.5	1.362 2	19.0	1.387 4	33.5	1.415 8	48.0	1.447 5	62.5	1.482 5	77.0
1.334 03	5.0	1.363 1	19.5	1.388 3	34.0	1.416 9	48.5	1.448 6	63.0	1.483 8	77.5
1.341 1	5.5	1.363 9	20.0	1.389 3	34.5	1.417 9	49.0	1.449 7	63.5	1.485 0	78.0
1.341 8	6.0	1.364 7	20.5	1.390 2	35.0	1.418 9	49.5	1.450 9	64.0	1.486 3	78.5
1.342 5	6.5	1.365 5	21.0	1.391 1	35.5	1.420 0	50.0	1.452 1	64.5	1.487 6	79.0
1.343 3	7.0	1.366 3	21.5	1.392 0	36.0	1.421 1	50.5	1.453 2	65.0	1.488 8	79.5
1.344 1	7.5	1.367 2	22.0	1.392 9	36.5	1.422 1	51.0	1.454 4	65.5	1.490 1	80.0
1.344 8	8.0	1.368 1	22.5	1.393 9	37.0	1.423 1	51.5	1.455 5	66.0	1.491 4	80.5
1.345 6	8.5	1.368 9	23.0	1.394 9	37.5	1.424 2	52.0	1.457 0	66.5	1.492 7	81.0
1.346 4	9.0	1.369 8	23.5	1.395 8	38.0	1.425 3	52.5	1.458 1	67.0	1.494 1	81.5
1.347 1	9.5	1.370 6	24.0	1.396 8	38.5	1.426 4	53.0	1.459 3	67.5	1.495 4	82.0
1.347 9	10.0	1.371 5	24.5	1.397 7	39.0	1.427 5	53.5	1.460 5	68.0	1.496 7	82.5
1.348 7	10.5	1.372 3	25.0	1.398 7	39.5	1.428 5	54.0	1.461 6	68.5	1.498 0	83.0
1.349 4	11.0	1.373 1	25.5	1.399 7	40.0	1.429 6	54.5	1.462 8	69.0	1.499 3	83.5
1.350 2	11.5	1.374 0	26.0	1.400 7	40.5	1.430 7	55.0	1.463 9	69.5	1.500 7	84.0
1.351 0	12.0	1.374 9	26.5	1.401 6	41.0	1.431 8	55.5	1.465 1	70.0	1.502 0	84.5
1.351 8	12.5	1.375 8	27.0	1.402 6	41.5	1.432 9	56.0	1.466 3	70.5	1.503 3	85.0
1.352 6	13.0	1.376 7	27.5	1.403 6	42.0	1.434 0	56.5	1.467 6	71.0		
1.353 3	13.5	1.377 5	28.0	1.404 6	42.5	1.435 1	57.0	1.468 8	71.5		
1.354 1	14.0	1.378 1	28.5	1.405 6	43.0	1.436 2	57.5	1.470 0	72.0		

附表 11-2 20℃ 时可溶性固形物含量对温度的校正表

温度 /℃	可溶性固形物含量/%														
	0	5	10	15	20	25	30	35	40	45	50	55	60	65	70
应减去之校正值															
10	0.50	0.54	0.58	0.61	0.64	0.66	0.68	0.70	0.72	0.73	0.74	0.75	0.76	0.78	0.79
11	0.46	0.49	0.53	0.55	0.58	0.60	0.62	0.64	0.65	0.66	0.67	0.68	0.69	0.70	0.71
12	0.42	0.45	0.48	0.50	0.52	0.54	0.56	0.57	0.58	0.59	0.60	0.61	0.61	0.63	0.63
13	0.37	0.40	0.42	0.44	0.46	0.48	0.49	0.50	0.51	0.52	0.53	0.54	0.54	0.55	0.55
14	0.33	0.35	0.37	0.39	0.40	0.41	0.42	0.43	0.44	0.45	0.45	0.46	0.46	0.47	0.48
15	0.27	0.29	0.31	0.33	0.34	0.34	0.35	0.36	0.37	0.37	0.38	0.39	0.39	0.40	0.40
16	0.22	0.24	0.25	0.26	0.27	0.28	0.28	0.29	0.30	0.30	0.30	0.31	0.31	0.32	0.32
17	0.17	0.18	0.19	0.20	0.21	0.21	0.21	0.22	0.22	0.23	0.23	0.23	0.23	0.24	0.24
18	0.12	0.13	0.13	0.14	0.14	0.14	0.14	0.15	0.15	0.15	0.15	0.16	0.16	0.16	0.16
19	0.06	0.06	0.06	0.07	0.07	0.07	0.07	0.08	0.08	0.08	0.08	0.08	0.08	0.08	0.08
应加入之校正值															
21	0.06	0.07	0.07	0.07	0.07	0.08	0.08	0.08	0.08	0.08	0.08	0.08	0.08	0.08	0.08
22	0.13	0.13	0.14	0.14	0.15	0.15	0.15	0.15	0.16	0.16	0.16	0.16	0.16	0.16	0.16
23	0.19	0.20	0.21	0.22	0.22	0.23	0.23	0.23	0.23	0.24	0.24	0.24	0.24	0.24	0.24
24	0.26	0.27	0.28	0.29	0.30	0.30	0.31	0.31	0.31	0.31	0.31	0.32	0.32	0.32	0.32
25	0.33	0.35	0.36	0.37	0.38	0.38	0.39	0.40	0.40	0.40	0.40	0.40	0.40	0.40	0.40
26	0.40	0.42	0.43	0.44	0.45	0.46	0.47	0.47	0.48	0.48	0.48	0.48	0.48	0.48	0.48
27	0.48	0.50	0.52	0.53	0.54	0.55	0.55	0.56	0.56	0.56	0.56	0.56	0.56	0.56	0.56
28	0.56	0.57	0.60	0.61	0.62	0.63	0.63	0.63	0.64	0.64	0.64	0.64	0.64	0.64	0.64
29	0.64	0.66	0.68	0.69	0.71	0.72	0.72	0.73	0.73	0.73	0.73	0.73	0.73	0.73	0.73
30	0.72	0.74	0.77	0.78	0.79	0.80	0.80	0.81	0.81	0.81	0.81	0.81	0.81	0.81	0.81

附
录

参考文献

[1]黎路,黄晓晶. 食品中着色剂的检测方法研究进展. 食品安全质量检测学报,2014:142-147.

[2]张水华. 食品分析. 北京:中国轻工业出版社,2009.

[3]臧剑甬,陈红霞. 食品理化检测技术. 北京:中国轻工业出版社,2013.

[4]穆华荣. 食品分析. 北京:化学工业出版社,2009.

[5]王芃,许泓. 食品分析操作训练. 北京:中国轻工业出版社,2010.

[6]高向阳,宋莲军. 现代食品分析实验. 北京:科学出版社,2013.

[7]金明琴. 仪器分析. 北京:化学工业出版社,2008.

[8]曹凤云. 食品应用化学. 北京:中国农业大学出版社,2013.

[9]王艳丽,徐丽芳. 畜牧兽医基础化学. 北京:中国农业大学出版社,2014.

[10]金颖. 药用化学. 北京:中国轻工业出版社,2012.